An die Bezieher des „Landwirtschaftlichen Zentralblattes“

Entsprechend der zunehmenden Bedeutung des „Landwirtschaftlichen Zentralblattes“ haben Redaktion und Verlag die Zahl der Referate ständig erhöht und somit die Umfänge in den letzten Jahren wiederholt erweitert. Trotz dieser entstandenen zusätzlichen Kosten wurde der ursprüngliche Heftpreis unverändert zugunsten der Bezieher beibehalten. Es macht sich nunmehr aber erforderlich, eine realere Preisgestaltung anzustreben. Dabei ist es der Wunsch der Redaktion und des Verlages, die Abonnenten so wenig wie möglich zu belasten. Nachdem zahlreiche Bezieher des „Landwirtschaftlichen Zentralblattes“ darauf aufmerksam gemacht haben, daß sie die Schnelldokumentation, die den Abteilungen I und III seit 1961 beiliegt, nicht auswerten, haben wir uns entschlossen, ab Januar 1963 die Schnelldokumentation entfallen zu lassen. Der Heftpreis der Abteilungen I bis III bleibt jedoch unverändert 20,— DM.

Akademie-Verlag Redaktion

DEUTSCHE DEMOKRATISCHE REPUBLIK
DEUTSCHE AKADEMIE DER LANDWIRTSCHAFTSWISSENSCHAFTEN ZU BERLIN
INSTITUT FÜR INFORMATION UND DOKUMENTATION

Landwirtschaftliches Zentralblatt

ABTEILUNG III

TIERZUCHT · TIERERNÄHRUNG FISCHEREI

8. JAHRGANG

1963

AKADEMIE-VERLAG · BERLIN

LZ. III TIERZUCHT · TIERERNÄHRUNG · FISCHEREI · JG. 1963 · NR. 1 · SEITE 1—224 · BERLIN · JANUAR 1963

LANDWIRTSCHAFTLICHES ZENTRALBLATT

ABTEILUNG TIERZUCHT · TIERERNÄHRUNG · FISCHEREI

INHALTSVERZEICHNIS

NAMENVERZEICHNIS

Seitenzahl in [Klammer] bedeutet Bibliographie, mit Stern * bedeutet Buchbesprechung

LANDWIRTSCHAFTLICHES ZENTRALBLATT
ABT. TIERZUCHT·TIERERNÄHRUNG·FISCHEREI

1963 NR. 1 JANUAR

VORWORT

Mit dem vorliegenden Heft 1/1963 beginnt die Abteilung Tierzucht·Tierernährung·Fischerei den 8. Jahrgang. Alle Mitarbeiter waren und sind bemüht, die Qualität der Berichterstattung ständig zu verbessern und das Landwirtschaftliche Zentralblatt weiterzuentwickeln.

Die Gesamtanzahl der je Jahrgang veröffentlichten Referate erhöhte sich seit 1956 von 2880 auf 9900, der Umfang an Druckbogen stieg von 65 auf 168. Der Anteil der Arbeiten aus den sozialistischen Ländern betrug im Jg. 1962 26% gegenüber 9% im Jg. 1956. Besondere Aufmerksamkeit widmet das Redaktionskollektiv der Verbesserung der Aktualität, d. h. der Verkürzung des Zeitraumes zwischen dem Erscheinen der Originalarbeit und ihrem Nachweis im Landwirtschaftlichen Zentralblatt.

Unser Ziel ist es, den Mitarbeitern in wissenschaftlichen Institutionen, im Staatsapparat und in sozialistischen Landwirtschaftsbetrieben die wichtige in- und ausländische Literatur schnell zu vermitteln. In dem sozialistischen Wettbewerb zu Ehren des VI. Parteitages der Sozialistischen Einheitspartei Deutschlands haben sich die Mitarbeiter des Instituts für Information und Dokumentation daher verpflichtet, alle Kräfte und Reserven zu mobilisieren und diese Aufgaben zu lösen.

Die Aufnahme der Veröffentlichung von Sammelreferaten zu speziellen Fragen des Fachgebietes ist ein erster Beitrag zur Verbesserung der Dokumentation. Die Literaturübersichten werden in zwangloser Folge erscheinen und aktuelle Themen aus Wissenschaft und Praxis zum Inhalt haben. Diesbezügliche Anregungen und Vorschläge nimmt die Redaktion gern entgegen.

Der Chefredakteur

SAMMELREFERAT

Mikrobiologische Bestimmungsmethoden der Antibiotica

Theodor Elsässer und Brigitta Mattern

Aus den wissenschaftlichen Laboratien des VEB Jenapharm, Jena

Eingang des Manuskr.: 15. 5. 1962

Die Methoden zur Wertbestimmung der Antibiotica und zur Resistenzbestimmung von Mikroorganismen sind in erster Linie für den human- und veterinärmedizinischen Gebrauch entwickelt worden. Wenn im folgenden hauptsächlich auf diese Methoden eingegangen wird, so aus dem Grunde, daß sie sich ohne Schwierigkeiten ohne oder mit geringen Abwandlungen auf die neuen Anwendungsgebiete der Antibiotica, wie Futter-, Pflanzenschutz- und Lebensmittel übertragen lassen. Die neuen Probleme erstrecken sich größtenteils auf die Abtrennung der Antibiotica von Futter-, Pflanzen- oder Nahrungsmitteln zum Zwecke der Bestimmung. Hierfür stehen aus der pharmazeutischen Industrie Modelle zur Verfügung, die modifiziert angewendet werden können (Brunner u. a. 1955, Edwards u. a. 1955). Dabei sind grundsätzlich die möglichen Interferenzen mit Substanzen, die im Futter vorhanden sind, von Bedeutung.

Allg. muß noch vorausbemerkt werden, daß bei der Auswertung biol. Meßergebnisse die Anwendung mathematischer Methoden, wie Biometrik und Statistik, unerläßlich ist. In der Praxis werden diese Methoden oft noch nicht im wünschenswerten Umfang angewendet, obgleich zahlreiche Lehrbücher und Übersichten veröffentlicht worden sind, von denen als Beispiele hier nur das Lehrbuch von Weber (1961) und die Übersicht von Wasserfall (1959) erwähnt werden sollen. An Hand von Penicillinbestimmungen konnte Oberzill (1961) zeigen, daß die volle Auswertung von Versuchsreihen nur mit biometrischen Methoden möglich ist.

Bei den mikrobiol. Bestimmungsmethoden (Gavin 1956, 1957 a, b, 1958) bedient man sich eines Mikroorganismus, auf den das zu untersuchenden Atibioticum hemmend wirkt. Für die praktische Ausführung sind zahlreiche Methoden ausgearbeitet und variiert worden, je nach den Anforderungen, die an den einzelnen Test gestellt werden. In diesem Bericht setzen wir die techn. Durchführung der mikrobiol. Teste als bekannt voraus. Man kann sich heute aus Sammeldarstellungen über die Technik bequem orientieren (Henneberg 1949, Grove und Randall 1955, Köhler 1956, Klein 1957, Otte und Köhler 1958, Welsch 1960). Eine tabellarische Übersicht über 36 verschiedene Methoden für die biol. Bestimmung der 17 häufigsten Antibiotica geben Kirshbaum u. a. (1959).

Der Grundgedanke der mikrobiol. Bestimmungsmethoden ist, den Testkeim verschiedenen Konzentrationen des Antibioticums auszusetzen, entweder in Form abgestufter Lösungen oder durch Erzeugung eines Konzentrationsgefälles. Durch Vergleich mit einer Parallelbestimmung einer bekannten Substanz lassen sich Schlüsse auf die Menge des Antibioticums in der zu untersuchenden Probe ziehen. Gemessen wird entweder die Hemmung des Wachs-

tums unmittelbar, etwa nephelometrisch oder durch Auszählung, oder es werden Stoffwechselvorgänge erfaßt, deren Messung direkt, z. B. wie bei Atmung (Kraushaar 1959), oder indirekt durch Reaktion mit vorher zugegebenen Stoffen, wie Indikatoren oder Blut, erfolgt. Alle derartigen Reaktionen müssen qualitativ möglichst spezifisch und quantitativ erfaßbar sein.
Ein Konzentrationsgefälle wird bei allen DIFFUSIONSTESTEN benutzt. Bringt man an einem Punkt eines mit Agar gesteiften Nährbodens das Antibioticum auf, so diffundiert es nach allen Seiten, es entsteht ein radialer Gradient. In einer solchen Nährbodenplatte wachsen die Mikroorganismen nicht bei den höheren Konzentrationen des Antibioticums nahe dem Diffusionszentrum; erst von einer bestimmten Zone an beginnt kreisförmig um dieses Zentrum das Wachstum. Aus der Größe der entstehenden Hemmhöfe kann die Menge bzw. die Konzentration des Antibioticums berechnet werden.
Meistens wird der Diffusionstest als PLATTENTEST durchgeführt, bei dem eine Agarschicht in eine flache Schale ausgegossen wird. Allg. üblich ist die Zweischichtenplatte, bei der der Testkeim sich nur in der oberen, möglichst dünnen Schicht befindet. Um gute Ergebnisse zu erzielen, muß die gesamte Schicht sehr gleichmäßig dick sein, und die Dicke muß klein gegen die zu messende Hemmzone sein, damit nur die zweidimensionale (radiale) Diffusion berücksichtigt wird. Brock (1957) verlangt eine nur 1 mm dicke Agarschicht; wir haben mit der üblichen 2 mm dicken Schicht auch gute Ergebnisse erzielt. Um einwandfrei zu diffundieren, muß das Antibioticum in vollkommen gelöster Form vorliegen. Bei sehr leicht in Wasser löslichen Antibiotica, z. B. Penicillin, Streptomycin u. a., kann das Antibioticum in fester Form auf den Agarnährboden gebracht werden, etwa bei dem noch zu erläuternden Blättchentest. Ist die Menge des Antibioticums nicht zu groß, so wird sie sich ganz in dem im Agar enthaltenen Wasser lösen. Meistens wird jedoch vorher eine Lösung des Antibioticums hergestellt, entweder in Wasser oder unter Zuhilfenahme eines biol. unwirksamen Lösungsvermittlers, z. B. Dimethylformamid. Die Lösung darf mit dem Nährboden nicht reagieren und soll gut und möglichst lange diffundieren. Daher ist es oft vorteilhaft, die Testplatte bis zur Beendigung der Diffusion im Kühlschrank aufzubewahren und erst anschließend zu bebrüten. Entspr. Vorschriften findet man im Deutschen Arzneibuch (1959, S. 217, 219), in der British Pharmacopoia (1953) und in anderen Arzneibüchern. Eine 24stündige Diffusionszeit empfiehlt Thomsen (1962).

Eine langandauernde Diffusion sichert gut abgestufte Hemmhöfe. Durch Zusätze von NaCl, KCl oder $CaCl_2$ konnten Brock (1957) und Iwanizkaja (1961) die schlechte Diffusion des Neomycins und anderer Antibiotica und Ehrenkranz u. a. (1959) die Wirkung des Chloramphenicols verbessern. Ähnliche Beobachtungen beschreiben bei Colistin Sous u. a. (1961) und bei Thiostrepton Levin u. a. (1960).

Drushinina (1959) gibt einen Nährboden an, in dem die Tetracycline sehr lange diffundieren. Durch derartige Maßnahmen wird der Test empfindlicher und genauer.

Zur Testung von schwer löslichen antibiotischen Substanzen schlägt Kuhfuß (1957) vor, als Träger der Antibiotica Baumwollfäden zu benutzen und diese auf den beimpften Agar aufzulegen.

Für die Untersuchung zahlreicher gleichartiger Proben hat man die Durchführung der Diffusionsteste auf großen Platten (30×40 cm und größer) vorgeschlagen (Ševčik 1954, Hess 1955, Lees u. a. 1955). Der Vorteil eines hohen Durchsatzes ist aber mit geringerer Genauigkeit verbunden. Die Schwankungsbreite der Werte kann durch eine auf der Zufallsverteilung beruhenden systematischen Anordnung der Standard- und Probenverdünnungen auf der Platte vermindert werden (Lightbown u. a. 1957). Diese Methode ist für orientierende Reihenuntersuchungen sehr geeignet.

Der für eine genaue Bestimmung wichtige Hemmhofdurchmesser läßt sich bei scharfem Rand bis auf $\pm$ 0,3 mm messen. Bei unscharfen Rändern muß man darauf achten, daß bei allen Hemmhöfen die gleiche Stelle der Übergangszone gemessen wird, am günstigsten i. allg. der innere Rand.

Die Benutzung von Glaslinealen, Projektionseinrichtungen u. ä. ist mehr oder weniger zeitraubend. Für Routineteste hat man Apparate konstruiert, die auf der Messung über einem Millimeternetz beruhen und eine schnelle Ablesung ohne Minderung der Genauigkeit gestatten (Isenberg u. a. 1958). Auch handelsübliche Photoretuschiergeräte werden hierfür benutzt (Bradler 1961).

Der Diffusionstest in der Platte wird als Zylinder-, Loch-, Blättchen- und Tropfentest durchgeführt. Jede dieser Methoden hat ihre Vor- und Nachteile. Der ZYLINDERTEST wird wegen seiner verhältnismäßig einfachen Technik noch häufig angewendet. Nachteilig ist die gegenüber dem Lochtest etwas geringere Genauigkeit. Unregelmäßigkeiten in der Diffusion treten bei verschieden tiefem Einsinken der Zylinder in den Agar ein, die sich bes. bei dünnen Agarschichten auswirken, ebenso bei Flüssigkeiten, die sedimentieren, so daß der Zylinderboden, durch den allein die Flüssigkeit diffundieren kann, weniger durchlässig wird. Auch das Material der Zylinder kann die Ergebnisse beeinflussen (Snell u. a. 1959).

Der LOCHTEST hat nach unseren Erfahrungen die gleiche oder eine etwas höhere Genauigkeit als der Zylindertest. Da die Testflüssigkeit nur durch die Lochwand diffundiert, ist die Methode immer dann angebracht, wenn die zu testende Flüssigkeit zum Sedimentieren neigt, wie z. B. Körper- und Fermentationsflüssigkeiten. Die schwierigere Handhabung kann mehr als bei dem Zylindertest durch manuelle Geschicklichkeit ausgeglichen werden.

Eine vereinfachte Methode ist der BLÄTTCHENTEST. Filterpapierscheiben, die auf den Agar aufgelegt werden, dienen anstelle der Zylinder oder Stanzlöcher zur Aufnahme der Probe. Diese Methode hat in der Praxis weite Verbreitung gefunden. Für die Kontrolle in der Therapie und bei pharmakologischen Untersuchungen haben Topley u. a. (1951) und Bykowa u. a. (1959) vorgeschlagen, Filterpapierplättchen auf die Wunde oder das Organ aufzulegen, so daß sie vom Blut oder von der Organflüssigkeit durchtränkt werden. Danach wird im Diffusionstest getestet. Die gleiche Methodik wenden Kelch u. a. (1959) für die Prüfung von Fleisch- und Organproben von Schlachttieren und Cerny u. a. (1955) und Shahani u. a. (1958) für die Untersuchung von Milch auf Antibiotica an.

Eine Weiterentwicklung dieses Testes beruht darauf, daß Filterpapier bestimmter Fläche mit der Probe getränkt und getrocknet wird und aus diesem Papier Scheiben bestimmter Größe ausgestanzt und auf den Agar aufgelegt werden (Pridal u. a. 1958, Walter u. a. 1958). Ein Vorteil ist der Fortfall oder die erhebliche Verminderung der Anzahl der Verdünnungen. I. allg. erreichen diese Teste nicht die Genauigkeit des Lochtestes, jedoch haben Balan und Betina (1959 a, b, c) in letzter Zeit die Fehlermöglichkeiten durchgearbeitet. Bei Anwendung ihrer Methode geben sie außer erheblich leichterer Handhabung auch größere Genauigkeit an. Wir konnten das erste bestätigen, fanden jedoch gegenüber dem Lochtest nur die gleiche Genauigkeit.

Die Verwendung von antibiotischen Testtabletten hat sich in der Praxis nicht bewährt (Burian u. a. 1960).

Ebenfalls ohne Verdünnungen arbeitet der TROPFENTEST. Iyengar (1959) gibt 2 Mikrotropfen von 0,4 und 1,6 μl der Probe und der Standardlösung auf den Agar. Von großem Vorteil sind bei dieser Methode die sehr geringen Probenmengen, die benötigt werden, jedoch ist die Genauigkeit etwas geringer.

Außer als Plattentest kann der Diffusionstest auch als Capillartest durchgeführt werden. Man läßt das Antibioticum durch enge Röhren diffundieren, die mit beimpften Agarnährboden gefüllt sind (Davis 1950). Diese Testmethode ist wenig gebräuchlich, da sie umständlich und ungenau ist.

Im Gegensatz zu den Diffusionstesten, die mit einem kontinuierlichen Gefälle arbeiten, werden bei den REIHENVERDÜNNUNGSTESTEN die Mikroorganismen verschiedenen abgestuften Konzentrationen des Antibioticums im Nährboden ausgesetzt und die Abhängigkeit des Wachstums von der Konzentration bestimmt. Diese Teste werden meistens in flüssigen Nährböden durchgeführt, jedoch sind auch Methoden auf festen Nährböden beschrieben worden (Henneberg 1949). Die Reihenverdünnungsteste sind umständlich und zeitraubend und erfordern großen Aufwand, daher vermeidet man sie gern bei Routineuntersuchungen. Um die genannten Schwierigkeiten einzuschränken, geben Ryan u. a. (1961) eine Apparatur zum schnellen Ansetzen von Reihenverdünnungstesten in flüssigen Medien an. Als weitere Nachteile des Reihenverdünnungstestes ergeben sich die sterile Kulturführung; die nephelometrische Auswertung ist bei trüben oder gefärbten Medien eingeschränkt oder unmöglich (Schmidt u. a. 1961). Ferner stören Reste org. Lösungsmittel mehr als im Diffusionstest. Jedoch kann mit dem Reihenverdünnungstest die Resistenzgrenze eines Keimes genauer bestimmt werden als mit den Diffusionsmethoden, so daß man ihn bei solchen Resistenzuntersuchungen, die eine größere Genauigkeit erfordern, dem Diffusionstest vorziehen wird. Bei allen mikrobiol. Testen ist die WAHL DES TESTKEIMES (Gavin 1956) von großer Bedeutung. Die Hauptforderungen an den Testkeim sind: möglichst spezifische Empfindlichkeit gegen das zu untersuchende Antibioticum und Stabilität gegen Mutationen und Modifikationen. Hohe Empfindlichkeit wird meistens, jedoch nicht immer, erwünscht sein. So konnte Oberzill (1960) durch Wahl eines wenig empfindlichen Testkeimes (*Escherichia coli*) bei der Bestimmung konzentrierter Penicillinlösungen (500–5000 IE/ml) die sonst nötigen Verdünnungen vermeiden, dadurch die Arbeitszeit abkürzen und die Genauigkeit des Testes steigern. Ferner wird man apathogene Arten i. allg. den pathogenen vorziehen (Wakulenko 1959 a, b), ebenso schnell wachsende den langsam wachsenden. Zur Bestimmung bactericider und bacteriostatischer Antibiotica verwendet man Bakterien; Bowman (1957) gibt eine Liste der 19 in den USA gebräuchlisten Testorganismen an. Um diese Vielzahl zu vermindern, hat man jedoch auch Keime gesucht, die zur Testung mehrerer Antibiotica geeignet sind (Wintermere u. a. 1957). Für die Testung fungistatischer Antibiotica werden wegen der günstigeren mikrobiol. Kultureigenschaften meistens Hefen (Bradler 1959, Carlson u. a. 1959, Tebjakina u. a. 1959 a), jedoch gelegentlich auch mycelbildende Pilze (Betina 1958) gebraucht. Die Unterdrückung der Phagenwirkung gegen einen Staphylococcus durch das Antibioticum benutzten Dmitrijewa u. a. (1960) zur Fumagillinbestimmung.

Die Dichte der Einsaat des Testorganismus hat auch einen gewissen Einfluß auf den Test (Linton 1958). Werden die Keime sehr dicht eingesät, so macht sich die Absorption des Antibioticums durch die Organismen störend bemerkbar (Simon 1959), zu geringe Dichte verzögert das Wachstum und vermindert die Genauigkeit des Testes. Die optimale Dichte ist von Keim zu Keim und von Antibioticum zu Antibioticum verschieden und wird zweckmäßig in jedem Fall experimentell ermittelt (Julius u. a. 1958).

Die Wahl des Testorganismus spielt eine bes. Rolle bei der Untersuchung von Antibioticagemischen (Stapley 1958). Es gilt hierbei, einen Mikroorganismus zu finden, der nur auf eines der Antibiotica des Gemisches anspricht und gegen die übrigen unempfindlich ist. Diese unterschiedliche Resistenz kann von Natur aus vorliegen, z. B. bei *Escherichia coli* oder *Klebsiella pneumoniae* (Hitzenberger 1961), die gegen Penicilline weitgehend resistent, gegen Streptomycin und die Tetracycline empfindlich sind. Man kann aber auch einen Mikroorganismus für einen solchen Test vorbereiten, indem man ihn

durch Einwirken steigender Mengen eines Antibioticums gegen dieses resistent macht, wobei i. allg. die Empfindlichkeit gegen andere Antibiotica erhalten bleibt. Hierzu werden bes. gern die leicht resistent werdenden Staphylokokken verwendet (Friedman u. a. 1954, Awerjanowa 1957, Ritzerfeld 1958, Tebjakina u. a. 1959b, de Nunzio u. a. 1954, Bujanowskaja u. a. 1961). Jedoch eignen sich auch andere Bakterien hierfür, z. B. *Bacillus subtilis* (Sella 1954). Kowalenkowa (1958) gibt eine Übersicht über dieses Gebiet. Diese Methode versagt natürlich, wenn Kreuz- oder Gruppenresistenz vorhanden ist, z. B. bei den Gemischen der Tetracycline untereinander. Durch Verwendung resistenter Bakterienstämme läßt sich auch der störende Einfluß der Antibiotica bei der mikrobiol. Vit.-Bestimmung ausschalten. Princivalle und von Lorch (1957) verwenden gegen Antibiotica resistent gemachte Lactobacillen, die gegen Vit. empfindlich geblieben sind.
Außer unterschiedlich resistenten Testorganismen kann auch verschieden starke Diffusion im Agar zur Bestimmung mehrerer Antibiotica nebeneinander benutzt werden. Neben Neomycin, das infolge schlechter Diffusion im Agar fast keine antibiotische Wirksamkeit zeigt, konnten Sokolski u. a. (1960, 1961) andere Antibiotica (Endomycin) quantitativ nachweisen. Auch konnten sie auf diese Weise Synergismus und Antagonismus mit Neomycin untersuchen.
Das für die kombinierte therapeutische Anwendung mehrerer Antibiotica wichtige synergistische oder antagonistische Zusammenwirken wird i. allg. im Diffusionstest in vitro durch gekreuztes Auflegen zweier mit den zu untersuchenden Antibiotica getränkten Filterpapierstreifen untersucht (Knapp u. a. 1955). Je nachdem, ob an den Kreuzungsstellen, an denen sich beide Antibiotica im Agar befinden, eine gesteigerte, eine verminderte oder eine normale Wirkung der Antibiotica auftritt, ist auf Synergismus, Antagonismus oder bloße additive Wirkung zu schließen. Eine Erweiterung dieser Methode geben Chabbert u. a. (1960) an. Sie legen auf den Agar antibioticahaltige Streifen auf und entfernen diese wieder nach Beendigung der Diffusion. Nach Auflegen einer Cellophanmembran wird diese beimpft und kann nach Bebrüten abgehoben und gesondert untersucht werden, auch durch Auflegen auf eine antibioticafreie Agarplatte. Auf diese Weise kann bactericide und bacteriostatische Wirkung unterschieden werden.
Gelingt es auf diese Weise nicht, Gemische von Antibiotica zu analysieren, z. B. solche, die Kreuzresistenz hervorrufen, so müssen andere Methoden zur Trennung der Komponenten angewendet werden. Eine der üblichen Methoden hierfür ist die CHROMATOGRAPHIE. Mit ihrer Hilfe lassen sich die einzelnen Antibiotica bei Wahl eines geeigneten Lösungsmittelgemisches trennen (Sokolski u. a. 1954, Stephens u. a. 1955, Fischer u. a. 1961) und störende Begleitstoffe absondern (Hartwig u. a. 1956). Aus den Rf-Werten ist auch die Identifikation möglich (Stephens u. a. 1955). Bes. gelingt die sonst schwierige Trennung nahe verwandter Antibiotica, z. B. der Tetracycline (Hickey u. a. 1954, Bird u. a. 1954, Fischbach u. a. 1955, Seelzer u. a. 1957, Kelly u. a. 1960). Zur Analyse wird hauptsächlich die Papierchromatographie angewendet, gelegentlich auch die Chromatographie auf dünnen Kieselgelschichten (Fischer u. a. 1961, Stahl 1959), zu präparativen Zwecken die Säulenchromatographie (Roth 1959) oder die Gegenstromverteilung (Hickey u. a. 1954, Mistretta 1958). Die Chromatogramme werden mikrobiol. entwickelt durch Auflegen der Papierstreifen auf große Agarplatten, die den Testkeim enthalten. Diese Platten sind qualitativ meist leicht, quantitativ jedoch schwierig auszuwerten, da die Hemmhöfe häufig unregelmäßig geformt sind. Die Auswertung kann auch physikalisch (Seelzer u. a. 1957) oder chemisch (Fischbach u. a. 1955, Fischer u. a. 1961) erfolgen.
Man hat sich weiterhin bemüht, die Schnelligkeit, die Empfindlichkeit und die Genauigkeit der Teste, bes. der Diffusionsteste, zu steigern. Oft stehen

diese Forderungen im Gegensatz zueinander. So setzt Lagodsky (1957. dem Nährboden unterschwellige Mengen des zu testenden Antibioticums zu) Dadurch können noch sehr geringe, sonst nicht mehr erfaßbare Konzentrationen des Antibioticums, wenn auch nur ungenau, nachgewiesen werden. Eine Beschleunigung und eine Erhöhung der Genauigkeit kann der Zusatz eines Indikators bringen. Methylenblau, Triphenyltetrazoliumchlorid (Neal u. a. 1955, Gillissen u. a. 1957, Jeney u. a. 1958, Ryan u. a. 1959, Igarashi u. a. 1961), Wasserblau (von Vietinghoff-Scheel u. a. 1951 a, b) Lackmus (Diernhofer u. a. 1955), Resazurin (Pital u. a. 1956, Shahani u. a. 1958), Phenolrot (Jermolewa u. a. 1952, Hitzenberger 1961, Schmidt u. a. 1961), 2-6-Dichlorphenolindophenol (Lorian 1957) u.a. Farbstoffe werden dem Nährboden vor oder nach dem Bebrüten zugesetzt. Deren Verfärbung zeigt Bakterienwachstum oft früher und genauer an als die Trübung durch die Bakterien. Da es meistens pH- oder rH-Indikatoren sind, kann ein in dieser Hinsicht extremer anfänglicher Zustand des Nährbodens eine Verzögerung oder Verschiebung des Farbumschlags mit sich bringen und zu Fehlern führen (Royl 1952).

Bei festen Nährböden wird der Indikator auch aufgesprüht oder als getränkter Filterpapierstreifen aufgelegt. Auch für Untersuchungen der Antibiotica in Milch ist der Zusatz von Triphenyltetrazoliumchlorid vorgeschlagen worden (Kennedy u. a. 1960). Zum Nachweis der Antibiotica in Milch schlägt Shahani (1961) den Zusatz von indifferenten Farbstoffen zu den verabreichten Antibiotica vor, gibt jedoch selbst kritisch die Grenze der Methode an.

Auch Blut kann als Indikator dienen. Die Verfärbung des hellroten Oxyhämoglobins zu dem violetten Hb durch wachsende Bakterien benutzten Roth (1960) und Fust u. a. (1961) zu Antibiotica- und Resistenzbestimmungen. Auch die Hämolyse der roten Blutkörperchen kann bei Benutzung eines hämolytischen Testkeimes, z. B. *Streptococcus* Aronson benutzt werden. Ihr Auftreten oder Ausbleiben wird ausgewertet (Henneberg 1949). Jedoch ist diese Art des Testes heute nicht mehr sehr gebräuchlich.

Bei der Bestimmung der Antibiotica in Milch läßt sich bei Verwendung antibioticaempfindlicher Säurebildner die Menge der entstandenen Säure als Maß für den Antibioticagehalt nehmen (Berridge 1956, Schmidt u. a. 1961). Mattick u. a. (1955) haben vorgeschlagen, die colorimetrisch erfaßbare Umwandlung von Nitrat zu Nitrit durch penicillinempfindliche Micrococcen zur Bestimmung von Penicillin zu benutzen. Die CO_2-Bildung einer Saccharomyces-Kultur messen Gerke u. a. (1960) zur Bestimmung von Fungiciden in einer sehr einfachen Apparatur (Injektionsspritze).

Die Beschleunigung der Teste läßt sich weiterhin durch Zusatz wachstumsfördernder Substanzen zum Nährboden erreichen. Durch Zusatz von Folsäure oder Indolylessigsäure wird die Wachstumszeit mancher Testkeime verkürzt und damit die Testzeit herabgesetzt (Nyiri 1958, Laszlo 1958). Die Benutzung schnell wachsender, thermophiler Keime wie *Bacillus cereus* zur Penicillinbestimmung und *Bacillus stearothermophilus* zur Bestimmung von Penicillin und Oxytetracyclin (Igarashi u. a. 1961) bringt ebenfalls Beschleunigung, hat sich aber in größerem Umfang nicht durchsetzen können.

Bei der Durchführung der biol. Teste verdient der Einfluß der SERA auf die Antibiotica bes. Beachtung. Sera können Antibiotica — meistens reversibel — binden, wobei der gebundene Teil biol. unwirksam ist. Die Bindung erfolgt an die Proteinfraktionen und ist für jedes Antibioticum und für jede Art von Serum unterschiedlich (Chow u. a. 1945, Lund 1956, Kraushaar 1959). So fanden wir andere Bindungen des Penicillins durch Pferde- und Kaninchenserum und dementspr. Beeinflussung des Testes als sie beispielsweise Smith u. a. (1957) durch menschliches Blutplasma gefunden haben. Daraus ergibt sich die Notwendigkeit, für Teste in Blut und Serum vergleich-

bare Versuchsbedingungen festzulegen. Bes. ist darauf zu achten, daß jede Verdünnungsstufe die gleiche Konzentration des Serums oder einer äquivalent wirkenden Substanz enthält. Daher schlagen Bunn u. a. (1961) als Verdünnungsflüssigkeit eine 1%ige oder 1,75%ige Lösung von Rinderalbumin vor, die in bezug auf den Test dem Serum äquivalente Eigenschaften haben soll. I. allg. leisten jedoch auch Rinder- und Pferdeserum gute Dienste. Die gleichen Schwierigkeiten treten auf, wenn man die in der Bakteriologie üblichen Nährböden mit Blut- oder Serumzusatz zum Testen von Antibiotica verwendet (Lightbown u. a. 1957, Ševičik 1958). Daher schlägt Danila (1957) für Teste Nährböden ohne Serumzusatz vor. Berti u. a. (1957) berichten über die Bindung des Chlortetracyclins an das Serum. Die in der Literatur als „Blutspiegel" angegebenen Werte beziehen sich i. allg. auf den für den Kliniker interessanten freien Anteil des Antibioticums im Blut.
Da die Bindung an die Proteinfraktionen erfolgt, sind die Antibioticateste in anderen proteinhaltigen Körperflüssigkeiten wie Milch, Frauenmilch (Schmidt u. a. 1960) und in eiweißhaltigen Futtermitteln (Tanguauy u. a. 1959) sowohl in bezug auf die Verdünnungsmittel wie auch auf die Ergebnisse mit der nötigen Kritik durchzuführen.
Außer den Sera können auch METALLE, AMINOSÄUREN u. a. Substanzen die Teste erheblich beeinflussen. Ca^{++} und Mg^{++} senken die Wirkung der Tetracycline (Harcourt u. a. 1956), des Streptomycins u. a. Antibiotica durch Chelatbildung (Fusillo u. a. 1957, Tanguauy u. a. 1959, Kiser 1961) oder durch kompetitive Besetzung der Oberfläche des als Testkeim dienenden Bacteriums (Price u. a. 1957 a, b).
Derartige Beeinflussungen sind vom Ionencharakter des Antibioticums abhängig, der sich durch Zusätze von Kationen- bzw. Anionenaustauschern zum Nährboden nachweisen läßt (Ševčik u. a. 1957, Ševčik 1959). Bei der Testung kalkhaltiger Futtermittel mit Antibioticazusatz ist diese Einwirkung — bes. auf die Tetracycline — zu berücksichtigen.
Von den Aminosäuren zeigt Cystein einen wirkungshemmenden Einfluß auf Streptomycin (Weinberg 1960). Durch Cystein wird ebenfalls die Fähigkeit des Kobalts, die Penicillinwirkung zu steigern, gemindert. Unter Berücksichtigung dieser Fehlermöglichkeiten beschreibt Wright (1960) Bestimmungsmethoden für das nematocide Hygromycin und für Oleandomycin und kündigt weitere Methoden für zahlreiche andere Antibiotica und Antibioticagemische in Futtermitteln an.
Bei der zunehmenden Bedeutung und Verbreitung der Antibiotica als Futtermittel muß mit dem Auftreten resistenter Bakterienstämme gerechnet werden. Bes. Beachtung verdienen resistent werdende Krankheitserreger, die auch bei der Bekämpfung der tierischen Infektionskrankheiten eine bedeutende Rolle spielen. Daher soll kurz über die Probleme der RESISTENZBESTIMMUNG berichtet werden.
Die Resistenzgrenze, d. h. die geringste noch hemmende Konzentration eines Antibioticums, ist von Keim zu Keim und von Antibioticum zu Antibioticum verschieden und kann mit den oben für die Wertbestimmung der Antibiotica angeführten Methoden bestimmt werden. Der Reihenverdünnungstest, der mit flüssigen Nährböden sehr zeitraubend ist, wird bei wissenschaftlichen Arbeiten angewendet, da mit ihm die sicherste und genaueste Bestimmung möglich ist, routinemäßig wird er auch auf festen Nährböden durchgeführt. Die Technik im Laboratorium ist in letzter Zeit erheblich verbessert worden, bes. in Hinsicht auf schnelle Ablesbarkeit (Ryan u. a. 1959, Wlodawez 1959, Foltz u. a. 1960, Koopmans 1960, Brown u. a. 1961, Kretschmar u. a. 1961, Wlassowa 1961).
Gebräuchlicher, bes. im klinischen Bereich, ist der Diffusionstest, der nach Hermann (1954) mit Substanzen, meist aber als Blättchentest durchgeführt wird. Man verwendet Blättchen mit nur einer (Bauer u. a. 1960) oder mehre-

ren abgestuften Antibioticamengen (Balows u. a. 1955, Morenz 1958). Bei aller Kritik dieser Testmethode (Borchardt u. a. 1960, Branch u. a. 1960, Naumann 1962) ist man heute der Ansicht, daß dieser Test, richtig angewendet, für Routineuntersuchungen der zweckmäßigste ist (Welch 1956, Andrischock u. a. 1959, Borchardt u. a. 1959, Jesselewitsch u. a. 1959, Anderson u. a. 1960, Erichsson u. a. 1960, Kirshbaum u. a. 1960, Murayama 1960, Steers u. a. 1960, Djatlow 1961).

1) Anderson, Th. G. und Troyanosky, A. Antibiotic Ann. **1959/60** S. 587-595. – 2) Andrischock, H. O. und Boese, W. Arch. Hyg. Bakteriol. **143** (1959) S. 287-304. – 3) Averjanova, L. L. (Awerjanowa, L. L.) Antibiotiki, Moskva **2** (1957) Nr. 3. S. 53-55, zit. n. Chem. Zbl. (1955) S. 6319. – 4) Balan, J. und Betina, V. Fourth International Congress of Biochemistry. Vol. V. London, New York, Paris, Los Angeles **1959a** S. 203-205. – 5) Balan, J. und Betina, V. Symposium on Antibiotics, Abstr. of Communications Prague **1959b** – 6) Balan J. und Betina, V. Biológia [Bratislava] **14** (1959c) S. 513-522. – 7) Balows, A. und Barker, A. Antibiotics and Chemotherapy **5** (1955) S. 551-554. – 8) Bauer, A.W., Roberts jun., C. E. und Kirby, W. M. M. Antibiotics Ann. **1959/60** S. 574-580. – 9) Berridge, N. J. J. Dairy Res. **23** (1956) S. 336-341. – 10) Berti, T. und Cima, L. Boll. Soc. ital. Biol. sperim. **33** (1957) S. 1481-1482, zit. n. Chem. Zbl. (1959) S. 15759. – 11) Betina, V. Naturwissenschaften **45** (1958) S. 342. – 12) Bird, H. L. und Pugh, C. H. Antibiotics and Chemotherapy **4** (1954) S. 750-752. — 13) Borchardt, K. A. und Andrews, D. H. Antibiotics and Chemotherapy **9** (1959) S. 596-599. – 14) Bowman, F. W. Antibiotics and Chemotherapy **7** (1957) S. 639-640. – 15) Bradler, G. Mber. dtsch. Akad. Wiss. Berlin **1** (1959) S. 7-10. – 16) Bradler, G. Persönl. Mitt. **1961**. – 17) Branch, A., Starkley, D. H. und Power, E. E. Antibiotics Ann. **1959/60** S. 581-586. – 18) Brock, Th. D. Antibiotics and Chemotherapy **7** (1957) S. 243-246. – 19) Brown, J. R., Beck, R. W., Wodward, J. M. und Porter, R. P. Amer. J. clin. Pathol. **35** (1961) S. 10, zit. n. Bull. of Hyg. **36** (1961) S. 582. – 20) Brunner, R. und Margeiter, H. Österr. Chemiker-Ztg. **56** (1955) S. 36-38. – 21) Bunn, P. und Knight, R. Antibiotics and Chemotherapy **11** (1961) S. 190-195. – 22) Burian, V., Vysoká-Burianová, B. und Padour, Fr. CS. EMT, IX, 2 (1960) S. 122, zit. n. Zbl. f. Bakt. I. Ref. **180** (1961) S. 439. – 23) Bujanovskaja, I. S., Šneerson, A. N. und Andreeva, N. A. (Bujanowskaja, I. S., Schnejerson, A. N. und Andrejewa, N. A.) Antibiotiki, Moskva **6** (1961) Nr. 3. S. 255-258. – 24) Bykova, M. A. und Averjanova, L. L. (Bykowa, M. A. und Awerjanowa, L. L.) Antibiotiki, Moskva **4** (1959) Nr. 6. S. 96-100. – 25) Carlson, J. R. und Snyder, J. W. Antibiotics and Chemotherapy **9** (1959) S. 139-144. – 26) Cerny, J. und Morris, R. L. J. Milk Food Technol. 18 (1955) S. 281-283. – 27) Chabbert, Y. A. und Patte, J. C. Appl. Microbiol. 8 (1960) S. 193-199. – 28) Chow, B. F. und McKee, C. M. Science [Washington] **101** (1945) S. 67-68. – 29) Danila, P. Žurnal mikrobiologii, ėpidemiologii i immunobiologii, Moskva 28 (1957) Nr. 1. S. 107-110, zit. n. Chem. Zbl. (1958) S. 1105. – 30) Davis, W. W. und Parke, T. V. J. Amer. pharmac. Assoc., sci. Edit. **39** (1950) S. 327-333. – 31) Diernhofer, K. und Scharfen, E. Zbl. Bakteriol., Parasitenkunde, Infektionskrankh. Hyg., I. Abt., Orig. **163** (1955) S. 342-345. – 32) Dmitrieva, V. S. und Semenov, S. M. (Dmitrijewa, W. S. und Semjonow, S. M.) Antibiotiki, Moskva **5** (1960) Nr. 4. S. 46-50. – 33) Družinina, E. N. (Drushinina, Je. N.) Antibiotiki, Moskva **4** (1959) Nr. 3. S. 109-112. – 34) Djatlov, F. G. (Djatlow, F. G.) Antibiotiki, Moskva **6** (1961) Nr. 4. S. 342-346. – 35) Edwards, S. J. und Haskins, M. D. J. Sci. Food Agric. **6** (1955) S. 218-223, zit. n. Chem. Zbl. (1958) S. 11102. – 36) Ehrenkranz, N. J. und Rommel, F. A. Antibiotics and Chemotherapy **9** (1959) S. 459-463. – 37) Ericsson, H., Tunevall, G. und Wickman, K. Scand. J. clin. Lab. Investig. **12** (1960) S. 414-422. – 38) Ermoleva, Z. V. und Vedmina, E. A. (Jermolewa, S. W. und Wedmina, Je. A.) Trudy Academii nauk SSSR Antibiotiki i ich primenienie **22** (1952) Nr. 1. S. 131-133. zit. n. Chem. Abstr. **50/5** (1956) S. 3550. – 39) Eselevič, A. Ja. und Krasnosčekova, E. E. (Jesselewitsch, A. Ja. und Krasnostschekowa, Je. Je.) Antibiotiki, Moskva **4** (1959) Nr. 6. S. 100-104. – 40) Fischbach, H. und Levine, J. Antibiotics and Chemotherapy **5** (1955) S. 640-642. – 41) Fischer, R. und Lautner, H. Arch. Pharmaz. Ber. dtsch. pharmaz. Ges. **294** (1961) S. 1-7. – 42) Friedman, S. und Kirshbaum, A. Antibiotics and Chemotherapy **4** (1954) S. 1216-1221. – 43) Foltz, E. L., Steers, E., Graves, B. S. und Suriano, H. J. Antibiotics Ann. **1959/60** S. 596-603. – 44) Fust, B. und Böhm, E. Pathol. Microbiol. [Basel] **24** (1961) S. 378-383. – 45) Fusillo, M. H., Weiss, D. L. und Possehl, C. D. Amer. J. clin. Pathol. **27** (1957) S. 534-538. zit. n. Kongreßbl. ges. Inn. Med. **186** (1958) S. 10. – 46) Gavin, J. J. Appl. Microbiol. **4** (1956) S. 323-331. – 47) Gavin, J. J. Appl. Microbiol. **5** (1957a, b) S. 25-33. 235-243. – 48) Gavin, J. J. Appl. Microbiol. **6** (1958) S. 80-85. – 49) Gerke, J. R., Gentile, J., Stander, H. und Pagano, J. F. Antibiotics Ann. **1959/60** S. 563-568. – 50) Gillissen, G. und Becher, E. Arch. Hyg. Bakteriol. **141** (1957) S. 403-420. – 51) Grove, D. C. und Randall, W. A. Assay methods of antibiotics. New York: Med. Encyclopedia Inc. **1955**. – 52) Harcourt, R. M. und Hamberger, M. J. Lab. clin. Med. **48** (1956) S. 815. – 53) Hartwig, H. und Seitz, U. Z. Tuberkulose **109** (1956) S. 142-150. – 54) Henneberg, G. Einführung in die bakteriologische Untersuchungstechnik zur Penicillintherapie. Jena: Gustav Fischer Verlag. 1949. – 55) Hermann, W. Med. Mschr. 8 (1954) S. 192. – 56) Hess, J. Preslia [Praha] **27** (1955) S. 49. – 57) Hickey, R. J. und Phillips, W. F. Analyt. Chem. **26** (1954) S. 1540-1542. – 58) Hitzenberger, G. Med. Klin. **56** (1961) S. 964-967. – 59) Holdowski, S. Antibiotics and Chemotherapy **7** (1957) S. 49-54. – 60) Igarashi, R. T., Baughman, R. W., Nelson,

F. E. und Hartman, P. A. J. Milk Food Technol. 24 (1961) S. 143-146. – 61) Isenberg, H. D. und Shapiro, S. Antibiotics and Chemotherapy 8 (1958) S. 466-469. – 67) Ivanicskaja, L. P. (Iwanizkaja, L. P.) Antibiotiki, Moskva 6 (1961) Nr. 3. S. 252-255. – 63) Iyengar, M. R. S. Nature [London] 183 (1959) S. 684. – 64) Jeney, E. und Horváth, E. Acta microbiol. Acad. Sci. hung. 5 (1958) S. 205-208. – 65) Julius, H. W. und Gaikhorst, G. Antibiotics and Chemotherpay 8 (1958) S. 287-296. – 66) Kelch, F. und Coretti, K. Fleischwirtschaft 11 (1959) S. 358-359, zit. n. Chem. Zbl. 1959, 16504. – 67) Kelly, R. G. und Buyske, D. A. Antibiotics and Chemotherapy 10 (1960) S. 604-607. – 68) Kennedy, H. E. und Harper, W. J. J. Dairy Sci. 43 (1960) S. 999-1000. – 69) Kirshbaum, A. und Arret, B. Antibiotics and Chemotherapy 9 (1959) S. 613-617. – 70) Kirshbaum, A., Kramer, J. und Arret, B. Antibiotics and Chemotherapy 10 (1960) S. 249-258. – 71) Kiser, J. S. Antibiotics and Chemotherapy 11 (1961) S. 261-266. – 72) Klein, P. Bakteriologische Grundlagen der chemotherapeutischen Laboratoriumspraxis. Berlin; Göttingen; Heidelberg: Springer-Verlag. 1957. – 73) Knapp, W. und Jacherts, D. Zbl. Bakteriol. Parasitenkunde, Infektionskrankh. Hyg., I. Abt. Orig. 162 (1955) S. 474-478. – 74) Köhler, H. Einführung in die Methoden der pflanzlichen Antibioticaforschung. Akademie-Verlag, Wiss. Abh. (1956) Nr. 13. – 75) Koopmans, R. K. Antibiotics and Chemotherapy 10 (1960) S. 612-622. – 76) Kovalenkova, V. K. (Kowalenkowa, W. K.) Antibiotiki. Sb. perev., obz. i ref. in. period. lit., Moskva 11 (1958) Nr. 1. S. 3-11. – 77) Kraushaar, A. Arzneimittel-Forsch. 9 (1959) S. 736-740. – 78) Kretzschmar, W. und Placht, G. Z. ges. inn. Med. Grenzgebiete 16 (1961) S. 608-614. – 79) Kuhfuß, K. H. Phytopathol. Z. 28 (1957) S. 281-284. – 80) Lagodsky, H. C. R. Soc. Biol. [Paris] 151 (1957) S. 1736. – 81) Lagodsky, H.C.R. Soc. Biol. [Paris] 154 (1960) S. 1435 – 82) László, N. Nature [London] 181 (1958) S. 648-649. – 83) Lees, K. A. und Tootill, J. P. R. Analyst 80 (1955) S. 95-110.; 110-123.; 531-535. – 84) Levin, J. D., Stander, H. und Pagano, J. F. Antibiotics and Chemotherapy 10 (1960) S. 422-429. – 85) Lightbown, I. W. und Sulitzeanu, D. Bull. Wld. Health Organization 17 (1957) S. 553-567. – 86) Linton, A. H. J. Bacteriol. 76 (1958) S. 94-103. – 87) Lorian, V. (Lorian, W.) Antibiotiki, Moskva 2 (1957) Nr. 3. S. 49-53, zit. n. Chem. Zbl. (1958) S. 6285. – 88) Lund, E. Acta pathol. microbiol. scand. 39 (1956) S. 421-429. – 89) Mattick, L. R., Anderson, E. O. und Wildasin, H. L. J. Dairy Sci. 38 (1955) S. 829-834. – 90) Mistretta, A. G. Antibiotics and Chemotherapy 8 (1958) S. 392-393. – 91) Morenz, I. Z. ges. Hyg. Grenzgebiete (1958) 4 S. 21. – 92) Murayama, O. J. Antibiotics [Tokyo] 12 (1960) S. 263-284. – 93) Naumann, P. Zbl. Bakteriol., Parasitenkunde, Infektionskrankh., Hyg., I. Abt., Orig. 184 (1962) S. 392-399. – 94) Neal, C. E. und Calbert, H. E. J. Dairy Sci. 38 (1955) S. 629. – 95) Nunzio, J. C. de, Bowman, F. W. und Kirshbaum, A. Antibiotics and Chemotherapy 4 (1954) S. 300-303. – 96) Nyiri, L. Acta microbiol. Acad. Sci. hung. 5 (1958) S. 147-150. – 97) Oberzill, W. Sci. pharmac. [Wien] 28 (1960) S. 102-123. – 98) Oberzill, W. Zbl. Bakteriol., Parasitenkunde, Infektionskrankh., Hyg., I. Abt. Orig., 181 (1961) S. 532-538. – 99) Otte, H. J. und Köhler, W. Die Praxis der Resistenz- und Spiegelbestimmungen zur antibiotischen Therapie. Jena: VEB Gustav Fischer Verlag. 1958. – 100) Pital, A., Disque, D. T. und Leise, J. M. Antibiotics and Chemotherapy 6 (1956) S. 351-359. – 101) Price, K. E., Zolli jun., Z., Atkinson, J. C. und Luther, H.G. Antibiotics and Chemotherapy 7 (1957a, b) S. 672-688.; 689-701. – 102) Přidal, L., Vavrečka, J. und Hlava, H. Acta Univ. Palackianae Olomucensis 14 (1958) S. 215. – 103) Princivalle, M. und Lorch, L. von. Rend. Ist. super. Sanità 20 (1957) S. 32-38. – 104) Ritzerfeld, W. Arzneimittel-Forsch. 8 (1958) S. 397-400. – 105) Roth, L. Microchim. Acta. [Wien] 1959 S. 582-585. – 106) Roth, W. Pathol. Microbiol. [Basel] 23 (1960) S. 555-560 – 107) Royl, A. Z. Haut- u. Geschlechtskrankh. 13 (1952) S. 23-24. – 108) Ryan, W. L., Igel, H. J. und Williams, P. T. J. Amer. med. Assoc. 170 (1960) S. 1528-1530. – 109) Ryan, W. L., Williams, P. T. und Igel, H. J. Antibiotics and Chemotherapy 11 (1960) S. 307-311. – 110) Schmidt, B. und Modde, H. Arzneimittel-Forsch. 11 (1961) S. 806-807. – 111) Schmidt, B., Modde, H. und Dinter, W. Arch. Hyg. Bakteriol. 144 (1960) S. 433-441. – 112) Seelzer, G. B. und Wright, W. W. Antibiotics and Chemotherapy 7 (1957) S. 292-296. – 113) Sella, F. Boll. Ist. sieroterap. milanese 33 (1954) S. 421-428. – 114) Ševčík, V. Úvod do biochemické analysy mikroorganismu. Praha: 1954. – 115) Ševčík, V. Mikrobiologija Moskva 28 (1959) Nr. 1. 105-111. – 116) Ševčík, V. Naturwissenschaften 45 (1958) S. 132. – 117) Ševčík, V. und Podojil, M. Naturwissenschaften 44 (1957) S. 93. – 118) Shahani, K. M. J. Milk Food Technol. 24 (1961) S. 138-142. – 119) Shahani, K. M., und Badami M. C. J. Dairy Sci 41 (1958) S. 1510-1517. – 120) Simon, A. Antibiotiki, Moskva 4 (1959) Nr. 1. S. 108-112. – 121) Smith, C. I., Levin, J. D. und Embody, D. R. Antibiotics Annu. 1956/57 S. 306-310. – 122) Snell, N. S. und Lewis, J. C. Antibiotics and Chemotherapy 9 (1959) S. 609-612. – 123) Sokolski, W. T. und Burch, M. R. Antibiotics and Chemotherapy 10 (1960) S. 157-162. – 124) Sokolski, W. T., Burch, M. R. und Whitfield, G. B. Antibiotics and Chemotherapy 11 (1961) S. 103-106. – 125) Sokolski, W. T., Ullmann, S., Koffler, H. und Tetrault, P. A. Antibiotics and Chemotherapy 4 (1954) S. 1057-1060. – 126) Sous, H., Löschner, H., Lagler, F. und Mückter, H. Arzneimittel-Forsch. 11 (1961) S. 395-400. – 127) Stahl, E. Chemiker Ztg. 82 (1959) S. 323-329. – 128) Stapley, E. O. Appl. Microbiol. 6 (1958) S. 392-398. – 129) Steers, E., Foltz, E. L., Graves, B. S. und Suriano, H. J. Antibiotics Annu. 1959/60 S. 604-613. – 130) Stephens, J. und Grainger, A. J. Pharmacy Pharmacol. 7 (1955) S. 702-705. – 131) Tanguauy, A. E., Gobert, A. B. und Blanchard, M. H. Antibiotics and Chemotherapy 9 (1959) S. 167-175. – 132) Tebjakina, A. E., und Čajkovskaja, S. M. (Tebjakina, A. Je. und Tschaikowskaja, S. M.) Antibiotiki, Moskva 4 (1959a) Nr. 2. S. 18-21. – 133) Tebjakina, A. E., Družinina, E. N. und Čajkovskaja, S. M. (Tebjakina, A. Je., Drushinina, Je. N. und Tschaikowskaja, S. M.) Antibiotiki, Moskva 4 (1959b) Nr. 1. S. 92-96. – 134) Thomsen, V. F. Acta pathol. microbiol.

scand. 54 (1962) S. 107–120. – 135) Topley, E., Lowburry, E. J. L. und Hurst, L. Lancet 260 (1951) S. 87. – 136) Vakulenko, N. A. (Wakulenko, N. A.) Antibiotiki, Moskva 4 (1959a) Nr. 5. S. 79–83. – 137) Vakulenko, N. A. (Wakulenko, N. A.) Antibiotiki, Moskva 4 (1959b) Nr. 6. S. 104–107. – 138) Victinghoff-Scheel, O. v. und Hagendorff, E. Arch. Hyg. Bakteriol. 135 (1951a) S. 311–313. – 139) Vietinghoff-Scheel, O. v. und Hagendorff, E. Klin. Wschr. 29 (1951b) S. 703–704. – 140) Vlasova, I. V. (Wlassowa, I. W.) Antibiotiki, Moskva 6 (1961) Nr. 6. S. 513–516. – 141) Vlodavec, V. V. (Wlodawez, W. W.) Antibiotiki, Moskva 4 (1959) Nr. 5. S. 76–79. – 142) Walter, A. und Marget, W. Z. Hyg. Infektionskrankh. 145 (1958) S. 320–330. – 143) Wasserfall, F. Kieler milchwirtsch. Forsch.-Ber. 11 (1959) S. 341–356. – 144) Weber, E. Grundriß der biologischen Statistik 4. Aufl. Jena: VEB Gustav Fischer Verlag. 1961. – 145) Weinberg, E. D. Antibiotics Annu. 1959/60 S. 569–573. – 146) Welch, H. Antibiotics and Chemotherapy 6 (1956) S. 321–323. – 147) Welsch, M. Die bakteriologischen Untersuchungen und die Resistenzprüfungen gegen Antibiotika. Stuttgart: Thieme-Verlag. 1960. – 148) Wintermere, D. M., Eisenberg, W. H. und Kirshbaum, A. Antibiotics and Chemotherapy 7 (1957) S. 189–192. – 149) Wright, W. W. J. Assoc. off. agric. Chemists 43 (1960) S. 209–210. zit. n. Fres.Z.f. Anal. Chem. (1961) 178 S. 400. – 150) Brit. Pharmacopoia 1953. S. 796–797. – 151) Deutsches Arzneibuch, 6. Ausg., Nachtr. 1959. Berlin (DDR) 1959. S. 217. 219. – 152) Pharmakopoe der USA (USP XIV) 1950. – 153) Pharmakopoe der UdSSR, Nachtr. 1952. – 154) Pharmakopoe der USA (USP XV) 1955.

REFERATE

ALLGEMEINES

A. GESCHICHTE, FORSCHUNG, UNTERRICHT

Grebeń, L. K. (Greben, L. K.) Pamjati akademika Michaila Federoviča Iwanowa. **(Dem Andenken des Akademie-Mitgliedes Michail Fjodorowitsch Iwanow.)** Agrobiologija, Moskva **1960** Nr. 6. S. 911–912.

Aus Anlaß des 25. Todestages (29. 10.) M. F. Iwanows werden die großen Erfolge seiner wiss. und praktischen Tätigkeit für die Tierzucht im In- und Ausland gewürdigt. Er verhalf dem Gedankengut Mitschurins zum Eingang in die Tierzucht und leistete einen großen Beitrag zur Schaffung neuer Rassen landwirtsch. Nutztiere. Er schuf die theoretischen und praktischen Grundlagen zur Züchtung so hochleistungsfähiger Rassen, wie sie das Askanija-Merinofeinwollschaf und das Weiße Ukrainische Steppenschwein darstellen. Bes. Bedeutung maß Iwanow der Steigerung der Leistungsfähigkeit lokaler Rassen, einer strengen Zuchtwahl, der Fütterung der Tiere und der Linienzucht bei. Auf diese Grundlage aufbauend erreichten er und seine Schüler, daß in der Herde von Askanija-Nowa (von 1945–60) Lebendgewichte der Böcke von 133 kg und Schurerträge von 18 kg bei 410 Böcken keine Seltenheit darstellten (Spitzenleistungen: bei 44 Böcken 150–183 kg Lgw.; bei 66 Böcken 20–29,4kg Schurertrag). Bei dem Weißen Ukrainischen Steppenschwein wurde vor allem die Fruchtbarkeit der Sauen, die Futterverwertung und das Lebendgewicht verbessert. Außerdem wurde in den vergangenen Jahren auf der theoretischen Grundlage M. F. Iwanows das Gefleckte Ukrainische Steppenschwein gezüchtet, das sich durch größere Frühreife, bessere Masteigenschaften bei der Fleisch- und Fettmast und durch eine größere Hitzeresistenz auszeichnet. K. Richter. 20.

Chlebarov, G. S., Savov, T. und *Aprilova, N.* Hrsg.: Bŭlgarska akad. na naukite. Inst. za životnovŭdstvo. **Bŭlgarskata knižnina po životnovŭdstvo. Tom 1. 1879–1954 gg.** (Das Bulgarische Schrifttum der Tierzucht. Bd. 1. 1879–1954.) Sofija: Izd. na Bŭlgarskata akad. na naukite. 1961. 4°. (1961 B 147)

Calkin, Veniamin Iosiformič. Hrsg.: Akademija nauk SSSR. **Materialy dlja istorii skotovodstva i ochoty v drevnej Rusi.** (Materialien zur Geschichte der Tierzucht und Jagd in der alten Rus.) Moskva: Izd. Akad. nauk SSSR. 1956. (183 S.) 4°. (1961 B 216)

Hrsg.: Minist. sel'skogo choz. USSR. **Ukrainskaja akademija sel'skochozjajstvennych nauk.** (Die Ukrainische Akademie der Landwirtschaftswissenschaften.) Kyïv. 1961. (10 S.) 4°. (1961 B 125)

Verzeichnis der an der Hochschule für LPG Meißen von 1959 bis 1961 vorgelegten Diplomarbeiten. Meißen: Hochschule für Landwirtschaftliche Produktionsgenossenschaften. 1962. (15 S.)

B. GRUNDLAGENWISSENSCHAFTEN UND METHODIK

Archipovec, A. I. (Archipowez, A. I.); Poltawa, Inst. für Schweinezucht, Lab. für Physiol. und Biochem. Landwirtsch. Nutztiere. Metodika grafičeskoj registracii sljunootdelenija u svinej. **(Eine Methode zur graphischen Registrierung der Speichelabsonderung bei Schweinen.)** Fiziologičeskij žurnal SSSR imeni I. M. Sečenova, Moskva—Leningrad **48** (1962) Nr. 3. S. 365–367. — 4 Abb., 3 Lit.

Vf. beschreibt Konstruktion und Funktion einer Apparatur zur graphischen Registrierung der Ohrspeicheldrüsen-Sekretion beim Schwein. Die Vorrichtung basiert auf dem Luft- und Wassertransport durch starken Unterdruck im System. Der Speichel wird über die am Tier angelegten Fisteln in Büretten überführt. Über am Büretten-Austritt befindliche Elektroden wird bei Speichelfluß der Stromkreis geschlossen und damit ein Kymograph betätigt. Ein Strich auf dem Kymogramm entspricht einem Speicheltropfen. 2 Kymogramme sind abgebildet und werden kurz erläutert. H.-D. Bock. 120.

Mann, E. J.; Shinfield, Reading, England, Commonwealth Bureau of Dairy Sci. and Technol. Handling the world's dairy literature. **(Bearbeitung der Weltliteratur über Milchviehhaltung.)** J. Dairy Sci. **45** (1962) Nr. 2. S. 274–276. Darstellung von Geschichte, Organisation, Methodik und Leistung des Commonwealth Bureau of Dairy Science and Technology, dessen Aufgabe es ist, in Form einer Zeitschrift Kurzberichte bzw. Referate aus dem Schrifttum der ganzen Welt zu erfassen. Es werden ca. 600 Zeitschriften sowie Einzelberichte, Patentschriften und Bücher ausgewertet, in denen jährl. ca. 8000 einzelne Arbeiten von Belang sind. Im Jahre 1960 erschienen darüber ca. 3600 Referate. Diese entstammen zu 58% dem englischen Schrifttum, zu 15% dem deutschen, zu 10% dem slawischen und zu ca. 18% anderen europäischen Sprachen. — Die Referate werden systematisiert in die 8 Gruppen Tierhaltung, Technologie, Kontrollen und Normen, Ökonomie, Physiologie, Bakteriologie und Mykologie, Chemie und Physik sowie Verschiedenes. Die Publikation erfolgt in Form von Übersichten, techn. Mitt. und in individueller Information. An der Herausgabe sind 12 Mitarbeiter beteiligt: 1 Direktor, 1 Direktions-Assistent, 5 wiss. Assistenten, 1 Kraft zum Systematisieren und 4 techn. Mitarbeiter. Das Organ wird in 70 Ländern gelesen.
F. Lüpnitz. 170.

ALLGEMEINE TIERZUCHT

A. ENTWICKLUNGSLEHRE

Boessneck, Joachim. **Die Domestikation der Graugans im alten Aegypten.** Z. Tierzücht. Züchtungsbiol. **76** (1962) Nr. 2/3. S. 356–357.
Vf. weist an Hand von Diapositiven nach, daß im alten Ägypten die Graugans (*Anser anser* L.) zum echten Haustier gemacht wurde. Die Nilgans (*Chenalopex aegyptiacus* = *Alopochen aegyptiaca* L.) ist nicht domestiziert worden, weil sie wegen ihres unverträglichen Wesens — vor allem während der Brutzeit — dazu ungeeignet ist. Die Graugans ist auch die Stammform unserer gewöhnlichen Hausgänse. F. Schenk. 1030.

Arbeitstagung zu Fragen der Evolution zum Gedenken an Lamarck-Darwin-Haeckel 20. bis 24. Oktober 1959 in Jena. Hrsg. von der Biologischen Gesellschaft in der Deutschen Demokratischen Republik. Jena: VEB Gustav Fischer Verlag. 1960. (VIII, 232 S. m. 25 Abb., 20 Taf. u. 6 Tab.) 16,7 × 24 cm. DM 19,80. Die unter dem Motto „Evolution" stehende Tagung griff auf der einen Seite unbekannte bzw. wenig geklärte Vorgänge aus der Geschichte auf, und befaßte sich andererseits mit der Bedeutung und der Fruchtbarkeit darwinistischer Gedankengänge für weltanschauliche, wiss. und praktische Probleme. Die Vorträge behandelten: „Ernst Haeckel" (Uschmann, Jena); Geschichte und Methode der Evolutionsforschung (Zimmermann, Tübingen); „Jean Baptiste Lamarck" (Rothmaler, Greifswald); „Kritik des modernen Neodarwinismus (Feiginson, Moskau); „Darwin und einige Fragen der Biologie" (Zizin, Moskau); „Systematik und Phylogenetik" (Schwarz, Jena); „Ektogenische Theorie der biogenetischen Rekapitulation" (Faludin, Budapest); „Evolutionäre Bedeutung der intra- und transspezifischen Beziehungen" (Petrusewicz, Warschau); „Gerichtete Variabilität und Anpassungsfähigkeit der Organismen„ (Raicu, Bukarest); „Pflanzliche Zwischensippen und Evolution" (Kårpåti, Budapest); „Flechtensäuren als Indikatoren der verwandtschaftlichen Beziehungen bei Flechten" (Cernohorský, Prag); „Zoologische Domestikationsforschung und Darwinismus" (Senglaub, Leipzig); „Mechanismus der Befruchtungsinkompatibilität bei der entfernten Kreuzung des Geflügels" (Vojtiskovå, Prag); „Wirtspflanzenwahl phytophager Insekten in Beziehung zur Artenbildung" (Müller, Rostock); „Rezente Artbildung bei Schmetterlingen, Lymantriiden" (Kruel, Eberswalde); „Bedeutung der Parasitologie für die Evolutionsforschung" (Michajlow, Warschau); „Paläontologie und Entwicklungslehre" (Prantl, Prag); „Bedeutung des Lamarck-Gegners George Cuvier für die menschliche Paläontologie" (Falkenburger, Mainz); „Problem der Anthropogenese" (Wolf, Prag); „Philosophische Bedeutung der Lehre von Charles Darwin" (Platonow, Moskau). F. Lüpnitz.

B. ORGANE DES TIERKÖRPERS

Weide, Kenneth D., Trapp, Allan L., Weaver, C. R. und Lagace, Andre. Blood cell counting in animals by electronic means. I. Erytrocyte enumeration of porcine, ovine, and bovine blood. **(Zählung der Blutzellen bei Tieren auf elektronischem Wege. 1. Mitt. Die Erythrocytenzählung im Schweine-, Schaf- und Rinderblut.)** Amer. J. veterin. Res. **23** (1962) Nr. 94. S. 632–640. — 5 Abb., 4 Tab., 15 Lit.

Die Arbeit beschreibt die Technik der Erythrocytenzählung mittels eines elektronischen Apparates. 0,001 ml Blut werden mit 0,5 ml isotonischer Salzlösung verdünnt und zwischen 2 Elektroden hindurchgeschickt. Jedesmal, wenn eine Zelle zwischen den Elektroden hindurchgeht, entsteht ein momentaner Resistenzwechsel, der einen Voltstoß erzeugt, der verstärkt und gezählt wird. Beim Schweine- und Rinderblut wird eine Verdünnung von 1:200, beim Schafblut von 1:300 verwendet. Da bei der elektronischen Zählung gelegentlich auch 2,3 oder sogar 4 Zellen als eine Einheit gezählt werden, muß zur Gewinnung einer korrekten Zahl die nach der Formel 2,5 (n/1000) bestimmte Zahl der Rohzählung hinzugezählt werden (n = Rohzählungszahl). Bei dieser Methode werden die weißen Blutkörperchen nicht gesondert gezählt; ihre in anderer Weise bestimmte Zahl muß von der Rohzahl abgezogen werden. Die Standardabweichungen betrugen beim elektronischen Apparat beim Schwein 3,2%, beim Schaf 0,8%, beim Rind 1%. Bei den mittels eines Hämocytometers bestimmten Zahlen der roten Blutkörperchen betrugen die Standardabweichungen beim Schwein 6,3%, beim Schaf 4,7% und beim Rind 4,8%. Bei einiger Übung können in 1 Std. 25–30 elektronische Zählungen durchgeführt werden. Eine schematische Zeichnung erläutert die Funktion des Apparates und dessen Bau. D. Wirth. 1120.

Walker, Richard I., Herion, John C. und Palmer, Jeffress G.; Chapel Hill, Univ. of North Carolina, School of Med., Dep. of Med. Leukocyte labeling with inorganic radiophosphorus. **(Markierung von Leukocyten mit anorganischem radioaktivem Phosphor.)** Amer. J. Physiol. **201** (1961) Nr. 6. S. 1137–1141. — 4 Abb., 1 Tab., 34 Lit.

An Kaninchen wurde eine Plasmaclearance des anorg. ^{32}P nach einmaliger i.v. Injektion ausgearbeitet. Nach Injektion von nur 2 μc/kg Lgw. war eine radioaktive Aktivität über wenigstens 7 Tage nachzuweisen. Weiter wurden der Einbau des anorg. P in verschiedene Reifungsformen der Leukocyten und das Knochenmark untersucht. B. Busch. 1120.

Polosuchina, T. Ja. und Kaipova, Z. N. (Polossuchina, T. Ja. und Kaipowa, S. N.); Alma-Ata, Kasach. Med. Inst., Lehrstuhl für Biol. Chem. Cholesterin, žirnye kisloty i ketonovye tela krovi u domašnich i dikich životnych. **(Cholesterin, Fettsäuren und Ketokörper im Blut von Haus- und Wildtieren.)** Izvestija Akademija nauk Kazachskoj SSR. Serija mediciny i fiziologii, Alma-Ata **1960** Nr. 1. S. 41–46. — 1 Tab., 33 Lit. Orig.: russ., Ausz.: kasach. 1120.

Habeeb, A. F. S. A. und Smith, David B.; Ottawa, Ontario, Canada, Nat. Res. Council, Div. of Appl. Biol. The amino acid contents of horse globin and of its component polypeptides. **(Der Aminosäure-Gehalt von Pferdeglobin und seinen Polypeptidketten.)** Canad. J. Biochem. Physiol. **38** (1960) Nr. 3. S. 263–268. — 1 Abb., 2 Tab., 15 Lit.

Aus Pferdeoxyhämoglobin und -globin wurden die beiden Globinketten (vl-Kette, mit endständiger Valylleucyl-Gruppierung; vg-Kette, mit endständiger

Valylglutamyl-Gruppierung) durch fraktionierte Präzipitation nach einer abgewandelten Methode von Wilson und Smith (1959) abgetrennt und deren Aminosäurezusammensetzung säulenchromatographisch bestimmt. Der Hauptunterschied besteht darin, daß die vl-Kette reicher an Serin und Threonin und ärmer an Glutaminsäure und Tryptophan ist als die vg-Kette. In Tab. werden die Analysenergebnisse von Gesamtglobin, der vl- und vg-Kette und der 3 chromatographisch abtrennbaren Globinfraktionen angegeben.

M. Metze. 1120.

Simpson, L. A.; Durban. A note on the effect of vitamin B_{12} on the haematological picture of the race horse. **(Eine Notiz zur Wirkung von Vitamin B_{12} auf das Blutbild von Rennpferden.)** J. South African veterin. med. Assoc. 32 (1961) Nr. 1. S. 95–96. — 1 Tab.
Mehrere Injektionen von Vit. B_{12} und Zugabe von Eisen zum Futter führten bei einem 3jährigen Rennpferd innerhalb von 3 Wochen zu einem Anstieg des Hämatokritwertes von 49 auf 61%, des Hb-Gehaltes von 18,0 auf 21,3% und der Erythrocytenzahl von 10,8 auf 14,1 Mill./mm³. In der gleichen Zeit gewann das Pferd mehrere Rennen. Eine ausführliche Darst. dieser Zusammenhänge erfolgt später. W. Goldbach. 1120.

Čuškov, P. und Gerov, K. (Tschuschkow, P. und Gerow, K.) Vŭzrastovi osobenosti na beltŭčnite frakcii ot krŭvnija serum na zdravi i bolni teleta. **(Altersbedingte Besonderheiten der Eiweißfraktionen des Blutserums gesunder und kranker Kälber.)** Izvestija na Centralnija naučnoizsledovatelski institut po biologija i patologija na razmnožavaneto na selskostopanskite životni, Sofija 1 (1961) S. 199–206. — 2 Abb., 2 Tab. Zus. in Russ., Engl.
Im Blutserum des neugeborenen Kalbes fehlen die γ-Globuline. Sie treten frühestens 4 Std. nach Verfütterung der Colostralmilch auf und sind gegen die 24. Std. nach der Verfütterung deutlich ausgeprägt. Beim Kalb sind die Werte für die α- und β-Globuline höher und diejenigen der γ-Globuline kleiner als beim ausgewachsenen Rind. Bei der Bronchopneumonie nehmen die Albumine ab und die α- und β-Globulinfraktionen zu. In der Rekonvaleszenzperiode erreicht ihr Prozentsatz den Normalwert und derjenige der γ-Globuline wird reduziert. Bei einer Gastroenteritis ist bei den Kälbern Zunahme der β-Globuline und Abnahme der γ-Globuline zu beobachten.

T. Radew. 1120.

Vliet, G. van. Differentiatie in hemoglobinen bij het Nederlandse schaap. **(Unterschiedliche Hämoglobine beim Niederländischen Schaf.)** Tijdschr. Diergeneeskunde 87 (1962) Nr. 9. S. 597–606.
Bei der Untersuchung von 334 Schafen stellte Vf. fest, daß beim Niederländischen Schaf 2 Hämoglobine (Hb I und Hb II) vorkommen, deren Erblichkeit durch einfache Mendelsche Faktoren bestimmt wird. Homo- wie heterozygote Tiere enthalten Hb I und Hb II vom 1. Tage nach der Geburt im Blut. Hb II hat eine höhere Sauerstoffaffinität. Das Hb der wildlebenden Schafe und der Heidschnucken ist wahrscheinlich mit Hb II identisch. Ein selbständiges Hb enthält das Blut des Argali und des Mähnenschafes. Das Hb des Urial ist dem des Argali sehr ähnlich. Hb I konnte bei wildlebenden Schafen nicht nachgewiesen werden. H. J. Rummler. 1120.

Valpotić, I. und Mitin, V.; Zagreb, Univ., Veterinärmed. Fak., Inst. für Morphol. und Physiol. Vrijeme zgrušavanja krvi, brzina sedimentacije i osmotska rezistencija eritrocita u balkanske koze. **(Blutgerinnungszeit, Senkungsreaktion und osmotische Resistenz bei Balkanziegen.)** Veterin. Arh. [Zagreb] 32 (1962) Nr. 1/2. S. 15–18. — 1 Tab., 8 Lit. Zus. in Engl., Dtsch.
An 19 klinisch gesunden Tieren unterschiedlichen Alters, Geschlechts und Körpergewichts wurden folgende Befunde erhoben: Blutgerinnungszeit (nach Fonio): bei 19–20 °C 44 ± 3,36 Min.; Blutsenkungsgeschwindigkeit (nach

Westergren): nach 1 Std. 0,7 ± 0,05, nach 2 Std. 1,7 ± 0,01, nach 24 Std. 8,6 ± 0,5 mm; osmotische Resistenz (nach Hamburger): Minimum 0,75 ± 0,01% NaCl, Maximum 0,57 ± 0,01% NaCl. B. Busch. 1120.

Pilipenko, M. E. (Pilipenko, M. Je.); Charkow, Veterinärmed. Inst., Lehrstuhl für Histol. und Embryol. Ob izmenenijach gematologičeskich pokazatelej cypljat v zavisimosti ot uslovij inkubacii. **(Über die hämatologischen Kennziffern bei Küken in Abhängigkeit von den Brutbedingungen.)** Sbornik trudov Charkovskogo veterinarnogo instituta 24 (1960) S. 60–64. — 4 Tab., 7 Lit. 1120.

Kaludin, I. S. und Rapoport, S. **Veränderungen des K^+- und Na^+-Gehaltes während des Reifungsprozesses der roten Blutkörperchen von Kaninchen und Hühnern.** Acta biol. med. german. [Berlin] 8 (1962) Nr. 2. S. 151–156. — 1 Abb., 3 Tab., 18 Lit. Zus. in Engl.

An Kaninchen- und Hühnererythrocyten und Retikulocyten wurde der K^+ und Na^+-Gehalt untersucht. Diese Versuche bauten sich auf den Feststellungen anderer Autoren auf, die die Meinung vertraten, daß sich die Konzentration von K und Na in den roten Blutkörperchen bei zunehmender Alterung verändert. Die Vff. konnten aus ihren Ergebnissen die Schlußfolgerung ziehen, daß die Veränderung des K- und Na-Gehaltes eine gesetzmäßige Eigenschaft beim Reifungsvorgang der Erythrocyten darstellt. Die Retikulocyten der Versuchstiere enthielten mehr K^+ und Na^+ als die von den gleichen Tieren gewonnenen Erythrocyten. W. Richter/Kleinmachnow. 1120.

Lisicyn, A. P. (Lissizyn, A. P.) Vozrastnye izmenenija pokazatelej krovi polovozrelych samok serebristo-černych lisic. **(Entwicklungsmäßige Veränderungen der Merkmale des Blutes bei geschlechtsreifen weiblichen Silberschwarz-Füchsen.)** Izvestija Timirjazevskoj sel'skochozjajstvennoj akademii, Moskva **1960** Nr. 5. S. 216–221. — 2 Abb., 1 Tab., 17 Lit. Zus. in Engl.

Das Alter eines geschlechtsreifen Tieres beeinflußt das Blutbild wesentlich. Die Erythrocytenzahl pro mm^3 Blut steigt von 8906000 (1 Jahr) auf 9829000 (3 Jahre) und sinkt dann allmählich auf 8738000 (8 Jahre). Der Hb-Gehalt weist mit steigendem Alter der Tiere eine sinkende Tendenz auf. Die Leukocytenformel trägt lymphocytären Charakter. Die Zahl der Eosinophilen steigt von 4,02% (1 Jahr) auf 8,74% (5 Jahre) und bleibt dann bis zu 8 Jahren bei ca. 7%. Die Gesamtzahl der Neutrophilen steigt langsam an (von 29,02% mit 1 Jahr auf 33,21% mit 8 Jahren), die Lymphocytenzahl sinkt (von 65,78% mit 1 Jahr auf 58,38% mit 8 Jahren). In bezug auf den Gehalt an Basophilen und Monocyten wurden keine gesetzmäßigen Veränderungen im Laufe der Entwicklung beobachtet. F. Schenk. 1120.

Woods, M., Burk, D. und Seitz, J. The occurrence and significance of an insulin: Anti-insulin glycolytic control mechanism in mammalian tissues. **(Das Vorkommen und die Bedeutung eines Insulin-Antiinsulinglykolytischen Kontrollmechanismus in Säugetiergeweben.)** Acta biol. med. german. [Berlin] 8 (1962) Nr. 2. S. 134–138. — 2 Tab., 17 Lit. Zus. in Russ.

An normalen und kranken Geweben von Säugetieren wurde ein Insulin-Antiinsulin-Mechanismus zur Regulierung der Glukoseverwertung nachgewiesen. Es wurden in diesem Zusammenhang u.a. Nieren, Milz, Knochen, normale und leukämische Leukocyten sowie Melanome und Mammatumoren untersucht. Es konnte festgestellt werden, daß bei der Entstehung von Tumorzellen und bei der weiteren Ausbildung von bösartigem Gewebe ein Verlust der Empfindlichkeit der Glykolyse gegenüber einer Antiinsulin-Hemmbarkeit zu verzeichnen war. Auf die hormonellen und chem. Wechselbeziehungen wird eingegangen und die Bedeutung dieser Erkenntnisse für die Chemotherapie der Geschwülste hervorgehoben. W. Richter/Kleinmachnow. 1125.

Kablov, G. A. (Kablow, G. A.); Charkow, Veterinärmed. Inst., Lehrstuhl für Pathol. Anatomie. K gistologii koži i ee innervacii u krupnogo rogatogo skota. **(Zur Histologie der Rinderhaut und ihrer Innervation.)** Sbornik trudov Chaŕkovskogo veterinarnogo instituta 24 (1960) S. 92–99. — 7 Abb., 7 Lit. 1135.

Naumova, N. A. (Naumowa, N. A.); Charkow, Veterinärmed. Inst., Lehrstuhl für Pathol. Anatomie. O stroenii volosistych učastkov koži krupnogo rogatogo skota i ee innervacii. **(Über den Bau der behaarten Teile der Rinderhaut und ihre Innervation.)** Sbornik trudov Chaŕkovskogo veterinarnogo instituta 24 (1960) S. 100–107. — 7 Abb. 1135.

Schinckel, P. G. Variation in wool growth and of mitotic activity in follicle bulbs induced by nutritional changes. **(Durch Wechsel in der Ernährung hervorgerufene Variation des Wollwachstums und der mitotischen Aktivität in den Follikelbulbi.)** Animal Product. 4 (1962) Nr. 1. S. 122–127. — 2 Abb., 3 Tab., 12 Lit.

Die Untersuchung wurde 1961 an einem 6 Jahre alten Medium-wool-Merino-Mutterschaf durchgeführt, das in einem Stoffwechselkäfig in einem Raum mit einer kontrollierten Temperatur von 23 ± 1 °C gehalten wurde. Wollwachstum und mitotische Aktivität wurden zuerst bei niedriger und dann bei hoher Nährstoffzufuhr gemessen. Die ersten 15 Wochen wurde eine Ration von 600 g/Tag einer Mischung von 50 Teilen Luzernespreu und 50 Teilen Weizenspreu (niedrige Ration) verabreicht. Weitere 4 Wochen erhielt das Schaf 750 g/Tag einer Mischung von 30 Teilen Luzernespreu, 30 Teilen Weizenspreu und 40 Teilen gebrochenem Mais (hohe Ration). Dazu wurden 185 ± 5 g/Tag Casein (14% Auflösung) mit einem Transfusions-Apparat in den Labmagen verabreicht. Es wurden damit extra 30 g N je Tag ergänzt. Die Wollwachstumsrate bei der hohen Nährstoffration war um 156% größer als bei der niedrigen. Dabei wurde eine Zunahme von 71% in der Haarquerschnittsfläche gemessen und von 50% in der Haarlänge geschätzt. Diese Zunahme im Wollwachstum ist auf eine gemessene Zunahme von 56% in der Anzahl der Zellen und eine geschätzte Zunahme von 64% des Zellvol. zurückzuführen. B. Kupatz. 1140.

Konoplev, A. I. (Konoplew, A. I.); Charkow, Veterinärmed. Inst., Lehrstuhl für Klin. Diagnostik und Röntgenol. K voprosu o mikrorentgenografii kosti. **(Zur Frage der Mikroröntgenographie von Knochen.)** Sbornik trudov Chaŕkovskogo veterinarnogo instituta 24 (1960) S. 78–79. — 1 Abb., 5 Lit. 1310.

Lupulescou, A.; Bukarest. Les effets de l'hormone somatotrope et de certaines hormones stéroides sur le cartilage de conjugaison. **(Die Wirkung des somatotropen Hormons und einiger Steroid-Hormone auf die Gelenkknorpel.)** Ann. d'Endocrinol. 22 (1961) Nr. 6. S. 870–885. — 22 Abb., 1 Tab., 9 Lit.

Untersucht wurde die Wirkung geringer und hoher Dosen von somatotropem Hormon (STH) und Steroid-Hormonen auf Entwicklung und Wachstum des Knorpels im Tibia-Bereich. Bei gleichzeitiger Verabreichung von STH und Geschlechtshormonen (Follikulin oder Testosteron) an 13–14 g schwere Ratten wurde beim homologen Geschlecht das Wachstum der Knochen angeregt. Bei gleichzeitiger Verabreichung von STH und Cortison wurde die Entwicklung etwas verzögert, während DOCA stimulierend wirkte. Hohe Dosen von Follikulin hemmten nicht nur das Wachstum, sondern führten auch zu sklerotischen Erscheinungen. Zusätzliche Verabreichung von STH verringerte diese Erscheinung. Es wird angenommen, daß diese hormonalen Wirkungen unmittelbar auf das Knochengewebe gerichtet sind und nicht etwa das endokrine System steuern. F. Lüpnitz. 1310.

Ingram, D. L. und Whittow, G. C. The effect of heating the hypothalamus of the ox. **(Die Wirkung einer Erwärmung des Hypothalamus beim Ochsen.)** J. Physiol. [London] **159** (1961) Nr. 2. S. 86P–87P. — 3 Lit.

Bisher war bei einer Erwärmung des Hypothalamus beim Ochsen eine heftige Atembeschleunigung zu beobachten, ohne daß sich ein Anstieg in der Bluttemperatur oder der Temperatur des Hypothalamus bemerkbar gemacht hätte. Im vorliegenden Versuch wurde bei 3 einjährigen Jungochsen mittels Wärmeelektrode der Hypothalamus auf 39,5; 40; 40,5; 41 und 41,5 °C erwärmt und die Atemfrequenz, das Minutenvol. und die Temperatur an verschiedenen Extremitäten bei Umgebungstemperaturen von 0; 15 und 30 °C gemessen. Die Wirkung hing sowohl vom Grad der Erwärmung des Hypothalamus als auch von der Umgebungstemperatur ab. Die beobachteten Reaktionen der einzelnen physiol. Leistungen unter verschiedenen Temperaturbedingungen werden eingehend besprochen. H. Busse. 1350.

Hunsaker, W. G. und Sturkie, P. D.; Ottawa, Ontario, Animal Res. Inst.; New Brunswick, N. J., New Jersey Agric. Exp. Stat. Blood pressure before, during, and after oviposition in the hen. **(Der Blutdruck von Hennen vor, während und nach der Eiablage.)** Canad. J. Biochem. Physiol. **40** (1962) Nr. 2. S. 177–180.

Hennen, bei denen die Palpation das Vorhandensein eines Eies im Uterus ergeben hatte, wurden mit Hilfe einer in die Carotis eingeführten Kanüle auf Änderungen des Blutdruckes während der Legetätigkeit untersucht. Der Blutdruck bleibt bis zu 60 Sek. vor der Eiablage rel. stabil. Erst dann folgt eine Periode, in welcher sich der Abstand zwischen Diastole und Systole verlängert, ohne daß sich der Druck ändert. Gleich nach der Ablage fällt der systolische (von 163 auf 146 mm Hg im Durchschnitt) und der diastolische Druck (von 125 auf 118 mm Hg) ab. Eine hinreichende Erklärung für den Druckabfall sofort nach dem Legen kann nicht gegeben werden. Es wird auf mögliche Änderungen des intraabdominalen und intrathorakalen Druckes oder auf hormonelle Beeinflussungen hingewiesen. H. Fischer. 1370.

Schulz, Helmut; Kiel, Univ., Inst. für Haustierkunde. **Zur Kenntnis der Cardiadrüsen im Magen der Säugetiere.** Z. wiss. Zool., Abt. A **166** (1962) Nr. 1/2. S. 99–133.

Aufgabe der vorliegenden Arbeit ist die Klärung der Funktion der Cardiadrüsen im Magen der Säugetiere mit histochem. Methoden. Zu den Untersuchungen wurden Schweinemägen verwendet. Die Feststellung der Verteilung der Polysaccharide ergab, daß Sekrete unterschiedlicher Natur abgesondert werden. Als bes. auffällig wird der Unterschied in der sauren Reaktion des unteren Abschnittes der Drüsenschläuche herausgestellt. Es konnte festgestellt werden, daß verschiedene mukoide Stoffe sezerniert werden: ein saurer, welcher offenbar mit Mukoitinschwefelsäure identisch ist, und 2 neutrale, die in unterschiedlicher Menge vorkommen. Eiweißuntersuchungen lassen die Schußfolgerung zu, daß der abgesonderte Schleim Aminosäuren enthält, die wenigstens zum Teil durch Peptidbindungen zusammengehalten werden. Ob die nachgewiesenen Saccharide an die Eiweiße gekoppelt sind, ist unsicher. Das Studium der intrazellulären Fermente läßt auf das Vorhandensein von serösen Fermenten schließen. Neben ihrer Wirkung als extrazelluläre Verdauungsfermente dürften sie auch gegenüber den hochmolekularen Sekreten einen Verdünnungseffekt haben. H. Fischer. 1385.

Alexander, D. Pauline und Nixon, D. A. Plasma clearance of p-aminohippuric acid by the kidneys of foetal, neonatal and adult sheep. **(Die Plasma-Absorbierung von p-Aminohippursäure durch die Nieren von Schafen im fetalen, postnatalen und ausgewachsenen Zustand.)** Nature [London] **194** (1962) Nr. 4827. S. 483–484.

Die Überprüfung der sekretorischen Tätigkeit des Nierengewebes von Schafen in verschiedenen Altersstufen ergab eine bessere Absorptionsfähigkeit der Nieren bei Schafen mit reifem und ausgebildetem Organismus gegenüber solchen im embryonalen Stadium bzw. gegenüber Lämmern bis zu einem Alter von 2 Wochen. J. Schumann. 1390.

Sawyer, Wilbur H.; New York, Columbia Univ., Coll. of Physicians and Surgeons, Dep. of Pharmacol. Comparative physiology and pharmacology of the neurohypophysis. **(Vergleichende Physiologie und Pharmakologie der Neurohypophyse.)** Recent Progr. Hormone Res. **17** (1961) S. 437–465. — 13 Abb., 1 Tab., 94 Lit.
Vf. gibt zunächst eine Übersicht über die phylogenetische Verteilung der aktiven Neurohypophysen-Peptide bei den Vertebraten. Arginin-Vasotocin wurde u.a. bei den Vögeln gefunden, während die Säugetiere mit Placenten i.allg. Arginin-Vasopressin und Oxytocin bilden. Oxytocin reguliert die Milchausschüttung und wahrscheinlich die Geburt bei den ♀ Säugetieren. Über seine Funktion bei den übrigen Vertebraten und beim ♂ Säugetier ist noch nichts Definitives bekannt. Die antidiuretische Neurohypophysenfunktion wird bei den Vögeln von Arginin-Vasotocin, bei den Säugetieren vom Arginin- oder Lysin-Vasopressin wahrgenommen. Bei den Fischen scheint die Neurohypophyse in erster Linie die Sekretion des Hypophysenvorderlappens zu regulieren. F. Döcke. 1512.

Knobil, E. und Josimovich, J. B. The interstital cell stimulating activity of ovine, equine and human luteinizing hormone preparations in the hypophysectomized male rhesus monkey. **(Die ICSH-Aktivität von luteinisierendem Hormon des Schafes, Pferdes und des Menschen bei hypophysektomierten männlichen Rhesusaffen.)** Endocrinology **69** (1961) Nr. 1. S. 139–151. — 8 Abb., 2 Tab., 8 Lit.
Versuche an hypophysektomierten Rhesusaffen zeigen, daß einige LH-Präparate, die aus der Hypophyse und Placenta von Schaf, Pferd und Mensch gewonnen wurden, eine stimulierende Wirkung auf die Leydigschen Zwischenzellen haben. H.-A. Ketz. 1512.

Siegel, H. S.; Blacksburg, Virginia Polytechn. Inst. Age and sex modification of responses to adrenocorticotropin in young chickens. I. Changes in adrenal and lymphatic gland weights. **(Alters- und geschlechtsbedingte Unterschiede junger Küken in der Reaktion auf Adrenocorticotropin. 1. Mitt. Veränderungen der Nebennieren- und Lymphknotengewichte.)** Poultry Sci. **40** (1961) Nr. 5. S. 1263–1274. — 7 Abb., 4 Tab., 23 Lit.
Küken im Alter von 3–80 Lebenstagen erhielten ACTH in unterschiedlicher Dosierung verabreicht. Erst von 18 Tagen Alter an konnte eine signifikante Hypertrophie der Nebennieren erreicht werden. Die Entwicklung der Lymphknoten setzte schon zeitiger ein, doch konnte auch hier eine deutliche Beziehung zum Alter festgestellt werden. Die Nebennieren männl. Tiere sprachen besser auf ACTH an als die weibl. Tiere. B. Busch. 1512.

Tanabe, Yuichi und Komiyama, Tetsuro; Chiba-Shi, Japan, Nat. Inst. of Agric. Sci., Dep. of Livestock. A new procedure for estimating thyroxine secretion rate with radioiodine. **(Eine neue Art der Bestimmung der Thyroxin-Sekretionsrate mit Radiojod.)** Endocrinology **70** (1962) Nr. 2. S. 142–148. — 5 Abb., 13 Lit.
Es wird eine verbesserte Technik für die *in vivo*-Bestimmung der Thyroxin-Sekretionsrate (I) beschrieben und mit anderen Methoden verglichen. Die tägl. **I** wird als jene L-Thyroxinmenge bestimmt, welche die Thiouracil(II)-induzierte Beschleunigung der ^{131}J-Freisetzung der Schilddrüse inhibiert und die Retention von thyreoidalem ^{131}J auf die Menge vor der **II**-Verabreichung reduziert. Dieser Wert beträgt ca. 60% desjenigen, der in einem Versuch mit

kompletter Inhibierung der ^{131}J-Freigabe durch Injektion von Thyroxin bei **II**-Versuchsküken erhalten und 85% desjenigen, der bei der gleichen Prozedur mit Nicht-**II**-Küken gebildet wird und schließt den Wert aus einem Kropfvorbeugeversuch mit ein. Die **I**, durch die neue Technik bestimmt und als μg L-Thyroxin/100 g Lgw. ausgedrückt, beträgt ca. 1,50–1,80 für 6–7 Wochen alte Hähnchen und 0,58 für 12 Mon. alte Hennen. Die auf diese Weise erhaltenen **I** enthalten die normale Sekretionsrate, weil in beiden Versuchen die exogene Thyroxinmenge einen Normalspiegel der TSH-Sekretion gewährleistete. R. Neseni. 1525.

Farer, L. S., Robbins, J., Blumberg, B. S. und Rall, J. E. Thyroxine-serum protein complexes in various animals. **(Thyroxin-Serumprotein-Komplexe bei verschiedenen Tieren.)** Endocrinology **70** (1962) Nr. 5. S. 686–696. — 4 Abb., 2 Tab., 22 Lit.

Die Wechselwirkung zwischen Thyroxin und Eiweiß wurde bei einer Reihe von Säugetieren, Vögeln, Reptilien, Amphibien und Fischen untersucht. Lediglich Säugetiere mit Ausnahme einiger Nagetiere besitzen ein spez. thyroxinbildendes Serumprotein (α-Globulin). Bei allen anderen Wirbeltieren ist die Fähigkeit der Proteine, das Thyroxin zu binden, weniger stark ausgeprägt. Innerhalb einer Species beobachtete Schwankungen hinsichtlich der Bildung von Thyroxin-Serumeiweiß-Komplexen werden auf genetische Ursachen zurückgeführt. — Die Untersuchungsmethode bestand in Papier- und Stärkegel-Elektrophorese inkubierter Mischungen von radioaktivem L-Thyroxin mit Serum. Es wird auf die Notwendigkeit hingewiesen, möglichst zahlreiche verschiedene Untersuchungsmethoden anzuwenden, um zu genauer Kenntnis der Thyroxin-Serumbindung bei den einzelnen Tieren zu gelangen. W. Laue. 1525.

Michel, Raymond, Cabanne, Ferdinand, Truchot, Roger und Roche, Jean; Dijon, France, École de Méd. et de Pharmac., Lab. de Chim. Pharmac. et Pathol. Anatomie. Hormones thyroïdiennes et métabolisme du cholestérol chez le poulet. III. Action des hormones et de leurs dérivés chez l'animal radiothyroïdectomisé. **(Schilddrüsenhormone und Cholesterinstoffwechsel beim Hühnchen. 3. Mitt. Die Wirkung von Hormonen und ihrer Derivate beim radiothyreoidektomierten Tier.)** Acta endocrinol. [Copenhagen] **40** (1962) Nr. 1. S. 16–30. — 4 Abb., 8 Tab., 13 Lit. 2. Mitt. vgl. LZ. Abt. III **6** (1961) Nr. 7. S. 1151.

Eine Radio-Thyreoidektomie (**I**) verzögert das Wachstum von Hähnchen und erzeugte eine geringe Hypercholesterinämie (**II**) bei Tieren mit einer hohen Cholesterindiät. 3,5,3-Trijodo-L-Thyronin und 3,5,3-Trijodo-Thyreo-Essigsäure (TA_3) inhibiert für einige Mon. die **II** bei **I**-Küken. Diese Substanzen vermindern die Menge von Aorten- und Lebercholesterin. Vit. A_1 erzeugt erhöhtes Blutcholesterin bei **I**-Hähnchen, welche mit einer cholesterinreichen Diät ernährt wurden. Es verstärkt auch den Hypocholesterinämie-Effekt des TA_3 und vermindert das Leber-Cholesterin. Histol. Untersuchungen bestätigten die Vollständigkeit der **I** und demonstrierten die Inhibierung der Spermiogenese. Es war nur eine geringe Aorten-Atheromatose, aber eine starke Coronararterien-Atheromatose festzustellen. R. Neseni. 1525.

Yamada, Takashi, Iino, Shiro und Greer, Monte A. Comparison of the effect of hypophysectomy and thyroxine administration on thyroid function in the rat. **(Der Vergleich der Wirkung einer Hypophysektomie und einer Thyroxinverabreichung auf die Schilddrüsenfunktion der Ratte.)** Endocrinology **69** (1961) Nr. 1. S. 1–12. — 1 Abb., 1 Tab., 23 Lit.

Bei insgesamt 332 ♂ Ratten (100–250 g) wird der Einfluß der Hypophysektomie und von Thyroxingaben auf die ^{131}J-Speicherung und -Entspeicherung sowie auf das Gewicht der Schilddrüse untersucht. Eine fast gleichartige

Wirkung auf die ^{131}J-Speicherung und -Entspeicherung durch die Schilddrüse haben die Hypophysektomie und eine Dosis von 5 μg/Tag Thyroxin. Eine zur Thyroxindosis äquivalente Menge von Kaliumjodid führt zur Entspeicherung der Schilddrüse für eine kurze Periode. H.-A. Ketz. 1525.

Cymbal, T. G. (Zymbal, T. G.); Charkow, Veterinärmed, Inst., Lehrstuhl für Anatomie Landwirtsch. Nutztiere. K voprosu o vozrastnych osobennostjach stroenija epitelial'nych telec krupnogo rogatogo skota. **(Zur Frage der altersmäßigen Besonderheiten des Baues der Epithelkörperchen beim Rind.)** Sbornik trudov Chaŕkovskogo veterinarnogo instituta 24 (1960) S. 3–9. — 2 Abb., 2 Tab. 1530.

Copp, Harold D. und Davidson, A. George F. Direct humoral control of parathyroid function in the dog. **(Die direkte humorale Kontrolle der Nebenschilddrüsenfunktion beim Hund.)** Proc. Soc. exp. Biol. Med. 107 (1961) Nr. 2. S. 342–344. — 3 Abb., 12 Lit.
Bei Hunden wurden die isolierten Schilddrüsen und Nebenschilddrüsen mit Blut übergossen, dessen Ca-Gehalt verschieden hoch war. Bei niedrigem Blut-Ca Spiegel wurde Parathyreoid-Hormon oder eine Substanz mit identischer Wirkung freigegeben. Ch. Garlt. 1530.

Leeman, S. E., Glenister, D. W. und Yates, F. E. Characterization of a calf hypothalamic extract with adrenocorticotropin-releasing properties: evidence for a central nervous system site for corticosteroid inhibition of adrenocorticotropin release. **(Charakterisierung eines Hypothalamusextraktes vom Kalb mit adrenocorticotropinfreisetzender Wirkung: Beweis dafür, daß der Bezirk für die Hemmung der Adrenocorticotropinausschüttung durch Corticosteroide im Zentralnervensystem liegt.)** Endocrinology 70 (1962) Nr. 2. S. 249–262. — 8 Abb., 3 Tab., 51 Lit.
Im Rattenversuch erfüllte ein Hypothalamusextrakt vom Kalb alle Forderungen, die man an einen Extrakt mit der Wirksamkeit eines ACTH-freisetzenden Neurohormons stellen muß, Forderungen, die von den Vff. zusammengetragen und formuliert worden sind. Die ACTH-Ausschüttung nach i.v. Injektion von Extrakten im Vergleich zu anderen Reizen wie Histamin, Laparotomie, Serotonin, Pitressin, synthetischem Arginin-Vasopressin wurde am Anstieg der Corticosteronkonzentration im Plasma (modifizierte Methode nach Silber u. Mitarb.) bzw. am Ascorbinsäureschwund in der Nebenniere (Methode nach Mindlin und Butler) gemessen. Für die Hemmung der zu prüfenden Reize, die eine ACTH-Sekretion auslösen, verwendete man hypophysektomierte Tiere und injizierte Morphin bzw. Corticosteroide. Morphin machte alle Stimulantien außer dem Hypothalamusextrakt nahezu unwirksam. Da nach Hypophysektomie der Extrakt weder einen Anstieg in der Plasmacorticosteronkonzentration noch einen Ascorbinsäureschwund hervorrief, kann die Angriffsstelle des Morphins nicht im Hypophysenvorderlappen, sondern erst im ZNS liegen. — Bei Corticosteroidgaben und gleichzeitiger Histamininjektion oder Laparotomie wurde keine Summierung der bei getrennter Applikation gemessenen Corticosteronkonzentrationserhöhungen beobachtet. Diese Summierung fand dagegen bei Steigerung der ACTH-Sekretion durch Pitressin oder Hypothalamusextrakt statt. Aus diesen Ergebnissen schließen Vff., daß der Angriffspunkt für die Hemmung der ACTH-Ausschüttung durch Corticosteroide vom Hypophysenlappen entfernter liegen muß als der für Pitressin. Dieser Stoff muß im ZNS wirksam werden, da Pitressin durch Morphin gehemmt wurde und dessen Angriffsstelle ebenfalls im ZNS, aber noch näher zur Hypophyse hin liegen muß. I. Müller. 1535.

Yates, F. E., Leeman, S. E., Glenister, D. W. und Dallman, M. F. Interaction between plasma corticosterone concentration and adrenocorticotropin-releasing stimuli in the rat: Evidence for the reset of an endocrine feedback control. **(Die Beziehung zwischen der Plasmacorticosteronkonzentration und den Reizen, die zur Adrenocorticotropinausschüttung bei der Ratte führen: Ein Beweis für das Einsetzen einer endokrinen rückläufigen Kontrolle.)** Endocrinology **69** (1961) Nr. 1. S. 67–80. — 7 Abb., 2 Tab., 17 Lit.

Aus Versuchen an ♂ Albinoratten geht hervor, daß Corticosteron in physiol. Dosen die hypophysäre Adrenocorticotropinausschüttung hemmt. Der Grad der Hemmung ist abhängig von der Corticosterondosis und von der Stärke des die ACTH-Ausschüttung auslösenden Reizes. H.-A. Ketz. 1535.

Bhagat, B. und Lockett, Mary F.; London, Chelsea Coll. of Sci. and Technol., Dep. of Physiol. and Pharmacol. The failure of the adrenals to respond to cold stress during thiamine deficiency. **(Die fehlende Nebennierenreaktion auf Kältestreß bei Thiaminmangel.)** J. Endocrinology **23** (1961) Nr. 3. S. 237 bis 241. — 1 Abb., 3 Tab., 14 Lit.

Durch Zusatz von 0,6% Na-metabisulfit zum Standardfutter für ♂ Mäuse und Ratten wurde dessen Gehalt an Thiamin auf weniger als 1 μg/100 g reduziert. Nach mehreren Wochen wurde teilweise eine erneute Substitution mit Thiamin durchgeführt. Die Tiere wurden entweder ständig oder vorübergehend bei —2 bis +1 °C gehalten. Nach der Tötung wurden die Nebennieren gewogen, vom Mark Extrakte hergestellt und der Hormongehalt biol. getestet. Die Nebennieren der im Thiamindefizit lebenden Mäuse waren schwerer als die der Kontrollen und reagierten auf ACTH, nicht aber auf Kältestreß, mit einer weiteren Hypertrophie. Weitere Wirkungen des Thiamindefizits waren eine erhöhte Toleranz gegenüber i. v. injiziertem Acetylcholin, eine verstärkte Speicherung von Adrenalin in den Nebennieren und eine verminderte Gefäßsensibilität gegenüber Noradrenalin, nicht aber Adrenalin. Die Schmerzschwelle wurde nicht verändert. Durch Injektionen von Nebennierenrinden-Extrakt konnte das Leben der Versuchstiere verlängert werden. Die Ergebnisse werden kurz diskutiert. F. Döcke. 1535.

Kabak, J. M. und Pose, G., Moskau, Lomonossow-Univ., Biol. Fak., Endokrinol. Lab. **Der Inselapparat der Bauchspeicheldrüse bei „hypothalamischer“ Verfettung von Ratten.** Acta biol. med. german. [Berlin] 7 (1961) Nr. 6. S. 554–562. — 5 Abb., 3 Tab., 8 Lit.

An 26 ♀ Ratten werden die infolge „hypothalamischer Verfettung“ auftretenden Veränderungen am Inselapparat der Bauchspeicheldrüse untersucht. Bei Ratten, die nach Hypothalamusläsionen verfetteten, ist eine Hypertrophie und Hyperplasie der Langerhans'schen Inseln zu beobachten. Die Inseln erscheinen in vielen Fällen vermehrt. Während an den α-Zellen keine Veränderungen zu erkennen sind, zeigen die β-Zellen bei den meisten Tieren Hypertrophie und oft auch Zytoplasmadegranulation. Die Kerne der β-Zellen sind in der Regel vergrößert, wobei die Kerngröße in bestimmter Beziehung zu Grad und Dauer der Verfettung steht. Bei einzelnen Tieren treten gleichzeitig Anzeichen degenerativer Erscheinungen wie Kernpyknose, Verschwinden der Kerne, Zerstörung der Zellen und Bildung von Hohlräumen an Stelle der Zellen auf. Aus den Untersuchungen wird gefolgert, daß eine anfängliche erhöhte Aktivität dieses Teiles des Inselapparates einem Erschöpfungszustand Platz machen kann. Für eine Erschöpfung spricht das Vorkommen von Hyperglykaemie und diabetoidem Zustand bei einigen der untersuchten Tiere. J. Wollrab. 1540.

Miller, W. R. und Turner, C. W.; Columbia, Univ. of Missouri, Dep. of Dairy Husbandry. Evidence for in vivo conversion of C_{21} steroids to C_{19} androgens in the bovine. **(Das Vorhandensein einer in vivo-Umwandlung von C_{21}-Steroiden in C_{19}-Androgene beim Rind.)** J. Dairy Sci. **44** (1961) Nr. 12. S. 2278–2282. — 2 Tab., 27 Lit.

Die biosynthetische Umwandlung von Progesteron zu fäkalen Androgenen beim Rind ist bekannt. Die vorliegenden Untersuchungen betrafen die biosynthetische Umwandlung von Pregnenolon (I) und 17-α-Hydroxyprogesteron (II) in fäkale Androgene (III). Nach einer Injektion von I bei männl. und weibl. Rindern zeigte der Hahnenkammtest eine signifikante Bildung von III bei den männl. und eine deutliche Steigerung der III bei den weibl. Tieren an. Nach einer Injektion von II war die androgene Biosynthese bei den ♀♀ durch die Exkretion von signifikanten Mengen III gekennzeichnet. *In vitro*-Versuche mit verschiedenen Säugergeweben haben den Weg für die androgene Biosynthese in folgender Richtung aufgezeigt: Pregnenolon —Progesteron — Hydroxyprogesteron — Androstendion. Die gesamten Ergebnisse der Untersuchung der bovinen Androgenese *in vivo* zeigen, daß die Androgen-Biosynthese beim Rind ebenso wie bei anderen Arten über den genannten Weg verläuft. Die Versuche zeigten weiter die große Wichtigkeit des Leber-Darmweges für die Eliminierung der C_{19}-Androgenmetaboliten für die C_{21}-Hormone.
R. Neseni. 1550.

Lamond, D. R. und Lang, D. R.; Armidale, New South Wales, C.S.I.R.O., Pastoral Res. Lab., Div. of Animal Physiol. Hormones of female reproduction. **(Fortpflanzungshormone des weiblichen Tieres.)** Austral. veterin. J. **37** (1961) Nr. 11. S. 407–415. — 65 Lit.
Vff. geben einen Überblick über den gegenwärtigen Stand der Hormonforschung im Hinblick auf die Fortpflanzung des ♀ Haustieres. 1580.

Grangaud, René, Nicol, Marc und Domenech, Jacqueline; Alger, Fac. de Méd. et Pharmac. Hormones stéroides et biosynthèse des mucopolysaccharides chez le rat carencé en vitamine A: comparaison in vitro des actions de la prégnénolone et de la progestérone. **(Steroidhormone und Biosynthese von Mucopolysacchariden bei Vitamin-A-Mangel-Ratten. In vitro-Vergleich der Wirkung von Pregnenolon und Progesteron.)** C.R. hebd. Séances Acad. Sci. **235** (1961) Nr. 20. S. 2265–2267. — 3 Tab., 8 Lit.
Untersuchung über die Interaktion zwischen Vit. A und den Steroidhormonen. Colon-Abschnitte von Vit.-A-Mangel-Ratten wurden in Lösungen bebrütet, die markiertes Na_2SO_4 enthielten und denen teilweise Pregnenolon oder Progesteron zugesetzt wurde. Die gebildeten Mucopolysaccharide wurden papierchromatographisch isoliert, ihre Menge wurde auf Grund der Radioaktivität gemessen. Es ergab sich, daß Progesteron eine wesentliche Rolle bei der Biosynthese der Mucopolysaccharide spielt. F. Lüpnitz. 1580.

Diomidova, Natal'ja Alekseevna. Hrsg.: Akad. nauk SSSR. Inst. morfologii životnych im. A.N. Severcova. **Razvitie koži i šersti u ovec. Atlas risunkov.** (Entwicklung der Haut und der Wolle bei Schafen.) Moskva: Izd. Akad. nauk SSSR. 1961. (150 S.) 4°. (1962 B 24)

C. GENETIK

Anonym. Quantitative genetics studies at Indian Veterinary Research Institute. **(Quantitative genetische Untersuchungen im Indischen Veterinär-Forschungs-Institut.)** Indian J. veterin. Sci. Animal Husbandry **31** (1961) Nr. 4. Genetics and Breeding Suppl. S. 29–30.
Es wird ein Überblick über die genetischen Forschungen im Indischen Veterinary Research Institute, Izatnagar, U.P., gegeben, die seit 1956 an Drosophilastämmen durchgeführt werden. D. Rasch. 1605.

Beatty, R. A.; Edinbourgh, Inst. of Animal Genetics. Genetics of mammalian gametes. **(Die Genetik der Säuger-Gameten.)** Animal Breeding Abstr. **29** (1961) Nr. 3. S. 243–256. — 65 Lit.
Das Referat faßt unsere Kenntnisse über die genetischen Ursachen der phänotypischen Variation von männlichen und weiblichen Gameten zusammen. Vf. und seine Mitarbeiter haben wesentlich dazu beigetragen, dieses Neuland

für die genetische Forschung zu erschließen. Da von der Beschaffenheit der Keimzellen der Erfolg der Begattung wesentlich abhängt, hat das Referat erheblichen praktischen Wert. — Selbstverständlich bestimmen wie bei allen somatischen Merkmalen Umwelt und Erbe den Phänotyp der Zellen. Es wird in den neuesten Arbeiten versucht, den Anteil der Erblichkeit festzustellen. Dabei lassen sich die Wirkungen eines diploiden oder eines haploiden Genoms nicht immer klar voneinander trennen. Das gilt für Untersuchungen über die Größe und Form der Spermatozoen, deren erbliche Bedingtheit bei Mäuse- und Kaninchenrassen nachgewiesen wurde. Große Spermatozoen scheinen besser zu befruchten. — Die Fertilität hängt u. a. von der Zahl der lebenden Spermatozoen im Ejakulat ab. Auch diese Eigenschaft ist erblich. — Relative Fertilitätsunterschiede (physiol. Befruchtungsfähigkeit) waren durch Mischung von Spermatozoen verschiedener Böcke und nachfolgende künstliche Befruchtung (heterosperme Insemination) bei Kaninchen und Mäusen nachweisbar, wie auch nach mehrfacher Begattung. — Der DNS-Gehalt der Spermatozoen scheint nach Beobachtungen beim Menschen und beim Rind zu variieren. — Heteroploidie und Polyspermie der Spermien sind nachweisbar. — Die Prüfung auf Antigene ist aussichtsreich. — Ein sicherer haploider genetischer Effekt ist in den männlichen Gameten der Säugetiere verbunden mit dem Besitz des X- oder des Y-Chromosoms. Jedoch bestehen wahrscheinlich keine nachweisbaren Größenunterschiede zwischen den beiden Gametentypen. Eine Trennung der X- und Y-Gameten und damit eine Beeinflussung des Geschlechtsverhältnisses scheint möglich zu sein, z. B. durch Elektrophorese oder durch differente Senkungsgeschwindigkeit. Bes. besprochen wird der *t*-Locus (Schwanzlosigkeit) bei Mäusen. Das Gen (oder die Translokation) *t* wird weit häufiger von heterocygoten Böcken auf die Nachkommen übertragen als das normale Allel. Es ergibt sich eine starke Störung der Spaltzahlen. — Weit weniger ist über die Genetik der weibl. Gameten bekannt. — Bei Mäusen und beim Menschen wurden Abnormitäten der Chromosomenzahl, bes. Diploidie, die zu letaler Triploidie der Zygoten führt, nachgewiesen. — Eier von Inzuchtstämmen von Mäusen sind durch Ansammlungen verschiedenartiger Granula unterscheidbar. P. Hertwig. 1610.

Sharma, G. P., Parshad, Ram und Krishan, Awtar; Chandigarh, Panjab Univ., Dep. of Zool. The chromosome number in pigeons and doves. **(Die Chromosomenzahl bei Tauben.)** Indian J. veterin. Sci. Animal Husbandry **31** (1961) Nr. 4. Genetics and Breeding Suppl. S. 6–9. — 2 Abb., 8 Lit.
Zur Klärung der Chromosomenzahl bei Tauben führten Vff. Untersuchungen durch an den Species *Columba livia intermedia* und *C. domestica* sowie an *Streptopelia decaocto decaocto* und *Str. senegalensis cambaiensis*. Dabei färbten Vff. die hypotonisch vorbehandelten Quetschpräparate anschließend mit Essigkarmin. Die Mikrochromosomen konnten im Stadium der Spermatogonien-Metaphase nicht exakt gezählt werden; im meiotischen Metaphasestadium konnten für den haploiden Satz bei der Gattung Columba 38 und bei der Gattung Streptopelia 40 Chromosomen ermittelt werden. H. Freye. 1615.

Heimans, J.; Amsterdam, Netherlands. Hugo de Vries and the gene concept. **(Hugo de Vries und der Gen-Begriff.)** Amer. Naturalist **96** (1962) Nr. 887. S. 93–104.
Der Aufsatz, geschrieben von einem Schüler von Hugo de Vries, tritt Irrtümern, die sich in die historische Berichterstattung über die Aufstellung des Genbegriffes eingeschlichen haben, entgegen. Bereits 1889 entwickelte de Vries seine Theorie der „intracellulären Pangenesis". Das Wort „Pangen" übernahm de Vries von Darwins nicht haltbarer „Hypothese der Pangenesis". Er erfüllte den Ausdruck aber mit neuem Inhalt. Seiner Ansicht nach ist jede Art ausgestattet mit einer großen Anzahl von selbständigen, unveränderlichen Teilchen, den besagten Pangenen, die in den Zellkernen loka-

lisiert sind und die bei der Zellteilung auf die Tochterzellen übertragen werden, so auch auf die Keimzellen. Vf. führt weiter aus, wie diese Gedanken, welche die klassische Auffassung vom Gen weitgehend vorausnehmen, sich von der Darwinschen Theorie der Pangenesis und von Weismanns Keimplasmatheorie unterscheiden, wie de Vries manche aus den Mendelschen Regeln sich ergebende Schlußfolgerungen früher und klarer als Mendel selbst erkannt hat. — Johannsen, der später die Bezeichnung „Gen" einführte, beruft sich in der ersten dänischen Auflage seines berühmten Lehrbuches noch auf de Vries, dessen Priorität freilich in den späteren deutschen Auflagen nicht mehr erwähnt wird. P. Hertwig. 1656.

Kerr, Warwick Estevam; Rio Claro, Brazil, Fac. de Filosofia, Ciênc. e Letras, Dep. de Biol. Geral. Genetics of sex determination. **(Die Genetik der Geschlechtsbestimmung.)** Annu. Rev. Entomol. 7 (1962) S. 157–176.
Vf. gibt einen Überblick über Theorien und Ergebnisse zu Fragen der Geschlechtsbestimmung vom cytologischen und entwicklungsgeschichtlichen Standpunkt aus. Er setzt die Erkenntnis voraus, daß der Organismus mit all seinen Merkmalen das Produkt von Vererbung und Umwelt ist und daß davon die geschlechtliche Determination keine Ausnahme macht. Die Beziehungen zwischen Chromosomenkonstitution und Geschlechtsausbildung werden für *Drosophila melanogaster, Melandrium album* und *Bombyx mori* tabellarisch zusammengefaßt. Aus den Untersuchungen an Drosophila folgerte Bridges, daß die Ausprägung des Geschlechts von der Balance zwischen den autosomalen „männchenbestimmenden" Genen und den in den X-Chromosomen liegenden „weibchenbestimmenden" Genen abhängig ist. Dieses allg. Prinzip zusätzlich der Wirkung verschiedener Umweltfaktoren ist für alle geschlechtlich determinierten Organismen gültig. Es hat sich allerdings herausgestellt, daß nicht alle „männlichen" - oder „weibchenbestimmenden" Faktoren zur gleichen Zeit wirksam sind und daß ihre Wirkung von exogenen Einflüssen maßgebend bestimmt wird. In einer Karte sind 10 „weibchenbestimmende" Gene des X-Chromosoms von *Drosophila melanogaster* eingetragen. Goldschmidt nimmt hingegen an, daß die „weibchenbestimmende" Wirkung eine Funktion des intercalaren Heterochromatins ist, da das X-Chromosom in den stärker heterochromatischen Teilen links von Abschnitt 17 eine stärkere feminisierende Wirkung hat als rechts davon. Auf das Sex-Chromatin eingehend schließt sich der Vf. den Vorstellungen von Castro und Sasso an, daß der positive Nachweis des Barrschen Körperchens von der Funktion der „weibchenbestimmenden" Gene abhängt. Er erklärt so, daß in nicht streng geschlechtsdifferenzierten Geweben wie Leber und Pankreas gleiche Proportionen von Barr-positiven Zellen zu finden sind und auch das Vorkommen von Sex-Körperchen in den Zellen XO- bzw. XY-determinierter Weibchen. — Auf die evolutionären Aspekte eingehend, setzt Vf. auseinander, daß die Spermien verschiedener Arten recht unterschiedlichen Umweltsbedingungen ausgesetzt sind (pH des Milieus, Lebensdauer usw.). Die natürliche Selektion erfordert angepaßte Spermien, und es ist zu folgern, daß die Spermiogenese artlich unterschiedliche Produkte erzeugt. Vf. nimmt an, daß einige Effekte dieser Selektion bis zur Meiose zurückgehen. Auch die sexuelle Determination ist ein Prozeß, welcher der Evolution unterworfen ist. Für geeignete Studienobjekte in dieser Richtung hält Vf. Bakterien, bei welchen Lederberg und Tatum im Jahre 1946 sexuelle Vorgänge auf Grund gefundener Rekombinationen bei 2 zusammengezüchteten Stämmen feststellen konnten.
H. Fischer. 1656.

Naylor, Alfred F.; Montreal, Canada, Univ., Dep. of Genetics. Mating systems which could increase heterozygosity for a pair of alleles. **(Paarungs-Systeme, welche die Heterozygotie von einem Allelenpaar steigern können.)** Amer. Naturalist **96** (1962) Nr. 886. S. 51–60.

Vier verschiedene, durch keine konkreten Beispiele belegte Paarungssysteme werden aufgestellt und ihre Wirkung auf die Zusammensetzung einer Population mit Hilfe von einfachen Formeln durchgerechnet. 2 von diesen Systemen können die Häufigkeit der Heterozygoten über das Maß des durch Zufallspaarung Erreichbaren steigern und, falls die Selektion die Heterozygoten begünstigt, einen evolutionistischen Wert haben. — Die Voraussetzungen für das am meisten wirksame Paarungssystem sind: *A* ist unvollständig dominant über *a*. Heterozygote paaren sich ausschließlich mit Heterozygoten, Homozygote paaren sich mit ungleichartigen Homozygoten (*AA* × *aa*). — Wenn die Allelen-Häufigkeit die Gleichgewichtslage erreicht hat, sind $^2/_3$ der Individuen der Population heterozygot. Denkbare Beispiele könnten bei monözischen Pflanzen vorkommen und bei Tieren, wenn durch das sexuelle Verhalten der verschiedenen Genotypen Paarungsschranken gesetzt werden. — Weniger wirksam ist ein zweites System, das Zufallspaarung voraussetzt, jedoch mit der Einschränkung, daß gleichartige Homozygote sich nicht paaren. — Die Erhöhung der Heterozygoten-Zahl bleibt jedoch nur gering, wenn in der Ausgangsgeneration die Allele gleich häufig vorhanden waren (Steigerung von 0,50 auf 0,554958). Die größte Wirksamkeit würde das System bei ungleicher Allelhäufigkeit in kleinen Populationen entfalten. — 2 weitere Paarungssysteme werden besprochen und wie die beiden ersten an Hand einfacher Formeln durchgerechnet. Ihre praktische Realisierung ist aber weit unwahrscheinlicher, da die gemachten Voraussetzungen zahlreicher sind.

P. Hertwig. 1667.

Osborne, Richard H.; New York, Sloan Kettering Inst. for Cancer Res. The „host factor" in disease: Genetic and environmental interaction. **(Der „host factor" im Krankheitsgeschehen: Wechselwirkung von Erbgut und Umwelt.)** Ann. New York Acad. Sci. **91** (1961) Nr. 3. S. 602–607.

Es ist eine alte Tatsache, daß eine Mikrobe noch keine Krankheit macht. Dementsprechend postulierte Paul(1959), daß sich Wirt und Parasit in einer bestimmten Reaktionslage befinden müssen, ehe ein pathologisches Bild manifest wird. Vf. macht von diesem Gesichtspunkt ausgehend auf das Problem der Erblichkeit von Krankheiten aufmerksam, denn grundsätzlich ist nicht die Krankheit, sondern die Norm der individuellen Reaktion erblich. Die Manifestation hängt mehr oder weniger von Umwelteinflüssen ab, wobei z. B. Alter, Ernährung, Beeinflussung der prä- oder postnatalen Entwicklung und Infektionen als adäquate oder inadäquate Auslöser wirksam sind. Die Bedeutung und die Spezifität der Auslöser kann dabei sehr unterschiedlich sein. Eine Mittelstellung zwischen Extremen nimmt z. B. die Erythroblastosis fetalis ein, indem in der *rh*-negativen Mutter erst Antikörper erzeugt werden müssen, ehe in einem *Rh*-positiven Fetus hämolytische Erscheinungen auftreten. Xeroderma pigmentosum wird nur unter der Einwirkung von ultravioletten Strahlen manifest — als Anteil des Sonnenlichtes ein normaler Umweltsfaktor — und führt über schwere Hautschäden zu frühem Tod. Bei diesen Krankheiten lassen die Spaltzahlen den erblichen Charakter ohne Schwierigkeiten erkennen. Nicht so einfach wird die familiäre Grundlage sichtbar, wenn man z. B. an den Blutdruck als Indikator bestimmter Krankheiten denkt. Die klinischen Einschätzungen beruhen hier auf den Abweichungen vom Durchschnittswert der Population, und es wird wenig berücksichtigt, daß die Variabilität des Blutdruckes eine erbliche Komponente hat und zusätzlich von vielen Umweltsfaktoren beeinflußt wird. Untersuchungen an ein- und zweieiigen Zwillingen in gleicher und verschiedener Umwelt haben ergeben, daß die gefundenen Differenzen bei zweieiigen Zwillingen immer größer waren, als bei eineiigen. Bei der Untersuchung der Rolle des Wirtes bei der Entstehung von Krankheiten muß das Zusammenwirken von genetischen und umweltsbedingten Faktoren stärkere Beachtung finden. H. Fischer. 1667.

Menzi, M.; Zürich, ETH, Inst. für Tierzucht. **Die Zuchtwertschätzung mit Hilfe von Selektionsindizes.** Arch. Geflügelkunde 25 (1961) Nr. 6. S. 449–468. — 5 Tab., 5 Lit.
Die Leistungseigenschaften, die wirtschaftlich bedeutungsvoll sind, können nicht im Rahmen einfacher Erbgänge im Sinne der klassischen Mendelschen Vererbungsregeln erklärt werden. Zudem besteht meist für die praktische Züchtung die Aufgabe, ein Tier gleichzeitig nach mehreren Gesichtspunkten zu beurteilen, um den Gesamtzuchtwert zu finden. Die korrelativen Beziehungen zwischen den Leistungseigenschaften und die Gedanken der Populationsgenetik führten zur Einbeziehung von Nachkommen- und Geschwisterleistungen und zur Berücksichtigung von genetischen und phänotypischen Korrelationen. Die Untersuchungen wurden an 5373 Leghornhennen, welche 81 Voll- und 106 Halbgeschwisterfamilien angehörten, 1955 und 1956 für die Leistungsmerkmale „Alter bei Legebeginn, Eiproduktion und Eigewicht" durchgeführt. Die Berechnungen der Heritabilität und genetischen Korrelationen wurden über die Varianz- und Covarianzanalyse durchgeführt. Bedeutung und Grenzen von Selektionsindices werden besprochen und verschiedenartig berechnet. Durch Einbeziehung der genetischen und phänotypischen Korrelation kann der Selektionserfolg um 30–50% gesteigert werden.
U. Hofmann. 1675.

Dunn, L. C., Bennett, Dorothea und Beasley, A. B.; New York, Columbia Univ. Mutation and recombination in the vicinity of a complex gene. **(Mutationen und Rekombinationen in der Nachbarschaft eines komplexen Gens.)** Genetics 47 (1962) Nr. 3. S. 285–303.
Dunn und Mitarbeiter beschäftigen sich seit Jahren mit der Genetik der Kurzschwanzmäuse, weil die dem dominanten letalen Gen *T*, das die Kurzschwänzigkeit bewirkt, benachbarten Allele, die sogenannten *t*-Allele, wahrscheinlich identisch mit einer Strukturveränderung im homologen Chromosom sind. Die große Zahl der *t*-Allele (ca. 40 sind bekannt) ergeben alle in Kombination mit *T* (*T*/*t*) schwanzlose Mäuse. Sie lassen sich einteilen in die Gruppe der letalen und der lebensfähigen *t*-Gene (z. B. t^0/t^0 = letal, t^3/t^3 = lebensfähig und langschwänzig) und sind noch durch weitere Eigenschaften, wie Zeitpunkt der Letalwirkung, Befruchtungswahrscheinlichkeit etc., unterscheidbar. Außerdem unterdrücken die letalen *t*-Allele den Austausch zwischen *T* und einem 8–10 cross-over-Einheiten entfernten Markierungsgen. — In einer 25751 Tiere umfassenden Versuchsserie wurden 46 unerwartete langschwänzige Tiere gefunden, die als Mutationen eines letalen *t* zu einem lebensfähigen t^x gedeutet wurden. 7 von diesen Ausnahmen entstanden in einem Rekombinationsversuch. Es waren Rückmutationen zu normal, die den Austausch nicht mehr verhinderten. Diese Resultate geben Anlaß, die Natur des *t*-Locus zu erörtern. Es kann sich um Inversionen oder um Deletionen handeln, deren Umfang dem jeweiligen *t*-Allel entspr. verschieden groß ist, denn solche Strukturänderungen beeinflussen bekanntlich das Austauschgeschehen. Mutationen zu t^x bedeuten die Wiederherstellung der normalen Struktur und damit der Austauschmöglichkeit. Ob es sich um Deletionen oder Inversionen handelt, soll cytologisch untersucht werden. — Die Arbeit beweist, daß man auch bei Säugetieren mit Strukturänderungen der Chromosomen zu rechnen hat und daß es möglich ist, dieselben durch Kreuzungsversuche nachzuweisen.
P. Hertwig. 1680.

Menzel, Edith und Schmid, D. O.; München, Tierzuchtforsch. e.V., Blutgruppen-Lab. **Die Blutgruppenforschung beim Rind und ihre Bedeutung für Tierzucht und Tierheilkunde.** Tierärztl. Umschau 13 (1958) Nr. 10. S. 346–350. — 2 Tab.
Zusammenfassende Darst.: Geschichtlicher Rückblick auf die Entwicklung der Blutgruppenforschung beim Tier (Immunologie, Immunogenetik, Isoim-

munantikörper, Immunisierungstechnik); Nomenklatur und Nachweisverfahren in der Blutgruppenforschung (Blutgruppensysteme, -einzelfaktoren, Genetik, Testserum etc.); Bedeutung der Blutgruppenforschung (Abstammungsnachweis, Zwillingsforschung, Rassenbestimmung, Leistungszucht, Erbkrankheiten); Herstellung von Rindertestseren (eigene Untersuchungen der Autoren) und dabei gewonnenes Erfahrungsmaterial (Faktoren J, E_3, C, O).
M. Metze. 1690.

Schmid, D. O.; München, Tierzuchtforsch. e.V., Inst. für Blutgruppenforsch. **Erfahrungen mit dem blutgruppenserologischen Abstammungsnachweis beim Rind.** Zuchthyg., Fortpflanzungsstör. Besam. Haustiere **6** (1962) Nr. 2. S. 95–99. — 8 Lit. Zus. in Russ., Engl.
Nach Besprechung der wesentlichen Merkmale und der Anwendungsmöglichkeiten der Blutgruppenbestimmung zur Klärung unklarer Abstammungsverhältnisse beim Rind werden eigene Ergebnisse mitgeteilt. Von 1000 Fällen konnten 859 geklärt werden, nur 141 blieben weiterhin ungeklärt. In 42 Fällen konnte ein Ausschluß nur auf Grund von Phänogruppen des B-Systems erfolgen. B. Busch. 1690.

Hickman, C. G. und Dunn, H. O.; Ithaca, N.Y., Canada Dep. of Agric., Res. Branch; New York Artificial Breeders Cooperative. Differences in percentage of non-returns to service between transferrin types of bulls. **(Unterschiede im Non-return-Prozentsatz zwischen den Transferrintypen von Bullen.)** Canad. J. Genetics Cytol. **3** (1961) Nr. 4. S. 391–395. — 2 Tab., 4 Lit.
Bei Holstein-Bullen bestanden keine signifikanten Unterschiede in der Höhe des Non-return-Prozentsatzes, die Frequenz der Transferrintypen Tf_a und Tf_0 war etwa gleich. Die Bullen der Rassen Ayrshire, Jersey, Guernsey und Schweizer Braunvieh hatten unterschiedliche Frequenzen in den einzelnen Typen und wiesen im Non-return Unterschiede auf, bei den Ayrshire und Guernsey hatte Tf_{ao}, bei Jersey und Schweizer Braunvieh Tf_{oo} den niedrigsten Anteil an Non-returns, bei den Aberdeen Angus-Bullen waren es die vom Typ Tf_{aa}. B. Busch. 1690.

Brummerstedt-Hansen, E. und Hirschfeld, J.; Copenhagen, Roy. Veterin. and Agric. Coll.; Stockholm State Inst. of Blood Group Serol. Grouped variations in pig sera demonstrated by an immuno-electro-phoretic technique. **(Gruppenverschiedenheiten im Schweineserum, nachgewiesen mit Hilfe der Immunelektrophorese.)** Acta veterin. scand. **2** (1961) Nr. 4. S. 317–322.
Mit einer leicht modifizierten Methode (Lactat-Puffer, 1% Agar-Gel) wurden die Sera von 37 Schweinen der Dänischen Landrasse immunoelektrophoretisch untersucht. In der α_2-Globulinregion konnten 3 Varianten — eine schnell wandernde, eine langsam wandernde und die Kombination beider Typen — festgestellt werden. Unabhängig davon existieren die gleichen Varianten in der β_I-Region. Es ergeben sich also 9 Typen, die sämtlich gefunden wurden. 10 Sera ließen sich wegen vermutlich intermediärer Typen oder unbekannter störender Faktoren nicht eindeutig in diese 9 Gruppen einordnen.
H. Fischer. 1690.

Sadler, Clarence R. und Glick, Bruce. The antigenicity of duck-red-blood cells in bursectomized and non-bursectomized chickens. **(Die antigene Wirkung von Enten-Erythrocyten auf bursectomierte und nicht bursectomierte Küken.)** Poultry Sci. **40** (1961) Nr. 6. S. 1767–1768. — 1 Tab., 2 Lit.
Auf 3malige i.m. Injektion einer 15%igen Suspension von Enten-Erythrocyten antworteten 80% der nicht bursectomierten Tiere mit einer Antikörperbildung, wobei der Titer über 1:16 lag, dagegen nur 60% der bursectomierten Tiere. Bei 2maliger i.v. Injektion der Erythrocytensuspension entwickelten alle nicht bursectomierten Tiere Antikörpertiter über 1:512, dagegen von den 9 bursectomierten Tieren nur 4 solche bis 1:128. B. Busch. 1690.

Seelemann, Martin und Meyer, Anneliese. **Zur Frage der Antikörperbildung im Euter.** Milchwissenschaft 17 (1962) Nr. 2. S. 79–85. — 7 Tab., 7 Lit. Zus. in Engl.
An 2 laktierenden Kühen wurden Versuche mit Brucella-Antigen durchgeführt, wobei das Antigen in das Euter infundiert wurde. Der schwach virulente Stamm 19, in ein Euterviertel infundiert, wurde zwar einige Wochen lang mit der Milch ausgeschieden, rief jedoch im betr. Euterviertel keine Antikörperbildung hervor. Der Blutserumtiter stieg vorübergehend geringgradig an. Der virulente Stamm Do rief nach 7 Tagen deutliche Antikörperbildung im infizierten Viertel mit langdauernder Ausscheidung sowie 24 Std. später Antikörperbildung in den übrigen 3 Vierteln hervor. Im Blut wurde ein höherer Antikörpertiter erreicht als in der Milch. Phenol-abgetötetes Antigen des Stammes 19, in größeren Mengen in alle 4 Euterviertel infundiert, rief in der Milch eine sehr hohe, persistierende Antikörperbildung hervor. Im Blut konnten Antigenwerte mit einem Agglutinationstiter bis zu über 20000 festgestellt werden. Das Euter wird abschließend als guter Antikörperbildner bezeichnet. Literatur wird diskutiert. J. Aurich. 1690.

Wellmann, G., Liebke, H. und Engel, H. **Antikörpergehalt der Sauenmilch und Antikörperresorption durch die Ferkel zu verschiedenen Zeiten nach der Geburt.** Zbl. Bakteriol., Parasitenkunde, Infektionskrankh. Hyg., I. Abt., Orig. **185** (1962) Nr. 2. S. 215–229. — 5 Tab., 21 Lit. Zus. in Russ., Engl., Franz., Span.
Von Ausnahmen abgesehen ist der Gehalt an Antikörpern gegen Rotlaufbakterien in der Colostralmilch höher als im Blut der Mutterschweine. 48 Std. p.p. konnte bei den Versuchssauen ein Absinken des Milchtiters auf oder unter die Höhe des Blutserumtiters gefunden werden. Der Titerabfall setzte sich rasch fort, erreichte jedoch bei hohen Ausgangstitern selbst 8 Wochen p.p. keine negativen Werte. Ferkel besitzen während der ersten 24 Std. nach der Geburt das größte Antikörperresorptionsvermögen. Am 2. Tag sinkt das Resorptionsvermögen stark ab, es kann dann aber noch so groß sein, daß die aufgenommenen Antikörper die Tiere vor einer Rotlauferkrankung voll schützen. Eine serologisch oder durch den Infektionsversuch nachweisbare geringe Antikörperresorption ist auch noch nach der 1. Fütterung mit Colostralmilch 3–5 Tage nach der Geburt, vermutlich sogar noch später, vorhanden. G. Scheibner. 1690.

Owen, B. D., Bell, J. M., Williams, C. M. und Oakes, R. G.; Saskatoon, Univ. of Saskatchewan, Dep. of Animal Husbandry. Effects of porcine immune globulin administration on the survival and serum protein composition of colostrum-deprived pigs reared in a non-isolated environment. **(Der Einfluß einer Verabreichung von Schweine-Immunglobulin auf die Überlebensrate und die Serumeiweißzusammensetzung von colostrumfrei in einer nicht isolierten Umgebung aufgezogenen Schweinen.)** Canad. J. Animal Sci. 41 (1961) Nr. 2. S. 236–252. — 1 Abb., 7 Tab., 29 Lit.
Durch Aussalzen mit Ammoniumsulfat wurde aus Schweineserum ein Gemisch aus ca. 75% γ-Globulin und 25% β-Globulin hergestellt. Weiter wurde ein Schweine-Albumin isoliert. Durch orale Verabreichung des Immunglobulins über 5 Tage und noch besser durch i.p. Applikation konnte die Überlebensrate und Serumeiweißzusammensetzung positiv beeinflußt werden. Es wird vermutet, daß die Globuline als Kotantikörper wirken. Albuminzuführung hatte einen günstigen Einfluß (Schutz der Globuline gegen Verdauung ?). Durch papierelektrophoretische Untersuchungen konnte jederzeit geklärt werden, wie der Einfluß der Behandlung auf die Blutserumeiweiße aussieht. B. Busch. 1690.

Carroll, H. W. und Brauer, R. W.; San Francisco, U.S. Naval Radiol. Defense Lab. Residual radiation injury: impaired regrowth of realimented hypocalorically reared rats. **(Rest-Bestrahlungsschaden: ungleiches Weiterwachsen wieder vollwertig ernährter, hypocalorisch aufgezogener Ratten.** Amer. J. Physiol. **201** (1961) Nr. 6. S. 1078–1082. — 6 Abb., 2 Tab., 7 Lit.

Hypocalorisch aufgezogene Ratten erhielten entweder einmalige Röntgen-Bestrahlungen von 400–700 r oder wiederholte Röntgen-Bestrahlungen von 200 r in 4 Dosen mit je einer Woche Zwischenraum. Im Anschluß an eine Erholungszeit von min. 7 Wochen bis max. 6 Mon. nach der letzten Bestrahlungsdosis erhielten die Tiere wieder die calorisch gleiche Diät. Im Vergleich zu den nichtbestrahlten Kontrolltieren wiesen die wieder vollwertig ernährten, bestrahlten Ratten nunmehr ein vermindertes Weiterwachstum auf. Es zeigte sich, daß ein allg. Mangel zur Nährstoffverwertung durch die Organe und Gewebe Ursache dieses reduzierten Wachstums ist. Dieser Mangel dürfte endokrin bedingt sein. H.-D. Bock. 1695.

D. FORTPFLANZUNG

Milovanov, V. K. (Milowanow, W. K.); Moskau, Lenin-Akad. der Landwirtsch.-Wiss. Sovremennoe sostojanie problemy nervno-gumoral'noj reguljacii vosproizvoditel'nych processov u životnych. **(Der gegenwärtige Stand des Problems der neuro-humoralen Regulierung der Fortpflanzungsprozesse bei landwirtschaftlichen Nutztieren.)** Životnovodstvo, Moskva **23** (1961) Nr. 9. S. 43–48.

Im Gesamtschema der neuro-humoralen Regulierung der Fortpflanzungsprozesse ist die Großhirnrinde die Programmierungsvorrichtung, der Hypothalamus die Steuerungsvorrichtung und die Hypophyse die Verstärkervorrichtung; die ausführenden Organe sind die Gonaden, die ausführenden Geschlechtswege und die Drüsen sowie der Nerven- und Muskelapparat; die rückwirkende Verbindung und Stabilisierung der Prozesse erfolgt durch die Nerven, auf humoralem Wege und im Hypothalamus. — Großen Einfluß auf die Fortpflanzungsprozesse haben die Tageslänge und die Fütterung (Verstärkung der sexuellen Dominante durch Getreidefütterung, der mütterlichen Dominate durch Grünfutter; Wirkung der pflanzlichen Gonadotropine und Oestrogene). F. Schenk. 1750.

Opel, H. und Fraps, R. M.; Beltsville, Md., U.S. Dep. of Agric., A.R.S. Blockade of gonadotrophin release for ovulation in the hen following stimulation with stainless steel electrodes. **(Blockierung der für die Ovulation erforderlichen Gonadotropinausschüttung bei der Henne nach Reizung mittels Elektroden aus rostfreiem Stahl.)** Proc. Soc. exp. Biol. Med. **108** (1961) Nr. 2. S. 291–296. — 2 Abb., 3 Tab., 13 Lit.

Die Versuche, die ursprünglich dazu dienen sollten, mittels elektrischer Stimulation verschiedener Gehirnregionen eine vorzeitige Ovulation auszulösen, wurden an 1- bis 2jährigen Weißen Leghornhennen durchgeführt. Den Tieren wurden bipolare Elektroden aus rostfreiem Stahl beiderseits der Mittellinie (mittlere Eminenz) in das Diencephalon implantiert. Zwischen 15^h und 17^h, d. h. 14 Std. vor der zu erwartenden Ovulation, wurden für die Dauer von 10 Min. alternierende biphasische elektrische Reize gesetzt (200 μA). Bei 28 von 52 Hennen wurde auf diese Weise die Ovulation um 3–10 Std. verzögert. Als Ursache wird eine Verzögerung oder Hemmung der Ausschüttung des ovulationsinduzierenden Hormons angenommen. Die Wirkung der elektrischen Reizung erstreckte sich über einen Zeitraum von 12–14 Std. F. Döcke. 1761.

Corbin, Alan und Schottelius, B. A.; Iowa City, Iowa, State Univ., Coll. of Med., Dep. of Physiol. Hypothalamic neurohormonal agents and sexual maturation of immature female rats. **(Neurohormonale Wirkstoffe des**

Hypothalamus und die Geschlechtsreife infantiler weiblicher Ratten.) Amer. J. Physiol. **201** (1961) Nr. 6. S. 1176–1180. — 2 Abb., 1 Tab., 24 Lit.
Normalen, hypophysektomierten und Ratten mit beiderseitiger Zerstörung eines Hirngebietes, das sich vom Nucl. ventromedialis bis zum Mammillarkörper erstreckte, wurden vom 20. Lebenstag an in 5tägigem Abstand 70 mE antidiuretisches Hormon (ADH), 70 mE Oxytocin, 25 μg Serotonin oder 1 μg Adrenalin mittels einer Kanüle injiziert, die im 3. Hirnventrikel implantiert war. Es wurden Vaginalabstriche genommen sowie nach der Tötung die Frischgewichte der Nebennieren, Hypophysen und Geschlechtsorgane bestimmt und das Gehirn histol. untersucht. ADH hatte keine Wirkung. Oxytocin beschleunigte bei den normalen und bei den Tieren mit einer Hirnläsion die Öffnung der Vagina und rief vorzeitiges Wachstum der Geschlechtsorgane hervor. Serotonin verhinderte die Geschlechtsreife der normalen Kontrollen, zeigte aber bei den Ratten mit Zerstörung des Hirngebietes keine Wirkung. Die hypophysektomierten Tiere reagierten auf keinen der injizierten Wirkstoffe. Aus den Ergebnissen kann abgeleitet werden, daß Oxytocin die Hypophyse infantiler ♀ Ratten direkt aktiviert. Serotonin hemmt andererseits — wahrscheinlich über den Hypothalamus — die Hypophysen-Gonadenachse dieser Tiere. F. Döcke. 1762.

Thorsøe, Hans; Copenhagen, Univ., Inst. of Med. Anatomy. Effect of thyroidectomy on ovarian mocopolysaccharides. **(Der Einfluß der Schilddrüsenentfernung auf die Mucopolysaccharide im Ovar.)** Acta endocrinol. [Copenhagen] **37** (1961) Nr. 2. S. 199–207. — 2 Abb., 5 Tab., 21 Lit.
Bei 10 Kaninchen wurde die Schilddrüse operativ entfernt. Am 28. Tage nach der Operation erhielten die Versuchstiere und 10 Kontrollen eine einmalige Injektion von ^{35}S-Sulfat. Die Untersuchung der Eierstöcke der thyreoidektomierten Tiere ergab gegenüber den Kontrollen: Erhöhung des Hexosamingehaltes der Ovarien um 70%, erhebliche Zunahme des Ovargewichtes durch vergrößerten Wassergehalt, vermehrte Aufnahme von radioaktivem Sulfat. Bei 4 Versuchstieren erschienen die Ovarien polyzystisch, von Riesenfollikeln übersät. Durch mikroskopische Beurteilung konnte Hypertrophie aller Follikel festgestellt werden. Starke metachromatische Toluidinblaufärbung der Follikelflüssigkeit in Tertiärfollikeln zeigte einen hohen Gehalt saurer Mucopolysaccharide an; in kleineren Follikeln waren metachromatische Substanzen verstärkt in der Granulosaschicht zu finden. Autoradiogramme ließen erkennen, daß ^{35}S vermehrt in der Follikelflüssigkeit großer Follikel vorhanden war. Als Ursache für die Hypertrophie der kleinen Follikel vermutet Vf. daher eine erhöhte Produktion der metachromatisch färbbaren, nicht schwefelhaltigen Hyaluronsäure. — Allg. könnte die Zunahme metachromatischer und stark wasserbindender Substanzen in den Ovarien thyreoidektomierter Tiere auf erhöhte Ausschüttung des thyreotropen Hormons zurückzuführen sein, das erwiesenermaßen einen mucotropen Effekt auf mesenchymatöses Gewebe ausübt. P. Kauffold. 1763.

Wiltbank, J. N., Rothlisberger, J. A. und Zimmerman, D. R. Effect of human chorionic gonadotrophin on maintenance of the Corpus luteum and embryonic survival in the cow. **(Die Wirkung menschlichen Choriongonadotropins auf die Erhaltung des Corpus luteum und das Überleben der Embryonen bei der Kuh.)** J. Animal Sci. 20 (1961) Nr. 4. S. 827–829. — 3 Tab., 10 Lit.
5 Hereford-Färsen erhielten zwischen dem 15. und 26. Zyklustag und 82 weitere Färsen zwischen dem 15. und 35. Trächtigkeitstag tägl. eine i.m. Injektion von 1000 IE menschlichen Choriongonatropins (HCG). Die inneren Geschlechtsorgane wurden rectal und nach der Schlachtung untersucht, die Brunst mittels sterilisierter Bullen bestimmt und die Trächtigkeit ebenfalls durch Rectaluntersuchung ermittelt. Die Hormonbehandlung verlängerte den Brunstzyklus von ⌀ 17,7 auf 32,4 Tage. Das Corpus luteum (C. l.) blieb bis zum

Absetzen der Injektionen erhalten. Die Konzeptionsrate wurde durch die Behandlung nicht signifikant beeinflußt, doch war bei den gedeckten, aber nicht tragenden Tieren das C. l. länger nachzuweisen als bei den Kontrollen. Vff. vermuten, daß erst der Embryo abstirbt und danach das C. l. zurückgebildet wird. Zusätzliche C. l. wurden nach der HCG-Verabreichung bei 67% der tragenden, 42% der gedeckten, aber nicht tragenden und keiner der zyklischen Färsen gefunden. F. Döcke. 1763.

Hubenov, Marin; Sofia, Tierärztl. Hochschule, Lehrstuhl für Tiergeburtshilfe, Gynäkol. und künstl. Besam. **Kontraktionstätigkeit der Gebärmutter der Kuh bei manueller Reizung des Kitzlers.** Zuchthyg., Fortpflanzungsstör. Besam. Haustiere **5** (1961) Nr. 6. S. 402–408. — 9 Abb., 23 Lit.
An 14 Kühen im Alter von 4–10 Jahren, die sich in verschiedenen Zyklusstadien bzw. in der Nachgeburtsperiode befanden und von denen 3 Tiere Eierstockszysten aufwiesen, wurden mit Hilfe der Ballon-Kymographenmethode Untersuchungen über die Uterusmotilität nach manueller Klitorisreizung durchgeführt. Folgende Reaktionen wurden beobachtet: So lange es noch nicht zur vollen Ausbildung des Corpus luteum gekommen ist, ruft auch eine einmalige mechanische Klitorisreizung immer eine Uteruskontraktion hervor. Im Puerperium, bei periodischen oder persistierenden Gelbkörpern und bei Eierstockszysten wurden keine oder nur schwache Reaktionen registriert, im Oestrus und Postoestrus sehr deutliche. Vff. fordert infolgedessen eine zusätzliche Klitorisstimulation nach der Insemination.
F. Döcke. 1764

Strauss, Fritz. **Der Brunftzyklus der Haustiere.** Z. Tierzücht. Züchtungsbiol. **76** (1962) Nr. 4. S. 435–464. — 9 Abb., 35 Lit. Zus. in Engl.
Vf. gibt in Form eines Sammelreferates eine Literaturübersicht zum Thema unter folgender Gliederung: Einleitung, der weibl. Brunftzyklus, der männl. Brunftzyklus, der Brunftzyklus beim Rind, bei den Schafen, beim Hauspferd, beim Schwein, bei der Ziege, beim Hund, bei der Katze und beim Kaninchen.
1765.

Boccabella, Anthony V. und Alger, Elizabeth A.; Jersey City, Seton Hall Coll. of Med. and Dentistry, Dep. of Anatomy. Thyroid: Serum radioiodide concentration ratio during the estrous cycle of the mouse. **(Das Konzentrationsverhältnis von Radiojodid zwischen Schilddrüse und Serum während des Sexualzyklus der Maus.)** Proc. Soc. exp. Biol. Med. **108** (1961) Nr. 2. S. 484–486. — 1 Abb., 12 Lit.
In den Untersuchungen, die an ausgewachsenen ♀ Mäusen mit Hilfe von ^{131}J durchgeführt wurden, zeigte sich, daß das Konzentrationsverhältnis zwischen Schilddrüse und Serum am niedrigsten im Dioestrus und am höchsten im Prooestrus war. Die in den anderen Zyklusstadien gefundenen Werte lagen dazwischen und unterschieden sich nicht signifikant voneinander. Vff. schliessen daraus, daß die Fähigkeit der Schilddrüse, Jodid aus dem Serum zu konzentrieren, zyklischen Schwankungen unterliegt, die zum Sexualzyklus in Beziehung gesetzt werden können. F. Döcke. 1765.

Kulcsár-Gergerly, Judith und Kulcsár, András. **Zur Korrelation der Eierstock- und Schilddrüsenfunktion.** Naturwissenschaften 48 (1961) Nr. 14. S. 503.
Die gegenseitigen Verbindungen der Eierstocks- und Schilddrüsenfunktion manifestieren sich sowohl in physiol. als auch in pathologischen Zuständen des Organismus. Vff. fanden bei Rattenversuchen (90 Tiere ohne Schilddrüse und 30 Kontrolltiere), daß die Geschlechtszyklen in hypothyreotischen Tieren wesentlich verlängert, aber periodisch sind. Der Zyklus der Kontrolltiere dauerte 5,22 Tage. In jeder der operierten Gruppen verlängerte sich der Oestruszyklus, dessen Durchschnittswert auf 8,71 Tage stieg. Zwischen den

im Frühjahr und im Herbst operierten Tieren ergaben sich keine Unterschiede, wohl aber bez. der einzelnen Phasen des Geschlechtszyklus (Dioestrus, Oestrus, Prooestrus), in denen die Eingriffe vorgenommen worden waren.
W. Fleischmann. 1765.

Hansel, W., Malven, P. V. und Black, D. L. Estrous cycle regulation in the bovine. **(Die Regulation des Brunstzyklus beim Rinde.)** J. Animal Sci. 20 (1961) Nr. 3. S. 621–625. — 13 Abb., 2 Tab.
Die Möglichkeit, viele Rinder ohne Schaden für ihre Fruchtbarkeit an einem Tage zur Bedeckung zu bringen, würde den Einsatz der KB noch beträchtlich fördern. Die ersten Versuche, durch Progesteroninjektion die Brunst zu regulieren, waren zwar erfolgreich, verloren aber an Interesse, als die Konzeptionsbereitschaft in der 1. Brunst nach der Behandlung nicht befriedigte. Die vorliegende Arbeit enthält die Ergebnisse dreier Versuche. Im 1. Versuch wurden die natürlichen Brunstzyklen durch eine Oxytocinbehandlung oder durch eine kombinierte Oxtocin-Progesteroninjektion außer Funktion gesetzt, das Umrindern ausgelöst und versucht, die Brunsttermine in einer 3tägigen Periode zusammenzudrängen. Von 27 Färsen rinderten 26 Tiere und wurden innerhalb 8 Tagen besamt. Die Hauptursache für die Länge dieser Zeitspanne war, daß in der Oxytocin-Progesterongruppe die Tiere erst 6–8 Tage nach Beendigung der Behandlung brünstig wurden. 14 Färsen rinderten 3 Tage nach der gewünschten Brunstperiode. 50% wurden nach der 1. Besamung trächtig. — Im 2. Versuch erhielten 32 Herefordkühe 20 Tage lang ein 6-Methyl-17-Acetoxy-Progesteron (ohne Dosierungsangabe, d. Ref.) in Sojamehl mit dem Futter verabreicht. Während der Beifütterungsperiode rinderte keine der Kühe. 3–4 Tage nach Beendigung der Beifütterung wurde die Hälfte der Tiere brünstig. Bei 13 weiteren Kühen kam es zur Ovulation ohne Brunst. Einige dieser Kühe wurden nach der Ovulation besamt. Die Hälfte der Kühe dieses Versuches erhielten bei der Insemination eine Oestradiolinjektion, die jedoch die Befruchtung nicht verbesserte. — Im 3. Versuch wurde ein 17 α-Aethynyl-17-Hydroxyester des Progesterons im Sojamehl verabreicht. Das Präparat zeigte jedoch keine Wirkung auf die Auslösung der Brunst und Ovulation. H. Busse. 1765.

Marinov, P. (Marinow, P.) Vlijanie na njakoi biostimulatori vŭrchu polovite cikli pri ovcete. **(Der Einfluß gewisser Biostimulatoren auf den Geschlechtszyklus der Schafe.)** Izvestija na Centralnija naučnoizsledovatelski institut po biologija i patologija na razmnožavaneto na selskostopanskite životni, Sofija 1 (1961) S. 69–72. — 1 Abb. Zus. in Russ., Engl.
Die Applikation von Filatowschen Biostimulatoren beschleunigt den Geschlechtszyklus und fördert zum Teil die Befruchtung. T. Radew. 1765.

Glover, T. D. Spermatozoa from the isolated cauda epididymidis of rabbits and some effects of artificial cryptorchidism. **(Die Spermien aus dem isolierten Nebenhodenschwanz des Kaninchens und einige Wirkungen des künstlichen Kryptorchismus.)** J. Reproduct. Fertility 1 (1960) Nr. 2. S. 121–129. 1773.

Milovanov, V.K., Bereznev, A.P. und Gorochov, L.N. (Milowanow, W.K.) Beresnew, A.P. und Gorochow, L. N.); Moskau, Lenin-Akad. der Landwirtsch.-Wiss.; Dubrowizy, Gebiet Moskau, Unions-Inst. für Tierzuchtforsch. Dejstvie oksitocina na vosproizvoditel'nuju sistemu samcov sel'skochozjajstvennych životnych. **(Die Wirkung des Oxytocins auf die Fortpflanzungsorgane der männlichen landwirtschaftlichen Nutztiere.)** Vestnik sel'skochozjajstvennoj nauki, Moskva 7 (1962) Nr. 2. S. 99–103. — 6 Tab. Zus. in Engl., Franz., Dtsch.
In Versuchen an Kaninchen und Bullen konnte der Beweis erbracht werden, daß das Oxytocin den Ejakulationsprozeß beschleunigt. Hierbei sind das Vol. des Ejakulats und die Zahl der Spermien um das 1,5- bis 2fache vergrößert.

Die max. Dosen liegen für Kaninchen bei 3 Einheiten und für Bullen bei 6–bis 9 Einheiten. Die Wirkung des Oxytocins ist 5 Min. nach der Injektion bereits beendet. Für die KB kommt die Anwendung des Oxytocins nur in bes. Fällen in Frage. W. Plaschke. 1775.

Pósalaky, Z., Törö, I. und Gyévai, Angéla; Budapest, Ung. Akad. der Wiss., Inst. für Exp. Med., Morphol. Abt. **Histochemische Untersuchung der Succindehydrogenase im Verlauf der Spermiogenese.** Acta physiol. Acad. Sci. hung., Suppl. 18 S. 48.

Kurzmitteilung über die Spermiogenese bei Ratten, die von Vff. in 8 Stadien eingeteilt wird. Die Spermien nehmen während der für ihre „morphol. Reifung" wichtigen Einkeilung zwischen die Sertolischen Zellen charakteristische „säureresistente" Färbbarkeit an. Eine deutliche Steigerung der Bernsteinsäuredehydrogenase-Aktivität wurde während der Spermiogenese beobachtet. P. Kauffold. 1775.

Gančev, T. (Gantschew, T.) Proučvane dejstvieto na novokaina vŭrchu spermoprodukcijata i oploditelnata sposobnost na bici ot sredna vŭzrast s normalna polova dejnost. **(Untersuchungen über die Novocainwirkung auf die Spermaproduktion und die Befruchtungsfähigkeit von Bullen mittleren Alters mit normaler Geschlechtstätigkeit.)** Izvestija na Centralnija naučnoizsledovatelski institut po biologija i patologija na razmnožavaneto na selskostopanskite životni, Sofija 1 (1961) S. 101–105. — 3 Abb., 1 Tab. Zus. in Russ., Engl.

Es wurde nach dem Verfahren von Parchon und Mitarb. Novocain injiziert, jedoch ohne daß irgendwelche anregende Wirkung auf die Geschlechtsfunktionen beim Bullen festgestellt werden konnte. T. Radew. 1775.

Kohli, M. L., Suri, K. R., Bhatnagar, V. K. und Lohia, K. L.; Hissar, Governement Livestock Farm. Fertility and reaction time of Hariana bulls. **(Fruchtbarkeit und Sprungdauer bei Hariana-Bullen.)** Indian J. veterin. Sci. Animal Husbandry 31 (1961) Nr. 4. S. 325–331. — 8 Tab., 4 Lit.

Die Auswertung von 2061 Belegungen von 21 Bullen ergab eine durchschnittl. Fruchtbarkeitsrate von 55,1%. Die Anzahl der Sprünge je Konzeption belief sich auf 1,77. Im Mittel von 1580 Sprüngen von 31 Bullen betrug die zum Belegen einer Kuh benötigte Zeit 18,0 $\pm$ 1,30 Min. Sowohl auf die Fruchtbarkeitsrate als auch auf die Sprungdauer hatte die Jahreszeit keinen Einfluß. K.-H. Voigtländer. 1778.

Bratanov, K., Popivanov, R., Vŭlčanov, V. und Ermenkova, L. (Bratanow, K., Popiwanow, R., Wâltschanow, W. und Ermenkowa, L.) Izsledvanija vŭrchu roljata na njakoi imunni tela pri oploždaneto. **(Studien über die Rolle gewisser Immunkörper bei der Befruchtung.)** Izvestija na Centralnija naučnoizsledovatelski institut po biologija i patologija na razmnožavaneto na selskostopanskite životni, Sofija 1 (1961) S. 51–58. — 3 Tab. Zus. in Russ., Engl.

Es wurde die Bildung und die Spezifität der Spermaheteroagglutinine und der komplementbindenden Antikörper untersucht, die bei der Immunisierung von Kaninchen mit Bullenspermatozoen erzeugt wurden. Von 20 unbehandelten Kaninchen hatte nur eines natürliche Agglutinine gegen die Bullenspermatozoen im Blut. Bei den immunisierten Kaninchen kommen Spermaagglutinine (Titer 10–128) und komplementbindende Spermaantikörper (Titer 1024–2048) vor. Im Blut der mit Kaninchenspermatozoen immunisierten Tiere bilden sich keine Agglutinine gegen Bullenspermatozoen. T. Radew. 1785.

Blanchart, W. **Betrachtung zur Enukleation des Corpus luteum persistens.** Mh. Veterinärmed. 15 (1960) Nr. 23. S. 848–849.

Vf. weist zunächst auf die Gefahr der Blutung und Verblutung hin, die bei der Enukleation des Corpus luteum beim Rind entsteht. Trotzdem führt er diese Operation auch weiterhin durch, da er gute Erfolge in der Sterilitätspraxis sah. Als Vorsichtsmaßnahmen werden angeführt: Unterrichtung des Besitzers und Anweisung zur Beobachtung des Tieres. Hauptsächliche Symptome der evtl. auftretenden starken ovariellen Blutung sind: Freßunlust, Zittern, gesträubtes Haar, kalte Hörner und Ohren, leichte Tympanie, blasse Schleimhäute und Milchrückgang. Die Temperatur liegt meist bei 38 °C, also subnormal. Bei rechtzeitiger Benachrichtigung des Tierarztes ist die erfolgreiche Behandlung möglich. F. Döcke. 1797.

Wohanka, K. **Zur Corpus-luteum-Enukleation bei brunstlosen Rindern. (Stellungnahme zur Veröffentlichung von W. Blanchart: „Betrachtung zur Enukleation des C. lut. persistens“ Mh. Veterinärmed. 15 [1960] S. 848.)** Mh. Veterinärmed. **16** (1961) Nr. 10. S. 725–730.

Vf. geht von der Frage aus, ob die Enukleation von Gelbkörpern bei angeblich brunstlosen Rindern als Behandlung vorteilhaft ist und bespricht unter Anführung eines Teils der Literatur und bestimmter Gesichtspunkte die umstrittene Frage der Existenz des Corp. lut. persist. Er kommt zu dem Schluß, daß eine Entscheidung, ob es sich um ein Corp. lut. periodium oder persist. handelt, unter Praxisverhältnissen nicht nötig und nicht möglich ist und daß der befähigte Tierarzt auf die Enukleation auf Grund des klinischen Bildes verzichten und den Zyklusstand bestimmen kann. Corp. lutea sollten bei gedeckten bzw. besamten nichtträchtigen und angeblich anoestrischen Rindern öfters abgedrückt werden, da Endometritiden oder Pseudogravidität vorliegen können. Die Verklebungs- und Verwachsungsgefahr ist gering. Die Enukleation ist bei Verlangen des Besitzers nach einer Sterilitätsbehandlung und nach dessen Unterrichtung bez. der Gefahr nicht als Kunstfehler anzusehen.

W. Busch. 1797.

Aehnelt, E. und Grüner, E. **Das sogenannte „Corpus luteum persistens“ beim Rind in neuer Sicht.** Dtsch. tierärztl. Wschr. **69** (1962) Nr. 1. S. 7–14.

Sog. persistierende Gelbkörper können i. allg. erst nach einer mindestens 2maligen Untersuchung des Rindes diagnostiziert werden, da sonst Verwechslungen mit anderen Funktionszuständen und -phasen möglich sind. Es ist abzulehnen, die gefundenen Gelbkörper schematisch abzudrücken, vielmehr muß die Ursache für diesen Zustand gesucht und das Grundleiden beseitigt werden. Bei der als notwendig erachteten bzw. begründeten Enukleation ist mit größter Schonung zu verfahren und das behandelte Tier 2–3 Tage lang zu überwachen. Die digitale Kompression erübrigt sich; immerhin ist aber auf die unter bestimmten Voraussetzungen erhöhte Blutungsgefahr Rücksicht zu nehmen. F. Schaetz. 1797.

Rombe, S. M.; Dubrowizy, Gebiet Moskau, Unions-Inst. für Tierzuchtforsch. Dejstvie in-ekcij gljukonata kal'cija na oplodotvorjaemost' korov. **(Die Wirkung von Kalciumglukonatinjektionen auf die Befruchtungsergebnisse bei Kühen.)** Vestnik sel'skochozjajstvennoj nauki, Moskva 7 (1962) Nr. 1. S. 95–99. — 4 Tab., 25 Lit. Zus. in Engl., Franz., Dtsch.

Auf Grund seiner Erfahrungen kommt Vf. zu dem Schluß, daß die Empfängnisbereitschaft bei Kühen, die regelmäßig schwer tragend wurden, erhöht werden kann, wenn man den Tieren eine 40%ige Kalciumglukonatlösung injiziert. Das Kalciumglukonat bringt bes. in solchen Wirtschaften gute Ergebnisse, in denen infolge von Grünfuttermangel der Mineralstoffhaushalt gestört ist. W. Plaschke. 1797.

Trotter, D. M.; Kansas State Univ. Examination of uteri from artificially and naturally bred cows. **(Untersuchungen an den Uteri von künstlich und natürlich gepaarten Kühen.)** Veterin. Med. **56** (1961) Nr. 11. S. 455–457. — 1 Tab., 4 Lit.

Bakteriologische und pathologische Untersuchungen an 74 Uteri von 42 künstlich besamten und 32 natürlich gepaarten Hereford-Kühen (2 Herden), die wegen Fortpflanzungsstörungen geschlachtet worden waren. Obwohl pathologische Veränderungen an den wenigsten Uteri festgestellt werden konnten, waren sie bei den Kühen aus der künstlich besamten Herde häufiger. Aus den Uteri künstlich besamter Kühe wurden auch mehr Bakterien isoliert (69,3% der Fälle) als bei natürlich gepaarten Kühen (50%).

W. Rommel. 1797.

Novikov, B. G. und Ljubarskaja, M. A. (Nowikow, B. G. und Ljubarskaja, M. A.); Inst. für Tierphysiol. der Schewtschenko-Univ. zu Kiew. Ustojčivost' gonad ptic k dejstviju nizkoj temperatury. **(Die Widerstandsfähigkeit von Vogelgonaden gegenüber der Einwirkung niedriger Temperaturen.)** Doklady Akademii nauk SSSR, Moskva **142(30)** (1962) Nr. 4. S. 961–864. — 1 Tab., 11 Lit.

An ♂ Haussperlingen vorgenommene Transplantationen von Gonaden zeigten bei den unbehandelten Kontrollen zu 96,1% ein positives Ergebnis, das mittlere Gewicht der transplantierten Gonaden betrug 78 mg. Dagegen betrug die Zahl der angegangenen Transplantate bei mit flüssiger Luft behandelten Tieren nur 32,2%, das mittlere Gewicht 4 mg. Durch zusätzliche Behandlung mit Aethylenglykol konnte die Zahl der überlebenden Transplantate auf 96,1 bzw. 91,0% und das mittlere Gewicht auf 33 bzw. 44 mg gesteigert werden. In unterschiedlicher Weise angewandtes Glycerin hatte einen weniger günstigen Einfluß.

B. Busch. 1816.

Treus, V. D. und Steklenev, E. P. (Treus, W. D. und Steklenew, Je. P.); Askanija-Nowa, Gebiet Cherson, Ukrain. Iwanow-Forsch.-Inst. für Tierzucht der Steppengebiete „Askanija Nowa". Opyty po skreščivaniju krupnogo rogatogo skota s antilopoj kanna. **(Versuche auf dem Gebiet der Kreuzung von Rindern mit Elen-Antilopen.)** Naučnye Trudy. Ukrainskij naučno-issledovatel'skij institut životnovodstva stepnych rajonov im. M. F. Ivanova (Askanija-Nova), Kiev 8 (1960) S. 73–83. — 2 Abb., 4 Tab., 6 Lit. Orig.: russ.

Bezugnehmend auf frühere Veröffentlichungen wurden in den Jahren 1955–57 im Tierpark von Askanija-Nowa Untersuchungen über die Möglichkeit einer Kreuzung von Tieren verschiedener Arten durchgeführt. Im Vordergrund stand die Untersuchung der physiol. Ursachen der bisherigen erfolglosen Kreuzungsversuche von Tieren mehr oder weniger entfernter Arten. Die wirtschaftlich wertvoll erscheinenden Merkmale (hoher Milchfettgehalt, gute Fleischquantität und -qualität) der unter den herrschenden natürlichen Bedingungen akklimatisierten Elen-Antilopenherde begünstigten die Fragestellung nach der möglichen Ausnutzung dieser Eigenschaften, die jedoch bislang an geeigneten Partnern zur Kreuzung scheiterten. Für die Versuche wurden 20 Hausrinder (Rotes Steppenrind, Engl. Parkrind, Zebublütige), 9 ♀ und 3 ♂ Elen-Antilopen verwendet, wobei in allen Fällen sowohl mit dem natürlichen Deckakt als auch mit der KB Versuche zur Erreichung der Trächtigkeit angestellt wurden. Bei den Kontrollschlachtungen wurde festgestellt, daß die Spermien der anderen Art in den weibl. Geschlechtsorganen bis zu den oberen Abschnitten der Gebärmutterhörner ihre Aktivität bis zu mehreren Tagen beibehalten, diese beim Eindringen in den Eileiter jedoch vollständig verloren haben und eine Befruchtung der Eizelle in keinem Falle stattfand. Auch die Übersättigung der weibl. Geschlechtsorgane mit Spermien und die künstliche Schaffung günstiger Bedingungen für die Befruchtung durch die intra uterine Besamung führten zu keinem positiven Ergebnis. Das physiol. Hindernis in den weibl. Geschlechtsorganen der Versuchstiere für die Spermien artfremder männl. Tiere befindet sich im Bereich des Überganges der Gebärmutterhörner zum Eileiter. Aus diesen Ergebnissen ist die Schlußfolgerung zu ziehen, daß die Erzielung von Hybriden als Ergebnis der Kreuzung der genannten Arten nicht möglich ist und daß dem widersprechende Veröffentlichungen nicht den Tatsachen entsprechen. K. Richter. 1820.

Assali, N. S., Holm, L. und Parker, H.; Los Angeles, Univ. of California, Dep. of Obstetrics and Gynecol.; Davis, Univ. of California, School of Veterin.-Med., Dep. of Physiol. Regional blood flow and vascular resistance in response to oxytocin the in pregnant sheep and dog. **(Regionaler Blutzufluß und Gefäßwiderstand nach Oxytocin beim trächtigen Schaf und Hund.)** J. appl. Physiol. **16** (1961) Nr. 6. S. 1087–1092. — 4 Abb., 2 Tab., 15 Lit.
Die Untersuchungen wurden an 12 tragenden Suffolk-Kreuzungsmuttern zwischen dem 60. Trächtigkeitstag und der Geburt und 6 hochtragenden bzw. gebärenden Hündinnen durchgeführt. An den narkotisierten Tieren wurden die entspr. Gefäße freigelegt und mit den Strömungsmessern verbunden. Zusätzlich wurden die Druckschwankungen zwischen Gebärmutterwand und Chorion und in der Amnionhöhle bestimmt. I.v. Injektion bzw. ein Dauertropf von Oxytocin veränderten den arteriellen Druck, den Herzausstoß, das EKG und die Durchströmung der Aa. renalis, iliaca, femoralis und carotis nicht signifikant. Vor Einsetzen der Geburt wurde auf den Uterus keine Wirkung ausgeübt. Während der Geburt rief Oxytocin eine Verstärkung der Uteruskontraktionen hervor, die mit einem signifikanten Absinken der uterinen Durchblutung verbunden war. Vff. schließen aus ihren Ergebnissen, daß die Kreislaufwirkung des Oxytocins beim trächtigen Schaf und Hund auf den graviden Uterus *sub partu* beschränkt ist, und daß das Absinken der Durchblutung wahrscheinlich auf einen Anstieg des intramuralen Gefäßwiderstandes zurückzuführen ist, der seinerseits durch die Kontraktionen des Myometriums verursacht wird. F. Döcke. 1830.

Dickmann, Z. und Noyes, R. W.; Pala Alto, Calif., Stanford Univ., School of Med., Dep. of Obstetrics and Gynecol. The Zona pellucida at the time of implantation. **(Die Zona pellucida zum Zeitpunkt der Implantation.)** Fertility and Sterility **12** (1961) Nr. 4. S. 310–318. — 2 Abb., 2 Tab., 14 Lit.
♀ Albinoratten dienten als Spender, homozygote schwarzpigmentierte als Empfänger oder „Incubator", in dem die transplantierten Eizellen für eine gewisse Zeit verbleiben, um nach der Wiedergewinnung erneut transplantiert zu werden. Die Spender wurden mit fertilen Albinomännchen angepaart, die Empfänger und „Incubatoren" mit vasektomierten schwarzen ♂♂. Es zeigte sich, daß die Zona pellucida am Nachmittag des 5. Trächtigkeitstages vom Blastocysten abgestoßen wird. Ein spez. uterines Milieu ist dafür nicht erforderlich, sondern die Z. pellucida wird als Folge des Wachstums und der Reifung des Blastocysten abgeworfen. Wurden Blastocysten ohne Z. pellucida in die Uterushörner von Empfängerratten transplantiert, entwickelten sich daraus geburtsreife Junge. Das beweist, daß die Z. pellucida für die Implantation nicht nur entbehrlich, sondern daß ihre Entfernung wahrscheinlich sogar eine Voraussetzung für eine erfolgreiche Nidation ist.
F. Döcke. 1840.

Kuse, Rolf; Kiel, Univ., Pathol. Inst. **Vergleichende Untersuchungen der mitotischen Wachstumsaktivität der Thorax- und Oberbauchorgane beim embryonalen und fetalen Hühnchen.** Z. Zellforsch. mikroskop. Anatom. **56** (1962) Nr. 6. S. 728–747.
Vf. untersucht die mitotische Aktivität von Leber, Lunge, Ösophagus und Magen im Verlaufe der embryonalen Entwicklung des Kükens, um durch die Feststellung der Teilungsmaxima einen Beitrag zur Bestimmung der teratogenetischen Determinationsperioden zu leisten. Das mitotische Wachstum der Leber beginnt am 3. Tag mit einer Rate von 1,46%, erreicht 24 Std. später das Maximum mit 2,04% und sinkt dann bis zum 14. Tag auf 0,50%. Bei der Lungenentwicklung ist ein Unterschied der Mitoserate des Mesoderms und des Entoderms festzustellen. Im Mesoderm steigt die Rate von 1,17%

auf 1,33% am 4. Tag und sinkt dann auf 0,25%. Im Entoderm liegt das Maximum erst am 5. Tag bei 1,30%. Diese Prozentzahl bleibt bis zum 11. Tag gleich. Erst dann sinkt die Teilungsfrequenz ab. Myokard, Leber und Lungenmesoderm zeigen einen ähnlichen Wachstumsverlauf mit einer max. Teilungsrate am 4. Tag. Lungen-, Ösophagus- und Magenentoderm verhalten sich insofern anders, als vom 5./6. bis zum 10./11. Tag eine annähernd gleiche Wachstumsrate eingehalten wird. Die gründliche Arbeit befaßt sich eingehend und kritisch mit der Brauchbarkeit verschiedener statistischer Prüfmethoden zur Bewertung der Ergebnisse. H. Fischer. 1840.

Pilipenko, M. E. (Pilipenko, M. Je.); Charkow, Veterinärmed. Inst., Lehrstuhl für Histol. und Embryol. Dinamika soderžanija suchogo veščestva v émbrionach i poterja v vese jaic kur pri inkubacii. **(Dynamik des Gehalts an Trockenmasse in Embryonen und der Gewichtsverlust bei Hühnereiern während der Brut.)** Sbornik trudov Chaŕkovskogo veterinarnogo instituta **24** (1960) S. 55–59. — 3 Tab., 8 Lit. 1840.

Krok, G. S. und Pilipenko, M. E. (Krok, G. S. und Pilipenko, M. Je.); Charkow, Veterinärmed. Inst., Lehrstuhl für Histol. und Embryol. Gistostrukturnye osobennosti émbrional'nogo i postembrional'nogo ontogeneza cypljat v zavisimosti ot uslovij inkubacii. **(Histostrukturelle Besonderheiten der embryonalen und postembryonalen Ontogenese von Küken in Abhängigkeit von den Brutbedingungen.)** Sbornik trudov Chaŕkovskogo veterinarnogo instituta **24** (1960) S. 41–47. — 3 Abb., 6 Lit. 1840.

Daniel, Louise J., Cohen, Shirley und Yesair, David W.; Ithaca, N. Y., Cornell Univ., Dep. of Biochem. Cholesterol in Vitamin B_{12}-deficient chick embryo. **(Cholesterin bei Kükenembryonen mit Vitamin-B_{12}-Mangel.)** Proc. Soc. exp. Biol. Med. **108** (1961) Nr. 1. S. 119–121. — 1 Tab., 13 Lit.
Kükenembryonen und Dottersäcke mit Vit.-B_{12}-Mangel sowie Kontrollen werden lyophilisiert und extrahiert mit Aceton-Äthanol (1:1). Dann wird das Cholesterin nach der Methode von Sperry und Webb bestimmt. Während der Bebrütung unterscheidet sich der Cholesteringehalt der normalen Kükenembryonen nicht von dem der Embryonen mit Vit.-B_{12}-Mangel. Daraus ergibt sich, daß der Vit.-B_{12}-Gehalt oder -Mangel keinen Einfluß auf den Cholesterin-Status des sich entwickelnden Kükenembryos hat.
E. Tempel. 1840.

McClure, T. J.; Hamilton, New Zealand, Ruakura Animal Res. Stat. Pathogenesis of early embryonic mortality caused by fasting pregnant rats and mice for short periods. **(Pathogenese der embryonalen Frühmortalität, die durch kurzes Hungernlassen tragender Ratten und Mäuse entsteht.)** J. Reproduct. Fertility **2** (1961) Nr. 4. S. 381–386. — 2 Tab., 10 Lit.
Virginelle weiße Mäuse wurden bis 3 Tage post copulationem ad libitum ernährt und mußten anschließend 48 Std. lang hungern. Ein Teil der Tiere erhielt Progesteron über einen unterschiedlichen Zeitraum (3–14 Tage) und in unterschiedlicher Dosierung (0,5–1,5 mg/Tag) injiziert, eine andere Gruppe wurde in ähnlicher Weise mit Choriongonadotropin behandelt (3–14 Tage, 5–15 IE). Durch die beiden Behandlungen konnte die Gravidität wenigstens 6 Tage länger als bei den Kontrollen aufrecht erhalten werden, jedoch nicht über den 14.–15. Tag hinaus. — Etwa 3 Mon. alte virginelle Albinoratten mußten nach der Kopulation 2- oder 3mal 48 Std., 1-, 2- oder 3mal 72 Std. oder 1- oder 3mal 96 Std. lang hungern. Einem Teil der Tiere wurden außerdem die Nebennieren entfernt und anschließend 10 mg Desoxycorticosteron implantiert. Die für die hungernden Tiere typische embryonale Frühmortalität konnte auf diese Weise nicht verhindert werden. Vf. gelangt auf Grund seiner Ergebnisse zu dem Schluß, daß die durch Hungern verursachte embryonale Frühmortalität wenigstens z.T. auf einer Reduktion der gonadotropen

Hypophysenfunktion beruht. Auf Grund der Rattenversuche ist nicht anzunehmen, daß eine Hypersekretion von Corticosteron dafür verantwortlich zu machen ist. F. Döcke. 1844.

Schmidt, G. H. und Hansel, William; Ithaca, N. Y., Cornell Univ., Dep. of Animal Husbandry. Effect of somatotrophin and oxytocin on the mammary gland development of goats treated with estrogen and progesterone. **(Die Wirkung von Somatotropin und Oxytocin auf die Milchdrüsenentwicklung von Ziegen nach Behandlung mit Oestrogen und Progesteron.)** J. Dairy Sci. 44 (1961) Nr. 12. S. 2259–2264.
Weder die Zugabe von STH noch von Oxytocin zu Oestrogen- oder Progesteroninjektionen führt eine Steigerung der Alveolaroberfläche oder der Milchproduktion bei virginellen Jährlingsziegen gegenüber Oestradiol oder Progesteron allein herbei. Die gesamte Alveolaroberfläche und die Milchproduktion, die aus einer Kombination von Hormonen, die für die Induzierung des Euterdrüsenwachstums notwendig sind, hervorgeht, ist nicht halb so groß wie bei Ziegen, deren Euter durch Trächtigkeit entwickelt wurde. Alle Hormongruppen zeigten ein Defizit der gesamten Alveolaroberfläche. Die Korrelation der vorhergehenden 4-Wochen-Milchproduktion und der gesamten Alveolaroberfläche war 0,947. Ziegen mit injiziertem STH begannen mit einer höheren Milcherzeugung als die 2 anderen mit Hormonen behandelten Gruppen. Bei den Hormon-Versuchsgruppen wurden keine histol. Veränderungen beobachtet. R. Neseni. 1864.

Knoblauch, H. **Der Tierarzt in der künstlichen Besamung.** Mh. Veterinärmed. **17** (1962) Nr. 7. S. 289–294. — 2 Abb.
Der Aufbau der KB erfolgte in der DDR ohne wesentliche Mitarbeit der Tierärzte. Da das Arbeitsgebiet der KB spez. Kenntnisse in der Anatomie, Physiologie und Pathologie der Fortpflanzungsorgane erfordert und diese nur durch das tierärztliche Studium vermittelt werden, schalteten sich im Verlaufe der Entwicklung die Tierärzte für Zuchthygiene ein. Heute kann von einer fruchtbringenden Zusammenarbeit zwischen den Besamungsstationen und den Tierärzten für Zuchthygiene gesprochen werden. Seit 1959 sind in einigen Bezirken Tierärzte als tierärztliche Leiter (TL) haupt- oder nebenamtlich in den Besamungsstationen eingesetzt. Ihre Hauptaufgabengebiete umfassen die Mitarbeit in der Station, die Anleitung und Weiterbildung der Besamungstechniker und die Betreuung der weibl. Tiere. Die zuchthygienische Überwachung der Vatertiere in den Stationen erfolgt 2mal jährl. durch die Abteilung für Zuchthygiene des zuständigen Veterinäruntersuchungs- und Tiergesundheitsamtes. Der enge Kontakt mit den Technikern und ihre Anleitung und Weiterbildung durch den TL der Station sind für die Befruchtungsergebnisse von ausschlaggebender Bedeutung. Der TL hat schließlich noch eine sehr wichtige Aufgabe in den landwirtsch. Betrieben, in denen besamt wird, zu lösen, indem er mit den Technikern gemeinsam alle Fragen der Organisation der Besamung, der Haltung und Fütterung usw. kontrolliert und verbessern hilft. K. Rothe. 1881.

Korkman, Nils. Seminaveln med nötkreatur. **(Besamung beim Rind.)** Kungl. Skogs- och Lantbruksakad. Tidskr. **101** (1962) Nr. 1/2. S. 159–176. — 2 Abb., 1 Tab., 13 Lit. Zus. in Engl.
Im Inst. für Haustierveredlung wurde seit 1935 an der Besamung gearbeitet. 1960 bestanden in Schweden 25 Besamungsstationen mit 737 Bullen. Angeschlossen waren 75934 Betriebe mit 536119 Kühen (=41% aller Kühe). Die Besamung wird von 108 Veterinären und 291 Besamungstechnikern ausgeführt. Die Zahl der besamten Kühe ist seit 1944 geradlinig angestiegen. Die Kosten der Besamung entspr. seit 1945 ohne starke Schwankungen dem Wert von 75 kg Milch. Eine Gefährdung der Zucht durch zu starke Inzucht wird

auch bei starkem Einsatz von Spitzenbullen nicht befürchtet. Die Zusammenfassung von Bullen in Gruppen wirkt der Inzucht entgegen. Die Häufigkeit von Letalfaktoren konnte durch die KB verringert werden. Bei der Auswahl von Besamungsbullen wird die Nachkommenprüfung für wichtiger angesehen als die Mutterleistung und die Nachkommenleistungen des Vaters. In der sog. F-Zahl wird für jeden Bullen ein Indexwert angegeben. Die F-Zahl gibt die durchschnittl. Leistung der Töchter in der 1. Laktation an, und zwar in % des Durchschnitts sämtlicher in Beständen mit gleich hoher Leistung stehenden Färsen. Um vergleichbare Werte zu erhalten, wird die F-Zahl korrigiert nach der Zahl der Töchter, deren Abkalbealter, dem Herdendurchschnitt u.a. Die Frage der Berücksichtigung des Jahreszeiteinflusses ist noch nicht gelöst. Durch die Beachtung der Fleischanlagen entstehen bei der Auswahl der Bullen zusätzliche Anforderungen. Die Aufzucht soll hierzu zentral erfolgen. Seit 1952 werden Nachkommenschaftsbesichtigungen durchgeführt. Wenn jährl. 100 Jungbullen für die Besamung vorgesehen werden, so ist damit zu rechnen, daß 70 noch leben, wenn das Ergebnis der Nachkommenuntersuchung vorliegt. Es wird damit gerechnet, daß $^1/_3$ davon sich als geeignet erweist. — Die Veröffentlichung enthält außerdem Diskussionsbeiträge von Johansson und Bane. J. K. Hinrichsen. 1881.

Demark, N. L. van; Urbana, Univ. of Illinois, Dep. of Dairy Sci. Artificial insemination of cattle. **(Die künstliche Besamung beim Rind.)** J. Dairy Sci. **44** (1961) Nr. 12. S. 2314–2322. — 2 Abb., 7 Tab., 46 Lit.
Die Zahl der Kälber, die von einem Bullen mittels der KB erhalten werden kann, ist von 3 Faktoren abhängig: Der Spermaproduktion des Bullen, der Ausnutzung der Ejakulate und der Konzeptionsrate der Kühe. Die Spermaproduktion hängt wiederum von der Nutzungsdauer des Bullen, der sachgemäßen Spermagewinnung und der Häufigkeit der Samenentnahme ab. Die Ausnutzung des Spermas beruht auf der Anzahl Spermien pro Besamungsdosis und auf der Konservierungsmöglichkeit des Spermas. Vf. gibt zu allen genannten Punkten einen kurzen Überblick über den gegenwärtigen Stand der Entwicklung. Als z. Z. wenigstens für einige Bullen erreichbares Maximum bezeichnet er 225000 Kälber pro Jahr. F. Döcke. 1881.

Kalev, G. (Kalew, G.) Vŭrchu njakoi vŭprosi na izkustvenoto osemenjavane na svine. **(Über einige Fragen der künstlichen Besamung von Schweinen.)** Izvestija na Centralnija naučnoizsledovatelski institut po biologija i patologija na razmnožavaneto na selskostopanskite životni, Sofija 1 (1961) S. 131 bis 138. — 2 Abb., 2 Tab. Zus. in Russ., Engl.
Zur Spermaerzeugung kann bei Ebern auch ein Phantom verwendet werden, wobei Menge und Qualität des erhaltenen Spermas sich nicht von dem Sperma unterscheiden, das bei Verwendung einer Sau gewonnen wird. Die Dauer der Geschlechtsreflexe beträgt 4,55 Min., wovon der Annäherungsreflex 60 Sek., der Erektionsreflex 25–50 Sek. und der Erfassungsreflex 15–30 Sek. währt; danach tritt der Coitusreflex ein und dauert 20–30 Sek. Es folgt die Ejakulation, die 90–160 Sek. währt. Das Ejakulat kann fraktioniert gesammelt werden, indem die Spermasammelgläser gewechselt werden. Man unterscheidet 5 Fraktionen. Die 1. stammt von den ersten 10–15 Sek. nach Ejakulationsbeginn und besteht aus einem Sekret, das Bakterien, Epithelzellen, Leukocyten und Urin enthält (Menge 15–25 ml). Die 2. Fraktion verläuft während der nächsten 25–35 Sek. Ihr Vol. beträgt 20–45 ml. In ihr werden auch Spermatozoen beobachtet. Die 3. Fraktion ist dickflüssig und am reinsten. Sie wird in den der 2. Fraktion nachfolgenden 30–70 Sek. gesammelt. Ihre Menge beläuft sich auf 30–60 ml. Diese Fraktion enthält am meisten Spermatozoen und dient zur KB. Die 4. Fraktion erhält man in den nächsten 20–30 Sek. (Vol. 20–30 ml). Die Zahl der Spermatozoen ist bei ihr wesentlich geringer. Außerdem enthält sie geronnenes Bulbourethralsekret. Je nach der Reinheit

und dem Gehalt an Sperma, kann diese Fraktion auch zur Besamung verwendet werden. Die letzte Fraktion (15–25 ml) wird in den letzten 10–15 Sek. der Ejakulation abgesondert. Sie enthält sehr wenig Spermatozoen. — Die KB wird am 2. Tag nach Beginn der Brunst vorgenommen. Bei einer unmittelbaren Verwendung des Spermas wird ein Glucosesulfat-Verdünner gebraucht und bei einer 1–4stündigen Aufbewahrung ein Eigelb-Glucose-Citrat-Verdünner. Der mit Vaseline bestrichene Katheter wird 30–35 cm in den Geschlechtsapparat der Sau eingeführt und mit einem Infusionsapparat verbunden. Vom verdünnten Sperma werden 100–150 ml allmählich (5–8 Min.) eingelassen. Der Befruchtungserfolg lag im Durchschnitt bei 63,15%, Schwankungen zwischen 36,4 und 77,77% wurden beobachtet. T. Radew. 1881.

Holmes, C. R. Artificial insemination of the ewe. **(Die künstliche Besamung des Schafes.)** New Zealand veterin. J. **9** (1961) Nr. 4. S. 73–74.

148 Mutterschafe der Kenya-Highland-Rasse wurden künstlich besamt. Der Samen wurde von einem frisch importierten Clun-Forest-Bock gewonnen. Vf. geht allg. auf die Gewinnung und Aufbewahrung des Samens und die Besamung ein. Anschließend werden die Kreuzungsprodukte kurz besprochen und auf ihre Vorteile für das Land hingewiesen. G. Becker. 1881.

Austin, J. W., Hupp, E. W. und Murphree, R. L.; Oak Ridge, Univ. of Tennessee; Atomic Energy Commiss., Agric. Res. Lab. Comparison of quality of bull semen collected in the artificial vagina and by electroejaculation. **(Vergleich der Qualität von Bullensperma, welches mit Hilfe der künstlichen Vagina und der Elektroejakulation gewonnen wurde.)** J. Dairy Sci. **44** (1961) Nr. 12. S. 2292–2297. — 3 Tab., 12 Lit.

An insgesamt 536 Ejakulaten von 12 Bullen wurden die beiden genannten Spermagewinnungsmethoden durch Beurteilung des Ejakulatvol., der Spermadichte, der Gesamtzahl der Spermien pro Ejakulat, der Beweglichkeit, der Vorwärtsbewegung, des pH-Wertes und der Fruktosekonzentration sowie der Beweglichkeit und der Vorwärtsbewegung nach 4tägiger Aufbewahrung im Verdünnungsmedium verglichen. Die elektrisch gewonnenen Ejakulate hatten ein größeres Vol., niedrigere Konzentration, höhere pH-Werte, gleiche Gesamtzahl der Spermien pro Ejakulat, geringgradig höhere Beweglichkeit (nicht signifikant) und schienen nach 4tägiger Aufbewahrung in höherem Maße geeignet für die Verwendung in der Praxis der KB zu sein (Kriterium der Eignung = 50% Beweglichkeit). Die initiale Fruktosekonzentration war bei der Elektroejakulation niedriger, der abs. Fruktosegehalt jedoch höher. Hinsichtlich der Ejakulationsprovozierung zeigte die Elektroejakulationsmethode die größere Sicherheit. J. Bergfeld. 1885.

Grove, D. und Tiefenbach, B.; Hannover, Tierärztl. Hochschule, Richard-Götze-Inst., Inst. für Fortpflanz. und Haustierbesam. **Zur „Elektroejakulation“ beim Eber.** Dtsch. tierärztl. Wschr. **68** (1961) Nr. 20. S. 585–587.

Die Untersuchung, Beurteilung und Behandlung von Ebern, die an Fortpflanzungsstörungen leiden, gewinnt mehr und mehr an Bedeutung. Die Mehrzahl aller Eber ist zum Sprung auf ein Phantom und zum Absamen in die künstliche Scheide zu bewegen. In den wenigen Fällen, wo der Aufsprung auf das Phantom verweigert wird, eine Samenuntersuchung aber erwünscht ist, kann die Elektroejakulation angewendet werden. Die Elektroejakulation soll beim Eber ohne Narkose nicht durchgeführt werden. Die Elektrode ist stabförmig und bipolar. Sie wird je nach Größe des Ebers 30–40 cm tief in das Rektum, welches vorher mit körperwarmer 3%iger NaCl-Lösung ausgespült wird, eingeführt. Die anfänglich benutzte Spannung von 5 V wird stufenweise erhöht. Bei 15 bis 25 V erfolgt die Ejakulation. Der Penis wird dabei nicht immer ausgeschachtet. Die Samengewinnung mit Hilfe der Elektroejakulation erlaubt kein umfassendes Urteil über die geschlechtliche Zuchttauglichkeit des Ebers, da das Geschlechtsverhalten (Vorspiel, Deckakt, Nachspiel) nicht begutachtet werden kann. Grundsätzlich ist die Elektroejakulation beim Eber aber erfolgreich anwendbar. K. Rothe. 1885.

Herrick, John B. Fertility examination of the ram. **(Die Fruchtbarkeitsprüfung beim Schafbock.)** Veterin. Med. **56** (1961) Nr. 11. S. 461.
Der Tierarzt darf die Schafherden nicht vernachlässigen; denn es gibt viele medizinische Probleme innerhalb der Herde, an deren Lösung die Schafindustrie sehr interessiert ist. Eines dieser Probleme ist die Fruchtbarkeitsprüfung beim Schafbock. Zur Samengewinnung empfiehlt Vf. die Elektroejakulation. Der Elektroejakulator ist stabförmig (8 Zoll lang und 1–1½ Zoll dick), er wird tief in das Rektum eingeführt und mit 5–8 V Spannung beschickt. Es wird nur der rahmartige Anteil des abtropfenden Ejakulates untersucht. Das Sperma ist gut, wenn in 1 ml 2–3 Md. Spermien vorhanden sind (nicht über 15% tote und 10% pathologische). W. Rommel. 1885.

Tulloch, B. R.; Pietermaritzburg, Univ. of Natal, Fac. of Agric. A modified technique for the collection of poultry semen. **(Eine abgeänderte Technik zur Gewinnung von Geflügelsamen.)** South African J. agric. Sci. **5** (1962) Nr. 1. S. 153–155. — 3 Abb., 6 Lit.
Da die Samengewinnungsmethode nach Burrows und Quinn (vgl. Poultry Sci. **16** [1937] S. 19. verbessert von Wheeler, (Poultry Sci. **27** [1948] 523–524) beim Vf. starke Verunreinigungen durch Fäkalien und Blut ergab, wurde die Methode abgeändert. Der Hahn wird in der bekannten Stellung mit der Brust auf die Schenkel gelegt, die rechte Hand so unter den hinteren Teil des Brustbeines geschoben, daß die Finger den abdominalen Teil leicht massieren können. Die linke Hand wird so über den Schwanz gelegt, daß die ersten 2 Finger an jeder Seite die Kloake und der Daumen und 3. Finger am Pygostyl leichten Druck nach unten ausüben. Reizung durch Druck auf jeder Seite der Kloake und Abwärtsziehen des Pygostyls ergibt Erektion und Ejakulation. Die Prozedur kann 2 bis 3mal wiederholt werden bis der Samenfluß versiegt. Diese Technik ergab bei New-Hampshire-Hähnen einen höheren Anteil Spermien und weniger Verunreinigungen. K. Männel. 1885.

Dixon, Joan, Ehlers, M. H. und Erb, R. E.; Pullman, Washington State Univ., Dep. of Dairy Sci. Lipid phosphorus and nucleic acid phosphorus content of bull semen during aerated and nonaerated incubation. **(Gehalt des Bullenspermas an Lipidphosphor und Nucleinsäurephosphor während aerober und anaerober Inkubation.)** J. Dairy Sci. **44** (1961) Nr. 12. S. 2298–2302. — 1 Tab., 16 Lit.
Durch anerobe und aerobe Inkubation wurde sowohl der Gehalt an Lipid-P und Nucleinsäure-P als auch an säurelöslichem P nicht signifikant verändert. Der Anstieg des Gehaltes an anorg. P wird auf den ATP-Abbau zurückgeführt. J. Bergfeld. 1887.

Zelfel, S. und Gottschalk, I. **Untersuchungen über die Verwendung von Mischsperma in der Rinderbesamung.** Zuchthyg., Fortpflanzungsstör. Besam. Haustiere **6** (1962) Nr. 1. S. 42–53. — 1 Abb., 7 Tab., 18 Lit.
Sperma von gleichrassigen Bullen wurde gemischt und der Einfluß auf die Lebensfähigkeit in vitro, auf den Befruchtungserfolg, auf die Kälbergewichte sowie auf die Dauer der Trächtigkeit einer näheren Betrachtung unterzogen. Es hatte sich als zweckmäßig erwiesen, die Vermischung mit bereits verdünnten Spermakomponenten durchzuführen, da sonst eine Aktivierung der Spermien unmittelbar nach der Vermischung unverdünnter Fraktionen erfolgt, die zu einer evtl. Schädigung der Samenzellen führt. Mischsperma zeigte im Vergleich zu Normalsperma keine gesicherten Differenzen im Hinblick auf den Befruchtungserfolg. Ebenfalls waren die Geburtsgewichte der Kälber von denen des Normalspermas nicht signifikant verschieden. Auch die Träch-

tigkeitsdauer blieb unbeeinflußt. Es wird festgestellt, daß der Einsatz von Mischsperma in der Rinderbesamung keine allg. Verbesserung der Befruchtungserfolge sowie der Qualität der Nachkommenschaft hervorruft.

W. Jenichen. 1891.

Morozov, V. A., Dupenko, O. A. und Lavrov, O. B. (Morosow, W. A., Dupenko, O. A. und Lawrow, O. B.); Machatschkala, Dagestan. Forsch.-Inst. für Landwirtsch. Sochranenie semeni sel'skochozjajstvennych životnych pri nulevoj temperature. **(Die Aufbewahrung des Spermas landwirtschaftlicher Nutztiere bei 0 °C.)** Životnovodstvo, Moskva **23** (1961) Nr. 9. S. 48–51. — 4 Tab.

Bei der Aufbewahrung bei 0 °C muß beachtet werden, daß durch die Verdünnung von Bullen- und Schafbocksperma mit Eigelbverdünner die Empfindlichkeit der Spermien gegenüber einem Kälteschock nicht völlig beseitigt wird. Deshalb muß die Abkühlung langsam erfolgen, und zwar mit feinzerkleinertem Eis, das eine Temperatur von 0 °C hat. Die optimale Art der Abkühlung der verschiedenen Spermaarten auf 0 °C und die Ausarbeitung der entspr. Technologie müssen weiter untersucht werden. F. Schenk. 1891.

Sharma, U. D. und Mahajan, S. C.; Izatnagar, Indian Veterin. Res. Inst. Preservation of buffalo semen. I. Effect of seminal plasma. **(Konservierung von Büffelsperma. 1. Mitt. Einfluß des Samenplasmas.)** Indian J. veterin. Sci. Animal Husbandry **31** (1961) Nr. 4. Genetics and Breeding Suppl. S. 20–23. — 1 Abb., 3 Tab., 13 Lit.

Ein Vergleich der Beweglichkeit und Lebensdauer von Büffelspermien mit und ohne Samenplasma nach 10tägiger Aufbewahrung bei 4–6 °C in Eigelb-Glukose-Bicarbonat-Verdünner zeigte, daß die Entfernung des Samenplasmas zu einer hochsignifikanten Schädigung führt. Wenn den Spermaproben hingegen Samenplasma in 2- oder 4facher Menge des Ausgangsvolumens zugesetzt wurde, konnte in steigendem Maße eine signifikante Verbesserung der Lebensfähigkeit und Beweglichkeit der Spermien erzielt werden.

H. Cziharz. 1891.

Mahajan, S. C. und Sharma, U. D.; Izatnagar, Indian Veterin. Res. Inst. Preservation of buffalo semen. II. Effect of glucose and sodium bicarbonate. **(Konservierung von Büffelsperma. 2. Mitt. Einfluß von Glukose und Natriumbicarbonat.)** Indian. J. veterin. Sci. Animal Husbandry **31** (1961) Nr. 4. Genetics and Breeding Suppl. S. 24–28. — 2 Abb., 4 Tab., 19 Lit. 1. Mitt. vgl. vorst. Ref.

Es wurden 10 verschiedene Modifikationen des Glukose-Bicarbonat-Puffers in ihrem Einfluß auf die Haltbarkeit von Büffelsperma geprüft (Verdünnung 1:10). Dabei erwies sich allen anderen Modifikationen gegenüber eine Pufferlösung als überlegen, die aus 95 Teilen isotonischer Glukoselösung und 5 Teilen isotonischer Natrium-Bicarbonat-Lösung bestand. H. Cziharz. 1891.

Archypoveć, O. J. (Archypowez, O. J.) Zberigannja sperma iz zastosuvannjam organičnych kyslot. **(Spermaaufbewahrung in organischen Säuren.)** Socialističeskoe životnovodstvo, Kiev **34** (1962) Nr. 4. S. 45–47. — 1 Abb. Orig.: ukrain.

Die Schweinebesamung wird gegenwärtig mit frischem Ebersperma, bestenfalls mit nicht länger als 1 Tag bei 10–20 °C aufbewahrtem Sperma durchgeführt. Bei 0 °C aufbewahrtes und auf verschiedene Weise verdünntes Sperma bewahrt zwar seine Lebensfähigkeit 5–6 Tage, besitzt aber schon nach 2 Tagen eine sehr geringe Befruchtungsfähigkeit. Schwache (1%) org. Säuren, z. B. Ascorbin- und Salicylsäure, im Glucose-Salz-Eidotterverdünner senken den pH-Wert des Spermas und wirken günstig auf Bewegung und Überlebensfähigkeit der Spermatozoen bei 18–26 °C im Verlaufe von 3–4 und mehr Tagen. Die Spermienbeweglichkeit betrug nach 1 Tag 95–98%, nach 2 Tagen 85–92%

und nach 3 Tagen 70–80%. Die Überlebensfähigkeit im Verlaufe von 3–4 Tagen wurde bei Zusatz von 1%iger Sauerampfer-, Wein- oder Milchsäure ebenfalls signifikant verbessert. Die beschriebenen Versuche weisen auf die große Bedeutung der Aufbewahrung von Ebersperma in org. Säuren für die Praxis der KB von Sauen in den LPG und VEG hin, weil es möglich wird, das Sperma auf größere Entfernungen zu transportieren und länger aufzubewahren.
K. Neumann. 1891.

Schwerdtner, H. **Zur „Desinfektion" des Spermas der Besamungsbullen mit Jod.** Zuchthyg., Fortpflanzungsstör. Besam. Haustiere **6** (1962) Nr. 1. S. 1–8. — 6 Tab.
Eine Empfehlung von Wolosskow (1960) zur „Desinfektion" des Spermas insbesondere als Bekämpfungsmaßnahme gegen Trichomonadeninfektion wurde vom Vf. überprüft. Dabei konnte festgestellt werden, daß sowohl Ei-Na-Zitratverdünner als auch Milchverdünner ein guter Nährboden für Trichomonaden sind. Eine Hemmung oder Unterbindung des Wachstums von Trichomonaden durch Jodzusatz erfolgte nicht. Die Spermajodierung ist auf keinen Fall eine prophylaktische Maßnahme bei der Samenverdünnung trichomonadeninfizierter Ejakulate. Auch bei längerer Spermienaufbewahrung wirkte sich der Jodzusatz ungünstig auf die Spermienüberlebensrate aus. Es wird deshalb bes. betont, daß die Forderung von Abelein (1957) richtig sei, trichomonadeninfizierte Bullen nicht in der Rinderbesamung einzusetzen.
W. Jenichen. 1891.

Hancock, J. L. und Hovell, G. J. R. Insemination before and after the onset of heat in sows. **(Die künstliche Besamung von Schweinen vor und nach dem Einsetzen der Brunst.)** Animal Product. 4 (1962) Nr. 1. S. 91–96.
55 Sauen werden zu unterschiedlichen Zeitpunkten besamt. Für jede Dosis werden 5×10^9 Spermien auf 20 ml mit Eidotter-Glucosephosphat-Lösung verdünnt. Die Besamung erfolgt am Tage –1 (0–24 Std. vor Beginn der Rausche), 0 (0–24 Std. nach Rauschebeginn) und am Tage 2 (48–72 Std. nach Beginn der Rausche). Die besamten Tiere werden zwischen 48 und 72–120 Std. nach Beginn der Rausche geschlachtet. Danach werden die Eier gewonnen und im unfixierten oder fixierten Zustand beurteilt. Von den 55 insgesamt besamten Tieren können 43 (78,2%) intrauterin besamt werden. Die Befruchtungsrate, gemessen an der Anzahl befruchteter Eier, ist am Tage –1 mit 7,1% sehr niedrig. Bei den Sauen, die am Tage 0 besamt werden, beträgt sie 55,9%, bzw. 63,4% am Tage 1. Auch am Tage 2 sind die Ergebnisse mit 20,1% schlechter als bei Besamungen 0–24 Std. bzw. 24–48 Std. nach Rauschebeginn. Die Beurteilung der gewonnenen Eier im unfixierten und fixierten Zustand ergibt annähernd die gleichen Resultate. Die Befruchtungsergebnisse zeigen, daß der Besamungszeitpunkt von ausschlaggebender Bedeutung ist. Die Ursache für die mangelhaften Befruchtungsresultate bei zu frühzeitiger oder auch zu später Besamung scheint darin zu liegen, daß die Spermien den Ort, an dem normalerweise die Befruchtung der Reifeier stattfindet, nicht erreichen, da sie außerhalb eines gewissen Stadiums des Zyklus einer sehr schnellen Resorption durch den Uterus unterliegen.
K. Rothe. 1895.

Hrsg.: Minist. sel'skogo choz. RSFSR. **Al'bom po iskusstvennomu osemeneniju sel'skochozjajstvennych životnych.** (Album über künstliche Besamung der landwirtschaftlichen Nutztiere.) Moskva: Izd. Minist. sel'skogo choz. RSFSR. 1960. (134 S.) 4°. (1961 B 183)
Hrsg.: Minist. sil'skogo gospodarstva Ukr. RSR. **Instruktyvny vkazivky po stučnomu svynej.** (Instruktion für die technische Besamung von Schweinen.) Kyïv. 1960. (23 S.) 8°. (DA 1179)

E. ZÜCHTUNG

Ruban, Ju. D.; Charkow, Zootechn. Inst. Kostnaja tkań kak odno iz slagaemych v ocenke konstitucii životnych. **(Das Knochengewebe als eine der Komponenten bei der Konstitutionsbestimmung von Tieren.)** Izvestija Akademii

nauk SSSR. Serija biologičeskaja, Moskva 26 (1961) S. 798–804. — 6 Abb., 6 Tab., 8 Lit. Zus. in Engl.

Untersuchungen an 26 Simmentaler- und 22 Roten Steppen-Kühen der Konstitutionstypen fein (I), stark (II) und grob (III) ergaben, daß der Umfang von Metacarpus und Os metacarpi bei I am geringsten war, bei III am größten, der prozentuale Anteil an Knochengewebe war jedoch bei I am höchsten. Das Os metacarpi war wiederum bei III am längsten, jedoch waren zwischen I und II kaum Unterschiede festzustellen. Die mittlere Wandstärke des Knochens nahm von I–III zu, umgekehrt verhielt sich der mittlere innere Dmr., der bei I am größten war. Der Knochenanteil am Schlachtkörper war wiederum bei I am niedrigsten, bei III am höchsten, ebenso Gewicht, Volumen und spez. Gew. des Os metacarpi. Bei Belastung des Os metacarpi zeigte sich, daß II das größte Gewicht aushielt, es folgten III und I. Die Roten Steppen-Kühe hielten weniger Gewicht aus als die Simmentaler. — Anzahl, mittlerer Dmr. und Querschnittsfläche der Haversschen Kanäle waren an dorsalen, volaren, lateralen und medialen Teilen des Os metacarpi bei II am größten, bei I am kleinsten, die Simmentaler lagen in diesen Werten bei allen Typen höher als die Roten Steppen-Rinder. Die Anzahl der Knochenlamellen in den Haversschen Systemen und der mittlere Dmr. einer Knochenlakune waren bei II am größten, bei I am kleinsten. Die Anzahl der Lakunen in den Haversschen Systemen und die Fläche der Lakunen in Prozent zur Fläche der Haversschen Systeme waren bei I am größten, bei II am niedrigsten. Der mittlere Dmr. der Haversschen Systeme und die Fläche der Lakunen in den Haversschen Systemen waren bei III am größten, bei I am geringsten.

B. Busch. 1940.

Geri, G. Researches on the appearance of a defect in animals of the Romagnola breed of cattle and problems concerning its genetic cleaning-up. **(Untersuchungen über das Auftreten von Tieren mit Mißbildungen bei der Romagnola-Rinderrasse und das Problem der züchterischen Ausmerzung.)** VIII. int. Tierzuchtkongr. Hamburg **1961** Diskuss.-Beitr. S. 171.

Zusammenfassung eines Diskussionsbeitrages des Vf. G. Geri zum Thema V: Neueste Forschungsergebnisse auf dem Gebiet der Züchtung und Ernährung. Va: Züchtung. 1950.

Kušner, Ch. F. (Kuschner, Ch. F.); Genet. Inst. der Akad. der Wiss. der UdSSR. Nekotorye genetičeskie predposylki povyšenija produktivnosti životnych. **(Einige genetische Ausgangspunkte zur Erhöhung der tierischen Leistungen.)** Izvestija Akademii nauk SSSR. Serija biologičeskaja, Moskva **26** (1961) Nr. 5. S. 785–797. — 5 Abb., 2 Tab., 26 Lit. Zus. in Engl.

Aufgeführt und an Versuchsergebnissen erläutert werden verschiedene genetische bzw. züchterische Methoden zur Erhöhung der Produktivität bei sämtlichen landwirtsch. Nutztierarten. Genannt werden Versuche über Veredlungskreuzungen von Rinderrassen in der SU und Ungarn mit Jerseybullen zur Verbesserung des Milchfettgehaltes. Ferner werden verschiedene Methoden zur Erzielung eines Heterosiseffektes, wie Zwei- und Mehrrassengebrauchskreuzung, Paarung von Eltern einer Rasse, die unter verschiedenen Umweltbedingungen aufgezogen wurden (Blutauffrischung), Mischung von Sperma verschiedener Vatertiere bei KB (Geschlechtsmentor), theoretisch erläutert und praktische Versuchsergebnisse bei verschiedenen Tierarten angeführt. Dabei wird auf die Vorzüge der Genetik Darwins und Mitschurins bei der Erklärung der einzelnen Erscheinungen gegenüber dem Morganismus-Weismannismus hingewiesen. Verschiedene genetische Erscheinungen werden erörtert, z. B. die Beeinflussung der Embryonen durch den mütterlichen Organismus, das Wahlvermögen der Eizelle bei der Befruchtung u.a. Von ausländischen Forschungsergebnissen auf dem Gebiet der Heterosisforschung werden die Hybridisation von Inzuchtlinien und die Methode der reziproken rück-

greifenden Selektion (reciprocal recurrent selection) angeführt. Dabei wird letzterer Methode der Vorzug gegeben, weil sie keine Züchtung lange bestehender Inzuchtlinien mit allen Erscheinungen der Inzuchtdepression erfordert.
G. Häßler. 2040.

Gorjašin, V. A. (Gorjaschin, W. A.) Primenenie sčetno-vyčislitel'nych mašin v plemennoj rabote. **(Die Anwendung von Rechenmaschinen in der Zuchtarbeit.)** Životnovodstvo, Moskva **39** (1961) Nr. 10. S. 71–75. — 4 Abb., 1 Tab.
Im Labor. von Puschkino wurde eine Methode zur Verwendung von Rechenmaschinen (Tabulator, Lochmaschine, Sortiermaschine, Reproduktor und Rechenautomaten und -halbautomaten) in der Milchviehzucht erarbeitet. Es wurden die Formen der primären zootechnischen Buchführung in den Betrieben und die Formen und Rechnungslegung für die Zuchtstationen, in denen diese Angaben bearbeitet werden, festgelegt und Schemata für die Lochkarten, die Bearbeitung der Materialien und die Anwendung großer Rechenmaschinen ausgearbeitet, die auch detailliert erläutert werden. Auf diese Weise können 7–8 AK die Zuchtbuchführung von 100000–150000 Kühen durchführen.
F. Schenk. 2096.

Schilling, E. **Wissenschaftliche Grundlagen der Leistungsermittlung und Zuchtverfahren bei landwirtschaftlichen Nutztieren.** Vorträge des II. Internationalen Ferienkurses für junge Tierzuchtwissenschaftler vom 12.–27. September 1961 in Mariensee. Mariensee/Trenthorst: Max-Planck-Gesellschaft. 1961. (484 S. m. Abb. u. Tab.) 15 × 21 cm = Schriftenr. des Max-Planck-Institut für Tierzucht- und Tierernährung. Der 2. Internationale Ferienkursus wurde von 36 Teilnehmern aus 16 Ländern wahrgenommen, denen 17 Vorträge von internationalen Autoritäten auf dem betr. Spezialgebiet geboten wurden. Alle nachfolgend genannten Beiträge werden als Referat im Landwirtsch. Zentralblatt, Abt. Tierzucht · Tierernährung · Fischerei, veröffentlicht. Es sprachen zu folgenden Themen: M. Witt: Ökonomische Gesichtspunkte bei der Leistungszüchtung; W. Kirsch: Die Fütterung als Umweltfaktor in den Leistungsprüfungen landwirtsch. Nutztiere; A. E. R. Willems: Die tierzüchterische Bedeutung der künstlichen Besamung; A. Hansson: Neue Untersuchungen an eineiigen Rinderzwillingen; S. Berge: Die geschichtliche Entwicklung der Tierzüchtung; G. Malécôt: Verwandtschaft und Korrelationen; J. L. Lush: Der Sinn und die Bedeutung des Erblichkeitsanteiles; D. S. Falconer: Auslesezucht in verschiedenen Umwelten. — Ein Versuch mit Mäusen; I. Johansson: Schätzung des allgemeinen Zuchtwertes; A. Robertson: Selektion nach verschiedenen Eigenschaften; H. O. Hetzer: Selektionspläne zur Verbesserung unserer landwirtsch. Nutztiere; F. W. Schnell: Heterosis und Inzuchtwirkung; H. O. Hetzer: Verfahren zur Ausnutzung der Heterosis in der landwirtschaftlichen Tierzucht; W. Engeler: Prüfung und Selektion auf Milchleistungseigenschaften beim Rind; B. L. Dumont: Prüfung und Selektion auf Fleischleistung beim Rind; P. Jonsson: Resultate dänischer Schweinenachkommenprüfungen; R. Waßmuth: Die Leistungszucht beim Schaf; Grundlagen und deren Anwendung. H. D. Hennig.

Hrsg.: Ukraïnśka akad. sil'śkogosp. nauk. Učbova častyna. **Pytannja rozvedennaja ta vidgodovli sil'śkogospodarśkich tvaryn.** (Fragen der Züchtung und Mast landwirtschaftlicher Nutztiere.) Kyïv.: Vyd. UASGN. 1961. (141 S. m. Abb.) 4° = Naukovi praci zootechn. fakul'tetu. Ukr. akad. sil'śkogosp. nauk. Učbova častina Bd. 15 Nr. 2. (ZB 2630)
Unter der Gesamtred. v. *Burlakov, N. M.* Hrsg.: Vsesojuznaja akad. sel'skochoz. nauk imeni V. I. Lenina. **Novoe v razvedenii i kormlenii sel'skochozjajstvennych životnych.** (Neues in der Züchtung und Fütterung landwirtschaftlicher Nutztiere.) Moskva: Sel'chozizdat. 1961. (202 S.) 8°. (1961 A 1314)

F. WACHSTUM UND ENTWICKLUNG

Sipačev, S. G. (Sipatschew, S. G.) ; Nowosibirsk, Sibir. Inst. für Tierzuchtforsch. Ritmičnost' rosta teljat, vyraščivaemych pod korovami-kormilicami. **(Das rhythmische Wachstum der an Ammenkühen saugenden Kälber.)** Vestnik sel'skochozjajstvennoj nauki, Moskva 7 (1962) Nr. 1. S. 79–84. — 1 Abb., 5 Tab., 6 Lit. Zus. in Engl., Franz., Dtsch.
Das Wachstum saugender Kälber erfolgt nicht gleichmäßig. Die tägl. Gewichtszunahmen schwanken. Dabei ist festzustellen, daß die Gewichtszunahme ca. 12 Tage lang ansteigt, um eine etwa ebenso lange Zeitspanne abzusinken. Graphisch dargestellt ergibt sich eine Wellenlinie. Aus dieser Tatsache folgt, daß der Futterverbrauch pro Einheit Gewichtszunahme in den verschiedenen

Wachstumsperioden unterschiedlich ist. In der Periode des intensiven Wachstums nahmen die Tiere tägl. ⌀ 912 g zu bei einem Milchverbrauch von 6,86 kg (7,2 kg/kg Gewichtszunahme). In der Periode des verzögerten Wachstums nahmen die Tiere tägl. ⌀ 710 g zu bei einem Milchverbrauch von 6,16 kg (8,67 kg Milch pro 1 kg Körpergewicht). W. Plaschke. 2120.

Bögre, J. A baraomfi szakaszos fejlödése és annak néhány alkalmazási területe. **(Die periodische Entwicklung des Geflügels und einige sich daraus ergebende Anwendungsbereiche.)** Agrártudományi Egyetem Mezögezdaságtudományi Karának Közleményei, Gödöllö [Ber. landwirtsch.-wiss. Fak. Univ. Agrarwiss., Gödöllö] **1961** S. 35–50. — Aus: Ung. Agrar-Rdsch. **1962** Nr. 3.

Vf. untersuchte den Wachstumsrhythmus von 6 Hühnerrassen (Gelbe, Weiße und Gesperberte Ungarhühner, Nackthalshühner, New Hamsphire, Rote Rhodeländer) sowie von Ungarischen und Pekingenten, Ungargänsen bzw. von Perlhühnern. Er stellte fest, daß die Frohwüchsigkeit der untersuchten Rassen im Jugendalter keineswegs gleichmäßig ist. Stellt man die Entwicklungskurve durch die Logarithmenwerte des Körpergewichts im Koordinatensystem der Zeit dar, so lassen sich die einzelnen Entwicklungsperioden erkennen. Laut den Geschwindigkeitskonstanten des periodischen Wachstums sind die Enten am frohwüchsigsten, ihnen folgen die Hühner. Die Wachstumsenergie der Perlhühner und der Gänse ist etwas geringer. Das Leben der Wirtschaftsgeflügelrassen ist durch 5 Entwicklungsperioden gekennzeichnet. Von diesen entfallen 3 Perioden — bis zur Erreichung des Brathuhnalters — auf die Jugend, die 4. ist die Periode des reifen Alters, die bis zum Altern der Tiere anhält. Die 1. Entwicklungsperiode der Perlhühner ist 1 Woche kürzer, die der Gänse 1 Woche länger als die der Hühner bzw. Enten. Der Übergang von der 1. zur 2. Periode erfolgt bei den Hühnern bzw. Enten nach 3–4 Wochen, bei den Perlhühnern nach 2–3 Wochen, bei den Gänsen nach 4–5 Wochen. In gleicher Reihenfolge entfallen auf die 2. und 3. Periode 7–8, 8–9, 7–8 und 10 bis 11 Wochen. Die Konstante der Wachstumsgeschwindigkeit der Hähne übertrifft die der Hennen in der 1. Entwicklungsperiode um 6,44%, in der 2. um 5,26% und in der 3. um 10,97%. Bei einer üblichen Fütterung lassen sich jedoch innerhalb der einzelnen Hühnerrassen keine Unterschiede der Entwicklungsperioden zwischen den Geschlechtern feststellen. Die Periodizität der Entwicklung wird auch durch die Analyse der Körpermaße ersichtlich. Der Unterschied besteht nur darin, daß sich während der Entwicklung die Längen-, Breiten- bzw. Tiefenmaße nicht gleichzeitig und nicht parallel entwickeln. Bei den Hühnern entwickeln sich die Längen- und Breitenmaße schon in der 1. Woche der Aufzucht beträchtlich, womit die Tiefenmaße nur bei einzelnen spez. Rassen Schritt halten können. Die exakte Bestimmung der Entwicklungsperioden bietet der Praxis eine vielseitige Hilfe. Als Ergebnis seiner Versuche mit Gelben Ungarhühnern stellte Vf. fest, daß der Charakter der Entwicklungsperioden und der Übergang von einer in die folgende sich durch bewußte Regulierung der Umweltfaktoren erheblich beeinflussen läßt. 2120.

G. ÖKOLOGIE EINSCHLIESSLICH HALTUNG UND PFLEGE

Reuter, Hubert; Bonn. **Stallklima und Stallplanung.** Dtsch. Geflügelwirtsch. **14** (1962) Nr. 29. S. 375–379. — 5 Abb.

Vf. geht zunächst auf die Umweltfaktoren ein. Zur Steigerung der Leistung sollten die Hühner durch zusätzliche Beleuchtung das ganze Jahr über einen 14- bis 16-Std.-Tag haben. Es gibt bereits Beleuchtungsprogramme, von denen auf das von Dale (USA) näher eingegangen wird. Die Luft dient außer der Sauerstoffversorgung der Tiere gleichzeitig als Abtransportmittel für die schädliche Luftfeuchtigkeit und die Gase. Das Feuchtigkeitsoptimum liegt bei 65–75% rel. Luftfeuchtigkeit, die optimale Temperatur zwischen 8 und 20 °C. Bes. wichtig für ein gutes Stallklima ist eine gute Wärmedämmung aller Bauteile. Anschließend geht Vf. auf die verschiedenen Lüftungseinrichtungen ein und kommt zu dem Schluß, daß die Ideal-Lösung theoretisch in einem vollklimatisierten Stall ohne Fenster liegt. Bez. der Bauplanung verweist Vf. auf die Vorteile des Ausbaus vorhandener Gebäude. Ein Besatz von mehr als 6 Hennen pro m² sollte nicht überschritten werden. Vf. hält für den Betriebszweig Hühnerhaltung eine Mindestbestandsgröße von 500 Tieren für erforderlich. Die gleichmäßige Belieferung des Marktes erfordert eine Kontinuität im Eieranfall, d.h., es müssen zur rechten Zeit frisch legende Hennen vorhanden sein. Auf die arbeitssparende Inneneinrichtung sowie auf die Baukosten wird ebenfalls eingegangen. F. Schenk. 2165.

Reich, Ehrhard. **Der Einfluß der Baustoffe auf das Stallklima.** Diss. Ludwig-Maximilians-Univ. München, Tierärztl. Fak. **1960** 34 S. — 5 Tab., 44 Lit.
Vf. untersuchte in 100 Rinderställen rel. Luftfeuchtigkeit, Temperatur, CO_2-Gehalt und Abkühlungsgröße. Entspr. den Baustoffen werden die Ställe in 3 Gruppen (Bimshohlstein, Backstein, Naturstein) eingeteilt. Schlußfolgernd stellt Vf. fest, daß 22 Ställe der Gr. I den Forderungen an ein gesundes Stallklima entsprechen, während in 35 Ställen der Gr. II die Ergebnisse zufriedenstellend und in Gr. III — mit einer Ausnahme — keinesfalls befriedigend sind. Für den Bau werden Bimshohlsteine bzw. mindestens 45 cm dicke Backsteinwände empfohlen. F. Schenk. 2165.

Koallick, Martin. **Vergleichende stallklimatische Untersuchungen in verschiedenen Haltungssystemen für Milchvieh.** Diss. Karl-Marx-Univ. Leipzig, Landwirtsch. Fak. **1961** 138 S. — 41 Abb., 50 Tab., 68 Lit.
Die stallklimatischen Untersuchungen erstreckten sich auf 7 Ställe (2 Offenställe, 1 Neubaumassiv, 4 Altbaumassivställe). Ermittelt wurden Temperatur, rel. und abs. Luftfeuchtigkeit, Abkühlungsgröße, Luftbewegung und CO_2-Gehalt. Zusätzlich erfolgte wöchentl. eine Milchleistungskontrolle. Die durchschnittl. Stalltemperatur stieg in der Reihenfolge Offenstall — Neubaustall — Altbaustall, die Streuung nahm in gleicher Reihenfolge ab. Die rel. Luftfeuchtigkeit lag in den Offenställen über der in Massivställen. Die Abkühlungsgröße war in Offenställen doppelt so hoch wie in Altbauställen. Der „Schutzquotient" (Quotient aus Abkühlungsgröße des Stalles und der Außenluft) lag zwischen 1,44 und 2,83 und nahm mit abnehmender Offenfläche zu. In Offenställen betrug die Luftbewegung im Jahresdurchschnitt 0,30–0,40 m/s, brachte aber für die Tiere keinerlei Nachteile; in den Massivställen lagen die Werte zwischen 0,13 und 0,20 m/s. Der CO_2-Gehalt im Offenstall war mit der Außenluft identisch; im Neubaustall stieg er auf die doppelte und in Altbauställen auf die 3fache Konzentration. Eine wirksame Verbesserung ist nur über eine zweckmäßige Lüftungsanlage möglich.
F. Schenk. 2165.

Fickentscher, Willi. **Stallklimatische Untersuchungen in Rinderställen des Landkreises Wunsiedel.** Diss. Ludwig-Maximilians-Univ. München, Tierärztl. Fak. **1960** 33 S. — 2 Tab., 34 Lit.
Vf. hat in 94 Ställen von Febr.-Mai 1959 stallklimatische Untersuchungen durchgeführt. Er konnte feststellen, daß in 24 Fällen über 0,3% CO_2 (bis 0,9%) auftraten, die rel. Luftfeuchtigkeit in 51 Fällen über 85% (bis 97%) lag. Die Stalltemperaturen lagen zwischen 12 °C und 23 °C, wobei allein 20 Ställe über 20 °C aufwiesen. Funktionstüchtige Lüftungsanlagen wurden kaum angetroffen. F. Schenk. 2165.

Reischl, Leo. **Stallhygienische Untersuchungen in Rinderställen des Kreises Aichach unter Berücksichtigung der Milchleistung.** Diss. Ludwig-Maximilians-Univ. München, Tierärztl. Fak. **1960** 48 S. — 4 Tab., 40 Lit.

Vf. hat von März-Apr. und Sept.-Dez. 1958 in 74 Ställen stallklimatische Untersuchungen durchgeführt. Vor Aufnahme der Messungen wurden alle Ställe subjektiv 3 verschiedenen Gruppen zugeordnet (gute, befriedigende, schlechte Ställe). Die Untersuchungsergebnisse (CO_2-Gehalt, Luftfeuchtigkeit, Temperatur, Helligkeit, Luftraum) rechtfertigten die Klassifizierung nach subjektiven Gesichtspunkten. Die Milchleistung betrug in stallklimatisch günstig liegenden Herdbuchbetrieben 431 kg Milch und 0,11% Fett mehr als in Herdbuchbetrieben mit schlechterem Stallklima. F. Schenk. 2165.

Krüger, Heinz. **Vergleichende stallklimatische Untersuchungen in Rinder- und Schweineställen der oberrheinischen Tiefebene mit besonderer Berücksichtigung der Abkühlungsgröße.** Diss. Ludwig-Maximilians-Univ. München, Tierärztl. Fak. **1960** 75 S. — 6 Abb., 18 Tab., 41 Lit.

Vf. ermittelte in 60 Rinder- und in 40 Schweineställen Temperatur, rel. Luftfeuchtigkeit, Abkühlungsgröße, Windgeschwindigkeit und CO_2-Gehalt. Die Temperaturen lagen in schlecht gelüfteten Ställen unter der Decke um 4 °C, in besser gelüfteten i. allg. 1–3 °C höher als 1 m über dem Boden. Der CO_2-Gehalt war in 34 Rinder- und in 21 Schweineställen unter der Decke ebenfalls höher als 1 m über dem Boden. Die rel. Feuchte betrug in Rinderställen ⌀ 86,5%, in Schweineställen 91%. Die Unterschiede innerhalb eines Stalles betrugen bis zu 20% rel. Feuchte und bis zu 7 °C Lufttemperatur. Die Windgeschwindigkeit hat 0,1 m/s nicht überschritten. Die Abkühlungsgröße war in 34 von 55 vergleichbaren Fällen an der Wand höher als am Standplatz der Tiere. Sie reicht zur Klassifizierung des Stallklimas allein nicht aus. F. Schenk. 2165.

Kienle, Walter. **Stallklimatische Untersuchungen in Rinder- und Schweinestallungen des Landkreies Landau a.d. Isar.** Diss. Ludwig-Maximilians-Univ. München, Tierärztl. Fak. **1960** 58 S. — 3 Abb., 8 Tab., 50 Lit.

In 50 Rinder- und 50 Schweineställen wurden im Aug. 1958 und im Dez. 1958 und Jan. 1959 stallklimatische Untersuchungen durchgeführt. Gemessen wurden Temperatur und Luftfeuchtigkeit innen und außen, CO_2-Gehalt, Abkühlungsgröße und Belichtungsstärke im Stall. Im Ergebnis der Untersuchungen lagen die Temperaturen im Rinderstall mit ⌀ 17,2 °C und in Schweineställen mit 16,4 °C zu hoch. Die rel. Luftfeuchtigkeit betrug in Rinderställen 82,6%, in Schweineställen 80,5%. Der CO_2-Gehalt betrug 0,48% (Rinder-) und 0,35% (Schweineställe). Vf. stellte fest, daß zwischen Temperatur, rel. Feuchte und CO_2-Gehalt der Stalluft eine Beziehung besteht, und zwar waren in Ställen mit hohem CO_2-Gehalt gleichzeitig meist auch die Temperatur- und die rel. Feuchtigkeitswerte hoch. Die Abkühlungsgröße in Rinderställen war mit 6,42 zu niedrig; für Schweineställe soll das Minimum 6,0 und das Maximum 9,0 betragen. Die Belichtung war in 65% der Rinder- und in 45% der Schweineställe ungenügend. Die subjektive Einstufung der Ställe wurde durch die Untersuchungen erhärtet; gut beurteilte Ställe wiesen meist auch ein gutes Stallklima auf. F. Schenk. 2165.

Šimková, Alexandra; Ivanka pri Dunaji, Výzkumný Ústav pro Chov Drůbeže ČSAZV; Kostelec nad Orlicí, Pracoviště. Vliv umělého osvětlování slepic různého stáří na výsledky líhnutí a na životnost a užitkovost potomstva. **(Einfluß der künstlichen Beleuchtung von Hennen verschiedenen Alters auf Schlupfergebnisse sowie auf Vitalität und Leistungsfähigkeit der Nachkommenschaft.)** Sborník českoslov. Akad. zemědělských Věd, živočišná Výroba **7(35)** (1962) Nr. 3. S. 137–150. — 8 Tab., 16 Lit. Zus. in Russ., Engl.

In 4jährigen Untersuchungen steigerte sich die Legeleistung bei künstlicher Beleuchtung um 17,25% bei 1jährigen Hennen, um 20,49% bei 2jährigen, um 29,59% bei 3jährigen und um 53,54% bei 4jährigen Hennen im Vergleich mit gleichaltrigen nicht beleuchteten Hennen. Die Versuche wurden mit

Rebhuhnfarbigen Italienern durchgeführt, und durch die künstliche Beleuchtung wurde der Tageslichteinfluß auf insgesamt 14 Std. verlängert. Auf die Befruchtungsfähigkeit der Eier hatte die künstliche Beleuchtung der Hennen keinen ungünstigen Einfluß. Infolge der Steigerung der Legeleistung vergrößerte sich die Produktion von Küken bei den beleuchteten Hennen um 10,01% (1jährige Hennen), 22,92% (2jährige Hennen), 40,93% (3jährige Hennen) und 38,72% (4jährige Hennen) je Henne im Vergleich zu den nicht beleuchteten Hennen. Bei 1jährigen Hennen hatte die künstliche Beleuchtung einen ungünstigen Einfluß auf das Lgw. der erbrüteten Küken sowie auf deren Wachstumsintensität. F. Svoboda. 2170.

Fischer, Werner A.; Schwelm. **Mehr Eier mit weniger Futter. Nach 500 Tagen — Absonderlichkeiten.** Dtsch. Geflügelwirtsch. **14** (1962) Nr. 29. S. 379–381. — 2 Abb.

In Erwiderung vieler Anfragen zum Beitrag gleichen Titels (vgl. LZ. Abt. III 7 [1962] Nr. 10. S. 2035.) gibt Vf. nähere Auskünfte. Nach zusammengefaßter Ausführung des Endergebnisses 500 Tage nach dem Schlupf geht Vf. bes. auf aufgetretene Absonderlichkeiten ein. Er schildert seine Erfahrungen mit der Beleuchtung der Küken, mit dem Beheben der Brüchigkeit der Eischalen nach einem halben Jahr Legetätigkeit durch Zusatz von Legemehl zum Alleinfutter. Dem Federfressen begegnete er mit kleinen Gaben Haferkörnern in die Einstreu. Bez. der Belichtungspläne gibt Vf. zu bedenken, daß den Tieren zu wenig Zeit zur Futteraufnahme bleibt, so daß sie ihre hohe Leistung nicht durchhalten können. Eine Klima-Anlage hat nur Sinn, wenn die Voraussetzungen: gutes Tiermaterial, gutes Futter und ein gut isolierter Stall erfüllt sind. F. Schenk. 2175.

Jürgenson, L. K. **Das Wesen der Schachtlüftung von Stallbauten.** Tierzucht **16** (1962) Nr. 7. S. 302–306. — 5 Abb., 2 Tab.

Gesundes Stallklima ist Voraussetzung für gute Leistungen. Zur Regulierung des Stallklimas (Entfernung von Dämpfen, Gasen und überschüssiger Wärme) ist der Luftwechsel von ausschlaggebender Bedeutung. Voraussetzung zur Gewährleistung des Luftwechsels ist eine zuverlässige Lüftungsanlage. Gut bewährt hat sich die Schwerkraftlüftung (wirtschaftlich und leicht zu bedienen). Der Monoschacht senkt die Aufwendungen um ein weiteres und verhindert eine Umkehr der Zugrichtung. Die Bedienung des Schachtes mittels einer Lüftungsklappe erfolgt von einem Platz aus. Vf. verweist auf 60jährige positive Erprobung dieses Systems. An einem Beispiel demonstriert Vf. dann die Berechnung der Stallüftung. Bei einem Abluftschacht mit Haube muß die Haube mindestens 0,7 Schachtbreite über der Schachtmündung liegen; am günstigsten ist jedoch ein haubenloser Schacht. Die Frage, ob künstliche Beheizung oder ausreichend Wärmedämmung günstiger ist, beantwortet Vf. mit „vor allem hohe Wärmedämmung, nur im Sonderfall Heizung". F. Schenk. 2175.

Robertson, I. S.; Edinburgh, Roy. School of Veterin. Studies. Studies on the effect of humidity on the hatchability of hen's eggs. I. The determination of optimum humidity for incubation. **(Studien über die Wirkung der Feuchtigkeit auf die Brutfähigkeit von Hühnereiern. 1. Mitt. Die Bestimmung der optimalen Feuchtigkeit für die Brut.)** J. agric. Sci. **57** (1961) Nr. 2. S. 185–194. — 4 Abb., 4 Tab., 30 Lit.

Die Ergebnisse wurden durch Gegenüberstellung bestimmter Feuchtigkeitswerte zu einer konstant gehaltenen rel. Feuchtigkeit von 65% erzielt. Als optimaler Wert wurden ca. 50% rel. Feuchte ermittelt. Allerdings können auch befriedigende Brutergebnisse bei 40–70% rel. Feuchtigkeit erreicht werden. Der Optimalwert ist unter Umständen von der Eigröße abhängig. Embryonale Sterblichkeit sowie bestimmte Veränderungen der Lage des Embryos im Ei (Kopf zwischen den Schenkeln statt unter dem rechten Flügel) werden bei hoher Luftfeuchtigkeit (75–80%) häufiger festgestellt. R. Doehl. 2185.

Robertson, I. S.; Edinburgh, Roy. School of Veterin. Studies. Studies on the effect of humidity on the hatchability of hens' eggs. II. A comparison of hatchability, weight loss and embryonic growth in eggs incubated at 40 and 70% R. H. **(Studien über die Wirkung der Feuchtigkeit auf die Brutfähigkeit von Hühnereiern. 2. Mitt. Ein Vergleich von Brutfähigkeit, Gewichtsverlusten und embryonalem Wachstum bei Eiern, die mit 40 und 70% relativer Luftfeuchtigkeit bebrütet wurden.)** J. agric. Sci. 57 (1961) Nr. 2. S. 195–198. — 1. Mitt. vgl. vorst. Ref.

Ein Gewichtsverlust von 12% bis zum Ende des 19. Bruttages erscheint als optimal für max. Brutergebnisse. Die Brutergebnisse waren bei 40% Luftfeuchtigkeit besser als bei 70%. Daher müssen große Eier mit einer geringeren Luftfeuchtigkeit als kleine Eier gebrütet werden. Das Gewicht der Eintagsküken wurde nicht beeinflußt. R. Doehl. 2185.

Kudrjavcev, A. A. (Kudrjawzew, A. A.) Fiziologičeskoe obosnovanie normativov dlja proektirovanija i stroitel'stva životnovodčeskich pomeščenij. **(Physiologische Begründung der Normenindexe für Stallprojektion und -bau.)** Trudy Vsesojuznogo instituta ėksperimental'noj veterinarii, Moskva 25 (1961) S. 302–319. — 12 Tab.

In zahlreichen Tab. werden Angaben über die Abgabe von Wärme, Wasserdampf und CO_2 durch Pferde, Rinder, Schafe und Schweine mit unterschiedlichem Gewicht, unterschiedlichem Alter und unterschiedlicher Leistung gemacht. Außerdem werden die verschiedenen Faktoren, die den Stoffwechsel beeinflussen (Umwelttemperatur, Luftfeuchtigkeit, Ernährungszustand und Intensität der Fütterung, Trächtigkeit, Laktation, Geschlecht und Licht), untersucht und ihre optimalen Werte genannt. Diese Materialien können zu wiss. begründeten Berechnungen der Lüftung von Ställen benutzt werden. F. Schenk. 2260.

Barfuß, Elsbeth. **Stallbau und Innenmechanisierung in der Intensivgeflügelzucht.** Jb. Arbeitsgemeinsch. Fütterungsberat. 3 (1960/61) S. 449–458. — 35 Lit.

Vf. gibt eine Literaturübersicht, wobei sie der Arbeitswirtschaft bes. Aufmerksamkeit widmet. W. Fleischmann. 2260.

Rummler, H. J. **Über teerpech- und bitumenhaltige Fußbodenbeläge in Schweinestallungen.** Mh. Veterinärmed. 17 (1962) Nr. 12. S. 482–487. — 5 Abb., 31 Lit.

In der Arbeit wird das Auffinden geeigneter wärmedämmender Fußbodenbeläge diskutiert und durch Versuche belegt. Der durch Alter, Größe, Ernährungszustand usw. bedingte Wärmeanfall der einzelnen Tiere und -arten ist größer als der Wärmebedarf, so daß die Wärmedämmung für die einzelnen Tierarten unterschiedlich ist. Geeignete wärmedämmende Stoffe sind Kork-Asphalt-Fußböden oder Holzpflaster mit Asphaltverfugung. Die als Ersatz benutzten Teerpech-Preßplatten wirken toxisch bei der Schweineaufzucht und können daher nur bei biol. Unschädlichkeit als gute Wärmeisolatoren benutzt werden. Über die Schädlichkeit bzw. Verträglichkeit von Extraktions- bzw. Destillationsbitumen liegen wiedersprechende Ergebnisse vor, was mit den wechselnden Mengen der lipoidlöslichen und daher leicht perkutan resorbierbaren phenolischen Substanzen zusammenhängt. Schadensfälle durch Schwarzdecken treten vor allem bei jungen Schweinen (bis 40 kg) noch bei 6 mg% phenolischer Substanz bei längerem Kontakt mit dem Fußbodenbelag auf. Braunkohlenteerpech enthält die höchsten Mengen phenolischer Bestandteile: 438 bzw. 282 mg% führen nach 8 bzw. 9 Wochen zu Todesfällen (toxische Leberdystrophie und beginnende Leberzirrhose sowie interstitielle Herdnephritis und Nephrose), geringere Dosen zu Gewichtsabnahmen. Versuche mit der phenolischen Vergleichssubstanz β-Naphthol (zu phenolfreiem Bitumen gegeben, als Salbe oder im Futter) verlaufen untoxisch: die toxische Komponente ist mit den phenolischen Bestandteilen nicht identisch, jedoch sehr eng mit diesen gekoppelt. Unschädlich als Fußbodenbelag für Schweine sind aus paraffinbasischem Erdöl (Ungarn und z. T. Albanien) hergestellte Bitumen. H. Liebenow. 2265.

Ščerbov, N. A. (Stscherbow, N. A.); Beloruss. Inst. für Mechanisier. der Landwirtsch. Pomeščenija dlja gruppovogo soderžanija matok s porosjatami. **(Ställe für die Gruppenhaltung von Sauen mit Ferkeln.)** Svinovodstvo, Moskva **16** (1962) Nr. 5. S. 13–17. — 6 Abb.
Die vorgeschlagenen Ställe bestehen aus einem Abferkel- und Aufzuchtteil. Eine Woche vor dem Abferkeln kommen die Sauen für ca. 3 Wochen in Einzelbuchten, von denen 40 in zwei Reihen nebeneinander in der Stallmitte liegen. Zwischen ihnen und den Außenwänden liegen 2–2,5 m breite Gänge, die in Sektionen für 5–6 Buchten eingeteilt werden. Im Aufzuchtteil liegen 8 Gruppenbuchten für 6–7 Sauen mit ihren Ferkeln zu beiden Seiten eines Mittelganges sowie 2 Buchten für je 5–6 Zuchteber und 2 Deckbuchten. In einem Queranbau oder an der Stirnseite des Stalles befinden sich Freß- und Kotplätze für die Sauen und Freßplätze zur Beifütterung der Ferkel. An der Außenwand des Stalles befindet sich eine Jaucherinne. F. Schenk. 2275.

Wander, Johann-Friedrich. **Zur Frage der Buchtenabmessungen in Mastschweineställen.** Landbau-Forsch. Völkenrode **11** (1961) Nr. 4. S. 75–82.
1960 und 1961 wurden Versuche mit dem Ziel durchgeführt, die Mindestabmessungen von Mastschweinebuchten aus den Körpermaßen und den Lebensgewohnheiten der Tiere für die einzelnen Stadien der Mast zu bestimmen. Es wurden dreimal 3 dänische Buchten für je 2, 4 und 6 Tiere sowie 2 Buchten für je 8 Tiere vorgesehen. Mit Hilfe verschiebbarer Wände konnte die Buchtengröße beliebig verändert werden. Die Ergebnisse sind in Kurven und Tab. dargestellt. Für Buchten mit 4–6 Tieren erwies sich eine Troglänge je Tier von 1,05 mal Rumpfbreite, für die Liegeplatztiefe von 1,7 bzw. 1,8 mal durchschnittl. Rumpflänge als optimales Maß. Folg. vorläufige Richtwerte für Buchten mit mehr als 4 Schweinen werden u. a. mitgeteilt:

Lgw. je Tier in kg	40	70	100
Buchtenbreite je Tier in m	0,25	0,31	0,35
Liegeplatztiefe in m	0,29	1,43	1,62
Liegefläche je Tier in m²	0,29	0,44	0,57

Die Mistgangbreite für 4 und 6 Tiere ist mit 0,9 mal durchschnittl. Rumpflänge ausreichend. Sie ist jedoch auch von der Art der Mistausbringung abhängig. W. Gratz. 2275.

Baranov, G. F., Litvinenko, I. T. und Šejchot, Ja. M. (Baranow, G. F., Litwinenko, I. T. und Scheichot, Ja. M.); Westsibir. Zweigstelle der Akad. für Bauwes. und Architektur der UdSSR. Ferma novogo tipa. **(Rinderfarm neuen Typs.)** Životnovodstvo, Moskva **23** (1961) Nr. 12. S. 38–41. — 5 Tab.
Im Gebiet Nowosibirsk ist ein Versuchsstall für die Laufstallhaltung von 400 Kühen errichtet worden. Alle Räume sind zu einem Komplex zusammengefaßt, in dessen Mitte der Siloraum von 18 × 96 m liegt, der von einem 12 m breiten Träger überdacht wird. An ihn schließen sich zu beiden Seiten die 3 m breiten Freßplätze an, über die die Kühe auch zum Fischgrätenmelkstand gelangen. Dieser liegt zusammen mit dem Milchbehandlungsraum an einer Giebelseite des Komplexes. F. Schenk. 2320.

Berg, F. und Kreil, W. **Intensive Weidewirtschaft in rindviehstarken Großbetrieben. 14. Mitt. Die verbesserte Weidezentrale für Milchvieh mit stationärem Fischgrätenmelkstand.** Tierzucht **16** (1962) Nr. 6. Grünland/Feld-

futter **3** S. 26–30. — 5 Abb., 1 Tab., 1 Lit. 13. Mitt. vgl. LZ. Abt. III 7 (1962) Nr. 12. S. 2481.
Im verbesserten Grundriß der Weidezentrale bleibt die Anordnung der einzelnen Elemente zueinander unverändert. Weggefallen sind ein Nachwartehof, die eingestreuten Liegeplätze und die Silos. Außer dem betonierten Nachwartehof mit einer zusätzlichen Tränke ist noch ein unbefestigter Nachwartehof vorgesehen. Zur Aufnahme der Exkremente sind 2 runde Betongruben im Typenprojekt aufgenommen. Die Ränder der Betonflächen werden mit einem Hochbord versehen. Durch entspr. Gefälle und flache Muldenrinnen wird die Anlage oberflächig entwässert. Zu- und Abfahrt sind zu betonieren. Der Vorwartehof muß überdacht sein. Des weiteren ist eine halbhohe Wand auf dem Triftgang des Melkraumes vorgesehen. Der Energiebedarf einer Weidezentrale beträgt insgesamt max. 10,7 kW. Das benötigte Wasser wird von einer Drei-Stufen-Kreiselpumpe (Leistung 4500 l/h) gefördert. Das Typenprojekt für 240 Kühe (La 084–61) des VEB Typro Berlin (ohne Inneneinrichtung und Materialtransport) soll voraussichtlich 75 TDM kosten. Der Gesamt-Neuwert des Experimentalbaus der LPG in Spaatz (Krs. Rathenow) beträgt 77 TDM. Bei 160 Weidetagen und 240 Kühen mit ⌀ 10 kg Milch/Kuh/Tag wird die Milch dadurch mit 1,04 Pf/kg belastet. E. Buhtz. 2350.

Ruthe, H. **Wer darf den Hufbeschlag in sozialistischen Betrieben ausüben?** Mh. Veterinärmed. 17 (1962) Nr. 8. S. 325–327.
Entgegen andersartigen Ansichten wird festgestellt, daß für die Ausübung des Hufbeschlages auch heute noch das Hufbeschlaggesetz vom 20. 12. 1940 Gültigkeit hat. Danach dürfen auch in sozialistischen Betrieben jeglicher Art und Struktur nur Schmiede mit Facharbeiterbrief und zusätzlichem Hufbeschlagzeugnis den Hufbeschlag ausüben. Die gleiche Bestimmung ist in der Arbeitsschutzanordnung 102 — Huf- und Klauenbeschlag — enthalten. Zuwiderhandlungen werden bestraft und können in LPG und GPG Ablehnungen evtl. Schadenersatzansprüche seitens der DVA zur Folge haben.
H. Ruthe. 2420.

Vos, H. W. und Putten, B. J. van. De arbeid bij de varkenshouderij. **(Die Arbeit in der Schweinehaltung.)** Inst. Landbouwtechn. Rationalisatie, Wageningen, Bull. **1962** Nr. 61. S. 1–82. — 45 Abb., 34 Tab. Zus. in Engl.
Verschiedene Methoden des Fütterns der Schweine sowie des Entmistens und Reinigens der Ställe wurden unter verschiedenen Praxisbedingungen untersucht, und es wurden Normzeiten für die einzelnen Arbeitsgänge ermittelt. Bei diesen Berechnungen wurde die Buchtenbesetzung von 7–10 Tieren bei Mastschweinen und von 1,2–4 bei Sauen variiert. — Das mechanische Mischen des Futterbreies, in Verbindung mit Transport durch eine Rohrleitung, bringt eine Arbeitseinsparung gegenüber Handarbeit von 40%. Bei der Trockenfütterung ist eine begrenzte (die Automaten werden jeweils nur für kurze Zeit — ca. 20 Min. — geöffnet) und unbegrenzte Vorratsfütterung möglich. Die Arbeitseinsparung beträgt gegenüber der Breifütterung mit Eimern 75%. Beim Entmisten ermöglicht die Dänische Aufstallung eine Arbeitseinsparung von 20–25%. M. Lüpnitz. 2425.

Mende, G.; Leipzig, Karl-Marx-Univ., Inst. für Kleintierzucht. **Vorläufige Ergebnisse über arbeitswirtschaftliche Untersuchungen im Geflügelintensivstall Pillnitz/Alt-Reick bei Dresden. 1. Mitt.** Tierzucht 16 (1962) Nr. 5. S. 216–218. — 10 Abb., 4 Tab.
Mit glattwandigen Hartfaserplatten verkleidete Gemeinschaftsnester wurden mit Nestern verglichen, die 1. mit gerieften Gummimatten und 2. mit auf einem Holzrahmen bespannten Draht ausgelegt waren. Auch Familiennester ohne geneigten Nestboden, angefüllt mit Getreide- und Reisspreu, wurden vergleichsweise in den Versuch einbezogen. Durch subjektive Beurteilung wurde

festgestellt, daß in Nestern mit Maschendraht der prozentuale Anteil an Schmutzeiern trotz einer erst nach 60 Tagen erfolgten Reinigung am niedrigsten war. Der Zeitaufwand zur Reinigung der Nester sowie zum Einsammeln, Verpacken, Sortieren und Reinigen der Eier war ebenfalls bei den mit Drahtböden ausgelegten Nestern am niedrigsten. Die Abnahmerinne der Legenester sollte 30 cm tief sein, um eine Berührung der Eier durch die Henne auszuschließen. U. Hofmann. 2425.

Katzer, Ferdinand. **Vergleichende Untersuchungen verschiedener Möglichkeiten, in Ställen mit unterschiedlichen baulichen Gegebenheiten das Entmisten kostensparend zu technisieren.** Wiss. Z. Hochschule LPG Meißen **5** (1962) Nr. 2. S. 133–170. — 12 Abb., 13 Tab., 57 Lit.

Vf. untersuchte in 149 LPG sämtlicher Bezirke der DDR 390 Ställe mit insgesamt 17547 Kuhplätzen die baulichen Gegebenheiten, den Arbeitsaufwand (wobei ein selbstentwickeltes Zeitmeßgerät mit 3 Stoppuhren verwendet wurde), die techn. Hilfsmittel und die Kosten für das Entmisten. Von den 1960 in LPG Typ III genutzten Anbindekuhställen haben 60% durchgehende Kotplatten (davon 50% mit Längs- und 50% Ställe mit Queraufstallung), während bei 40% der Ställe die Kotplatten durch Säulen und dgl. unterbrochen sind (davon ~ 55% mit Längs- und 45% Queraufstallung). Für den nachträglichen Einsatz techn. Hilfsmittel bei der Entmistung ist jedoch nicht die Aufstallungsart, sondern die Länge der Reihen sowie die erforderlichen Abänderungen des Kotplattenprofils von Bedeutung. Anschließend werden die einzelnen Entmistungsverfahren (Schwemm-, Schubstangen-, Kratzerketten-, Schleppschaufel- und Schlepperentmistung) beschrieben und deren arbeitswirtschaftliche Einsparungen erörtert. Bei den Schwemmentmistungs-Anlagen wird der Handarbeitsaufwand durch die Schwemmkanal-Gefällentmistung stärker als durch die Schwemmrohr-Spülentmistung (bei etwa gleichen Kosten für den nachträglichen Einbau) gesenkt. Die größten Arbeitserleichterungen und -einsparungen bringen die Schubstangen- und Kratzerkettenentmistung. Dabei liegen deren Kosten jedoch höher als bei Handarbeit; hinzu kommt noch die größere Störanfälligkeit der Schubstangenentmistung (~ 40 Tage/Jahr). Infolge ihrer hohen Kosten sind letztere Entmistungsarten für kurze Aufstallungsreihen (in 60% der Anbindeställe der LPG liegt die Zahl der Kühe je Reihe unter 16!) nicht geeignet. Schleppschaufel-Anlagen sind leichter an die baulichen Gegebenheiten anzupassen. Bei Queraufstallung sind transportable Rampen mit Winden geringerer Zugkraft zu verwenden. Die Ausfälle durch Störungen bei dieser Entmistungsform betrugen nur ca. 8 Tage/Jahr. Falls sich eine Torverbreiterung lohnt, bzw. der Traktor noch in anderen Ställen oder zu anderen Stallarbeiten eingesetzt wird, bietet der Traktorlader die günstigste Möglichkeit, das Entmisten zu mechanisieren, da dieser gleichzeitig auch das Stapeln übernimmt. Abschließend stellt Vf. fest, daß ein geeignetes Entmistungssystem für Anbindeställe mit weniger als 15 Tieren je Aufstallungsreihe fehlt. E. Kulpe. 2425.

Chmorov, V. A. (Chmorow, W. A.); Konstrukt.-Büro des Zentralinst. für Geflügelbrutanst. „Universal" dolžen stat' otličnym inkubatorom. **(„Universal" muß ein ausgezeichneter Brutapparat werden.)** Pticevodstvo, Moskva **1961** Nr. 9. S. 29–30.

Auf der Basis des „Universal 45" wird ein Universalbrutapparat entwickelt, bei dem die älteren Modellen anhaftenden Fehler beseitigt werden. So werden statt der Holzhorden Metallhorden verwendet und Änderungen bei der Wendevorrichtung, der Ventilation der Feuchtigkeits- und Temperaturregelung vorgenommen. Die Kapazität beträgt 65000–68000 Eier. H. Pingel. 2425.

Hughes, Lloyd G. Automatic water supplies for poultry. **(Automatische Wasserversorgung für Geflügel.)** J. Agric. [Melbourne] **60** (1962) Nr. 3. S. 107–111. — 8 Abb.

Eingangs werden Schwimmertränken und Hebelfederventiltränken beschrieben. Um die Streu vor Nässe zu schützen, werden die Tränken außerhalb der Gebäude angebracht, die Tiere erreichen die Tränken durch ein Gitter. Freilandtränken sind mit einem Schattendach und zusätzlichem Wetterschutz zu versehen. In Legekäfigen werden Durchlauftränken und Tropftränken verwendet. Der Wasserzufluß erfolgt mit geringem Druck aus einem Vorratsbehälter, dessen Wasserstand mit einem Schwimmerventil reguliert wird, der günstigste Wasserstand für Tropftränken wird mit 3 in., max. 12 in. angegeben. Verwendet werden $^3/_4$ in. Wasserrohre, in die mit $^1/_4$ in. Bohrern Löcher für $^5/_{16}$ in. Wasserhähne gebohrt werden. Eine Tropfstelle wird für 2 Käfige montiert. Die Tropfhähne sind von Zeit zu Zeit mit unter Druck stehendem Wasser durchzuspülen. Ist man in erster Linie auf die Versorgung mit Regenwasser angewiesen, sollen die Behälter für mindestens 100 Tage Wasservorrat aufnehmen. Im Jahresdurchschnitt wird mit einem tägl. Wasserverbrauch von 6 gal./100 Hennen gerechnet. Je Quadratfuß dem Regen ausgesetzter Fläche (am zweckmäßigsten rechnet man mit der Fußbodenfläche) wird bei 1 in. Regenhöhe $^1/_2$ gal. Wasser aufgefangen, wenn keine Verdunstung und Absorption stattfindet. Galvanisiertes Eisenblech und glasierte Dachziegel absorbieren ca. 5%, Asbest-Zementplatten absorbieren 10% und unglasierte Ziegel 15% des Regenwassers. H.-H. Ostheeren. 2425.

Hrsg.: Moskovskaja veterinarnaja akad. **Ukazanija po ul'trafioletovomu oblučeniju sel'skochozjajstvennych životnych.** (Anweisung für Ultraviolett-Bestrahlung landwirtschaftlicher Nutztiere.) Moskva. 1958. (57 S.) 8°. (DA 1300)

H. NUTZUNG UHD QUALITÄT TIERISCHER ERZEUGNISSE

Vester, C. F. Standardization of methods for the analysis of milk and milk products in the Netherlands. **(Standardisierung von Methoden zur Untersuchung von Milch und Milchprodukten in den Niederlanden. Standard Nr. 2389.)** Nederl. Melk-en Zuiveltijdschr. **16** (1962) Nr. 1. S. 44–48.
Die Methylenblau-Reduktion wird als Verfahren zur Bestimmung der bakteriologischen Qualität der Milch beschrieben. Reagentien: Methylenblau-Thiocyanat (Tetramethylthioninthiocyanat) 75 ± 7,5 mg/l oder Methylenblauchlorid (Tetramethylthioninchlorid) 70 ± 7,0 mg/l bei 37 °C Testtemperatur. Die Substanz wird in Tabletten ausgegeben, die jeweils in 200 ml Wasser gelöst werden. Die Aufbewahrung erfolgt in kalten, dunklen Räumen nicht länger als 1 Woche. Die Kontrolle der Standardlösung erfolgt im Spektrometer. Apparate und Glasgeräte werden beschrieben. W. Zeller. 2512.

Vester, C. F.; Leiden, Government Dairy Stat. Standardization of methods for the analysis of milk and milk products in the Netherlands. **(Standardisierung von Methoden zur Untersuchung von Milch und Milchprodukten. Standard Nr. 3170.)** Nederl. Melk-en Zuiveltijdschr. **16** (1962) Nr. 1. S. 49–56. — 1 Abb.
Der Standard 3170 behandelt die gravimetrische Fettbestimmung im Käse nach der Methode von Schmidt-Bodzynski-Ratzlaff und wurde zur Vereinheitlichung der gravimetrischen Fettbestimmungsmethoden erlassen. Der vorliegende Standard befaßt sich eingehender mit den Geräten, Lösungsmitteln und der Verfahrensweise als die internationale Empfehlung IDF 5: 1959 der International Dairy Federation, beruht aber auf derselben Grundlage. W. Zeller. 2512.

Andersen, J. O., Jacobson, Ingeborg und Winther, J. E. Bestemmelse af proteinindholdet i maelk ved nogle hurtigmetoder. **(Bestimmung des Proteingehaltes der Milch durch eine Schnellmethode.)** Beretn. Forsøgslab. [Statens Husdyrbrugsudvalg] **1962** Nr. 330. S. 1–26. — 6 Abb., 4 Tab. Zus. in Engl.

Die Kjeldahl-Methode ist für Massenuntersuchungen nicht geeignet. Die Schätzung des Eiweißgehaltes der Milch auf Grund ihres Fettgehaltes ist im Einzelfall zu ungenau, auch wenn Regressionsformeln für einzelne Rassen ausgerechnet werden. Die Formoltitriermethode kann bei Milch nur nach Zusatz von Formalin angewendet werden; sie hat den Vorzug, daß sie auch außerhalb des analytischen Labors anwendbar ist. Von den in den Untersuchungen angewandten Methoden wurden mit Kofranyis Methode und mit der Amidoschwarz-Methode gute Ergebnisse erzielt. Sie sind in der Genauigkeit gleichwertig und praktisch anwendbar. Es war nicht möglich, mit der Orange-G-Methode zufriedenstellende Ergebnisse zu erreichen.
J. K. Hinrichsen. 2512.

Wright, William W.; Washington, Food and Drug Adm., Div. of Antibiotics. Rapid microbiological disc assay for penicillin in milk. **(Schnellnachweis von Penicillin in Milch mit Filterplättchen.)** J. Assoc. off. agric. Chemists **45** (1962) Nr. 2. S. 307–310. — 1 Tab., 4 Lit.

Der seit 10 Jahren für den Penicillin (Pe)-Nachweis verwendete Plattentest mit Sarcina lutea erfordert mit 16–18 Std. bei Untersuchung von frischer Milch zuviel Zeit. In einer Gemeinschaftsarbeit in 9 Laboratorien wurde ein Test mit *Bacillus subtilus*-Sporen erprobt, der in 2,5–3 Std. noch 0,05 IE/Pe/ml Milch eindeutig qualitativ nachweist (gegenüber quantitativen Pe-Nachweisen bis zu 0,005 IE/ml Milch mit *S. lutea*). Die Einzelheiten der Technik (Nährboden, Herstellung der Sporensuspension, Eintauchen der Filterscheibchen in Milch, Herstellen des Standards) werden angegeben. Um vorhandenes Pe gegenüber anderen Antibiotica spez. feststellen zu können, wurde ein Teil der Milchprobe nach Behandlung mit Penicillinase untersucht. 0,06 IE/Pe/ml Milch konnten in allen Untersuchungen, 0,03 IE in $^2/_3$ und 0,018 IE in $^1/_5$ der Untersuchungen nachgewiesen werden. Die Methode wird als Schnellnachweis empfohlen.
H. Haenel. 2512.

Gunther, Francis A., Blinn, Roger C. und Ott, Daniel E.; Univ. of California, Citrus Res. Center, Dep. of Entomol.; Riverside, Calif., Agric. Exp. Stat. Rapid colorimetric determination of DDT in milk and butter. **(Eine colorimetrische Schnellbestimmung von DDT in Milch und Butter.)** J. Assoc. off. agric. Chemists **45** (1962) Nr. 2. S. 359–363. — 2 Abb., 5 Tab., 8 Lit.

Mit bisherigen Methoden dauert der DDT-Nachweis in Milch und Butter ½–1 Tag, die Empfindlichkeit beträgt 0,1 ppm DDT in 100–150 g Butter und ca. 3 ppm in 6 g Butter. Es wird eine einfache colorimetrische Arbeitsweise beschrieben, die nach $1^1/_2$ Std. 0,2 ppm DDT in 100–150 ml Milch und unter 3 ppm in 6 g Butter nachweist. Dabei wird das DDT auf bestimmte Weise extrahiert, nitriert und mit einer schnellen Isopropylamin-Reaktion nachgewiesen. Zusätze von 0,2, 0,48, 2 und 6 ppm wurden in Milch und Butter mit zufriedenstellender Genauigkeit bestimmt. Es wird empfohlen, diese Methode mit früher beschriebenen zu vergleichen. H. Haenel. 2512.

Šaličev, Jak. und Grigorov, Char. (Schalitschew, Jak. und Grigorow, Char.); Kostinbrod-Sofia, Zentralinst. für Tierzuchtforsch. Sŭstav i svojstva na mljakoto na sivoto iskŭrsko govedo. (Prinos.) **(Zusammensetzung und Eigenschaften der Milch des Grauen Iskâr-Rindes. [Beitrag.])** Izvestija na Centralnija naučnoizsledovatelski institut po životnovŭdstvo „Georgi Dimitrov"-Kostinbrod, Sofija **12** (1961) S. 361–373. — 6 Tab., 2 Lit. Zus. in Russ., Engl.

Von 16 Kühen der Iskâr-Herde des Instituts wurde die Milch individuell sowie die Gesamtmilch der Herde monatl. 2mal analysiert. Die mittlere Zusammensetzung der Gesamtmilch und die individuellen Schwankungen waren (in Klammern individuelle Schwankungen): Wassergehalt 86,6 (85,5–87,9) %, Fettstoffe 4,21 (3,18–5,30)%, Eiweiß 3,75 (3,11–4,02) %, Casein 2,98 (2,22–3,22)%, Albumin und Globulin 0,57 (0,55–0,67)%, Milchzucker 4,78

(4,55–5,14)%, Mineralstoffe 0,725 (0,675–0,758)%, Calciumoxyd 0,193 (0,176 bis 0,204)%, Kalorien/l 741 (639–843), spez. Gew. 1,0335 (1,0322–1,0348), Säuregrad 23,28 (18,00–26,25) °Th. N. Platikanow. 2512.

Šaličev, Jakim und Grigorov, Charalampi. (Schalitschew, Jakim und Grigorow, Charalampi.); Kostinbrod-Sofia, Zentralinst. für Tierzuchtforsch. Sŭstav i svojstva na mljakoto na sofijskoto kafjavo govedo. (Prinos.) **(Zusammensetzung und Eigenschaften der Milch des Sofioter Braunviehs. [Beitrag.]** Izvestija na Centralnija naučnoizsledovatelski institut po životnovŭdstvo „Georgi Dimitrov“ — Kostinbrod, Sofija 12 (1961) S. 375–395. — 14 Tab., 9 Lit. Zus. in Russ., Engl.

Die Milch von 49 Sofioter Braunviehkühen wurde individuell sowie die Gesamtmilch einer ganzen Braunviehherde auf chem. Zusammensetzung und Eigenschaften monatl. 2mal untersucht. Ergebnisse: Wassergehalt der Milch 86,90–86,94%, Fettgehalt 3,89–3,96%, Gesamteiweiß 3,52–3,5%, Casein 2,75–2,82%, Albumin und Globulin 0,575–0,606%, Milchzucker 4,76–4,79%, Mineralstoffe 0,683–0,698%, Calciumoxyd 0,195–0,204%, spez. Gew. der Milch 1,0333–1,0334, Säuregrad 17,83–18,21 °Th, Refraktionszahl 39,23–39,36. Der Fettgehalt der Milch ist im 2.–4. Laktationsmonat am niedrigsten (3,77–3,78%) und steigt danach bis 4,25%; Gesamteiweiß und Casein sind im 2. und 3. Mon. am niedrigsten (3,30–3,37% bzw. 2,60–2,66%); Albumin und Globulin verändern sich fast nicht, während der Milchzucker in den letzten 2 Laktationsmonaten schwach abnimmt (von 4,777 auf 4,720 und 4,651%). N. Platikanow. 2512.

Frejman, G. Ė. (Freiman, G. E.) Sostav moloka latvijskogo burogo skota i puti povyšenija ego kačestva. **(Die Zusammensetzung der Milch des Lettischen Braunviehs und Wege zur Erhöhung ihrer Qualität.)** Sbornik trudov Latvijskogo naučno-issledovatel'skogo instituta životnovodstva i veterinarii, Riga 11 (1960) S. 23–49. — 11 Tab., 18 Lit. Orig.: russ.

Vf. untersuchte in verschiedenen Herden die Zusammensetzung der Milch. Im Durchschnitt betrug der Gehalt an Fett 3,87–4,41%, Eiweiß 3,17–3,48%, Zucker 5,15–5,30%, Calcium 120 mg% und an Phosphor 94 mg%. Der Energiegehalt von 1 kg Milch betrug 715–769 kcal. Der Fettgehalt sinkt ab Jan. und liegt beim Übergang zur Weidehaltung am tiefsten. Feste Zusammenhänge zwischen Fett- und Eiweißgehalt werden nicht beobachtet. Zusammensetzung und Geschmackseigenschaften sind im Vergleich zur Milch der Lokalrassen gut. Die Qualität der Milch leidet darunter, daß Melkmaschinen und Einrichtungen für die sofortige Behandlung der Milch fehlen, daß keine Bezahlung nach Qualität erfolgt, daß die Qualitätskontrolle ungenügend ist und die Ausbildung der in der Milchwirtschaft tätigen Menschen unzulänglich ist. Vf. empfiehlt, die Milch nicht nur nach Fett- und Säuregehalt einzustufen, sondern die mechanischen Verunreinigungen und den Reduktasegehalt hinzuzuziehen. W. Sommerfeld. 2512.

Altona, R. E., Tilley, T. J. und Stiven, G.; Northrand, Transvaal, African Explosives and Chem. Ind. Ltd. The biological evaluation of milk produced from cows grazing on fertilized and unfertilized veld. **(Die biologische Wertigkeit der Milch von Kühen, die auf gedüngten und ungedüngten Flächen geweidet wurden.)** South African J. Sci. 58 (1962) Nr. 3. S. 81–87. — 5 Abb., 10 Tab., 15 Lit.

2 Gruppen zu je 6 Kühen wurden mehrere Jahre auf ungedüngten (Gr. I) und gedüngten Weiden (Gr. II) gehalten. Sie erhielten als Beifutter lediglich Knochenmehl und Salz. Die Milchmenge war bei Gr. II höher, ebenso der Fettgehalt, die fettfreie Trockenmasse, das Eiweiß und der Phosphatgehalt. Mäuse, Ratten, Küken und Schweine wurden mit den Milchen der beiden Versuchsgruppen gefüttert. Jeweils 5 Inzuchtmäuse erhielten Vollmilch bzw.

Magermilch von Gr. I und Gr. II als alleinige Nahrung. Die Küken wurden die ersten 5 Lebenswochen und die Schweine bis zum Schlachtgewicht von 200 lb. im Versuch gehalten. Wöchentl. wurde das Gewicht festgestellt. — Bis auf den Schweineversuch zeigten alle Versuchstiergruppen einen deutlichen Entwicklungsunterschied bei der Verfütterung von Milch, die von gedüngten bzw. ungedüngten Weideflächen stammt. W. Zeller. 2512.

Jordan, Joachim und Löhr, Hanns. **Über das Vorkommen von Neuraminsäure in Frauenmilch und Kuhmilch sowie in industriellen Milchprodukten.** Milchwissenschaft **17** (1962) Nr. 2. S. 61–65. — 3 Tab., 37 Lit. Zus. in Engl.
Vff. geben eine Definition der für die Säuglingsernährung wichtigen Neuraminsäure (NS) und ihrer Verbindungen. Der Nachweis erfolgte als Methoxy-Neuraminsäure mit Bials Reagenz. Wegen der großen Zahl der die typische NS-Farbreaktion überdeckenden Kohlenhydratverbindungen, die in der Frauenmilch reichlich vorhanden sind, ist nach Ansicht der Vff. eine exakte NS-Bestimmung nur am gefällten Milcheiweiß durchzuführen, wobei der NS-Gehalt im Casein der Frauenmilch etwa um 50% höher lag als in der Kuhmilch. In den meisten Milchpulverpräparaten für die künstliche Säuglingsernährung sowie in Kondensmilchen konnte NS nicht nachgewiesen werden, zumal sich der hohe Polysaccharidgehalt sehr störend auf den Nachweis auswirkte. Kurzzeiterhitzung sowie Eigensäuerung und exogene Säuerung zerstören die NS nicht. J. Aurich. 2512.

Pjanovskaja, L. P. (Pjanowskaja, L. P.); Forsch.-Inst. für Tierzucht des Waldsteppen- und Polessje-Gebietes der Ukrain.SSR. O vlijanii rjada faktorov na soderžanie belka v moloke. **(Über den Einfluß einer Reihe von Faktoren auf den Eiweißgehalt der Milch.)** Životnovodstvo, Moskva **23** (1961) Nr. 12. S. 68–73. — 5 Tab.
Der Eiweißgehalt der Milch sinkt bei Verfütterung von Harnstoff (bis zu 200 g/Tier/Tag) sowie bei richtig ausbalancierten Futterrationen mit nur 75–80 g Eiweiß/l Milch nicht ab. Durch Zusatz von Soja, Luzerne oder Ammoniumsulfat zu Maissilage ist der Eiweißgehalt um 0,14% gestiegen; auch die Verabreichung von leichtlöslichen Kohlenhydraten (Rüben, Kürbis, Schnitzel) führte zu einer Erhöhung um 0,12–0,18%. Auch die Erhöhung des Anteils der N-freien E. in der Futterration führt zur Erhöhung des Eiweißgehaltes der Milch (4,02% bei 9248 g gegenüber 3,21% bei 5075 g/Tier/Tag). Durch zielgerichtete Auslese und Zuchtwahl sowie durch Kreuzung kann ebenfalls eine Erhöhung des Eiweißgehaltes der Milch erreicht werden.
F. Schenk. 2512.

Kobata, Akira, Suzuoki-Zirô und Kida, Makoto; Osaka, Takeda Chem. Ind. Ltd., Res. Lab. The acid-soluble nucleotides of milk. I. Quantitative and qualitative differences of nucleotides constituents in human and cow's milk. **(Die säurelöslichen Nucleotide der Milch. 1. Mitt. Quantitative und qualitative Unterschiede der Nucleotidbestandteile in Frauen- und Kuhmilch.)** J. Biochemistry [Tokyo] **51** (1962) Nr. 4. S. 277–287. — Orig.: engl.
Vorliegende Untersuchung behandelt die Ergebnisse von chromatographischen Analysen über die Nucleotidzusammensetzung der Frauen- und Kuhmilch und des Colostrums. Die säurelöslichen Ribonucleotide wurden in verschiedenen Laktationsstadien bestimmt. Kuhmilch enthielt vornehmlich Orotsäure und nur mäßige Mengen Cytidin-Diphosphat-Cholin (CDP), 5-CMP und 3,5 cyclische AMP. Kuhcolostrum enthielt mehr als 13 Nucleotide (Uridin-Diphosphat-Hexose [UDPH], Orotsäure, 5-CMP, 5-UMP, Uridin-Diphosphat-Glucuronsäure [UDPGA], Guanosin-Diphosphat [GDP], Guanosin-Diphosphat-Fucose [GDPF], Guanosin-Diphosphat-Mannose [GDPM], 3,5-cyclische AMP, 5-AMP, 5-GMP, UDP, CDP-Cholin). Frauenmilch und Colostrum enthielten 5-CMP, 5-UMP, Uridin-Diphosphat-N-Acetylhexosamin (UDPAH), 5-AMP, UDPGA, GDMP, 5-GMP, UDPH, 3,5-cyclische AMP, 3-UMP,

Orotsäure, GDP, UDP und CDP-Cholin. In Frauenmilch und im Colostrum wurden mehrere neue Nucleotide des UDP-Zuckertyps entdeckt. Abschließend wurden die physiol. und ernährungsphysiol. Bedeutungen dieser Nucleotide besprochen. W. Gimmler. 2512.

Brown, W. H., Stull, J. W. und Stott, G. H.; Tucson, Univ. of Arizona, Dep. of Dairy Sci. Fatty acid composition of milk. I. Effect of roughage and dietary fat. **(Fettsäurezusammensetzung der Milch. 1. Mitt. Der Einfluß von Rauhfutter und Nahrungsfett.)** J. Dairy Sci. **45** (1962) Nr. 2. S. 191–196. Für den Versuch wurden wahllos 24 Holstein-Kühe bereitgestellt, denen unterschiedliche Mengen an Luzerneheu (1,0 lb./100 lb. Körpergewicht und 2,5 lb./100 lb.) und 3 Kraftfuttertypen (Kontrollfutter, Kontrollfutter + 6% Talg und Kontrollfutter + 6% Baumwollsaatöl) verabreicht wurden. Eine geringe Rauhfutteraufnahme senkte den prozentischen Fett- und Lactosegehalt der Milch, steigerte die Gesamtproduktion und beeinflußte kaum die Produktion 4%iger FCM. Die Fütterung von Baumwollsaatöl ergab im Fettgehalt und in der Gesamtfettmenge eine Depression. Baumwollsaatöl senkte außerdem den Gehalt an C_6- bis C_{14}-Säuren der Milch und führte zwangsläufig zu einer Erhöhung der C_{18}-Säuren. Eine Veränderung bei den C_{16}-Säuren war nicht zu beobachten. Der Einfluß auf die Veränderung der Milchbestandteile blieb beim Talg bei weitem geringer als beim Baumwollsaatöl. Der Einfluß beider Fettarten wirkte unbeschadet einer Veränderung in der Höhe der Rauhfutterzufuhr. Die flüchtigen Fettsäuren im Pansen wurden durch unterschiedliche Rauhfuttergaben und Nahrungsfette beeinflußt. Geringe Heugaben senkten die im Pansen produzierte Essigsäure und führten zur Steigerung an Propion-, Butter- und höheren Fettsäuren. Nahrungsfett steigerte das Auftreten an Valerian- und höheren Säuren in Abhängigkeit von der Gegenwart dieser Säuren und deren Vorstufen im Nahrungsfett. Die Versuche zeigen eindeutig, wie die Fettzusammensetzung der Milch über die Futterkomponenten gesteuert werden kann. W. Gimmler. 2512.

Shroff, N. B. Milk and radioactive contamination. **(Milch und radioaktive Kontaminierung. 2. Mitt.)** Indian Dairyman **14** (1962) Nr. 4. S. 129–131. — 1. Mitt. vgl. LZ. Abt. III **7** (1962) Nr. 12. S. 2486.
Die radioaktive Verseuchung der Milch wird überwiegend durch die Kontaminierung von Boden und Pflanze hervorgerufen, wobei die flachwurzelnden Pflanzen die Spaltprodukte bes. schnell aufnehmen. Über den Pansen und den Verdauungskanal gelangen diese Substanzen rel. schnell in die Milch. Für den Menschen bes. gefährlich sind ^{90}Sr, ^{137}Cs und ^{131}J, und zwar ^{90}Sr, weil es neben dem Ca im blutbildenden Knochengewebe eingelagert wird. Ausreichende Versorgung des Bodens mit Kalk und ein günstiges Ca/Sr-Verhältnis in der Futterration bieten einigermaßen Schutz vor verstärkter ^{90}Sr-Inkorporation. ^{137}Cs lagert sich in allen Körperzellen an und kommt im physiol. Verhalten dem Kalium gleich. Durch die rel. kurze Halbwertzeit ist die Verweildauer im Körper der Kuh auf ca. 20 Tage begrenzt. Bei Kartoffelfütterung besteht die Gefahr erhöhter Zufuhr. Wegen der sehr kurzen Halbwertzeit von ^{131}J ist dessen Aufnahme durch den Milchgenuß bes. erwähnenswert. Im Durchschnitt erscheinen ca. 5–10% des aufgenommenen ^{131}J in der Kuhmilch und 20–30% in Ziegen- und Schafmilch. Jahreszeit, Fütterung, Laktationsstadium und der Zustand der Schilddrüse sind die Inkorporation beeinflussende Faktoren. Von anderen radioaktiven Substanzen erscheinen in der Kuhmilch: ^{140}Ba — 0,4%, Zn — 5%, Co — 0,1%, Fe — 0,1%. Als sofortige Maßnahme zur Beseitigung der Kontaminierung des Bodens kann ein Ausspülen der oberen Bodenschichten mit löslichen Ca-Salzen angewandt werden. Diese Maßnahme ist wegen der Strukturbeeinflussung des Bodens nicht immer zu empfehlen. Tiefes Pflügen und Kalken des Bodens hilft vorübergehend, beseitigt aber auf die Dauer die Gefahr nicht. Auf Futterreserven

und nicht kontaminiertes Wasser ist zurückzugreifen. Eine Zufuhr von Ca-haltiger Mineralstoffmischung kann die Kontaminierung der Milch auf das 2- bis 3fache senken. In schweren Verseuchungsfällen muß von der Veredlungsproduktion Abstand genommen werden. Über das Ionenaustauschverfahren können ca. 85% an radioaktivem Sr und Cs und 98% an ^{131}J aus der Milch entfernt werden. W. Gimmler. 2512.

Hoover, Sam R.; Washington, U.S. Dep. of Agric., Dep. of Health. Removal of strontium 90 from milk. **(Die Beseitigung von Strontium 90 aus Milch.)** J. Milk Food Technol. **25** (1962) Nr. 5. S. 149–152. — 13 Abb.

Seit 1960 arbeiten 3 Gesellschaften an einem Verfahren zur Entseuchung von Nahrungsmitteln. Das Verfahren zur Entseuchung von Milch beruht auf dem Prinzip des Ionenaustausches — hauptsächlich Ca^{++}. Die verseuchte Milch wird vor der Entseuchung schwach angesäuert. Die entseuchte Milch ist dagegen weder in ihrer chem. Zusammensetzung, in ihrer phys. Stabilität noch im Geschmack merklich verändert. — Mit Hilfe des Entseuchungsverfahrens läßt sich das Grundnahrungsmittel Milch, das über den Tierkörper mit radioaktivem „fall out" — bes. ^{90}Sr — verseucht ist, für die menschliche Ernährung wieder voll nutzbar machen. W. Zeller. 2512.

Buttram, J. R. und Arthur, B. W.; Auburn, Ala., Auburn Univ., Agric. Exp. Stat., Dep. of Zool.-Entomol. Absorption and metabolism of Bayer 22408 by dairy cows and residues in the milk. **(Absorption und Metabolismus von Bayer 22408 durch Milchkühe und Rückstände in der Milch.)** J. econ. Entomol. **54** (1961) Nr. 3. S. 346–451. — 4 Abb., 4 Tab., 13 Lit.

2 Holstein-Milchkühe wurden cutan mit einem 0,5%igen Emulsionspräparat von mit ^{32}P markiertem Bayer 22408 (Wirkstoff: 0,0-Diäthyl-0-naphthalamido thiophosphat) (**I**) behandelt und hierauf zum Schutz der Einwirkung von Regen und Strahlung im Stall gehalten. Unmittelbar nach der Behandlung und bis zum 14. Tag wurde die Milch tägl. auf Rückstände von **I** und seines 0-Analogen (Bayer 25820) (**II**) untersucht. Der höchste **I**-Gehalt in der Milch wurde zu 0,074 ppm 24 Std. nach der Behandlung registriert. Die Milch enthielt zu diesem Zeitpunkt außerdem noch 0,094 ppm **I**-Abbauprodukte, jedoch kein **II**. Nach 8 Tagen konnte kein **I** mehr in der Milch nachgewiesen werden. Die **I**-Rückstände an den Haaren lagen unmittelbar nach der Behandlung bei 17 bzw. 19 ppm, nach 7 Tagen bei 3 bzw. 6 ppm und nahmen bis zum 14. Tage nur wenig ab (3 bzw. 5 ppm). Der **I**-Gehalt der Fäces hatte im Maximum am 7. Tage (18 bzw. 28 ppm), um bis zum 21. Tag auf 2 bzw. 4 ppm abzusinken. In den Fäces wurden auch größere Mengen **II** (11,4 am 1. und 8,2 ppm am 5. Tage), ferner Diäthylphosphorsäure (Maximum: 26,9 ppm am 3. Tag) und Diäthylthiophosphorsäure (Maximum 53,3 ppm am 5. Tag) gefunden. Angesichts der geringen Toxizität von **I** und **II** erheben Vff. keine Bedenken gegen eine Anwendung von **I** in der Praxis. E. Heinisch. 2512.

Heineman, H. E. O. und Miller, C. B.; Greenville, Ill., Pet Milk Res. Center Pesticide residues and the dairy industry. **(Schädliche Reinigungsrückstände und die Milchindustrie.)** J. Dairy Sci. **44** (1961) Nr. 9. S. 1775–1781. — 8 Abb.

Die Rückstände von Schadstoffen in Milch sind seit den laufenden Kontrollen ständig zurückgegangen, hauptsächlich der Chloranteil. Es ist das Ziel, die Verunreinigung von Erzeugermilch durch Reinigungs- und Desinfektionsmittel völlig auszuschalten. Methodologisch lassen sich jedoch noch nicht alle Schadstoffe genau erfassen. Ständige Kontrollen (monatl.) sorgen jedoch dafür, daß keine Chemikalienreste in der Milch überhandnehmen. Der Industrie sollte empfohlen werden, mit über die Unschädlichkeit ihrer Erzeugnisse für die Nahrungsmittel zu wachen. W. Zeller. 2512.

Scheu, O.; Stuttgart, Staatl. Tierärztl. Untersuchungsamt. **Die Markenmilch in milchhygienischer Sicht.** Tierärztl. Umschau 17 (1962) Nr. 3. S. 69–72.

Obwohl die Durchschnittsleistung pro Kuh und Jahr in Milch und Fett anstieg, hat der jährl. Trinkmilchverbrauch pro Kopf der Bevölkerung in der BRD den Vorkriegsstand noch nicht erreicht. Eine Steigerung des Trinkmilchabsatzes ist durch entspr. Absatzwerbung und vor allem durch Verbesserung der Qualität zu erreichen. Der Beweis dafür zeigt sich im Absatz der molkereimäßig bearbeiteten Milch von 7 Milchhöfen Nordwürttembergs: Während der Absatz der offenen E-Milch von 1954 bis heute von 66% auf 38% gesunken ist, erhöhte sich der der abgepackten E-Milch von 34% auf 37% und der der Markenmilch (MM) ab Einführung im gleichen Zeitraum auf 25%. Mit dem Erzeugerpreis der MM von 4 Dpf./kg über dem der normalen Trinkmilch ist dem Landwirt ein wirtschaftliches Interesse an der Produktion gegeben. Charakteristisch ist das Bild der Mastitiden und Sekretionsstörungen in den nach ihrer Bestandsgröße geordneten Betrieben, indem mit steigender Bestandsgröße auch der prozentuale Anteil der euterkranken Tiere steigt. Rund 3% der im vergangenen Jahr MM erzeugenden Betriebe wurden wegen unhygienischer Stall- und Milchgewinnungsverhältnisse von der Beteiligung ausgeschlossen. In einer Molkerei erfüllten 89% der Anlieferer die von Beck geforderte Höchstkeimzahl von 1 Mill./ml, wovon 42% sogar unter 100000 Keimen/ml blieben. — Es wird die Entwicklung der MM-Vorschriften geschildert, woraus resultiert: 1. Die Forderung nach MM nur aus tbc- und bangfreien Betrieben wird heute weitgehend auch von den Lieferbetrieben von gewöhnlicher Trinkmilch erfüllt. 2. Die vorgeschriebene Eutergesundheitskontrolle wird von wirtschaftlichen Gesichtspunkten begrenzt; zukünftige einheitliche diesbezügliche Vorschriften müssen den heutigen wiss. Erkenntnissen angepaßt werden. 3. In evtl. Erlässen der Länder zur Durchführung der tierärztlichen Überwachung von Milchviehbeständen im Rahmen der BMMVO könnte die tierärztliche Überwachung des Produktionsortes berücksichtigt werden. 4. Die gültige hygienische Rohmilchprüfung und -bewertung genügt nicht, um der MM die Stellung einer „gehobenen Milchsorte" zu verleihen. Amtliche Werte für Gesamtkeimgehalt, Gehalt an Colikeimen und Proteolyten sollten festgelegt werden. 5. Eine gezielte Euterberatung könnte bei Überschreitungen der gesetzten Grenzwerte ansetzen. Chr. Dietz. 2516.

Seelemann, M.; Kiel, Bundesforsch.-Anst. für Milchwirtsch., Inst. für Milchhyg. **Zum Entwurf für eine neue einheitliche Vorzugsmilch-Verordnung.** Berliner Münchener tierärztl. Wschr. 75 (1962) Nr. 3. S. 41–44. — 7 Lit.

Ein von Fachkräften in gemeinsamer Arbeit erstellter Entwurf für eine Vorzugsmilchverordnung wurde an das zuständige Ministerium weitergeleitet als Grundlage zum Erlaß von gleichgerichteten Verordnungen über die „Gewinnung, den Vertrieb und die Überwachung von Vorzugsmilch". Der „Entwurf" ist folgendermaßen gegliedert: § 1 „Allgemeine Bestimmungen und die Zulassung von Vorzugsmilchbetrieben" (u. a. für Abmelkbetriebe keine Zulassung mehr als Vorzugsmilchbetriebe); § 2 „Gesundheitszustand der Rinder" (Ausschluß der an klinisch erkennbarer Leukose erkrankten Rinder u.a.m.); § 3 „Fütterung und Haltung der Kühe" (Verfütterung von Rübenblatt und Silage nur nach dem Melken); § 4 „Beschaffenheit und Pflege des Stalles"; § 5 Vorschriften über das „Melken sowie die Gewinnung und Behandlung der Vorzugsmilch"; § 6 „Anforderungen an das Personal" (Entscheidung des Amtsarztes über deren gesundheitliche Eignung); § 7 „Beschaffenheit der Vorzugsmilch" (Gesamtkeimzahl nicht über 100000/ml, Prüfung auf coliforme Keime in 0,1 ml negativ, keine artfremden Stoffe zur Hemmung des Bakterienwachstums u. a.); § 8 „Überwachung der Vorzugsmilchbetriebe" (monatl. Überprüfung des gesamten Betriebes durch einen beamteten Tierarzt an Hand eines Formblattes). — Die dem Entwurf beigefügte Anlage 2 enthält die „Anweisung für die einheitliche Durchführung der Untersuchung von Vorzugsmilch in den Veterin.-Untersuchungsämtern". Im Teil I wird die „Untersuchung verkaufsfertig abgefüllter Vorzugsmilch" behandelt (Sinnenprobe, Keimgehalt, Standprobe, Prüfung auf coliforme Keime, Nachweisverfahren für Hemmstoffe, Tierversuch). Teil II enthält „Vorschriften für die Entnahme und Untersuchung von Einzel- bzw. Viertelgemelksproben" (saubere Entnahme, Sedimentprobe, bakteriologische Untersuchung). Im III. Abschnitt der Anweisung wird auf die „Verfahren zur Untersuchung von Blut- und Kotproben" zur Feststellung von Brucellose, Salmonellen und Q-Fieber hingewiesen. — 2 weitere Anlagen (Kontrolliste für die zur Gewinnung von Vorzugsmilch aufgestellten Kühe, Formblatt für den beamteten Tierarzt bei der Entnahme von Milchproben) sind vorgesehen.

Chr. Dietz. 2516.

Pal, R. N. und Sinha, M. M.; Ludhiana, Government Agric. Coll., Dairy Sect. A case study of adulteration in milk. **(Eine Untersuchung über Milchverfälschungen.)** Indian Dairyman **14** (1962) Nr. 2. S. 67–69. — 5 Tab., 1 Lit.

Es wird ein Überblick über die steigende Zahl der Milchverfälschungen in der indischen Industriestadt Ludhiana gegeben. Die Autoren stützen sich auf Untersuchungsergebnisse von Proben aus den Jahren 1954–60. Der Prozentsatz der Fälschungen stieg in dieser Zeit von 16% auf 32,9%. Als Ursachen werden eine ansteigende Bevölkerungszahl, eine Vergrößerung der Kaufkraft sowie Neuinbetriebnahmen von Klein-Molkereien genannt. Die Fälschungen wurden mit Wasser, Magermilch oder kombiniert vorgenommen. Teilweise mischte man Büffelmilch mit Magermilch und verkaufte die Fälschung als Kuhmilch. Eine Tab. gibt einen Überblick über die gesetzlichen Maßnahmen gegen die Milchverfälschungen. F. Rochel. 2516.

Puri, T. R. und Chakraborty, B. K.; Karnal, Nat. Dairy Res. Inst. Dairying in India in relation to other advanced countries. **(Die Milchwirtschaft in Indien im Verhältnis zu anderen fortschrittlichen Ländern. 2. Mitt.)** Indian Dairyman **14** (1962) Nr. 4. S. 121–122.

Auf den internationalen Handel in Molkereiprodukten eingehend, der 1955/56 ca. $^1/_8$ des gesamten Handels mit Nahrungsmitteln ausmachte, befassen sich Vff. mit den Hauptein- und -ausfuhrländern. Klassische Produktionsländer sind Neuseeland und Dänemark, deren Angebot sich bes. auf Butter und Käse beschränkt. Eine systematische milchwirtschaftliche Gesetzgebung ist nur in wenigen Staaten, vornehmlich im Rahmen der landwirtsch. Gesetze, entwickelt, z. B. in Australien und Neuseeland. Hier werden die Wirtschaftsprobleme von städtischen und regionalen Körperschaften geregelt. Dänemark und das Vereinigte Königreich haben bes. Marktordnungen entwickelt. Der Status der Milchwirtschaft in Indien wird tabellarisch mit dem von anderen hochentwickelten Ländern verglichen, wobei Indien zwar die höchste Kuhzahl, aber den niedrigsten Durchschnittsertrag aufzuweisen hat. Die Voraussetzung für eine Steigerung der Ertragsleistung muß erst geschaffen werden und zugleich die Be- und Verarbeitungstechnik verbessert und die Vertiebsorganisation organisatorisch ausgebaut werden. W. Gimmler. 2518.

Knauthe, Werner. **Direktverträge für Schlachtvieh?** Fleischermeister **16** (1962) Nr. 5. S. 119–120.

Direktverträge bringen keine echten, volkswirtschaftlichen Einsparungen. Es tritt weder eine Verkürzung der Warenwege noch eine Senkung der Transportkosten ein. Wirkliche Verbesserungen auf diesem Gebiete, die auch einen entspr. volkswirtschaftlichen Nutzen bringen, sind nur durch eine weitgehende Zentralisierung der Vermarktung im Bezirksmaßstab zu erzielen. Die Verantwortlichkeit der VEAB für die Planerfüllung muß beibehalten werden.

K. Hahn. 2521.

Wernberg, N. E.; Copenhagen, Denmark. CO_2 anaesthesia and Danish bacon factory methods. **(Betäubung mit CO_2 und Methoden in einer dänischen Bacon-Fabrik.)** Veterin. Rec. **74** (17/3. 1962) Nr. 11. S. 313–317.

Vortragsreferat. Es wird ein allg. Überblick über die Einrichtung von privaten, genossenschaftlichen und kommunalen Schlachthäusern gegeben. In einer Übersicht über neue und alte Kühlmethoden werden Vor- und Nachteile gegenübergestellt. Durch eine schnelle Kühlung der schlachtwarmen Tierkörper bei hoher Luftfeuchtigkeit auf eine Oberflächentemperatur von 0 °C (bei Schweinen in 1–1 ½ Std., bei Rindern in 3–4 Std.) behält das Fleisch eine sehr gute Qualität. Anschließend wird das Fleisch ca. 10–15 Std. nachgekühlt. Um eine Kondenswasserbildung auf der Fleischoberfläche zu verhüten, sollte es zum Verkauf in solche Räume kommen, deren Lufttemperatur nur ca. 5–6 °C höher ist als die Temperatur des Fleisches. Abschließend wird die Esbjerg-Bacon-Fabrik, eine der modernsten Anlagen Europas, an Hand eines Filmes erläutert. Sie umfaßt nahezu alle Phasen der modernen Schlachttechnik sowie die Verarbeitung von Fleisch und die Verwertung von Nebenprodukten. Die Fabrik hat eine wöchentl. Kapazität von 5000 Schweinen, 1000 Rindern oder Kälbern und kann pro Woche 20 t Wurst und 40 t Konserven herstellen. In dem Film werden die Lage der verschiedenen Abteilungen und Einzelheiten der Schlachttechnik gezeigt. Eine bes. Betonung wird hierbei auf die CO_2-Betäubung der Schweine vor dem Schlachten gelegt. H. Heimbürge. 2522.

Mulley, E. O. V.; London, North Brit. Abattoir Engineers Ltd. The Canpak system of slaughtering. **(Das Canpak-Schlachtsystem.)** Veterin. Rec. **14** (1962) Nr. 11. S. 317–318.

Das Canpak-System, welches von den meisten Experten als das modernste Rinderschlachtsystem angesehen wird, arbeitet mit neuen mechanischen Hilfsmitteln. Es fordert sehr viel weniger Raum als eine konventionelle Rinderschlachthalle, verringert die körperliche Anstrengung der bei der Schlachtung Beschäftigten erheblich und kann auch an kleineren Schlachthöfen mit geringerer Gesamt- und Durchlaufkapazität angewendet werden. Die hohen Anschaffungskosten kann man durch Raumersparnis beim Neubau ausgleichen. Das Canpak-System, bei dem auch Rinder von der Betäubung an bis zum Zerteilen der Fleischhälften hängend bearbeitet werden, bringt zwei Hauptvorteile: 1. Das Fleisch kommt nicht mehr mit dem Erdboden in Berührung, der Fußboden bleibt sauber. 2. Verhinderung von Zwischenfällen und ein Abhandenkommen der Tierkörper beim Transport. Vff. zeigte einen in Canada hergestellten Film, der die Mechanisierung der Schlachtvorgänge veranschaulichte. In dem z. Z. im Bau befindlichen Schlachthof in Manchester wird ein elektronisch gesteuertes Beförderungssystem eingebaut, wie es z. B. in der Autoindustrie schon seit Jahren Anwendung findet. Das Fleisch gelangt hierbei an einer Rohrbahn hängend durch die Kühlhalle, in der es eine vorgeschriebene Zeitlang bleibt, in die Markthalle, ohne von Hand berührt zu werden. Hier wird es automatisch auf ein niedrigeres Förderband herabgelassen und zum Verkauf bereitgestellt. Da die Schlächter in England jedoch sehr konservativ in ihren Ansichten sind, stößt die Anwendung der modernen Hilfsmittel oft auf größere Schwierigkeiten als die der hohen Anschaffungskosten. Dies ist wohl auch ein Grund dafür, daß England bez. der Einführung moderner Schlachtmethoden ca. 15 Jahre im Rückstand ist.

H. Heimbürge. 2522.

Brandes, H. **Das Depilator-Verfahren bei der Schweineschlachtung unter Berücksichtigung der Oberflächenkeimverminderung.** Schlacht- u. Viehhof-Ztg. **62** (1962) Nr. 5. S. 157–160. — 4 Tab., 4 Lit.

In Ergänzung seiner Arbeit (vgl. Fleischwirtschaft **14** [1962] Nr. 4. S. 287.) berichtet Vf. über die Einzelheiten seiner Untersuchungen über den Oberflächenkeimgehalt der Haut. Untersuchungstechnik sowie die Ergebnisse werden beschrieben. Eine Keimfreiheit wurde nicht erzielt, jedoch war die Senkung des Keimgehaltes deutlich. G. Theloe. 2522.

Anonym. **Die Veränderungen des Fleisches beim Kühlen und Gefrieren. Das Fleisch als Kühlgut. Das Fleisch als Gefriergut.** Kälte **15** (1962) Nr. 1. S. 8–10. 12–13. — 14 Lit.
Vf. erhebt die Forderung, das Fleisch mit einem möglichst niedrigen Keimgehalt in den Kühlraum zu bringen, was genaue Einhaltung der Hygienebestimmung bei der Schlachtung erfordert. Bei schneller Abkühlung des Fleisches wird die Vermehrung der Bakterien wesentlich verhindert, so daß das Fleisch nach beendeter Abkühlung mit geringem Anfangskeimgehalt in den Lagerraum kommt. Die Reifung des Fleisches ist von der Temperatur abhängig. Sie dauert bei Rindfleisch bei 0 °C bis +2 °C je nach Fettgehalt 3 Wochen, bei Kalbfleisch 3 Tage und bei Hammelfleisch bis zu 7 Tagen. In den USA wurden zu diesem Zwecke bes. Schnellreiferäume entwickelt, in denen das Fleisch bei 7–15 °C in 2 Tagen oder bei 25 °C in einigen Std. reift. Um ein Aufleben der Bakterien zu verhindern, sind die Räume mit UV-Lampen ausgerüstet. Es werden Temperaturen und Feuchtigkeitswerte für den Abkühl- und Lagerraum empfohlen sowie die spez. Wärme für die einzelnen Fleischsorten angegeben. Die Bedienung des Gefrierlagerraumes und des Auftauraumes werden erläutert. P. Grothe. 2522.

Lang, Otto. **Die Gefriertrocknung von Fleisch.** Schlacht- u. Viehhof-Ztg. **62** (1962) Nr. 5. S. 167–170. — 3 Abb.
Es wird hervorgehoben, daß das Verfahren techn. gelöst, z. Z. jedoch noch zu teuer ist. Da damit zu rechnen ist, daß die Wirtschaftlichkeit sich verbessert, wird der Gefriertrocknung, bes. für die Herstellung von ganzen Mahlzeiten, eine große Zukunft zugesprochen. G. Theloe. 2522.

Thompson, James E., Kotula, Anthony W. und Kinner, Jack A.; Beltsville, Md., U.S. Dep. of Agric. The effect of temperature and time of prechill immersion on total moisture absorption by fryer chickens. **(Die Auswirkung von Temperatur und Zeit des Tauchverfahrens zur Vorkühlung auf die totale Feuchtigkeitsabsorption von Brathühnern.)** Poultry Sci. **40** (1961) Nr. 5. S. 1139–1142. — 3 Tab., 5 Lit.
Die Tiere wurden vor der den Schlachtprozeß abschließenden Wäsche vom laufenden Band genommen und bei 0, 9 und 21 °C einer Vorkühlung von 15, 30 und 60 Min. unterzogen, bevor sie für die restliche Zeit bis zu 3 Std. bei 0 °C (Eiswasser) gekühlt wurden. Nachdem die Tiere 30 Min. abgelaufen bzw. innerhalb von 24 Std. über 300 Meilen in einem Kühlzug transportiert worden waren, ermittelte man jeweils die Gewichtsdifferenz und drückte sie in Prozent zum Gewicht vor dem Kühlen aus. Die Feuchtigkeitsabsorption war signifikant höher bei Vorkühlung von 21 °C als bei sofortiger Kühlung in Eiswasser von 0 °C. Schwerere Hühner nahmen proportional weniger Wasser auf als leichtere. R. Doehl. 2522.

Ritzinger, Werner. **Untersuchungen über den Stand der Erzeugung, Vermarktung und Qualitätsbeurteilung von Schlachtkälbern und Kalbfleisch in einigen Nachbarländern der Bundesrepublik.** Bayer. landwirtsch. Jb., Sonderh. **38** (1961) Nr. 3. S. 1–100.
In den Ländern Italien, Holland, Dänemark, Schweden, Schweiz, Österreich und Frankreich wurden Untersuchungen über den Stand der Erzeugung, der Vermarktung, der Qualitätsbeurteilung sowie der Handelsklasseneinreihung von Schlachtkälbern und Kalbfleisch angestellt. Die Schlachtkälbererzeugung wird in den einzelnen Ländern einmal vom Milchabsatz und -preis und zum anderen von der Rassenzugehörigkeit und den Verzehrsgewohnheiten beeinflußt. Demzufolge sind auch die Mastmethoden in den genannten Ländern

unterschiedlich; teils werden die Kälber mit reiner Vollmilch und teils mit sog. Kunstmilch (aus Milchpulver von folg. Zusammensetzung; 70–80% Magermilchpulver, ca. 16% Fett, Vit., Antibiotica und Mineralstoffe, jedoch kein Fe und Cu) oder Magermilch gemästet. Die kombinierte Magermilch-Vollmilch-Mast ist in dem Maße nicht üblich; zudem werden die Tiere in den genannten Ländern auf wesentlich höhere Mastendgewichte ausgemästet. Vorwiegend werden die Kälber in lebendem Zustand vermarktet, außerdem erfolgt an Fleischmärkten auch eine Totvermarktung. Die Tendenz dieser sog. Fleischvermarktung macht sich in allen angeführten Ländern immer deutlicher bemerkbar. Hinsichtlich der Erzeugung und des Absatzes von Schlachtkälbern und Kalbfleisch bester und guter Qualität bestehen für die künftige Entwicklung günstige Aussichten. Allg. werden von Schlachtkälbern und Kalbfleisch bester Qualität eine volle Bemuskelung, gute und gleichmäßige Fettabdeckung, kein zu starker Fettansatz und eine möglichst helle Farbe des Fleisches und Fettes verlangt. G. Buß. 2522.

Hauke, H. **Vorschläge für ein Geflügelbeschaugesetz.** Arch. Lebensmittelhyg. 12 (1961) Nr. 10. S. 218–221. — 39 Lit.
Nach einer Einleitung über die derzeitige Situation in der Geflügelbeschau stellt Vf. unter Auswertung der in der Literatur genannten Forderungen eigene Vorschläge für die Untersuchung und Beurteilung von Schlachtgeflügel auf. Diese Vorschläge müssen im Orig. nachgelesen werden, da sie die Grundlage für die Ausarbeitung eines Geflügelbeschaugesetzes in der DDR bilden, das z. Z. von einer Kommission im Auftrage der Veterinärinspektion im Ministerium für Landwirtschaft, Erfassung und Forstwirtschaft ausgearbeitet wird. G. Theloe. 2524.

Hamm, R. und Iwata, H. **Chemische und physikalische Veränderungen beim Erhitzen von Fleisch. 1. Mitt. Wirkung des Erhitzens in Gegenwart von Natriumchlorid auf Wasserbindungsvermögen und pH-Wert des Rindermuskels.** Z. Lebensmittel-Unters. u. -Forsch. **117** (1962) Nr. 1. S. 20–23. — 3 Abb., 10 Lit.
Es wurde der Einfluß von Temperatur und Erhitzungsdauer auf Wasserbindungsvermögen und pH-Wert von gesalzenem Rindfleisch untersucht. Die Resultate lassen erkennen, daß die Temperaturabhängigkeit der Hitzedenaturierung der strukturellen Muskelproteine in situ in Gegenwart von 2% NaCl die gleiche ist wie in Abwesenheit von Salz. Die früher entwickelten Vorstellungen über den Chemismus der Hitzedenaturierung von Muskelgewebe dürften von allgemeinerer Gültigkeit sein. F. Rathmann. 2524.

Pacs, I. Tyuk, pulyka, gyöngyös, galamb, nyul és hal ehetö részeinek összehasonlitó vizsgálata vágópróbák alapján. **(Vergleichsuntersuchung der eßbaren Teile des Huhnes, des Truthuhnes, des Perlhuhnes, der Taube, des Kaninchens und des Fisches auf Grund von Schlachtproben.)** Agrártudományi Egyetem Mezögazdaságtudományi Karának Közleményei, Gödöllö [Ber. landwirtsch.-wiss. Fak. Univ. Agrarwiss., Gödöllö] **1961** S. 89–105. — Aus: Ung. Agrar-Rdsch. **1962** Nr. 3.
Um einen realen Vergleich zu ermöglichen, wählte Vf. die einzelnen geschlachteten Individuen so aus, daß sie bez. ihres Gewichtes für die Art und Rasse typische Durchschnittswerte ergaben und ihre Kondition einwandfrei war. Er untersuchte die Fleischqualität der Tiere sowie das Verhältnis ihrer eßbaren zu den ungenießbaren Teilen. Die Arten und Rassen stufte er nach der Menge ihres wertvollen Fleisches ein. Jede Gruppe bestand aus 4 Tieren. Unter den untersuchten 7 Hühnerrassen (Ungarisches Nackthalshuhn, Gelbes, Weißes und Gesperbertes Ungarhuhn, New Hampshire, Rote Rhodeländer) ergaben mit 10–12 Wochen die ungarischen Rassen infolge ihres feinen Knochenbaues den größten eßbaren Anteil. Der Schlachtverlust und der Anteil der eßbaren Teile war beim Gesperberten Ungarhuhn am günstigsten. Bei den Truthüh-

nern stellte Vf. fest, daß die Leber der Puten überraschend groß war (7,1% des Lgw.). Bei den Tauben war der Anteil der eßbaren Teile bei den Strassern günstiger als bei den ungarischen Landes- und Brieftauben. Bei den Angora- und Ungarischen Wildfarbigen Kaninchen und ihren Kreuzungen bewährten sich hinsichtlich der Fleischerzeugung die Wildfarbigen Ungarn am besten. – Von allen untersuchten Tierarten betrug der Anteil der eßbaren Teile: Fisch – 77,6%; Truthuhn – 72,1%; Taube – 68,5%; Perlhuhn – 68,1%; Huhn – 67,8%; Kaninchen – 51,7%. Der Körper der ausgewachsenen Tiere enthält 5–12% mehr eßbare Teile als der der Jungtiere; die Mast der Jungtiere ist aber infolge ihrer Frohwüchsigkeit und guten Futterverwertung wirtschaftlicher. 2524.

Hamdy, M. K., May, K. N., Flanagan, W. P. und Powers, J. J. Determination of the age of bruises in chicken broilers. **(Bestimmung des Alters von Quetschwunden bei Broilern.)** Poultry Sci. **40** (1961) Nr. 3. S. 787–789. – 4 Tab.
Mittels Farbtest (Bilirubinnachweis) kann das Alter von Quetschungen bei Schlachtgeflügel bestimmt werden. Dabei setzte man verletzte Gewebsteile und unverletztes Vergleichsgewebe 20 Min. dem Einfluß von Fouches Reagens aus. Die Ergebnisse zeigten, daß 90% der untersuchten Tiere erst 13 Std. bzw. bis kurz vor dem Schlachten Quetschungen erlitten und daß 38% der Quetschwunden Brustquetschungen waren. H. Schmoldt. 2524.

Anonym. Beef production in Nyasaland. **(Rindfleischerzeugung in Nyassaland.)** Nyasaland Farmer Forester **5** (1961) Nr. 4. S. 18–34.
Nyassaland besitzt nur eine Rindviehzucht von geringem Umfang. Das ist nicht durch natürliche Verhältnisse des Landes bedingt, sondern durch eine Reihe von wirtschaftlichen Faktoren und durch soziale Verhältnisse im Land. Die Hauptanbaufrüchte sind Tee und Tabak. Der Verdienst der Eingeborenen ist sehr gering, dadurch ist die mangelnde Kaufkraft bei dem größten Teil der Bevölkerung bedingt. Das Land ist außerorgewöhnlich dicht besiedelt, daher sind die Anbauflächen meist in kleinste Stücke aufgeteilt, die hohen Pachtbedingungen unterliegen. Demzufolge ist die Entwicklung der Viehzucht stark gehemmt. G. Buß. 2528.

K. TIERPSYCHOLOGIE

Kärst, Karin. **Untersuchungen am Böhmzebra, Hippotigris böhmi, zur Frage eines Zeit-Raum-Tätigkeits-Systems.** Säugetierkundl. Mitt. **10** (1962) Nr. 1. S. 3–13. – 3 Abb., 1 Tab., 18 Lit.
Tag- und Nachtbeobachtungen im Juli 1959 an einer Herde von 4 Zebras im Georg von Opel-Freigehege für Tierforschung Kronberg/Taunus und im Aug. 1959 an einer Herde von 11 Zebras im Nürnberger Zoo ergaben, daß die Tiere fast den halben Tag mit Nahrungssuche und -aufnahme zubrachten, und zwar bes. in der Zeit zwischen 2^{30}–4^{00}, 5^{00}–10^{30}, 16^{00}–18^{00} und 21^{00}–24^{00}, wobei bestimmte trockene Weideplätze bevorzugt wurden. Nahrungssuche und -aufnahme wurden öfter für kurze Zeit unterbrochen. Die Flüssigkeitsaufnahme erfolgte in den frühen Morgen- und Abendstunden, kurz vor oder nach dem Staubbad, und zwar vornehmlich an einer bestimmten Stelle (Ostrand) des zentral gelegenen Teiches. Die Ruhezeiten lagen zwischen 11^{00}–15^{00} und 23^{30}–2^{30} und betrugen somit insgesamt ca. 7 Std. am Tag, wobei jeweils feste Ruheplätze eingehalten wurden: Mittags unter einem Walnußbaum am NW-Rand des Geheges, nachts mehr in der Mitte des Geheges auf kahlgefressenen Erhebungen (nie in muldenartigen Vertiefungen. Das Fohlen ruhte 3–4 Std. länger als die adulten Tiere. Die Hautpflege (Scheuern an Gegenständen und am Boden, Sandbaden sowie eigenes und wechselseitiges Beknabbern nahm ca. 3 Std. tägl. in Anspruch und erfolgte meist zwischen 4^{00}–5^{00} und 18^{00}–20^{00}. Die Wälzplätze (Staubbäder) wurden gewöhnlich mor

gens und abends von der Herde geschlossen auf den festgelegten Wechseln unter strenger Einhaltung der Rangordnung aufgesucht und benutzt. Zum Scheuern der Kopf- und Halspartie dienten andere Gegenstände als zum Scheuern von Schultern, Flanken und Hinterteil. Nach dem Scheuern erfolgte meist das gegenseitige Beknabbern. Als ein Kudubulle in das Nachbargehege einzog, wurde das Verhältnis von Zeit, Raum und Tätigkeit zuerst stark gestört. Nach 14 Tagen trat Gewöhnung an den Nachbarn und damit Normalisierung der Tag-Nachteinteilung ein. Die Beobachtungen der Nürnberger Zebras führten zu ähnlichen Ergebnissen, obwohl hierbei die Beeinträchtigungen, die durch die strenge Tiergartenhaltung sowie durch die Besucher hervorgerufen wurden, zu berücksichtigen sind. Ergebnis: Der Tagesrhythmus wird durch ein Zeit-Raum-Tätigkeits-System bestimmt, wobei das Maß dieser Abhängigkeit von inneren (Tierart, Individuum) und äußeren (Lebensraum, Klima, Jahreszeit) Faktoren abhängt. Die verschiedenen Tätigkeiten (Nahrungserwerb, Hautpflege, Ruhen und Schlaf) beanspruchen innerhalb eines Tages jeweils eine bestimmte Zeitdauer und sind an entspr. Räume gebunden. Änderungen der Umwelt können das Zeit-Raum-Tätigkeits-System vorübergehend stören. H. Knappe. 2610.

Bambridge, R. Early experience and sexual behavior in the domestic chikken. **(Jugenderfahrungen und Sexualverhalten bei Küken des Haushuhnes.)** Science [Washington] **136** (1962) Nr. 3512. S. 259–260. — 1 Tab., 4 Lit.
Um festzustellen, ob bestimmte Verhaltensweisen während einer spez. Lebensperiode ausgebildet werden oder ob dies von der Länge der Zeit abhängt, während der Umweltfaktoren wirksam sind, wurden Modellversuche mit Küken durchgeführt. Nachdem die Küken im Brutschrank getrocknet waren (12–18 Std. nach dem Schlüpfen), wurden sie in Versuchskäfige gebracht, in denen rotierende Modelle aufgehängt waren, die sich im Wechsel ½ Min. bewegten und 2 Min. stillstanden. Die Küken erhielten während der Versuchszeit tägl. 0,5 Testosteronpropionat i.m. Die Versuchsgruppe 1 wurde während der kritischen Periode in den Käfig verbracht, die Gr. 2 nach der kritischen Periode bei gleicher Versuchsdauer und Gr. 3 für die Gesamtdauer der Gr. 1 und 2. Der Unterschied zwischen Gr. 1 und 2 bez. des Verhaltens gegenüber dem rotierenden Modell konnte statistisch gut gesichert werden.
K. Renatus. 2610.

SPEZIELLE GROSSTIERZUCHT

A. ALLGEMEINES

Prabhu, S. S. Animal breeding and genetics in India. **(Tierzucht und Genetik in Indien.)** Indian J. veterin. Sci. Animal Husbandry **31** (1961) Nr. 4. Genetics and Breeding Suppl. S. 1–5.
In der Tierzucht Indiens kommt der Rinder- und Büffelzucht die größte Bedeutung zu. Vor der Unabhängigkeit wurden die bestehenden Zuchten klassifiziert (Bulletins in den Jahren 1938, 1942, 1944) und Herdbücher für 8 Rinderzuchten und für eine Büffelzucht begründet, in denen 8000–9000 Tiere registriert wurden. Im Indischen Veterinär-Institut wurde eine Abt. Tiergenetik gebildet, in der die Anwendbarkeit der KB mit Hilfe der in 5 Orten geschaffenen Besamungszentren überprüft wurde. Außerdem wurde eine statistische Abteilung eingerichtet. Nach der Unabhängigkeit wurden im 1. Fünfjahrplan 150 Besamungszentren aufgebaut. Für ganz Indien wurden Sterilitätsuntersuchungen bei Bullen durchgeführt. Bes. wichtig ist die Jerseyeinkreuzung, die nach der Unabhängigkeit großen praktischen Nutzen brachte. Statistische Untersuchungen wurden bes. bez. der Zuchtwertschätzung vorgenommen. In genetischer Hinsicht wurden Versuche mit Drosophila-Stämmen begonnen. Vf. schließt mit einem Ausblick auf zukünftige Arbeiten.
D. Rasch. 3001.

Margašić, M. Neka pitanja u stočarstvu društvenih proizvodnih produzeća. **(Einige Fragen der Investitionen in der tierischen Produktion der sozialistischen Betriebe.)** Stočarstvo [Zagreb] **15** (1961) Nr. 2/3. S. 97–104. — 4 Tab.
Der Neu- und Ausbau der VEG in der VR Kroatien wurde von hohen Investitionen begleitet. 1959 waren es 19,4 Md. Din., davon 4,7 (25%) für die tierische Produktion und innerhalb dieser wiederum 0,9 Md. (19%) für Bauten und 3,6 Md. (77%) für den Viehankauf. Die Rinderbestände vermehrten sich in 3 Jahren auf 260% (von 37000 auf 96000) und die Schweinebestände auf 159% (von 45900 auf 72800). Je nach dem Stand der Einrichtungen und Mechanisierung variiert die Arbeitsproduktivität sehr stark: Für das Melken werden 10–30 Arbeitsstd. je 100 Kühe, für die Fütterung 10–20, für Reinigungsarbeiten 2,5–15 benötigt, auf den besten VEG braucht man für die Gewinnung von 100 l Milch insgesamt 3–6 Arbeitsstd. Auf eine volle AK entfielen 15–40 Kühe. Für 100 kg Mastrinder wurden 6–30 und in der Schweineproduktion je 100 kg Lgw. 2–10 Arbeitsstd. aufgewendet. In 2 Betrieben mit je 864000 kg Mastschweineproduktion pro Jahr wird 1 kg Lgw. in einem Fall mit 2,74 Din. belastet (höhere Investitionen, bessere Ausstattung), im anderen mit 5,10 Din./kg (niedrigere Investitionen, schlechtere Ausstattung). Die frühere Bestrebung, die Investitionen je gehaltenes Tier zu bemessen und möglichst billig zu halten, stellte sich als falsch heraus. Die Bemessung der Investitionen soll nach der Intensität der Produktion ausgerichtet werden.

I. Šmalcelj. 3001.

Aktuelle Fragen der Viehwirtschaft. Hrsg.: Gesellschaft zur Verbreitung wissenschaftlicher Kenntnisse. Berlin: VEB Deutscher Landwirtschaftsverlag. 1961. (132 S. m. Abb. u. Tab.) 14,5 × 21 cm. DM 3,60. Die in diesem Heft zusammengestellten Beiträge sind in ihrer Thematik den in der Praxis gegenwärtig aktuellen Problemen gewidmet und zeigen Möglichkeiten und Wege, den Leistungsstand in der Viehwirtschaft zu steigern. Im einzelnen werden behandelt: Die Stellung der Viehwirtschaft in der sozialistischen Landwirtschaft (J. Sommer); Stand und Perspektiven unseres Offenstallbauprogramms (E. Mothes); Kälberaufzucht mit vollmilchsparenden Mitteln (L. Göllnitz); Fragen der neuzeitlichen Schweineerzeugung (E. Ritter); Nährstofföokonomische Grundsätze in der praktischen Fütterung (W. Holzschuh); Die Herausbildung des sozialistischen Bewußtseins der Klasse der Genossenschaftsbauern (E. Hahn). Abb., Zeichnungen, Tab. und Literaturangaben ergänzen den Text.

H. D. Hennig.

Cynkov, Maks Jur̄evič. **Organizacija životnovodstva. (Na primere chozjajstv nečernozemnoj central'noj černozemnoj zon.** (Organisation der Tierzucht. Am Beispiel der Betriebe der Nichtschwarzerde- und Zentralen Schwarzerdezone.) Moskva: Sel'chozgiz. 1961. (300 S.) 8°. (1961 A 1187)

Müller, E. **Tierheilkunde für den Landwirt.** 3. überarb. Aufl. Wien: Österr. Agrarverlag. 1962. (450 S. m. 91 Abb., 234 Einzeldarst. u. 7 Farbbildern.)

Pozdnjakov, M. M. **Spravočnik zootechniki Nečernozemnoj polosy SSSR.** (Lehrbuch der Zootechnik in den Nichtschwarzerdezonen der UdSSR.) Moskva: Sel'chozgiz. 1959. (560 S.) (1960 A 1856)

B. PFERDE

Radulesco, C. und Samson, P.; Bucarest, Inst. de Spéol. „E. Racovita". Remarques sur quelques equidés quaternaires de Roumanie. **(Bemerkungen über einige quartäre Equiden in Rumänien.)** Zool. Anz. **168** (1962) Nr. 5/6. S. 170–179. — 42 Lit.
An Hand der Ergebnisse eigener Untersuchungen berichtet Vf. über das Vorkommen von fossilen Equiden im Gebiet der VR Rumänien während des Villafranchium. Im Rahmen seiner Betrachtungen beschäftigt er sich u. a. eingehender mit den diesbezüglichen Arbeiten von deChardin, Gromova und Trumler. Er weist nach, daß bereits während dieser erdgeschichtlichen Periode im Rahmen der Gruppe *Equus stenonis* 3 stark individualisierte Komponenten — *zebrine, equine, hemionine* — vorhanden waren.

J. E. Flade. 3010.

Mazak, Vratislav; Praha. Spring moult in Equus hemionus kiang Moorcroft (1841) and a contribution the to phylogensis of moulting in the subfamily Equinae (Perissodactyla, Mammalia.) **(Frühjahrshaarwechsel beim Kiang**

und ein Beitrag zur Phylogenese des Haarwechsels in der Unterfamilie Equinae.) Zool. Anz. **168** (1962) Nr. 5/6. S. 164–170. — 2 Abb., 17 Lit.
Auf Grund von Beobachtungen im Zoologischen Garten Prag berichtet der Vf. über den Haarwechsel beim Kiang (*Equus hemionus kiang* M.). Das kontrollierte Tier war 4jährig und wurde im Zoologischen Garten Riga geboren. Seine Eltern stammen aus dem Kuku-Nor-Gebiet (China). Die Ergebnisse der Untersuchungen werden mit denen anderer Autoren — Bannikov, Sokolov, Solomatin, Schäfer u. a. — bei anderen Equiden — Onager (*Equus hemionus onager* B.), Kulan (*Equus hemionus hemionus* P.), Przewalski-Pferd (*Equus przewalskii przewalskii* P.) — verglichen. Der Frühjahrshaarwechsel dauert beim Kiang ca. 80 Tage, beim Onager ca. 50 Tage und beim Przewalski-Pferd ca. 60 Tage. Bei dem untersuchten Prager Kiang war die Zeit vom 5.5.–25.7. (1961) notwendig. Das Winterhaar war 35–46 mm, das Sommerhaar 14–16 mm lang. Der Wechsel beginnt am Kopf und endet an den Rumpfseiten; das Winterhaar hält sich an der Bauchseite am längsten. Die der Arbeit beigefügten Figurengruppen geben einen topographischen Überblick über den chronologischen Fortgang des Haarwechsels. Vf. weist ausdrücklich darauf hin, daß der bei den einzelnen Equiden-Subspecies verschiedene Ablauf des Haarwechsels der Auffassung von ihrer monophyletischen Herkunft nicht widerspricht. J. E. Flade. 3070.

Anonym. **Die Herkunft und Geschichte des Shetlandponys.** Kleinpferdezucht **8** (1960) Nr. 28. S. 1.; Nr. 29. S. 3.; Nr. 30. S. 6–8.; Nr. 31. S. 5–6.; **9** (1961) Nr. 32. S. 3–4. — 6 Abb.
Die Arbeit ist unter Benutzung des Vorwortes zu dem 1891 erschienenen I. Band des Shetlandponystutbuches und der Mitteilungen von Brandt (um 1700), Buchanan (um 1750) und Barton (1910) sowie anderer Autoren geschrieben. Zur Namensherkunft „Shetland“ wird angegeben, daß er sich von dem normännischen „Hjaltland“ (Bezeichnung für die Shetlandinseln) herleitet, weiterhin u. a. über „Hjetland“ (norwegisch) zu „Shetland“ wurde. Es erscheint wahrscheinlich, daß die Vorläufer des heutigen Shetlandponys von den keltischen Ureinwohnern über Schottland nach den Shetlandinseln gebracht wurden. Um ca. 600 u. Z. erfolgte die Christianisierung der Inseln. Die unmittelbar danach herrschenden Normannen fanden dort bereits ein Pferd vor, das schon damals ständig erwähnt wurde und dem heutigen Shetlandpony glich. Übereinstimmend wird in der älteren Literatur die Härte, Langlebigkeit, Genügsamkeit und Zähigkeit der Shetlandponys hervorgehoben. Sie sind jedoch spätreif und erst im 8. Lebensjahr voll ausgewachsen. Sie werden deshalb frühestens mit 3–4 Jahren zur Arbeit herangezogen. Für ihre sachgemäße Aufzucht ist die Haltung unter härtesten Klima- und Fütterungsverhältnissen (keine Stallhaltung, kein Zufutter) Voraussetzung. Die leistungsfähigsten Ponys zeichnen sich durch eine kleine Größe (ca. 100–110 cm Widerristhöhe) aus. Sie sind sehr gelehrig, energisch und mutig, dabei ohne Untugenden. In dem Bericht sind weiterhin eine ganze Anzahl geschichtlicher Angaben über die zum Teil nicht reingezüchteten Stämme („Sundburgh“-Stamm, „Fetlar“-Stamm) enthalten. Außerdem wird über die Verwendung der Shetlandponys im Berichtszeitraum geschrieben. J. E. Flade. 3165.

Pulte, J. **Der Traber in Zucht und Sport. 2. Mitt.** Sankt Georg, Z. Pferdesport u. Pferdezucht **62** (1961) Nr. 5. S. 22–25. — 1. Mitt. vgl. LZ. Abt. III **6** (1961) Nr. 12. S. 2092.
Als die für die Selektion in der Traberzucht grundlegenden sieht Vf. 4 Faktoren in der nachstehenden Reihenfolge an: Leistung, Abstammung, Gesundheit und Härte, Exterieur. Unter Hinweis auf Aussprüche von G. Rau wird eine stärkere Verwendung des Trabers in der Warmblutzucht empfohlen, um zu leistungsfähigen Springpferden zu gelangen. Die organisatorische Entwicklung der deutschen Traberzucht wird besprochen. Vf. gibt für die Traberzucht

verschiedener Länder folgende Daten an:

	Züchter	Mutter-stuten	Deck-hengste	Renn-pferde
Schweden	400	950	—	2800
Dänemark	—	470	40	1000
Österreich	80	150	22	350
Holland	150	300	25	1500
Belgien	100	140	37	400
Deutschland	700	1500	120	3000

U. König. 3170.

Popov, Vladimir und Jorov, Ivan. (Popow, Wladimir und Jorow, Iwan.); Kostinbrod-Sofia, Zentralinst. für Tierzuchtforsch. Izpitvane na dažbi za chranene na kobili i končeta ot planinska poroda. **(Die Prüfung von Futterrationen für Stuten und Fohlen vom Gebirgsschlag.)** Izvestija na Centralnija naučnoizsledovatelski institut po životnovŭdstvo „Georgi Dimitrov" — Kostinbrod, Sofija **12** (1961) S. 341–350. — 7 Tab., 5 Lit. Zus. in Russ., Engl.
In mehreren im Winter und Sommer durchgeführten wiss. Praxisversuchen wurden verschiedene Futterrationen für tragende und säugende Stuten sowie Fohlen (bis zum Alter von 2 Jahren) vom Gebirgsschlag geprüft. Aus den Ergebnissen wird der Schluß gezogen, daß in die Rationen der Stuten 8–10 kg Maissilage einbezogen werden kann. Im Sommer genügt für Stuten und Fohlen Weide, sofern sie gut ist, zuzüglich 1–1,5 kg Kraftfutter.
N. Platikanow. 3334.

Paršutin, G. V. und Rumjanceva, E. Ju. (Parschutin, G. W. und Rumjanzewa, Je. Ju.) Svjaž svojstv nervnoj sistemy s pol'zovatel'nymi kačestvami lošadej. **(Die Beziehungen zwischen Nervensystem und Leistungseigenschaften beim Pferd.)** Trudy. Vsesojuznyj naučnossledovatel'skij institut konevodstva, Moskva **23** (1960) S. 159–169. — 4 Tab., 5 Lit. Zus. in Engl. 3350.

Masloboev, A. Ja. (Maslobojew, A. Ja.) Izmenčivost' kliniko-fiziologičeskich pokazatelej u rysaka pri treninge i ispytanijach. **(Die Veränderlichkeit klinisch-physiologischer Merkmale bei Trabern im Training und in Prüfungen.)** Trudy. Vsesojunyj naučno-issledovatel'skij institut konevodstva, Moskva **23** (1960) S. 183–205. — 13 Tab., 16 Lit. Zus. in Engl. 3350.

C. RINDER

Bein, L., Patzschke, D. und Trautmann, H. **Viehwirtschaftlicher Betriebsvergleich einiger Betriebe im Bezirk Halle.** Jb. Arbeitsgemeinsch. Fütterungsberat. **3** (1960/61) S. 496–511. — 13 Tab., 1 Lit.
Auf Grund der ermittelten Grünlanderträge wird festgestellt, daß durch eine ordnungsgemäße Wiesen- bzw. Weidewirtschaft verbunden mit ertragssteigernden und verwertungsverbessernden Maßnahmen (Düngung, Umtriebs- bzw. Portionsweide) erhebliche Nährstoffreserven mobilisiert werden können. Voraussetzung für die Intensivmast von Schweinen und Intensivhaltung von Hühnern ist die Schließung der Lücke bei tierischem Eiweiß (Magermilch bzw. deren Verarbeitungsprodukte). Je Sau müssen deshalb 3–4 Kühe mit 3500 kg Jahresleistung gehalten werden. 1957–59 war in der Rinderfütterung Mangel an Energieträgern auf der einen Seite und Eiweißüberschuß auf der anderen Seite zu verzeichnen. Ausgleich durch ganzjährige Maissilagefütterung, Kraftfuttereinsparung. Zur Verbesserung der Futtergrundlage bei der Schweinemast sind verstärkt Trockenprodukte des Zuckerrübenbaues und Maiskolben-Kartoffel-Mischsilagen einzusetzen, um den Getreideaufwand senken zu können. W. Fleischmann. 3415.

Pajanović, R.; Sarajevo, Univ., Landwirtsch. Fak. Utjecaj sivog tirolskog goveda na tip goveda sjeveroistočne Hercegovine. **(Der Einfluß des Tiroler Grauviehs auf den Typ der Rinder in der Nordöstlichen Herzegowina.)** Radovi poljoprivrednog Fak. Univ. Sarajevo **10** (1961) Nr. 12. S. 99–148. — 13 Abb., 12 Tab., 74 Lit.
Durch den über 70jährigen Einsatz des Tiroler Grauviehs zur Verbesserung der Leistungseigenschaften des Buscharindes im Gebirgsgebiet der östlichen Herzegowina (jugoslawisches Karstmittelgebiet) erreichte man im Gackogebiet die Herausbildung eines neuen Rinderschlages, des Gacko-Rindes, das aber mit seinen positiven Eigenschaften infolge der kärglicheren Umweltbedingungen in den Umgebungsgebieten keine Verbreitung finden konnte. Bei einer Widerristhöhe (WH) von 112,07 cm (n = 301) und in kärglicheren Gebieten von 109,87 (Nevesinje) bzw. 110,16 cm (Kalinovik) konnte man nach der biometrischen Analyse des Zahlenmaterials aus Körpermessungen feststellen, daß die WH (also der Wuchs der Tiere) im Vergleich zu den alten einheimischen Buscha-Schlägen beträchtlich verbessert wurde, nicht aber die Längen-, Tiefen- und Breitenmaße, von denen die Brusttiefe durch die Veredelungskreuzung sogar eine Verschlechterung erfahren hat. — Eine theoretisch gesehen interessante Studie, in der versucht wurde, auf Grund der auf Zufallsbasis gemessenen Tiere den erreichten Selektionsgrad und die Veredelungsintensität festzustellen und daraus die entspr. notwendigen Förderungsmaßnahmen abzuleiten. I. Šmalcelj. 3480.

Kolić, J. Osvrat na rezultate selekcije simentalskog goveda u kotaru Križevci. **(Ein Rückblick auf die Selektionsergebnisse in Simmentalerzuchten einheimischer Prägung im Gebiet von Križevci.)** Stočarstvo [Zagreb] **15** (1961) Nr. 3/4. S. 153–160. — 2 Abb., 5 Tab.
Nachdem im Jahre 1957 eine rasche Vergrößerung der Rinderbestände im sozialistischen Sektor einsetzte, vermehrte sich auch das Interesse am Zucht- und Leistungswert der bäuerlichen Simmentalerzuchten im alten jugoslawischen Zuchtgebiet dieser Rasse, dessen Schwerpunkt in der Umgebung von Križevci liegt, von wo viele Tiere durch Kauf in sozialistische Betriebe übergingen. Im Jahre 1939 standen nur 532 Kühe unter Selektion, 1960 waren es 6239, und die durchschnittl. Milchleistung stieg von 2820 auf 3083 kg bei einer um 100% höheren Anzahl kontrollierter Kühe. Im Mittel von 549 Tieren ergaben sich folgende Maße: 134,3 cm Widerristhöhe, 50,6% Brusttiefe, 33,0% Brustbreite, 138,3% Brustumfang, 116,8% Körperlänge. Im Jahre 1957 erhielten die Bauern für Zuchtviehverkäufe 30,0 Mill. Din., 1961 stieg diese Summe auf 250 Mill., was einem Umsatz von ca. 2000–2200 Kühen entspricht (ca. 640 DM je Kuh). In Südwest-Deutschland angekaufte Bullen, die sich durch große Frohwüchsigkeit neben einer sehr guten Milchvererbung auszeichnen, sollen auf dem Wege der KB zur Verbesserung des Zuchtwertes der kommenden Generationen beitragen. I. Šmalcelj. 3480.

Capenko, G. V. (Zapenko, G. W.) Sochranit' seruju ukrainskuju porodu skota. **(Die Graue Ukrainische Rinderrasse muß erhalten werden.)** Životnovodstvo, Moskva **23** (1961) Nr. 11. S. 49–51.
Das Graue Ukrainische Rind, das einen hohen Milchfettgehalt und gute Fleischeigenschaften aufweist und anspruchslos, ausdauernd und zur Weidemast geeignet ist, wurde bes. seit 1955 stark vernachlässigt. Der Rat für Zuchtarbeit beim Ministerium für Landwirtschaft der Ukrain.SSR hat beschlossen, die Arbeit mit dieser Rasse in 2 Nutzungsrichtungen (Fleisch-Milch und Fleisch) weiterzuführen. Neben der Einkreuzung ist die Schaffung einer neuen Fleischrasse durch Kreuzung von Grauen Ukrainern mit Shorthorn sowie die Anwendung der Gebrauchskreuzung vorgesehen. In einigen Gebieten sollen die besten reinrassigen Tiere zur Reinzucht verwendet werden. F. Schenk. 3480.

Baryšnikov, P. A. (Baryschnikow, P. A.) Puti i metody vyvedenija krupnogo rogatogo skota kurganskoj porody. **(Wege und Methoden in der Zucht des Kurganer Rindes.)** Izvestija Timirjazevskoj sel'skochozjajstvennoj akademii, Moskva **1960** Nr. 2. S. 113–120. — 4 Tab. Zus. in Engl.
Vf. beschreibt ausführlich die Entstehung der Kurganer Rinderrasse. Sie fußt auf der primitiven Lokalrasse des Transuralgebietes, die durch Einkreuzung verschiedener in- und ausländischer Rassen (Shorthorn, Tagiler, Simmentaler, Jaroslawler, Rotes Steppenrind) zu einer leistungsfähigen Milch-Fleischrasse entwickelt wurde. Die Entwicklung vollzog sich in 3 Perioden: In der 1. Periode (1895–1921) wurde vorwiegend die Fütterung und Haltung verbessert, wodurch das Lgw. und die Milchleistung beträchtlich stiegen. Diese Tiere wurden sodann mit den leistungsfähigeren inländischen Rassen und erstmals in einigen Betrieben mit Shorthorntieren gekreuzt, so daß bereits in dieser Zeit hochleistungsfähige Kreuzungsprodukte entstanden, von denen „Mischka" I als einer der Blutlinienbegründer der neuen Rasse abstammt. Die 2. Periode (1922–39) ist gekennzeichnet durch eine gründliche züchterische Verbesserung der Lokalrasse mit dem vorhandenen reinrassigen Material und mit seinen Nachkommen (F_1, F_2, F_3), so daß eine Leistungsherde von Milch-Fleisch-Shorthorn entstand. Weitere Importe aus den USA und England ermöglichten es, die Inzucht weitestgehend auszuschließen und die Verdrängungskreuzung in den Zuchtbetrieben im großen Rahmen durchzuführen. Diese Kreuzungen führten zur Steigerung des Lgw. und der Milchleistung der Lokalrasse bereits in der 1. Generation, die Verbesserung hielt bei guter Fütterung und Haltung in den folgenden Generationen weiterhin an. Die abschließende Periode (1939–49) wird gekennzeichnet durch die Zucht hochleistungsfähiger Kreuzungstiere, die dem erwünschten Typ entsprachen, und durch die Festigung der wertvollen Eigenschaften durch Linienkreuzung innerhalb der neugeschaffenen Rasse. Darüber hinaus wurde die Verdrängungskreuzung auf die Landeszucht ausgedehnt und in den Zuchtbetrieben die Linienzucht bevorzugt. Am 1.10.1949 wurde die Kurganer Rasse anerkannt, die in sich den hohen Milchfettgehalt und die Anpassungsfähigkeit der Lokalrasse mit den hervorragenden Fleischeigenschaften, der hohen Milchleistung und der Frühreife der Shorthorn (Milch- und Fleisch-Shorthorn und der anderen Rassen vereinigte. Sie steht im klar ausgeprägten Milch-Fleisch-Typ, besitzt ein hohes Lgw. und zeichnet sich durch gute Fleischqualität aus.
K. Richter. 3480.

Bradbury, C. J. und MacLean, T. N. Association dairy herd test. **(Verbandsmilchleistungsprüfungen 1959/60 in Victoria-Australien.)** J. Agric. [Melbourne] **58** (1960) Nr. 12. S. 813–821. — 2 Abb., 9 Tab.
197463 Kühe in ⌀ 55,2 Kühe starken Herden erbrachten eine Durchschnittsleistung von 5639 lb. Milch mit 4,93% Fett und 278 lb. Butterfett. Insgesamt wurden damit in diesem Prüfungsjahr unter Einschluß der in den Standard-Herden-Milchleistungsprüfungen erfaßten 209335 Kühe geprüft (19,1% des Kuhbestandes). Die Tendenz zur Vergrößerung der Herden hielt seit 1945/46 (36,0 Kühe) unvermindert an. Die durchschnittl. Laktationsdauer betrug 243 Tage. Die höchste jemals in Victoria erfaßte Fettleistung erbrachte eine 6jährige Friesian-Kuh: 23280 lb. Milch mit 980 lb. Butterfett.
H. D. Hennig. 3520.

Politiek, R. D. **Beobachtungen über die Möglichkeit zur Feststellung der Melkbarkeit und ihrer Variation bei Kühen, auch im Hinblick auf die Heritabilität dieser Eigenschaft.** VIII. int. Tierzuchtkongr. Hamburg **1961** Hauptber. S. 148–166. — 2 Abb., 5 Tab., 34 Lit. Zus. in Engl., Franz.
In den Niederlanden wurden 1959 und 1960 vom Inst. für Tierzuchtforschung Schoonoord Untersuchungen zur Ermittlung der Melkbarkeit angestellt. 1960 wurden insgesamt 54 Töchtergruppen von 20–30 Tieren in der ersten Lakta-

tion zwischen 1. und 5. Laktationsmonat zu einer Melkzeit mit der „Westfalia"-Viertelgemelksmaschine untersucht. Darüberhinaus wurden 124 Kühe aus 3 Betrieben monatl. kontrolliert. Für das Material (n = 1058) ergab sich bei einer Milchmenge von ⌀ 6,79 kg eine Melkdauer von 4,16 Min. Das durchschnittl, Minutengemelk betrug 1,63 kg/Min. und das höchste 2,04 kg/Min., während das Nachgemelk 0,5 kg ausmachte und in den Vordervierteln I_{VH} = 44,5% der Gesamtleistung vorgefunden wurden. Zur besseren Vergleichbarkeit sollte die Milchmenge auf 7 kg Gemelksleistung berichtigt werden. Aus der Euterform können nur in Extremfällen Hinweise auf die Hälftenverteilung im Euter gegeben werden. Das Nachgemelk war bei höherer Milchmenge und längerer Melkdauer i.allg. höher, während es bei höherem Minutengemelk geringer wird. Ein starker Umwelteinfluß auf die Höhe des Nachgemelkes ist zu erkennen. Die Heritabilitätsschätzung ergab für das größte Minutengemelk 0,74 bzw. 0,54, für das mittlere 0,81 bzw. 0,64, für I_{VH} 0,49 bzw. 0,51 und für das Nachgemelk 0,24 bzw. 0,21. Zwischen den Töchtergruppen lag in den beiden Minutengemelken ausgeprägte, bei I_{VH} geringere Signifikanz vor. Die große Variation in der Melkgeschwindigkeit und auch in der Milchverteilung gibt die Möglichkeit zu einer wirksamen Selektion auf diese Merkmale.

H. Fiedler. 3546.

Rüegsegger, A. **Untersuchungsergebnisse der Milchleistungs-Nachkommenprüfung 1961.** Mitt. schweiz. Fleckviehzuchtverb. **1962** Nr. 3. S. 4–48. — 1 Tab.

Für den Altersgefährtinnenvergleich wurden die Einzelergebnisse der Kontrollperiode 1959/60 lochkartenmäßig aussortiert und nach Genossenschaften, Vätern und Laktationen zusammengestellt. Insgesamt konnten 51394 Töchterleistungen von 14241 Vätern in die Verarbeitung aufgenommen werden, so daß sich im Durchschnitt pro Vatertier nur 3–4 Töchterleistungen ergeben. Diese starke Zersplitterung bewirkte, daß nur 138 Stiere die für den Altersgefährtinnenvergleich notwendige Anzahl Töchter aufweisen. Von den nachzuchtgeprüften Stieren wurden 24 Vatertiere schon im letzten Jahr getestet. Für den Altersgefährtinnnenvergleich in der 1. Laktation standen im Durchschnitt pro Stier 18 Töchter und 210 Vergleichstiere zur Verfügung. Die geprüften Stiere weisen folgende Vererbungstendenz auf: Milchmenge: 25% verbessert, 43% indifferent, 32% verschlechtert. Fettprozente: 24% verbessert, 60% indifferent, 16% verschlechtert. Jeweils 4% haben die Milchmenge und die Fettprozente verbessert bzw. verschlechtert. Der Korrelationskoeffizient zwischen Milchmenge und Fettgehalt beträgt —0,246. Die Zucht auf mehrere Merkmale verkleinert den Zuchterfolg. Die Ergebnisse der Nachkommenprüfungen sollen in die Abstammungsausweise eingetragen werden. In einer Tab. sind die Ergebnisse der nachzuchtgeprüften Stiere zusammengestellt.

H. Kleiber. 3550.

Nikitin, A. und Tolpygo, V. (Nikitin, A. und Tolpygo, W.); Werchnije Mully, Gebiet Perm, Staatl. Zuchtstat. Ocenka bykov-proizvoditelej černopestroj porody na Verchne-Mullinskoj stancii iskusstvennogo osemenenija. **(Die Beurteilung der Zuchtbullen der Schwarzbunten Rasse in der Station für Künstliche Besamung in Werchnije Mully.)** Moločnoe i mjasnoe skotovodstvo, Moskva 5 (1960) Nr. 10. S. 44–46. — 4 Tab.

Die o.a. Station wurde 1959 eingerichtet, es werden jährl. in ihrem Einzugsbereich 40000 Kühe besamt. Die Beurteilung der Besamungsbullen erfolgte nach ihrer Abstammung, dem Lgw., der Konstitution, dem Exterieur und der Samenqualität. Bei der Abstammung wurden die Leistungen von 3 Vorfahrengenerationen sowie von den Schwestern und Halbschwestern der Eltern zugrundegelegt. Als mittleres Lgw. wurden bei einem 3- bis 4jährigen Alter 655 kg eingesetzt, das alle Bullen überschritten. Die Beurteilung von Konstitution und Exterieur erfolgte nach dem bestehenden 100-Punkte-System. Die

Samenqualität wurde nach der Beweglichkeit, Resistenz und Konzentration des Spermas und seiner Tauglichkeit für die Besamung beurteilt. Aus dieser Bewertung der Bullen ergab sich ihre Einstufung in eine Qualitätsfolge. Ihre Auslastung durch die Besamung war sehr unterschiedlich. Darüber hinaus wurden von 3 Bullen bereits die ersten Nachkommen geprüft.

K. Richter. 3550.

Ruzskij, S. A. (Russki, S. A.); Balaschicha, Gebiet Moskau, Landwirtsch. Unions-Inst. für Fernstudium. Ocenka bykov po raznomu čislu dočerej i značenie vozrasta otca. **(Die Beurteilung der Zuchtbullen nach einer unterschiedlichen Töchterzahl und die Bedeutung des Alters des Vaters.)** Životnovodstvo, Moskva **23** (1961) Nr. 11. S. 42–49. — 4 Tab.

Langjährige Untersuchungen haben gezeigt, daß die Einschätzung der Bullen nach der durchschnittl. Milchleistung der ersten 20 Töchter in den meisten Fällen völlig der Beurteilung nach der Milchleistung von 30, 40 und mehr Töchtern gleicht. Um festzustellen, ob ein Bulle den Milchfettgehalt bei seinen Nachkommen senkt oder erhöht, müssen 25–30 Töchter in den ersten beiden Laktationen überprüft werden. Die besten Nachkommen bringen Eltern auf dem Höhepunkt der Zuchtreife; deshalb können die Zuchtbullen genauer beurteilt werden, wenn in die zu überprüfende Nachkommenschaft auch Töchter aus dieser Zeit aufgenommen werden. F. Schenk. 3550.

Hahn, H.; Stendal, Bezirks-Tierzuchtinspektion Magdeburg. **Mit Hilfe von Nachzuchtüberprüfungen auf wissenschaftlicher Grundlage zur Erkennung der Elite-Tiere.** Tierzucht **16** (1962) Nr. 3. S. 98–102. — 7 Abb., 3 Tab.

Die Bullennachzucht- und Kuhfamilienüberprüfung des Jahres 1961 im Bez. Magdeburg und deren Ergebnis sind für alle Schwarzbuntzüchter von großem Interesse. 14 Bullennachzuchten wurden mit 5 I., 8 II. und 1 III. Preis ausgezeichnet. Als I. Preisträger wurde die Nachzucht des Bullen „Diddo 24210", der im VE-Lehr- und Versuchsgut Iden deckte und jetzt im Besitz der Besamungsstation des Tierzuchtinstitutes der Univ. Halle ist, herausgestellt. Die Bullennachzuchten, die mit ersten Preisen prämiiert wurden, werden beschrieben. Allein 6 der im Jahre 1961 überprüften Bullen wurden als Altbullen in die Besamung eingestellt. Da bei den Kuhfamilien im Jahre 1961 ausgesprochene Spitzensammlungen fehlten, konnten von 22 überprüften Familien nur 16 mit Preisen, davon 5 mit I c, 7 mit II. und 4 mit III. Preisen ausgezeichnet werden. Die mit ersten Preisen ausgezeichneten Kuhfamilien werden stichwortartig chrakterisiert. Mit den Nachzuchtüberprüfungen sind in jedem Jahr auch die Elite-Anerkennungen verbunden, wobei die Zuerkennung des Elitezeichens „I" und „II" die höchste Auszeichnung ist, die in der Rinderzucht vergeben wird. Im Jahre 1961 wurden 3 Bullen (Elite I: „Wieland 23299", Elite II: „Jagus 22533" und „Metternich 23266") und 50 Kühe neu als Elitetiere anerkannt, so daß nunmehr im Bezirk Magdeburg bisher 4 Bullen als Elite I, 20 Bullen als Elite II, 3 Kühe als Elite I und 91 Kühe als Elite II ausgezeichnet wurden. E. Semisch. 3560.

Johansson, Ivar; Uppsala, Sweden, Roy. Agric. Coll. The diagnosis of monozygosity of cattle twins and the use of such twins for different types of research. **(Die Feststellung der Eineiigkeit bei Rinderzwillingen und die Benutzung derartiger Zwillinge für verschiedene Untersuchungen.)** Tijdschr. Diergeneeskunde **86** (1961) Nr. 20. S. 1332–1340. — 3 Tab.

Unter den europäischen Rinderrassen sind 0,44% (Aberdeen Angus), 1,02% (SRB und Hereford), 1,85% (Jersey), 3,08% (Schwarzbunte), 3,32% (Schwedische Schwarzbunte) bzw. 4,61% (Höhenfleckvieh) aller Kälber Zwillinge. Wiederum 10% aller Zwillinge dürften eineiig sein (10,6 $\pm$ 1,84%). Der Eineiigkeitsdiagnose dient heute in erster Linie die Blutgruppenforschung, nachdem man sich früher lediglich auf den Vergleich morphologischer Merkmale stüt-

zen konnte. Auch eine Untersuchung der Serumeiweißkörper bietet eine gewisse Vergleichsmöglichkeit. Die Verwendung eineiiger Zwillinge zu genetischen Untersuchungen, bes. zur Ermittlung des Erblichkeitsgrades quantitativer Merkmale, erspart in großem Umfange Versuchstiere, jedoch sollten derartige Untersuchungen mit der Untersuchung von zweieiigen Zwillingen und nicht verwandten Paaren verbunden werden, um den Einfluß der pränatalen und frühen postnatalen Umwelteinflüsse ermitteln zu können. An Hand mehrerer Beispiele werden diese Aussagen unterstrichen und belegt.
E. Wiesner. 3585.

Winzenried, H. U.; Zürich, Univ., Inst. für Tierzucht. **Methodik und Ergebnisse der Zwillingsforschung beim Rind.** Schweiz. Arch. Tierheilkunde **103** (1961) Nr. 8. S. 423–435.

Die Zwillingsforschung befaßt sich in erster Linie mit der Frage der erb- und umweltbedingten Anteile an der Totalvariation eines Merkmals. Dabei ist zu berücksichtigen; daß Heritabilitätsschätzungen mit eineiigen Zwillingen aus im einzelnen genannten Gründen etwas höher ausfallen. Zwillingsversuche liefern vor allem dann wertvolle Resultate, wenn der Einfluß von Umweltfaktoren auf die Eigenschaften der Tiere untersucht werden soll. Die wichtigsten der vorliegenden Ergebnisse werden mitgeteilt, wobei insbesondere auf die Untersuchungen über den Einfluß der Aufzuchtintensität auf Wachstum, Futterverwertung, Milchleistung und Lebensdauer eingegangen wird. Von wirtschaftlicher Bedeutung sind ferner die Untersuchungen zur Länge der Zwischenmelkzeiten sowie die Studien über die Vererbung der Zusammensetzung der Milch. K. Mudra. 3585.

Claesson, Olof; Wiad. Tvillingsforskning. **(Zwillingsforschung.)** Jord Gröda Djur, Årsbok **17** (1961) S. 155–162.

Eineiige Zwillinge (EZ) kommen bei Rindern durchschnittl. 1mal unter 1000 Abkalbungen vor. Der Anteil der EZ an der Gesamtzahl gleichgeschlechtiger Zwillinge beträgt bei den schwedischen Schwarzbunten 7%, den Rotbunten 11% und den Hornlosen 27%. Der Nachweis der Eineiigkeit nach Kronacher ist auch heute noch bei neugeborenen Zwillingen anwendbar, soweit er auf der Form des Körpers, des Kopfes, Unterschieden der Färbung und der Zeichnung, Zahl und Art der Haarwirbel, der Hautpigmentierung und Behaarung und Form des Schwanzes beruht. Das Auftreten von Blutgruppenmosaik bei zweieiigen Zwillingen kann durch spez. Arbeitsverfahren festgestellt werden. Die Bestimmung des Bluttyps gibt der Eineiigkeitsdiagnose zusammen mit der Exterieuruntersuchung ein hohes Maß an Sicherheit. Bei Verwendung eineiiger Zwillinge in Versuchen ist die erblich bedingte Variation automatisch ausgeschaltet. Die Zwillingsmethode ermöglicht eine Schätzung der durch nicht lineare Wechselwirkungen bedingten Variation. Nach den vorliegenden Erfahrungen sind ca. 10 Zwillingspaare für die meisten Fragestellungen ausreichend. An die vorausschauende Versuchsplanung stellt die Zwillingsmethode hohe Anforderungen. Es wird zusammenfassend über Versuche mit EZ in Schweden und Neuseeland berichtet. J. K. Hinrichsen. 3585.

Lenschow, J. **Fragen der Linienzucht bei Rindern.** Tierzucht **16** (1962) Nr. 6. S. 249–252.

Neben hohen Milch- und Milchfettleistungen und einem guten Fleischbildungsvermögen gewinnen zukünftig solche Eigenschaften in der Rinderhaltung an Bedeutung, die die Produktionsleistungen unter den Bedingungen vollmechanisierter landwirtsch. Großbetriebe beeinflussen. Die züchterische Selektion der Herdbuchzucht muß daher mehr und mehr unter solchen Bedingungen erfolgen, die den zukünftigen Produktionsverhältnissen der landwirtsch. Großbetriebe entsprechen. Die züchterische Verbesserung der Rinderbestände ist am schnellsten über den Einsatz guter Bullen mit Hilfe der KB zu erreichen. Der starke Einsatz der KB in der Herdbuchzucht kann jedoch zu einer unerwünschten Blutlinienverengung führen und die Versorgung der Besamungsstationen mit nicht verwandten Vatertieren für den Bullengruppeneinsatz in der Landeszucht gefährden. Die Erzeugung nicht verwandter Bullengruppen kann durch eine Aufteilung der Herdbuchkühe in Linien verwirklicht werden, die so weit wie möglich als geschlossene Linien gezüchtet werden. Die Zuchtlinie vereinigt in sich sowohl die Blutlinie als auch Kuhfamilien. Die Linien müssen genügend groß sein, um eine enge Inzucht zu vermeiden. Eine entfernte Verwandtschaftszucht ist im Intersse einer schnelleren Konsolidierung und einer erhöhten Vererbungssicherheit erwünscht. Beim Aufbau der Linienzucht müssen auch organisatorische und wirtschaftliche Überlegungen berücksichtigt werden. Die Anzahl der Linien richtet sich nach der Anzahl der Bullengruppen, wobei 2 Varianten diskutiert werden. Beim Einsatz von 20 Linien entfallen 250–300 Bullenmütter auf eine Linie, die in Gruppen von 20–60 auf die Zuchtbetriebe verteilt sind. Aus dem übrigen Herdbuchbestand dieses Betriebes können jährl. die besten Kühe als Elitekühe anerkannt und den Linien zugeteilt werden. Variante 2 sieht vor, daß nur 4 Linien gezüchtet werden. Sie setzt voraus, daß die individuelle Besamung aller Tiere mit Sperma von bestimmten Bullengruppen zur Durchführung der Linienrotationspaarung möglich ist. H. Kleiber. 3606.

Bondarev, Ju. F. und Kononenko, N. V. (Bondarew, Ju. F. und Kononenko, N. W.) Vyvedenie novoj zavodskoj žirnomoločnoj linii krasnogo stepnogo skota — Rybaka ZAN-39. **(Die Entwicklung der neuen milchfettreichen Zuchtlinie des Roten Steppenrindes Rybak SAN-39.)** Naučnye trudy. Ukrainskij naučno-issledovatel'skij institut životnovodstva stepnych rajonov im. M. F. Ivanova (Askanija-Nova), Kiev 8 (1960) S. 51–72. — 7 Abb., 20 Tab., 24 Lit.

Die vorliegende Arbeit gibt einen exakten Überblick über die in den letzten Jahren (1951-57) durchgeführten Maßnahmen und Untersuchungen auf dem Gebiet der Steigerung der Leistungsfähigkeit des Roten Steppenrindes in der Südukraine durch die Linienzucht. Als Linienbegründer steht der 1945 geborene „Rybak“ SAN-39 im Mittelpunkt der Untersuchungen, dessen wertvolle Leistungs- und Zuchteigenschaften an seinen Nachkommen überprüft wurden. „Rybak“ wurde von 1947–51 zur Zucht eingesetzt und erfüllte die an die Form gestellten Anforderungen im wesentlichen. Die Hauptaufgabe der Arbeit mit dieser Zuchtlinie bestand darin, den hohen Milchfettgehalt weiter zu entwickeln und zu verbreiten und der Rasse einen gut ausgeprägten Milchtyp anzuzüchten. Zur Erreichung dieses Zieles wurde eine starke Selektion und eine gute Aufzucht der Jungtiere angestrebt. Insgesamt wurden 457 direkte Nachkommen (258 Bullen, 199 Färsen) erzielt, von denen jährl. die besten für die Zuchtarbeit ausgesucht wurden. Darüber hinaus wurden an der Nachkommenschaft die verschiedenartigsten Untersuchungen (Leistungsfähigkeit, Entwicklung, Abstammung, Zuchteigenschaften) und Versuche (mäßige Inzucht und Kombinationskreuzung; Fütterung; Mast- und Schlachtergebnisse) durchgeführt. Dabei stellte sich heraus, daß die Versuchsgruppen (Nachkommen von „Rybak“) den Vergleichsgruppen (andere Zuchtlinien) in den Mastergebnissen (tägl. Zunahme), der Wachstumsenergie, der Gesamtentwicklung, der Konstitution, im Lgw., in der Futterverwertung und der Schlachtausbeute überlegen sind und in der letzteren sich mit anderen Rassen der Milch-Fleisch-Richtung messen können. Vor allem zeichnen sich die Töchter (4,04%) durch einen höheren Fettprozentgehalt gegenüber ihren Müttern (3,83%) aus, was auf den Einfluß des Zuchtlinienbegründers zurückzuführen ist. Noch nicht zufriedenstellend sind jedoch die durchschnittl. Milchleistungen und das durchschnittl. Lgw., an deren Verbesserung noch gearbeitet wird. K. Richter. 3606.

Šostak, V. A. (Schostak, W. A.); Forsch.-Inst. für Tierzucht des Waldsteppen- und Polessje-Gebietes der Ukrain. SSR. Živučest' i drugie kačestvennye pokazateli semeni inbrednych i autbrednych bykov. **(Die Lebensfähigkeit und andere qualitative Kennziffern des Spermas von Inzucht- und Fremdzucht-Bullen.)** Životnovodstvo, Moskva **23** (1961) Nr. 12. S. 58–61. — 3 Tab.

Untersuchungen an Inzucht- (**I**) und Fremdzucht-Bullen (**II**) der Lebediner und Simmentaler Rasse zeigten, daß ein Ejakulat ⌀ 3,9 ml bei **I** und 4,8 ml bei **II** aufwies; die Aktivität der Spermien betrug entspr. 0,8 und 0,82, die Konzentration 1,28 und 1,37 Md., die Resistenz 28000 und 30000, der Prozentsatz der pathologischen Formen 5 und 3,4%, die Lebensdauer außerhalb des Organismus 112 und 132 Std. und die Aktivität nach dem Tiefkühlen bei —183 °C und späterem Auftauen 0,44 und 0,50. Trotzdem liegt die Qualität des Spermas der Inzuchtbullen immer noch über dem geltenden Standard. F. Schenk. 3606.

Starcev, D. I. und Klabukov, P. G. (Starzew, D. I. und Klabukow, P. G.); Dubrowizy, Gebiet Moskau, Unions-Inst. für Tierzuchtforsch. Rezul'taty skreščivanija cholmogorskogo skota s džersejskim. **(Die Ergebnisse der Kreuzung von Cholmogoryer-Kühen mit Jersey-Bullen.)** Životnovodstvo, Moskva **39** (1961) Nr. 10. S. 61–63. — 6 Tab.

1956/57 wurden im Versuchsbetrieb „Dubrowizy" reinrassige Cholmogoryer Kühe und Färsen mit Jerseybullen gekreuzt. Die Kreuzungstiere (**I**), deren Lgw. und Körpermaße etwas niedriger waren als die der reinrassigen Tiere (**II**), wurden mit diesen zusammen aufgezogen. Während der 1. Laktation betrug der Milchfettgehalt von **I** 4,94%, von **II** 3,67%, und die Milchfettmenge in 300 Laktationstagen betrug 192 (**I**) und 148,2 kg (**II**). Während der 2. Laktation haben die Kreuzungstiere ihren Milchfettgehalt gehalten oder erhöht. Der Eiweißgehalt der Milch betrug bei **I** — 3,99%, bei **II** — 3,73%. F. Schenk. 3606.

Kristensson, Jan. Seminverksamheten i Amerika. **(Besamungstätigkeit in Amerika.)** Svensk Husdjursskötsel **1962** Nr. 2. S. 42–43. — 2 Abb.

Vf. berichtet nach einem längeren Studienaufenthalt in USA. 30% der Kühe werden besamt; neuerdings gewinnt die Besamung auch bei den Masttieren Raum. Mehr als 30% der Besamung liegen in privater Hand. Die Zahl der Besamungsvereinigungen ist infolge von Zusammenlegungen rückläufig. Ihre Wirtschaftlichkeit ist bei weniger als 100000 Kühen in Frage gestellt. Mehr als 50% aller Besamungsbullen sind nachkommengeprüft. An den Besamungen sind sie mit 75–100% beteiligt. Die Beschaffung geprüfter Bullen bereitet jedoch Schwierigkeiten, da nur 11% der Kühe in Kontrolle stehen. Auf einen Besamungsbullen kommen mehr als 2000 Kühe. Die größte Nachkommenzahl eines Besamungsbullen liegt bei 190000. Auf den Stationen stehen Bullen vieler Rassen. Von nicht vertretenen Rassen wird Sperma von anderen Stationen gekauft. Der Besamungserfolg liegt bei 68–72%. In einigen Fällen hat man mit tiefgekühltem Samen in der Übergangszeit schlechtere Ergebnisse gehabt. Z.T. wird zur Vereinfachung der Verteilung nur tiefgekühlter Samen verwendet, der 2mal im Monat zur Anlieferung kommt. Diese Arbeitstechnik ermöglicht eine wesentliche Verringerung der Zahl der Bullen. Zum Einfrieren und Aufbewahren des Spermas wird flüssiger Stickstoff von —196 °C verwendet. Jeder Behälter enthält 500 Ampullen. Es gibt ca. 10000 Besamungsvereinigungen. Die Besamungstechniker werden in 2- bis 3wöchigen Lehrgängen ausgebildet. Ganztägig tätige Techniker betreuen bis zu 4000 Kühe. Besamungstierärzte gibt es nicht. Wenn eine Trächtigkeitsuntersuchung gewünscht wird, wird sie vom örtlichen Tierarzt durchgeführt. Mit den Universitäten besteht eine gute Zusammenarbeit. Es besteht eine nationale Spitzenorganisation der Besamung. J. K. Hinrichsen. 3618.

Tüngler und Friedrich, H.; Stendal, VE-Besamungsstat.; Bezirks-Tierzuchtinspekt. **Die individuelle Anpaarung — Ausdruck des züchterischen Einsatzes der künstlichen Besamung im Bezirk Magdeburg.** Tierzucht **16** (1962) Nr. 3. S. 93–97. — 10 Abb.
Unter Schaffung der dazu notwendigen Voraussetzungen wie Auswahl der Bullenmütter und bes. wertvoller Besamungsbullen, Ausarbeitung der Paarungspläne, Bereitstellung von Tiefkühlsperma der ausgewählten Bullen, Einsatz von 8 bes. qualifizierten und züchterisch sehr interessierten Besamungstechnikern als Paarungstechniker wurde im Jahre 1960 mit der individuellen Anpaarung in gemeinsamer Arbeit der Zuchtleitung Rinder der Bezirks-Tierzuchtinspektion Magdeburg in Stendal und der VE-Besamungsstation Stendal im Zuchtgebiet des Bez. Magdeburg begonnen. Insgesamt sind seitens der Zuchtleitung bisher 2287 Kühe zur gezielten Anpaarung mit 28 Besamungsbullen vorgesehen. Per 30. 6. 1961 konnten der Zuchtleitung von der Besamungsstation bereits 919 nachweisbar tragende Tiere aus der individuellen Anpaarung gemeldet werden, von denen zwischenzeitlich ein großer Teil abgekalbt hat. Von den 919 Kühen wurden 478 nach der Besamung mit Tiefkühlsperma und 414 nach einer Besamung mit normal konserviertem Sperma tragend. Das nach tierärztlichen Trächtigkeitsuntersuchungen per 30. 6. 1961 ermittelte Befruchtungsergebnis ergab eine Gesamtträchtigkeit von 87,0%, davon tragend aus Erstbesamungen mit Tiefkühlsperma 56,3% und tragend aus Erstbesamungen mit Normalsperma 58,0%. Die Technik und die angewandten Methoden bei Durchführung der individuellen Anpaarung werden beschrieben. Von den aus der gezielten Anpaarung anfallenden Nachkommen werden bereits ab 1963 jährl. ca. 300–400 Jungbullen auf Verkaufsveranstaltungen bereitgestellt, die leistungs- und abstammungsmäßig die an Besamungssbullen zu stellenden Anforderungen erfüllen und damit auch außerbezirkliche Besamungsstationen von größeren Importen an Jungbullen aus den kapitalistischen Ländern unabhängig machen.
E. Semisch. 3618.

Mathieu, C.-M. und Wegat-Litré, Erna; Jouy-en-Josas (Seine-et-Oise), Centre Nat. Zootechn., Stat. Rech. Élevage. Mise au point d'une méthode d'alimentation des veaux d'élevage. I. Détermination de la quantité de lait nécessaire. **(Über die Fütterung von Zuchtkälbern. — 1. Mitt. Die Bestimmung der erforderlichen Milchmenge.)** Ann. Zootechnie **10** (1961) Nr. 3. S. 161–175. — 7 Abb., 10 Tab., 12 Lit.
Mit dem Ziel, die Mindestmenge an erforderlicher Milch für die Kälberaufzucht zu bestimmen, vergleichen Vff. 3 verschiedene Fütterungsgruppen mit 200, 300 bzw. 400 l Vollmilch bei Energieausgleich durch Kälberstarter und Heuzugabe. In jeder Gruppe wurden 20 ♂ und 10 ♀ Kälber 26 Wochen lang individuell gefüttert. Die durchschnittl. Zunahmen waren zwischen den Gruppen nicht signifikant verschieden. Die Tiere der 200-l-Gruppe nahmen zwar im 2. und 3. Mon. weniger zu, holten aber im 4. und 5. bei größerem Starterverzehr wieder auf. Die Starteraufnahme stieg im 2. und 3. Mon. schnell an und variierte zu der gefütterten Milchmenge umgekehrt proportional. Der Heuverzehr vergrößerte sich im 3. Mon. stark und variierte umgekehrt wie die Menge des angebotenen Starters. Der Tr.-Subst.-Verzehr je 100 kg Lgw. stieg bis zu einem rel. konstanten Niveau von 3 kg, das ca. 5 Wochen nach dem Absetzen (= mit 7, 10 bzw. 13 Wochen) erreicht wurde. ♂ Tiere nahmen mehr zu als ♀ und verzehrten mehr Heu. Individuelle Differenzen waren beträchtlich. Aus den Ergebnissen wird gefolgert, daß 200 l Vollmilch, 250 kg Kälberstarter und Heu ad lib. die erwünschte Tageszunahme von ca. 700 g (von Geburt bis 26 Wochen) sichern. A. Schaaf. 3634.

Žgun, N. (Shgun, N.); Charkow, Forsch.-Inst. für Tierzucht des Waldsteppen- und Polessje-Gebietes der Ukrain. SSR. Zamenitel' moloka. **(Vollmilchersatz**

in der Kälberaufzucht.) Moločnoe i mjasnoe životnovodstvo, Moskva 7 (1962) Nr. 6. S. 22–24. — 1 Abb., 1 Tab.
Die Kälber erhalten 150 kg Vollmilch und 250 kg Magermilch sowie ein spez. Futtergemisch mit 25% Hefe. Der Nährwert des Gemisches beträgt je kg 1,08 FE und 173 g verd. E. Dieses Gemisch wird den Kälbern vom 15. Lebenstag an in Gaben von 50 g/Tag gereicht, die bis auf 1 kg/Tag gesteigert werden. Außerdem erhalten die Kälber Heu, Silage und Grünfutter. Die Gewichtszunahmen der Versuchskälber sind nicht geringer als die der Kontrollgruppe (307,3 kg Vollmilch und 522,2 kg Magermilch). Auch im Fleisch der Tiere besteht kein Unterschied. Die Aufzuchtkosten sind jedoch geringer als bei der üblichen Aufzuchtmethode. R. Ihssen. 3634.

Gerov, And. P. und Krŭstanov, Chr. V. (Gerow, And. P. und Krâstanow, Chr. W.) Tipovi dažbi za ženski teleta za razplod, krŭstoski meždu mestnoto sivo i kafjavoto alpijsko govedo s namaleno učastie na cjalo mljako. **(Vollmilcheingeschränkte Typenrationen für weibliche Zuchtkälber aus der Kreuzung von Grauem Landrind und Braunvieh.)** Izvestija na Centralnija naučnoizsledovatelski institut po životnovŭdstvo „Georgi Dimitrov" — Kostinbrod, Sofija 12 (1961) S. 167–183. — 13 Tab., 24 Lit. Zus. in Russ., Engl.
Bei der vergleichenden Prüfung von 7 Fütterungsnormen für Kälber vom Milch-Fleisch-Typ bis zum 6. Lebensmonat wurden folgende Ergebnisse erzielt: Bei Fütterung nach Schema I (360 kg Vollmilch, 800 kg Magermilch, 129,2 [vom Kalb aufgenommen 104,2] kg Kraftfutter, voluminöses Futter nach Belieben) betrug der tägl. Gewichtszuwachs 806 g; nach Schema II (entspr. Futtermengen 170, 456, 109,5 [95,5] kg, ad libitum) 711 g; nach Schema III (184, 740, 120,4 [110,7] kg, ad libitum) 853 g; nach Schema IV (234, 509, 116,9 [105,4] kg, ad libitum) 748 g; nach Schema V (182, 646, 104,5 [87,4] kg, ad libitum) 751 g; nach Schema VI (147, 546, 119,1 (110,9] kg, ad libitum) 764 g; nach Schema VII (189, 497, 114,6 [104,9] kg, ad libitum) 719 g. Futteraufwand je kg Zuwachs 3,84, 3,98, 3,97, 4,10, 4,33, 4,06 bzw. 4,28 FE. Diese Resultate wurden bei Verabreichung hochwertiger voluminöser Futtermittel (vitaminreiches Heu, Wurzelfrüchte und Maissilage im Winter, Grünfutter im Sommer) erzielt. N. Platikanow. 3634.

Struk, M. I. K voprosu organizacii normirovannogo kormlenija korov v strojlovyj period. **(Zur Frage der Organisation einer Fütterung der Kühe nach Normen während der Stallperiode.)** Tr. Novočerk. zootechn.-vet. in-ta **1961** Nr. 13. S. 155–160. — Aus: Referativnyj žurnal. Biologija, Moskva **1961** Nr. 23. Ž 109. S. 16.
Bekannt ist, daß das bestehende Fütterungssystem (alle Kühe bekommen Rauh- und Saftfutter einheitlich, dazu je 200 g Kraftfutter auf 1 kg Milchleistung ab 8 l Milchertrag) die Nährstoffbedürfnisse von Hochleistungskühen nicht befriedigt. Zur Bestimmung der pro 1 kg Milch verausgabten Kraftfuttermenge wird vorgeschlagen, das durchschnittl. Kuhgewicht in der Herde und den Milchfettgehalt festzustellen. Dann wird nach der Fütterungstabelle „Futternormen für landwirtschaftliche Nutztiere" (M. F. Tomme, Moskau 1958) der Bedarf an Nährstoffen festgestellt. Danach wird der Nährwert des Teiles der Ration berechnet, den alle Tiere gleichmäßig erhalten. Die übrigen FE teilt man durch die Milchmenge und erhält die Größe des Aufwandes pro 1 kg Milch. Der Futteraufwand pro 1 kg Milch, bestimmt nach der angeführten Methode, ist praktisch derselbe wie bei der Verwendung komplizierter Normierungssysteme. übersetzt v. K. Neumann. 3638.

Walker-Love, J. und Laird jun., R. Does veal production pay ? Experience in the West of Scotland. **(Ist die Kalbfleischerzeugung rentabel ? Erfahrungen in Westdeutschland.)** Soctt. Agric. 41 (1961) Nr. 1. S. 22–27.
In Westschottland wurde ein Kälbermastversuch mit der Verfütterung von Milchersatzpulver durchgeführt. Die Kälber wurden zur Hälfte auf Säge-

spänen und zur Hälfte auf Lattenrosten gehalten. Unterschiede zwischen diesen verschiedenen Haltungsgruppen konnten nicht festgestellt werden. Bei der Gegenüberstellung der Futter- und Haltungskosten sowie der Ankaufskosten zum Verkaufspreis lag eine Unterbilanz vor. G. Buß. 3652.

Krŭstanov, Christo V. (Krâstanow, Christo W.); Stara Sagora, Bulgarien, Inst. für Tierzuchtforsch. Opit za chranene na mŭžki teleta za meso sŭs silno namaleno količestvo cjalo mljako. **(Versuche zur Fütterung der für die Mast bestimmten Bullenkälber mit stark vollmilcheingeschränkten Rationen.)** Izvestija na Centralnija naučnoizsledovatelski institut po životnovŭdstvo „Georgi Dimitrov" — Kostinbrod, Sofija **12** (1961) S. 197–206. — 2 Abb., 8 Tab., 14 Lit. Zus. in Russ., Engl.

Zwei Gruppen zu je 20 Bullenkälbern vom Milch-Fleisch-Typ wurden nach folgender Norm gefüttert: Gr. I mit 116 kg Vollmilch, 430 kg Magermilch, 127 kg Kraftfutter und voluminösem Futter nach Belieben; Gr. II mit 94 kg Vollmilch, 558 kg Magermilch, 120 kg Kraftfutter und voluminösem Futter nach Belieben. Ergebnisse (in Klammern Gr. II): mittleres Lgw. mit 6 Mon. 184,2 (181,7) kg, tägl. Gewichtszuwachs von der Geburt bis zum 6. Lebensmonat 821 (811) g; entspr. Futteraufwand je kg Zuwachs 3,95 (4,03) FE mit 649 (628) g verd. E. Aus jeder Gruppe wurden je 6 Kälber bis zur Vollendung des 12. Mon. gemästet. Ergebnisse: mittleres Mastendgewicht 378,5 (383,5)kg; tägl. Gewichtszuwachs 1046 (1050) g; Futteraufwand je kg Zuwachs 5,6 (5,5) FE mit 632 (784) g verd. E.; Schlachtausbeute 58 (58) %.
N. Platikanow. 3652.

Ebenbauer, F. **Leistungsabschlüsse-Alpenfleckviehzuchtverband Steiermark und Kärnten, 1961.** Mitt. Alpenfleckviehverb. Steiermark Zuchtverb. Kärntner Fleckvieh **1962** Nr. 11. 78 S.

In Steiermark wurden in 1019 Mitgliedsbetrieben des Verbandes 5522 Kühe mit einer Leistung von 3682–4,07–150 voll abgeschlossen, 3958 Herdbuchkühe erreichten 3950–4,10–162. In Kärnten wurden in 617 Betrieben 3302 Kühe voll abgeschlossen und erreichten eine Durchschnittsleistung von 3401–3,93–134; 608 Herdbuchkühe 3771–3,97–150. Über die Erfolge der Absatzveranstaltungen wird berichtet, die den Verbandsmitgliedern zur Verfügung stehenden Besamungstiere werden an Hand von Abb. und Abstammungsnachweisen vorgestellt. E. Höpler. 3662.

Pung, A.; Akad. der Wiss. der Estn.SSR. Povyšenie žirnomoločnosti i soderžanija belkov v moloke — važnejšaja zadača biologičeskoj nauki. **(Die Erhöhung des Fett- und Eiweißgehaltes der Milch ist eine wichtige Aufgabe der Biologie.)** Izvestija Akademii nauk Ėstonskoj SSR. Serija biologičeskaja, Tallin **11** (1962) Nr. 1. S. 3–17. — 2 Abb., 7 Tab., 12 Lit. Orig.: estn., Ausz.: russ., dtsch.

Zur Erhöhung des Fett- und Eiweißgehaltes der Milch wurde bei der Züchtung der estnischen Rinderrassen grundsätzlich die Reinzuchtmethode angewandt. Dabei stellen die Paarung mit Bullen verwandter Rassen und die Bildung von neuen Zuchtlinien mit hohem Milchfettgehalt erfolgreiche Mittel dar. Die verschiedenen in der Linienzucht verwendeten Stufen von Verwandtschaftspaarungen festigen die Vererbung des Milchfettgehaltes auf verschiedene Weise. So wird die Vererbung von Milchfett durch Blutmischung nicht gefestigt, wohl aber durch nahe, mäßige und ferne Verwandschaftszucht und Linienkreuzungen. Zur Erkennung des Leistungsvermögens der Bullen wird der Stallgefährtinnenvergleich und die Erbwertschätzung in spez. Kontrollversuchsstationen nach der dänischen Methode durchgeführt. Zur raschen Steigerung des Milchfettgehaltes wird die Kreuzung mit Jerseybullen angewendet, die in einem Sowchos bei den F_1-Kühen in der 1. Laktation zu einer Leistung von 3000 kg Milch mit 4,73% Fett führte, wobei die Leistung der

Stallgefährtinnen um 0,71% übertroffen wurde. Im Interesse einer weiteren Selektionsarbeit auf höheren Milcheiweißgehalt empfiehlt Vf. entspr. Untersuchungen bei den estnischen Rinderrassen. G. Nitzsche. 3662.

Nový, Jaroslav. Štúdium premenlivosti mliečnej produkcie u slovenského strakatého dobytka. **(Studium der Variabilität der Milchleistung beim Slowakischen Fleckvieh.)** Pol'nohospodárstvo **9** (1962) Nr. 3. S. 181–191. — 4 Tab., 36 Lit. Zus. in Russ., Engl.

Die Untersuchung der Milchleistung von insgesamt 1266 Milchkühen des Slowakischen Fleckviehs in den Laktationen der Jahre 1954–56 ergab, daß (außer der Reihenfolge der Laktation und anderen Faktoren) die Höhe und Variabilität der Milchleistung bes. auch vom jahreszeitlichen Termin des Abkalbens sowie vom Geschlecht des geborenen Kalbes abhängen. Die durchschnittl. Milchleistung der untersuchten Kühe schwankte von 2329,85 kg in der 1. Laktation bis 2730,84 kg Milch in der 3. Laktation. Die individuelle Milchleistung der Kühe in den einzelnen Laktationen variierte in den Grenzen von 1045–6184 kg Milch. Die höchste Milchleistung wiesen die im Dez. bis Febr. abgekalbten Kühe, die geringste die im März–Mai abgekalbten Kühe auf. Kühe mit Bullenkälbern gaben mehr Milch als Kühe mit Färsenkälbern. Die Unterschiede in dieser Richtung waren aber statistisch nicht signifikant. Der Variationskoeffizient war am kleinsten bei Kühen in der 3. Laktation und am höchsten bei Kühen in der 6. Laktation (25–43% gegenüber 31,16%). Vom Gesichtspunkt des Abkalbetermins war die Variabilität der Milchleistung am geringsten bei den im Sept.–Nov. abgekalbten Kühen, am höchsten bei den im Juni–Aug. abgekalbten Kühen. F. Svoboda. 3662.

Gotlib, G. F. Žirnomoločnost' ural'skogo černo-pestrogo skota. **(Der Fettgehalt der Milch von Kühen des Schwarzbunten Uralviehs.)** Tr. Sverdl. s.-ch. in-ta 8 (1961) S. 183–191. — Aus: Referativnyj žurnal. Biologija, Moskva **1961** Nr. 24. Ž 90. S. 15.

Das Schwarzbunte Uralvieh wurde 1959 als Rasse anerkannt. Vf. untersuchte die Veränderungen im Milchfettgehalt der Kühe. Bei guter Fütterung wurde die größte Milchmenge von Kühen der Winter-Frühjahrs-Abkalbung erhalten. Die große Unausgeglichenheit der Milchqualität erklärt er mit der bisher ungenügenden Konsolidierung der Vererbungsgrundlage und der starken Umbildung, die sie im Prozeß der Rassenformung erfuhr. Die Veränderung im Fettgehalt der Milch im Verlauf der Laktation tritt bei den Schwarzbunten stärker hervor als bei der Tagiler Rasse. Der durchschnittl. Fettgehalt beträgt bei ersteren 3,92%, bei letzteren 4,09%. — Die Fütterung der Kühe mit Futterkohl und Stoppelrüben führt zu einem Sinken des Fettgehaltes, beim Verabreichen von Kartoffeln und Maissilage sowie einer Kleeheuzugabe beobachtet man ein Steigen der Fettprozente. übersetzt v. K. Neumann. 3662·

Al'tman, A. D., Markova, K. V. und Novikova, A. F. (Altman, A. D., Markowa, K. W. und Nowikowa, A. F.) Sostav moloka korov fermy èksperimental'noj bazy v Gorkach Leninskich. **(Milchzusammensetzung bei den Kühen der Farm des Versuchsbetriebes in Leninskije Gorki.)** Agrobiologija, Moskva **1960** Nr. 6. S. 913–919. — 10 Tab., 5 Lit.

Im o. a. Betrieb wurde in den Nachkriegsjahren ein umfangreiches Kreuzungsprogramm mit den Kühen der einheimischen Stammherde (Ostfriesen, Simmentaler, Kostromaer, Cholmogoryer, Jaroslawler u.a.) und Jerseybullen zur Erhöhung des Milchfettgehaltes durchgeführt. Von den am 1.1.1959 in der Herde stehenden 118 Kühen und 30 Färsen waren nahezu 50% F_1-Tiere, ca. 30% Kühe der Stammherde und 4% reinrassige Jersey, während sich die übrigen 16% auf Tiere mit 25 bzw. 75% Jerseyblut verteilten. Die Milchleistung der Stammherde (5812 kg — 3,71%) lag um 3062 kg über der der Jersey (2750 kg —6,15%), aber die Fettprozente um 2,44% unter diesen. Die Kreuzungstiere mit 4765 kg — 5,20% erreichten 81,9% der Milchleistung der Stammherde und 84,5% des Fettgehaltes der Jersey. Bei der Umrechnung der ermolkenen Milch auf 4% Fettgehalt erzielten die Kreuzungstiere das günstigste Ergebnis vor der Stammherde und den Jersey. Auf dieser Grundlage wurde von 1957–60 die Milch von 51 Kühen auf ihre chem. Bestandteile untersucht. Im Vordergrund stand das Verhältnis von Milchfett- zu Eiweißgehalt in den verschiedenen Versuchsgruppen (aufgestellt nach Jerseyblutanteilen und Altersgruppen). Die umfangreichen Untersuchungsergebnisse besagen, daß sich die Milch der Kreuzungstiere in ihren Bestandteilen (Fett, Eiweiß, Zucker, Salze, Ca, P, Carotin, Vit. A, Tr.-Subst., Kaloriengehalt) mehr der an wertvollen Bestandteilen reicheren Milch der Jersey-Kühe nähert als der an diesen Bestandteilen ärmeren der Stammherde. Bes. günstig haben sich die Kreuzungen auf die Steigerung des Milchfettgehaltes ausgewirkt. K. Richter. 3662.

Kločko, I. (Klotschko, I.) Zavisimost' moločnoj produktivnosti korov ot vesa telok pri roždenii i ich vyraščivanija. **(Die Abhängigkeit der Milchleistung der Kühe von ihrem Geburtsgewicht und von ihrer Aufzucht.)** Moločnoe i mjasnoe skotovodstvo, Moskva 5 (1960) Nr. 10. S. 47–50. — 2 Tab.
Der Vf. setzt sich mit der in den vergangenen Jahren weit verbreiteten Meinung auseinander, daß sich aus Kälbern mit hohem Geburtsgewicht hochleistungsfähige Kühe aufziehen ließen. Er weist an Hand von Untersuchungen in 4 Zuchtbetrieben nach, in denen vorwiegend von 1949–57 bes. große Kälber erzeugt und aufgezogen wurden, daß die praktischen Ergebnisse diese Theorie nicht bestätigen. Seine Beobachtungen besagen, daß kleinere Kälber aus normalen Geburten bei einer guten Aufzucht eine ausreichende Größe und Leistungsfähigkeit erreichen, wogegen es bei großen Kälbern häufig zu Schwergeburten mit anschließenden Komplikationen kommt. Es wird auf zahlreiche Beispiele verwiesen, in denen Hochleistungskühe nur sehr niedrige Geburtsgewichte (22–25 kg) aufzuweisen hatten, aber sowohl hohe Einzel- als auch hohe Dauerleistungen erbrachten. Demgegenüber konnten Kälber mit hohem Gewicht (über 50 kg) nicht zu Hochleistungskühe entwickelt werden, da sie meistens schon im Jugendstadium bzw. nach den ersten Laktationen aus verschiedenen Gründen gemerzt werden mußten. Die meisten Hochleistungskühe wurden jedoch mit einem Lgw. von 35–45 kg geboren. Die Abhängigkeit des Geburtsgewichtes von den verschiedenen Faktoren (Alter und Lgw. der Eltern bei der Paarung, Kondition der Mutter während der Befruchtung und der Trächtigkeitsdauer, individuelle Besonderheiten, genealogische Eigenarten) wird nur kurz behandelt. Der Aufzucht wird in den Zuchtbetrieben ein größeres Augenmerk geschenkt, so daß in den letzten Jahren Zunahmen von 800–1000 g (erste 6 Mon.), 750 g (6.–12. Mon.) bzw. 550–650 g (12–18. Mon.) erreicht wurden. Aus den Untersuchungen und Erfahrungen ergab sich die Schlußfolgerung, daß die Kühe die höchsten Milchleistungen erbrachten, die als Jungtiere auf Normalniveau aufgezogen worden waren, während sich übermäßig hohe Zunahmen der Färsen in der Aufzuchtperiode negativ auf ihre spätere Milchleistung auswirkten. Abweichungen von diesen Resultaten ergaben sich in den einzelnen Betrieben durch das z.T. stark schwankende Alter und Lgw. der Färsen beim Belegen. So schwankten z.B. das Alter und Gewicht in einem Betrieb nur unwesentlich (19–21 Mon.; 400–460 kg Lgw.), während die anderen Betriebe größere Schwankungen (21–31 bzw. 19–25 Mon.; 502–661 bzw. 535 kg Lgw.) aufzuweisen hatten. K. Richter. 3662.

Demčenko, I. V. (Demtschenko, I. W.); Dubrowizy, Gebiet Moskau, Unions-Inst für Tierzuchtforsch. Produktivnost' vysokoudojnych korov v zavisimosti ot podgotovki ich k otelu. **(Die Produktivität von Hochleistungskühen in Abhängigkeit von ihrer Vorbereitung zum Abkalben.)** Vestnik sel'skochozjajstvennoj nauki, Moskva 7 (1962) Nr. 1. S. 71–78. — 8 Tab. Zus. in Engl., Franz., Dtsch.

Langjährige Erfahrungen in der praktischen Rinderzucht haben ergeben, daß die Milchleistung und die Qualität der Kälber stark von der Art und Weise abhängen, wie die Kühe während der Trächtigkeit gehalten und gefüttert werden. Früher erhielt eine tragende, trockenstehende Milchkuh im Gewicht von 500 kg für die Entwicklung der Frucht nur ca. 0,3 kg FE zugeteilt. In den letzten 20 Jahren erhöhte sich das Beifutter je nach der zu erwartenden Milchleistung auf 2,2–4,2 kg FE. In umfangreichen physiol. Untersuchungen wird der Einfluß der Fütterung auf die Leistung der Milchkühe festgestellt. Als optimal wird jene Ration erkannt, welche ⌀ 1042 g hochwertiges Protein pro Tier und Tag enthält. Diese Ration liegt damit um 11% niedriger als die empfohlene Durchschnittsnorm. Wird die Eiweißernährung vernachlässigt, so entwickelt sich im tierischen Organismus eine negative Stickstoffbilanz. Die Gewichtszunahme der Nachkommen bleibt zurück, die Milchleistung erreicht nicht ihre volle Höhe. W. Plaschke. 3662.

Welch, L. Dow. Study shows importance of accuracy in grading cattle. **(Untersuchungen über die Bedeutung einer genauen Beurteilung beim Rind.)** Mississippi Farm Res. **23** (1960) Nr. 10. S. 6.

Beim Bonitieren der Schlachttiere werden Güteklassen unterschieden. An 273 Bullen und Jungkühen wurde untersucht, inwieweit die Genauigkeit der Beurteilung des lebenden Tieres im Vergleich zum Ausschlachtungsergebnis gewährleistet ist. In einem Anteil von 35% unterschieden sich bei den genannten Tieren die geschätzten Werte grundsätzlich von den tatsächlich erreichten. G. Buß. 3664

Norrman, Eric. Köttkvalitet och ekonomi vid gödkalvsuppfödning. **(Fleischqualität und Wirtschaftlichkeit.)** Kungl. Lantbrukshögskolan Statens Lantbruksförsök, Statens Husdjursförsök, Medd. **1962** Nr. 152. S. 16–19. — 3 Tab.

In Schweden ist die Erzeugung von Kalbfleisch seit einigen Jahren rückläufig, während gleichzeitig die Einfuhr erheblich angestiegen ist. Frühere Untersuchungen ergaben, daß das wirtschaftlich günstigste Ergebnis bei der Kälbermast mit 2%iger Milch erzielt wird, wobei allerdings keine Tiere der Spitzenklasse erzeugt werden. Im Versuch mit 200 Bullkälbern wurde untersucht, wie weit durch eine Erhöhung des Milchfettgehaltes von 2% auf 4% in den 3–4 letzten Wochen der Mast eine bessere Schlachtqualität erzielt werden kann. Die Kälber wurden mit 135 kg Mastendgewicht geschlachtet. Die Erhöhung der Milchfettgaben in der Endmast brachte eine Verbesserung der Schlachteigenschaften, und zwar der Fettpunktierung sowie der Fleischfarbe und -struktur. Der Futterverbrauch je kg Zunahme wurde allerdings etwas erhöht. Die Versuchstiere wurden z. T. in Einzelboxen, z. T. in Gemeinschaftsboxen mit 8–10 Kälbern gehalten. Die Haltung auf Stroheinstreu erwies sich dabei im Vergleich zu Sägespäneeinstreu und zur Haltung auf Gitterrosten als nachteilig, da die Aufnahme von Stroh sich ungünstig auf das Fett und die Fleischfarbe auswirkte. Die Futterverwertung war bei den auf Stroh gehaltenen Tieren etwas besser. Bei Haltung auf Gitterrosten wird für die ersten Wochen Stroheinstreu empfohlen. Die einzeln gehaltenen Kälber hatten in Zunahmen und Futterverwertung im Vergleich zu den in Gruppen gehaltenen Kälbern etwas günstigere Ergebnisse; diese Unterschiede waren aber sehr gering. J. K. Hinrichsen. 3664.

Ovsjannikov, G. F. (Owsjannikow, G. F.) Mjasnaja produktivnost' jaroslavskogo skota. **(Fleischleistung des Jaroslawler Rindes.)** Izvestija Timirjazevskoj sel'skochozjajstvennoj akademii, Moskva **1960** Nr. 2. S. 105–112. — 2 Abb., 5 Tab., 6 Lit. Zus. in Engl.

Zur Feststellung der Fleischleistung, der Fleischqualität, der Entwicklung des Wachstums und der inneren Organe sowie des Ausschlachtungsergebnisses und der chem. Zusammensetzung des Fleisches wurden 32 Jungtiere der Jaroslawler Rasse zu Kontrollschlachtungen ausgewählt. 28 Färsen und Bullen wurden in verschiedenen Altersgruppen bis zu 1 Jahr (Neugeborene; 4, 6 und 12 Mon.) und 4 Färsen im höheren Alter (2,5; 3,5 Jahre) geschlachtet. Alle geschlachteten Tiere wurden unter gleichen Fütterungsbedingungen wie die Ausgangsherde gehalten. Der Futteraufwand überstieg die Futternormen für Jungtiere nicht und liegt gleich mit dem Aufwand je kg Zuwachs der anderen Milchrassen. Das Ausschlachtungsergebnis an Fleisch und Fett entsprach den geforderten Normen und lag z. T. darüber, es ist etwa gleichzusetzen mit den Ergebnissen anderer Milch- und Milch-Fleischrassen. Das verhältnismäßig hohe Ausschlachtungsergebnis der Neugeborenen (57–58%) fällt bis zum Alter von 6 Mon. stark ab (45%), um danach wieder anzuwachsen, so daß bei 12 Mon. ein Ergebnis von 52,6% (ohne Fett) erreicht wurde. In der Folgezeit erhöhten sich diese Werte nur unwesentlich, während die Ausbeute einschließlich Fett bei den älteren Tieren weiterhin anstieg, so daß die Tiere, die nicht rechtzeitig zur Zuchtbenutzung herangezogen werden, sehr schnell verfetten. Die Fleischqualität wurde an Hand des Verhältnisses von Fleisch: Knochen und an Hand der chem. Analyse bestimmt. Die Ausbeute an Fleisch je kg Knochen stieg unabhängig vom Geschlecht der Tiere mit zunehmendem Alter, das rel. Ergebnis an reinem Fleisch ist verhältnismäßig hoch (67,2–81%). Die Fettablagerungen befinden sich hauptsächlich an den inneren Organen, weniger im Unterhautfettgewebe. Das Fleisch ist wohlschmeckend und saftig. Mit zunehmendem Alter verringert sich der Wassergehalt im Fleisch, und der Fettgehalt steigt. Gleichzeitig steigt der Kaloriengehalt ganz erheblich (Neugeborene = 1319 Kcal, 3,5jährige Färse = 3072 Kcal.). Im Ausschlachtungsergebnis steht das Jaroslawler Rind den Ostfriesen und dem Roten Estnischen Rind nicht nach, und im Verhältnis von reinem Fleisch zu Knochenanteil stehen sie nicht hinter den Fleisch- und Fleisch-Milchrassen zurück. K. Richter. 3664

Dumont, B. L., le Guelte, P. und Arnoux, J. (unter techn. Mitarb. von Schmitt, O.); Jouy-en-Josas (Seine-et-Oise), Centre Nat. de Rech. Zootechn., Stat. Rech. Élevage; Versailles (Seine-et-Oise), Centre Nat. de Rech. Agronomiques, Lab. de Biométrie. Étude biométrique des bovins de boucherie. I. Variabilité de la composition anatomique de la carcasse des bovins Charolais. **(Biometrische Untersuchungen an Schlachtrindern. 1. Mitt. Die Variabilität der anatomischen Zusammensetzung des Schlachtkörpers von Charollais-Rindern.)** Ann. Zootechnie **10** (1961) Nr. 3. S. 149–154. — 3 Tab., 1 Lit.

Vff. analysieren die Zusammensetzung von je einer linken Schlachthälfte von 29 Charollaisrindern mit einem Durchschnittsgewicht der zerlegten Hälften von 186,9 ± 39,6 kg (Schlachtgewicht abzügl. Magen-Darminhalt = 543,5 ± 74,0 kg) an Hand von 35 gemessenen oder gewogenen Merkmalen. Die Mittelwerte und ihre mittleren Fehler sind für alle untersuchten Merkmale wiedergegeben. Bei konstantem Schlachtgewicht hatte das Fettgewebe eine große Variabilität (35,5%), der Knochenanteil eine mittlere (11,9%) und die Muskulatur eine geringe (4,8%). Diese Tendenz wiederholte sich bei eliminiertem Schlachthälften- bzw. Muskulaturgewicht auch in verschiedenen Körperregionen (Keule, Rumpf, Schulter). Die Variabilität einzelner Muskeln (bes. in der Vorhand) bleibt jedoch beachtlich. A. Schaaf. 3664.

Brännäng, Eskil; Falkenberg, Hushållningssällskapet. Tjurar eller stutar som köttdjur? **(Bullen oder Ochsen als Fleischtiere?)** Jord Gröda Djur, Årsbok **17** (1961) S. 175–181. — 2 Abb., 6 Tab.

Die Vor- und Nachteile der Bullen- und der Ochsenmast werden einander gegenübergestellt. In Wiad wurden Vergleiche mit ♂ Zwillingen durchgeführt, von denen je ein Tier in verschiedenem Alter kastriert worden war. Beide

Tiere erhielten die gleiche Futtermenge. Vom 7.–8. Lebensmonat an zeigt sich bei nicht kastrierten Tieren ein schnelleres Wachstum. Mit 25 Mon. wogen die Bullen 8,4% mehr als die Ochsen. Die Ochsen hatten mit 5,39 FE eine wesentlich bessere Futterverwertung als die Bullen mit 5,85. Mit dem Alter steigt die Futterverwertung bei Ochsen schneller an als bei Bullen. Bei höheren Mastendgewichten hatten die Bullen mit 52,3% eine höhere Schlachtausbeute als die Ochsen mit 50,6%. Die Bullen waren weniger stark verfettet. Eine Gegenüberstellung der Kosten ergibt bei den Bullen ein günstigeres Ergebnis. In Brödalt wurden 32 Tiere, Rotbunte, Schwarzbunte und Ayrshire, miteinander verglichen. Im ersten Winter ergaben sich nur geringe Unterschiede in Zunahmen und Futterverwertung zugunsten der Bullen. Im Sommer wuchsen die schwarzbunten Bullen besser als die Ochsen, während bei den Rotbunten und den Ayrshire eine umgekehrte Tendenz herrschte, wofür ihre größere Aktivität verantwortlich gemacht werden kann. In allen Mastabschnitten haben die Bullen einen geringeren Futterverbrauch je kg Zunahme als die Ochsen. Auch in diesem Versuch waren die Bullen weniger fett, bes. bei den Schwarzbunten. In diesem Versuch ergab sich weder zwischen Bullen und Ochsen noch zwischen den verschiedenen Rassen ein Unterschied in der Rentabilität der Mast. Allerdings waren die Bullen noch nicht ganz schlachtreif. J. K. Hinrichsen. 3664.

Vorster, T. H. The production of beef in the native reserves of Southern Rhodesia as compared with different systems of stock rearing on European farms. **(Die Rindfleischerzeugung auf den Besitzungen der Eingeborenen Südrhodesiens im Vergleich zu verschiedenen Systemen der Viehhaltung auf den Farmen europäischer Besitzer.)** Rhodesia agric. J. 57 (1960) Nr. 6. S. 429–435.

Dazu wurden 50 zwei Jahre alte Stiere der einheimischen Rasse, unterteilt in 5 Versuchsgruppen, geprüft. Verglichen wurden in Gr. II Tiere mit ausschließlichem Weidegang mit Tieren in Gr. I mit Weidegang und Zufütterung von 2 lb. Erdnußschrot pro Tier und Tag. Ab 950 lb. Gewicht wurden die Tiere beider Gruppen gemästet. Die Tiere in Gr. III wurden bis zum Mastendgewicht ohne Beifütterung auf der Weide gehalten. Die Versuchsgruppen IV und V wurden jeweils unterteilt und die Tiere teils auf der Versuchsstation und teils auf den Besitzungen der Eingeborenen gehalten. Die Versuchsergebnisse wiesen eindeutig nach, daß die Tiere mit Beifütterung eine kürzere Mastzeit benötigten als die Tiere mit ausschließlichem Weidegang bis zum Mastende. Zudem wurde bei den Tieren mit Zufütterung eine höhere Schlachtausbeute festgestellt, die Vorder- und Hinterviertel wiesen einen geringeren Knochenanteil und demzufolge einen günstigeren Fleischanteil auf.

G. Buß. 3664.

Nezval, Antonín. Zkušenosti s pastevním odchovem skotu. **(Erfahrungen mit der Weideaufzucht der Rinder.)** Veterinářství 12 (1962) Nr. 3. S. 80–83. — 7 Abb.

Je nach der Güte der Weide ist eine Beifütterung der Jungrinder mit Heu, Futterstroh und Kraftfutter nötig. Auf einer Fettweide in der Šumava erzielte Jungvieh ohne Beifütterung tägl. Zunahmen von 1,44 kg. Demgegenüber wiesen tuberkulöse Färsen auf guter Weide trotz Kraftfutterzusatz tägl. Zunahmen von durchschnittl. nur 0,70 kg auf. Der Aufenthalt auf der Weide hat einen günstigen Einfluß auf die Brunst. Im südtschechischen Bezirk wird das gesamte Vieh vor dem Auftrieb auf die Weide gegen MKS geimpft. Alle Rinder müssen frei von Tbc und Bang sein. Vor dem Auftrieb auf die Weide wird das Vieh auch von Parasiten befreit. Bes. Aufmerksamkeit ist dem Auftreten von Hautkrankheiten sowie der Gefahr des Aufblähens der Tiere bei der Morgenweide auf jungen Weidebeständen, bes. auf Klee, zu widmen. Bei Auftreten von Augenkrankheiten (*Rickettsia conjunctiva*) ist sofortige Isolierung der erkrankten Tiere erforderlich. Beifütterung von Mineralstoffgemischen und Klauenpflege sind weitere zu beachtende Maßnahmen bei der Weidehaltung von Rindern. Der Vf. beschreibt auch die günstigen Erfahrungen mit einem leichten, versetzbaren Weideschuppen. F. Svoboda. 3675.

Claesson, Olof. Fortsatta mjölkningsförsök. Effekten av att slopa en kvällmjölkning per vecka på mjölkavkastningen och mjölkens sammansättning. **(Weitere Melkversuche. Die Wirkung des Ausfalls einer Abendmelkzeit im Laufe einer Woche auf die Milchleistung und die Zusammensetzung der Milch.)** Kungl. Lantbrukskögskolan Statens Lantbruksförsök, Statens Husdjursförsök, Medd. **1962** Nr. 152. S. 9.

Die Versuche wurden mit 10 Paaren eineiiger Zwillinge und 6 Einzelkühen durchgeführt. In der 1. Laktation brachte der Wegfall einer Melkzeit einen Milchverlust von 10,8% und einen Verlust an Fett von 9,4%. In der 2. Laktation und den folgenden Laktationen ergab sich bei den im Versuch stehenden Zwillingen ein Mindderertrag an Milch von 4,6% im Vergleich zu den Kontrollzwillingen. Bei den Einzelkühen war die Milchleistung niedriger als in der vorhergehenden Laktation bei regelmäßigem Melken. In der ersten Laktation ist die Reaktion stärker als später. Die Zusammensetzung der Milch wird durch den Wegfall einer Melkzeit nur wenig beeinflußt. Dagegen ergibt sich eine starke Erhöhung der Variation der Zusammensetzung bei den Gemelken, insbesondere in bezug auf den Fettgehalt. Hieraus erwachsen Probleme für die Leistungsprüfungen und die Molkereiprobenahmen. Die Eutergesundheit wird durch das geänderte Melksystem kaum beeinträchtigt. Bei zu Störungen neigenden Kühen muß insbesondere in Anbindeställen mit vermehrten Schwierigkeiten gerechnet werden. J. K. Hinrichsen. 3677.

Leidl, W. und Walser, K. **Überprüfung von Melkmaschinen im Rahmen der Mastitisbekämpfung.** Tierärztl. Umschau **17** (1962) Nr. 4. S. 112–116. — 9 Abb., 19 Tab., 3 Lit.

Es wird die Wichtigkeit der einwandfreien Melkarbeit und Bedienung der Melkmaschinen betont. Die Arbeit befaßt sich mit der technischen Überprüfung der Melkanlagen im Rahmen der Mastitisbekämpfung. Grobe Fehler werden leicht erkannt und abgestellt, gefährlicher sind die anscheinend nur geringfügigen Mängel, die nicht oder nur schwer erkannt werden. Da ein zu starkes oder zu lang anhaltendes Vakuum ein meist übersehener, jedoch schwerwiegender Fehler ist, wird von den Autoren die Einführung eines Vakuum-Meßgerätes empfohlen und dessen Arbeitsweise an den verschiedenen Prüfstellen der Melkanlage beschrieben. W. Kötsche. 3677.

Holdsworth, R. P. Control of face flies attacking commercial dairy herds. **(Die Bekämpfung von die Kühe belästigenden Gesichtsfliegen.)** J. econ. Entomol. **55** (1962) Nr. 1. S. 146–147. 4 Lit.

Durch das Zool. und Entomol. Inst. der Ohio-Staatsuniv. in Columbus wurde ein Versuch zur Bekämpfung von Gesichtsfliegen (*Musca autumnale*) an Weidekühen durchgeführt, weil diese sich seit 1958 in Ohio pestartig verbreiteten. Aufgestellte Zuckerlösungen mit DDVP zeigten keine Wirkung, erst ein tägl. regelmäßiges Anfeuchten des Kuhgesichtes mit 0,5%iger DDVP-Zuckerlösung mittels eines Plastikschwammes oder einer Bürste brachte sehr gute Erfolge. Im Vergleich zu unbehandelten Herden ging die Fliegenzahl auf dem Kuhgesicht in 6 Herden von 25–45 auf 0–10 Stck. zurück, und die Tiere blieben wesentlich ruhiger. Je Kuh wurden bis 1/9 oz. (3,15 g) Flüssigkeit verbraucht. H. Senger. 3678.

Coneva, Ekaterina. (Zonewa, Ekaterina.) Vlijanie na skritata forma mastit pri kravite vŭrchu sirenarskata godnost na mljakoto. **(Der Einfluß der chronischen Mastitis der Kühe auf die Eignung der Milch zur Käsebereitung.)** Životnovŭdstvo, Sofija **15** (1961) Nr. 12. S. 39–42. — 1 Abb., 1 Tab.

Die Milch der Kühe, die an chronischer Mastitis leiden, eignet sich nicht zur Käsebereitung. Beimischungen (von 5–10%) solcher Milch zur normalen Milch verschlechtern stark deren Qualität als Rohstoff für die Käsebereitung.
T. Radew. 3680.

Pohl, A. **Verbandsbericht 1961.** Mitt. Fleckviehzuchtverb. Inn- u. Hausruckviertel [Ried] **1962** Nr. **64**. S. 1–47.
Der Fleckviehzuchtverband Inn- und Hausruckviertel zählte Ende 1961, einschließlich der Anwärter, über 3000 Mitglieder. Eine Werbung erfolgt nicht mehr, und Anwärter müssen außer Seuchenfreiheit Stalldurchschnitte von über 3800 kp Milch mit 4% Fett nachweisen. Bei einer Zahl von 12000 Herdbuchkühen betrug die Durchschnittsleistung 4602/4,07/187. Insgesamt konnten 7466 Rinder für nahezu 70 Mill. ö.S. abgesetzt werden. Der Bericht gibt Rechenschaft über die KB und die Paarungslenkung. In einem 2. Teil werden unter Hinweis auf die EWG verschiedene Möglichkeiten besprochen, durch Rationalisierung, Betriebsumstellung und Mechanisierung den Bestand des Bauernhofes auch in Zukunft zu sichern. E. Höpler. 3690.

D. SCHWEINE

Poly, J. **Die Schweinezucht in Frankreich.** Schweinezucht u. Schweinemast **8** (1960) Nr. 6. S. 103–105.
Die einheimischen Rassen gehen in Frankreich zahlenmäßig immer mehr zugunsten der ausgewählten Rassen zurück, einige sind schon vollkommen verschwunden. Vom Ministerium anerkannt sind das „Weiße Schwein des Westens", das „Französische Schwein vom dänischen Typ" und das „Large-White" im französischen Typ. Daneben tritt seit einigen Jahren das belgische Piétrain-Schwein, dessen Züchter in Frankreich sich zur Vereinigung zusammen geschlossen haben. Für die Rasse Large-White und auch für das französische Schwein vom dänischen Typ werden Rassenstandards angegeben.
Werner Schlegel. 3710.

Schmid, E.; Romanshorn, Schweiz. **Der Weg zum Fleischschwein in der Schweiz.** Tierzüchter **14** (1962) Nr. 3. S. 116–118.
Durch den geringen Wurst- und Fettverzehr in der Schweiz ist man gezwungen, bei stärkerer Rückenspeckdicke als 3,5 cm Preisabschläge bis zu 25% vorzunehmen. Daher hat man sich umgestellt auf Fütterung auf blanken Trog ohne Schnellmast und strebt kaum höhere Tageszunahmen als 500 g im Gewichtsabschnitt 40–110 kg an. Das heutige Endgewicht liegt bei 106 kg. Züchterisch wurde das veredelte Landschwein, das mit 31% am Gesamtbestand beteiligt ist, durch 27 eingeführte Eber der Holländerrasse innerhalb von 4 Jahren auf den Fleischtyp umgestellt. Zur Erweiterung des Verwandtschaftsgrades in der Edelschweinzucht wurden norddeutsche, schwedische und englische Eber importiert. Die beiden genannten Rassen sind hinsichtlich der züchterischen wie der Mast- und Schlachtleistungsanlagen einander ebenbürtig. Werner Schlegel. 3740.

Winningstedt. **Wie bringen wir Fleischschweine auf den Markt.** Tierzüchter **14** (1962) Nr. 4. S. 130.
Der Weg, Fleischschweine auf den Markt zu bringen, soll in 4 Stufen erfolgen. Zunächst muß der Züchter mit den Kreisen der be- und verarbeitenden Wirtschaft, Fleischern und Fleischwarenindustrie, das Zuchtziel festlegen. Dabei ist schon weitgehende Einigkeit erzielt. Es wird im Gewichts-Abschnitt 30–110 kg ein Futterverbrauch von 1:3,35 verlangt, wobei das Endgewicht in 200 Tagen erreicht sein muß. Ausgeschlachtet soll das Schwein 100 cm lang sein, eine Kotelettfläche von 37 cm² und ein Fleisch-Fett-Verhältnis von 1:0,8 aufweisen. Diese 1. Stufe soll durch systematische Selektion und durch die Zucht- und Mastleistungsprüfungen erzielt werden. Die 2. Stufe sieht vor,

diese Erfolge der Herdbuchzucht über gekörte Eber und Sauen in die Landeszucht zu tragen. Da die Zahl der Sauen, die nicht in Herdbuch- oder Ferkelproduktionsbetriebe gingen, gering war, wird vorgeschlagen, bei den Schweinezuchtverbänden Abteilungen einzurichten, in die Betriebe aufgenommen werden, die nur tragende Sauen produzieren. In der 3. Stufe sollen die erzeugten Ferkel, die dem Markt entspr. Anlagen führen, zweckmäßig und rationell gemästet werden und je nach der Konjunktur mit verschiedenen Gewichten an den Markt gebracht werden. Die Stufe 4 sieht die Zusammenstellung von Fleischpartien je nach Besonderheiten des Marktes und die Bezahlung dieser entspr. den Qualitäten vor. Werner Schlegel. 3740.

Anonym. Tri novye porody svinej. **(Drei neue Schweinerassen.)** Svinovodstvo, Moskva **15** (1961) Nr. 11. S. 46–47. — 2 Abb.

Am 25. 8. 1961 wurden vom Ministerium für Landwirtschaft der UdSSR 3 neue Schweinerassen anerkannt. Es handelt sich um die Kemerowo-Rasse in Sibirien, die Ukrainische Bunte Steppenrasse und die Estnische Baconrasse. — Die Kemerowo-Rasse wurde durch Einkreuzung von Ebern der Großen Schwarzen und der Großen Weißen Rasse sowie der Berkshirerasse in die Lokalrassen erzüchtet. Es handelt sich um tiefe Schweine im Fleisch-Fett-Typ. Die Körperfarbe ist schwarz mit weißen Abzeichen. Die Zuchtleistung liegt bei ⌀ 10,7 Ferkeln mit einem 4-Wochenwurfgewicht von 65,2 kg. Der Bestand umfaßte am 1. 1. 1960 132900 Tiere. — Die Ukrainische Bunte Steppenrasse wurde in den südlichen Gebieten der Ukraine aus der Ukrainischen Weißen Steppenrasse unter Einkreuzung von Berkshire- und Mangalicaebern erzüchtet. Es handelt sich ebenfalls um tiefe Tiere mit einer Zuchtleistung von 10,6 Ferkeln und einem 4-Wochenwurfgewicht von 62,5 kg. Es bestehen 6 Eberlinien und 19 Sauenfamilien. — Die Estnische Baconrasse entstand aus der bisherigen „Rassengruppe Estnischer Langohriger Schweine". Sie umfaßte am 1. 1. 1960 58500 Tiere und entwickelte sich aus der Einkreuzung von Ebern der Großen Weißen Rasse sowie des Deutschen, Finnischen und Dänischen Veredelten Landschweins in die örtlichen Schweine. Bez. der Rassenbeschreibung wird auf den Artikel von N. N. Ossin (vgl. LZ. Abt. III **7** [1962] Nr. 8. S. 1614.) verwiesen. Alle 3 Rassen besitzen eine hohe Produktivität und sind den örtlichen Bedingungen der betr. Zone gut angepaßt. G. Häßler. 3770.

Kopecký, Otakar und Pasičná, Natalie; Kostelec nad Orlicí, Výzkumný Ústav pro Chov Prasat. Studium možnosti orientačních zkoušek výkrmnosti v užitkových chovech prasat. **(Studium der Möglichkeiten zur Durchführung von orientierenden Prüfungen der Mastfähigkeit in Gebrauchszuchten von Schweinen.)** Živočišná Výroba **7(35)** (1962) Nr. 4. S. 257–268. — 4 Abb., 3 Tab., 9 Lit. Zus. in Russ., Dtsch.

Die Orientierungsprüfungen lassen sich dort vornehmen, wo eine eigene Ferkelmastvorrichtung vorhanden ist. Diese Prüfungen erfordern keine Investitionen. Für Bestandsaufnahme, Tätowierung und Wiegen benötigte man insgesamt 5 Std. Die Nachkommenschaften einzelner Sauen und Eber zeigten bei den tägl. Durchschnittszunahmen und im Schlachttyp wesentlich unterschiedliche Ergebnisse. Bei Gebrauchszuchten ist die Aufstellung des Paarungsplanes sorgfältig vorzunehmen. Eber, die gute Fruchtbarkeit aufweisen, müssen zielbewußt ausgenutzt werden. Es empfiehlt sich, in den Zuchtbetrieben Mastfähigkeitsprüfungen für Orientierungszwecke einzuführen. Mit Hilfe dieser Prüfungen kann man im Laufe von 3–5 Jahren die tägl. Zunahmen um 10 bis 15% erhöhen und den Nährstoffverbrauch um den gleichen Prozentsatz herabsetzen, und zwar ohne Investitionen. K. Beran. 3820.

Bertl, H. **Ergebnisse über die Mast- und Schlachtleistungsprüfung im Gruppendurchschnitt, 3. und 4. Jahresviertel 1961.** Schweine-Versuchs- u. -Prüfanst. Landes-Landwirtsch.-Kammer Niederösterr. Sonderdruck 2 S.

Im. 3. Durchgang wurden 102 Gruppen geprüft. Die Tiere wurden 94 Tage alt und 30 kg schwer in Mast gestellt und 178 Tage alt und 90,42 kg schwer geschlachtet. Sie haben durchschnittl. in 84 Tagen das Mastendgewicht erreicht und je Tier und Tag 719 g bei einer Futterumwandlungsquote von 3,21 zugenommen. Die Schlachtprüfung ergab 3,05 cm Rückenspeck, 2,75 cm Bauchspeck, 26,37 cm² Karreerose, 92,96 cm Körperlänge. Im 4. Durchgang wurden 107 Gruppen geprüft. In 84 Tagen haben die Prüflinge ∅ 711 g bei einer Futterumwandlung von 3,27 tägl. zugenommen. Die Rückenspeckdicke betrug 2,92 cm, die Dicke des Bauchspecks 2,70 cm, die Größe der Karreerose 27,46 cm² und die Körperlänge 92,61 cm. E. Höpler. 3820.

Bertl, H. **Ergebnisse über die Mast- und Schlachtleistungsprüfung, 1. und 2. Jahresviertel 1962.** Schweine-Versuchs- u. -Prüfanst. Landes-Landwirtsch.-Kammer Niederösterr. Sonderdruck 2 S.

Im 1. Jahresviertel wurden 75 (bzw. 61 aus N.Ö.) Gruppen geprüft. Die Tiere waren bei Mastbeginn 100 (100), bei Mastende 185 (185) Tage alt, sie wurden 85 Tage lang geprüft und erreichten ein Endgewicht von ∅ 90,32 (90,27) kg bei Tageszunahmen von ∅ 701 (703) g und einer Futterumwandlung von 3,36 (3,35), sie wurden mit ∅ B beurteilt. Bei der Schlachtprüfung wurden festgestellt: Rückenspeckdicke 2,89 (2,84) cm, Bauchspeckdicke 2,72 (2,74) cm, Karreerose 29,01 (29,02) cm², Körperlänge 93,24 (93,69) cm und 73,2 (74,4) Punkte Totalbewertung. Im 2. Jahresviertel wurden 76 (61) Gruppen 86 (85) Tage lang auf ein Endgewicht von 90,19 (90,06) kg mit Tageszunahmen von 699 (703) g und einer Futterumwandlung von 3,33 (3,32) zur Qualität von ∅ B gefüttert. Es betrugen: Rückenspeckdicke 2,91 (2,88) cm, Bauchspeck 2,78 (2,77) cm, Karreerose 28,07 (27,97) cm², Körperlänge 93,52 (93,81) cm, Totalbewertung 72,7 (73,4) Punkte. E. Höpler. 3820.

Grosse, Fr. **Die Ansatzleistungen bei Jungebern von Geburt bis zum Tage ihrer Körung. 1. Mitt.** Tierzucht **16** (1962) Nr. 5. S. 200–203.

Gegenwärtig werden im Zuchtziel entspr. der rasseneigenen Entwicklungsfreudigkeit bestimmte Lebenstagszunahmen bis zu einem Lgw. von 110 kg angestrebt. Um von der subjektiv beurteilten Entwicklungsfreudigkeit zu objektiven Unterlagen über die Ansatzhöhe und evtl. zu Anhaltspunkten über die stoffliche Zusammensetzung des Ansatzes zu kommen, wurden die Ansatzleistungen von 10050 Jungebern bis zum Tage ihres Auftriebes zur Hauptkörung nach ihren Lebenstagszunahmen ausgewertet. Den Tab. ist zu entnehmen, daß Auftriebsalter und -gewicht die durchschnittl. Lebenstagszunahmen stark beeinflussen. Da die Umweltfaktoren bei einer Einordnung der Lebenstagszunahmen nach dem Lebensalter stärker wirksam werden als nach dem Auftriebsgewicht, scheint die Gruppierung der Durchschnittsleistungen nach dem Auftriebsgewicht die physiol. Durchschnitte besser widerzuspiegeln. Aus der Gegenüberstellung von Auftriebsgewicht und Lebenstagszunahmen sind automatisch die Lebenstage mit festgelegt. Werner Schlegel. 3820.

Gastmeier, W., Otto, E. und Steger, H. **Schlachtergebnisse 40 kg schwerer Schweine verschiedener Rassen und Kreuzungen.** Arch. Tierzucht **5** (1962) Nr. 1. S. 38–55.

An 40 kg schweren Schweinen verschiedener Rassenzugehörigkeit wurden Ausschlachtungen vorgenommen, um Aufwandzahlen und Unterschiede zwischen den verschiedenen Nutzungsrichtungen ermitteln zu können. Dabei wurden der Schlachtverlust sowie die Gewichte von Blut, Leber, Herz, Nieren, Milz, Bauchspeicheldrüse, Lunge mit Schlund, Darmfett, Magen, Dünndarm und Dickdarm festgestellt. Auch die Länge von Dünndarm und Dickdarm wurde gemessen. Am Schlachtkörper verfolgte man die verschiedenen Maße sowie die Teilstücke Kotelett, Schinken, Blatt, Bauch, Speck, Flomen und Kopf,

desgleichen die Anteile von Fleisch, Fett, Knochen und Schwarte. Bei fast allen Merkmalen wurden Differenzen zwischen den Rassen festgestellt.
Werner Schlegel. 3820.

Lauprecht, E., Saathoff, T. und Walter, E. **Zum Einfluß der Säugeleistung auf die Rückenspeckdicke von Sauen.** Z. Tierzücht. Züchtungsbiol. **76** (1962) Nr. 4. S. 374–387.
An 16 Zuchtsauen wurde in den ersten 2 Laktationen die Zunahme bzw. Abnahme der Rückenspeckdicke untersucht. Festgestellt wurde die gesamte Speckstärke, die Speckstärke über der Faszie und auch die Gewichtsentwicklung. Es konnte beobachtet werden, daß bes. der unter der Faszie liegende Teil des Specks während der Trächtigkeit und Laktation auf- bzw. abgebaut wird. Die Korrelation der gesamten Rückenspeckdicke mit dem Gewicht der verschiedenen Sauen zum gleichen Zeitpunkt und die Korrelation dieser beiden Messungen zu verschiedenen Zeitpunkten an der gleichen Sau betrugen ca. 0,5. Von gleicher Größe waren auch die entspr. Korrelationen zwischen der Rückenspeckdicke über und unter der Faszie. Die tägl. mittlere Zunahme des Rückenspecks in der Trächtigkeitsperiode betrug über der Faszie 0,01 mm und insgesamt 0,05 mm, die Abnahme während der Laktation entspr. 0,02 mm bzw. 0,15 mm. Werner Schlegel. 3825.

Roitsch, Irmgard. **Untersuchungen über die Variabilität der Schlachtmerkmale innerhalb ganzer Würfe und Vollgeschwistergruppen.** Kühn-Arch. **74** (1961) Nr. 3/4. S. 269–309.
Der hohe Wert der Eigenleistungsprüfungen ist bei Schweinen durch die begrenzte Erfassung der Schlachtergebnisse eingeschränkt. Ebenso ist der Aussagewert über die Ahnenleistung gering, da nur 2 Eltern- und 4 Großelternwerte herangezogen werden können. Daher wurde von der Variabilität der Leistungseigenschaften innerhalb ganzer Würfe ausgehend, eine wurfrepräsentative Prüfungsgruppe ermittelt. Es kamen Gruppen von 6, 4 und 2 Tieren mit mittlerem 8-Wochengewicht zur Aufstallung, desgleichen eine Gruppe mit 4 Tieren leichter Ferkel und eine Gruppe mit 4 Tieren schwerer Ferkel. An Hand der errechneten Ergebnisse wird die Überprüfung von 4 Ferkeln, nach dem durchschnittl. 8-Wochengewicht ausgewählt, als ausreichende Bewertungsgrundlage des Wurfergebnisses angesehen. Da züchterische Fortschritte gleichzeitig zu einer Vereinheitlichung des Prüfungsmaterials führen, sollten nicht nur das Durchschnittsergebnis, sondern auch die Variabilität als Bewertungsgrundlage mit berücksichtigt werden. Werner Schlegel. 3825.

König, J. **Ehemalige Mastanlage Wichmar — jetzt Vatertierprüfstation.** Tierzucht **16** (1962) Nr. 4. S. 167–169.
Zehn Photographien geben einen Einblick in die Vatertierprüfstation Wichmar, die durch Umbau aus einer nicht arbeitsfähigen Schweinemastanlage hervorgegangen ist. In dieser neu vom Tierzuchtinstitut Jena geschaffenen Anlage werden Eigenleistungsprüfungen von in der gleichen Anstalt geborenen Jungebern vor ihrer Zuchtbenutzung und Nachkommenschaftsprüfungen von Besamungsbullen hinsichtlich ihrer Futterverwertung und Schlachtqualität durchgeführt. Außerdem wurde einer der vorhandenen Quarantäneställe zu einem der 3 in der DDR vorhandenen Besamungsstützpunkte für Schweine ausgebaut. Werner Schlegel. 3827.

Minkema, D. Selectie-methodieken in de varkensfokkerij. **(Selektionsmethoden in der Schweinezucht.)** Tijdschr. Diergeneeskunde **87** (1962) Nr. 11. S. 747 bis 767. — 3 Abb., 1 Tab., 17 Lit. Zus. in Engl., Franz., Dtsch.
Die Selektionswirkung ist abhängig von der Heritabilität, von der Selektionsdifferenz und dem Generationsintervall. Die Individual- oder Massen-Selektion erfolgt auf Grund der Eigenleistung, die Familien-Selektion auf Grund der Durchschnittsleistung der Familie. Eine spez. Form der Familien-Selektion ist

die Verwandten-Selektion (sib-selection) auf Grund der Leistungen der nächsten Verwandten, wobei die fraglichen Tiere selbst nicht beim Verwandten-Durchschnitt mit erfaßt sind. Die Massenselektion ist am wirksamsten, wenn h^2 hoch ist, die betr. Eigenschaft bei ♂ und ♀ und am lebenden Tier erfaßt werden kann. Die Selektionsintensität kann bei der Massenselektion groß sein, weil viele Tiere gleichzeitig geprüft werden können und das Generationsintervall beim Schwein kurz ist. Die Selektion nach Vollgeschwistern hat Vorzüge, wenn die Zahl der Tiere je Wurf groß ist, wenn die betr. Eigenschaft nur an einem geschlachteten Tier erfaßt werden kann und wenn h^2 kleiner als 0,4 ist. Das Generationsintervall kann ebenso kurz sein wie bei Individualselektion. Die Wirkung der Selektion nach Halbgeschwistern ist gleich groß wie die auf Grund der Nachkommenprüfung des Vaters, aber das Generationsintervall ist bei ihr geringer. Die Selektion auf Grund der Nachkommenleistung von ♂ ist vorteilhaft, wenn das Generationsintervall nicht zu lang wird, die Nachkommenzahl gering ist, die Leistung beim ♂ und beim lebenden Tier nicht erfaßbar ist, h^2 gering ist, und das ♂ eine große Zahl von Nachkommen hat. Die Kombination von 2 oder mehr Methoden kann mit Hilfe eines Selektionsindex erfolgen. Der erzielte Vorteil ist verhältnismäßig gering. Gegen das heutige Selektionssystem in der niederländischen Schweinezucht werden Bedenken geltend gemacht. Die Mastleistungsprüfungen stellen mehr eine Prüfung einer Elternkombination als von Vater- und Muttertier dar. Es wird vorgeschlagen, 4 Tiere zu prüfen, die dem Mittel des Wurfes entsprechen, Ferkel aus ersten Würfen zu prüfen, Wurfgeschwister zur Verfügung zu halten, bis das Prüfungsergebnis ihrer Geschwistergruppe vorliegt, schärfer zwischen den Prüfungsgruppen zu selektieren, Sauen nur auszuwählen, wenn das Prüfungsergebnis über dem Durchschnitt liegt und Eber nur, wenn die Gruppe im besten Viertel der Prüfungsergebnisse liegt. Für Jungeber von den besten Sauen wird eine Leistungsprüfung gefordert, nach der nur das beste Viertel der Tiere intensiv zur Zucht benutzt werden soll. Bei Anwendung der KB ergeben sich neue Selektionsverfahren, so die Prüfung einer größeren Nachkommenzahl junger Eber. Wenn sich spez. Zuchtbetriebe herausbilden, so muß sich die Selektion auf diese Betriebe konzentrieren. J. K. Hinrichsen. 3835.

Wussow, W. und Grosse, F. **Zur Genetik der Ansatzleistungen beim Schwein.** Arch. Tierzucht 5 (1962) Nr. 1. S. 31–37.
Vf. unterziehen einige Leistungsmerkmale bei Schweinen einer kritischen Betrachtung und überprüfen ihren genetischen Aussagewert. Dabei wird festgestellt, daß es nicht gerechtfertigt ist, zwischen Mast- und Schlachtleistung zu unterscheiden. Die Schlachtleistungen sind lediglich Teilkomplexe des Gesamtkomplexes, und die tägl. Zunahme umfaßt den Gesamtkomplex der Ansatzleistung. Als Wert für die Beurteilung der Ansatzleistungen sind der tägl. Fleisch- und Fettansatz, die Speckstärke, der Kotelettmuskel und die Schinkenfläche anzustreben. Der tägl. Futterverzehr und der Futterverbrauch je kg Zunahme werden als Ausdrucksformen primär anders wirkender Genkomplexe (Ansatzhöhe, Ansatzverhältnisse, Temperament) angesehen, daher wird ihre direkte genetische Veranlagung angezweifelt. Werner Schlegel. 3856.

Minkema, D.; Utrecht, Inst. voor Veeteeltkundig Onderzoek „Schoonoor." Nakomelingenonderzoek op recessieve erfelijke gebreken bij varkens. **(Nachkommenschaftsuntersuchungen auf rezessive Erbmängel bei Schweinen.)** Landbouwkund. Tijdschr. **74** (1962) Nr. 8. S. 304–309. — 5 Lit. Zus. in Engl.
Die Auslese auf Grund des phänotypischen Auftretens eines Mangels ist bes. bei niedriger Frequenz des betr. Gens wenig wirkungsvoll. Die Erfassung von Verwandten in der Seitenlinie ist ebenfalls wenig wirksam. Die verschiedenen Methoden der Nachkommen-Untersuchung werden besprochen: Paarung der Eber mit homozygot rezessiven Sauen, mit heterozygoten Sauen, mit den eigenen Töchtern und mit Töchtern erkannter Anlagenträger. Als 5. Methode wird

die vollständige Erfassung zahlreicher Würfe behandelt. Über die Berechnung der Genfrequenz läßt sich unter Berücksichtigung der Wurfgröße feststellen, wie groß die Zahl der Sauen ist, mit denen der Eber angepaart werden muß, um bei einem bestimmten Sicherheitsgrad die Möglichkeit des Auftretens eines rezessiven Erbmangels auszuschließen. Die Genfrequenzen sind p und q (rezessives Gen). Wenn n die Zahl der Ferkel je Wurf ist, ist $\left(\frac{p}{1+p}\right)(1)^n + \left(\frac{2q}{1+q}\right)\left(\frac{3}{4}\right)^n$ die Chance, von einem heterozygoten Eber ausschließlich normale Nachkommen bei der Paarung mit einer beliebigen Sau zu bekommen. Bei der Paarung mit m zufällig ausgewählten Sauen ist die Aussicht, nur Würfe mit normalen Tieren zu bekommen $\left|\left(\frac{p}{1+q}\right)(1)^n + \left(\frac{2q}{1+q}\right)\left(\frac{3}{4}\right)^n\right|^m$. Bei $n = 10, q = 0{,}05$ und einer Irrtumswahrscheinlichkeit von 5% ist $m = 31{,}8$. Bei geschlechtsgebundenen Eigenschaften ist bei entspr. halber Wurfgröße $m = 39{,}8$. Praktisch ergibt sich der Schluß, daß unter Berücksichtigung nicht trächtig werdender Sauen und von Ausfällen ca. 50 Sauen angepaart bzw. besamt werden müssen, um festzustellen, ob ein rezessiver Erbmangel vorliegt, dessen Frequenz nicht allzu niedrig ist. J. K. Hinrichsen. 3865.

Gabriš, Juraj und Kolde, Kurt; Košice, Vysoká Škola Pol'nohospodárska, Veterin. Fak. Výsledky úžitkovosti prasníc bieleho ušl'achtilého plemena pri medzilíniovej plemenitbe vo východoslovenskom kraji. **(Leistungen von Edelschwein-Sauen bei Linienkreuzung im Ostslowakischen Bezirk.)** Pol'nohospodárstvo **9** (1962) Nr. 2. S. 119–127. — 7 Tab., 10 Lit. Zus. in Russ., Engl.

Insgesamt wurden 1184 Würfe von Sauen, die mit Ebern aus den Linien „Dari", „Furnas", Ural", „Frechan", „Vekan" u. a. zugelassen wurden, untersucht. Auf die Fruchtbarkeit der Sauen hatten den größten Einfluß die Eber aus den Linien „Vekan", „Fagot", „Menelik" und „Hasdrubal", während sich die Linien „Fakinol" und „Herodes" weniger gut bewährten. Im Absatzgewicht standen die Ferkel aus den Eberlinien „Hasdrubal" und „Menelik" an 1. Stelle (15 kg Ferkelgewicht und 151–154 kg Wurfgewicht beim Absetzen). Allg. zeigte sich, daß einige Paarungskombinationen gute, andere dagegen schlechte Ergebnisse brachten. Das betrifft sowohl die Fruchtbarkeit der Sauen, als auch das Ferkel- und Wurfgewicht. Daraus geht für die praktische Zuchtarbeit hervor, daß bei der Auswahl der Elternpaare bes. Aufmerksamkeit der Zugehörigkeit der Elterntiere zu bestimmten Linien zu widmen ist, um unerwünschten Kombinationen vorzubeugen. F. Svoboda. 3906.

Belogub, D. K. und Zagrebel'nyj, P. (Belogub, D. K. und Sagrebelny, P.) Predvaritel'nye itogi vyvedenija inbrednych chrjakov. **(Vorläufige Ergebnisse der Züchtung von Inzuchtebern.)** Životnovodstvo, Moskva **39** (1961) Nr. 10. S. 69–71. — 4 Tab.

Zur Inzucht wurden kräftige, hochproduktive Sauen und Eber ausgewählt. Die Inzuchttiere (**I**) entwickelten sich bis zu 4 Mon. genau so wie die Fremdzuchttiere (**II**). Danach zeigte sich, daß der Unterschied im Lgw. zwischen **I** und **II** um so größer wurde, je enger die Inzucht war und je älter die Inzuchttiere wurden. Außerdem reagierten sie viel empfindlicher auf schlechte Fütterung. Bei guter Fütterung hatten die Inzuchtsauen bei der Paarung mit nicht verwandten Ebern 9,67 Ferkel pro Wurf, die Fremdzuchtsauen 9,39 Ferkel pro Wurf. F. Schenk. 3906.

Tonevickij, G. G. (Tonewizki, G. G.); Witebsk, Beloruss.SSR, Veterinärmed. Inst. O nekotorych fiziologičeskich pokazateljach svinej v svjazi s geterozisom. **(Über einige physiologische Merkmale der Schweine in Zusammenhang mit der Heterosis.)** Žurnal obščej biologii, Moskva **21** (1960) Nr. 1. S. 66–69. — 5 Tab., 2 Lit. Zus. in Engl.

Untersucht wurden Bastardschweine Große Weiße Rasse × Große Schwarze Rasse (I); Große Weiße Rasse × Tschaussyer Rassengruppe(II) im Vergleich zu reinrassigen Tieren der Großen Weißen Rasse (III). Bei den Bastardtieren der Großen Schwarzen Rasse zeigte sich ein Heterosiseffekt (in kg):

	8-Wochen-gewicht	8-Monate-gewicht	tägl. Zunahme ⌀
Gruppe I	15,7	106,2	0,525
Gruppe II	13,7	90,9	0,388
Gruppe III	13,1	91,0	0,415

Nach Stoffwechselversuchen an je 3 Börgen der Gr. I und III unterschieden sich diese hinsichtlich des Verdauungsgrades der einzelnen Nährstoffe nicht. Die reinrassigen Tiere hatten jedoch einen höheren Stickstoffansatz, was auf eine größere Fettablagerung der Bastarde hindeutet, die Bastarde hingegen zeigten einen höheren Ca- und P-Ansatz. Die Futterverwertung in FE je kg Zuwachs war bei allen Gruppen gleich. Untersuchungen des Blutes (Hämoglobingehalt, Erythrocytenzahl und Katalaseindex) sprechen von intensiveren Oxydationsprozessen bei den reinrassigen Tieren und den Bastarden der Tschaussyer Rassengruppe gegenüber den Bastarden der Schwarzen Rasse. Bez. des Glykosegehaltes im Blut zeigten die Bastarde der Großen Schwarzen Rasse im Alter von 6 Mon. den geringsten Wert, was auf eine frühere Verfettung hindeutet. Der Fettgehalt des Blutes verringerte sich ebenso wie der Glykosegehalt vom 6. zum 7. Mon. Im Alter von 6 Mon. hatten die Schweine der Gr. II den höchsten Fettgehalt, im Alter von 7 Mon. die reinrassigen Tiere. Der Atmungskoeffizient betrug im Alter von 5,5 Mon. 1,06; 0,83 und 0,83 und im Alter von 7 Mon. 0,96; 0,90 und 0,88. Der hohe Atmungskoeffizient der Bastarde der Großen Schwarzen Rasse im Alter von 5,5 Mon. wird ebenfalls auf die verstärkte frühe Fettablagerung zurückgeführt.

G. Häßler. 3906.

Šestiperov, A. A. (Schestiperow, A. A.); Puschkin, Gebiet Leningrad, Forsch.-Lab. für Tierzucht. Sravnitel'naja ėffektivnost' raznych metodov promyšlennogo skreščivanija. **(Der Nutzeffekt verschiedener Methoden der Gebrauchskreuzung.)** Svinovodstvo, Moskva **16** (1962) Nr. 4. S. 31–32. — 2 Tab.

Bei der Reinzucht von Großen Weißen Schweinen und der einfachen Kreuzung, der Zwei- und Dreirassenwechselkreuzung und der Vierrassenkreuzung von Großen Weißen, Breitowoer und Urshumer Schweinen sowie Landschweinen betrug das Lgw. der Absatzferkel bei der einfachen Kreuzung Große Weiße × Breitowoer 13,7 kg, bei der Wechselkreuzung 14,4 und 14,7 kg bei der Vierrassenkreuzung Große Weiße × Breitowoer × Landrasse × Urshumer 17,2 kg. Bei der Mast bis zu 90 kg wiesen die reinrassigen Großen Weißen Tagesdurchschnittszunahmen von 420 g und einen Futteraufwand von 4,48 FE/kg Zunahme auf. Bei der einfachen Kreuzung Große Weiße × Landrasse waren es entspr. 530 g und 4,14 FE, bei der Zweirassen-Wechselkreuzung 546 g und 4,10 FE und bei der Vierrassenkreuzung 512 g und 4 FE.

F. Schenk. 3906.

Zausch, M. **Fütterungstechnik in der Schweineschnellmast.** Jb. Arbeitsgemeinsch. Fütterungsberat. **3** (1960/61) S. 399–414. — 1 Tab.

Neben den Anforderungen an eine vollwertige Mastration, wie ausreichende Eiweiß-, Vitamin- und Mineralstoffversorgung, stehen im Zusammenhang mit der Fütterungstechnik 2 Belange im Vordergrund, die bei den jeweils für die

Mast verfügbaren Grundfuttermitteln unterschiedlich sein können: 1. die Verdaulichkeit der organ. Subst. der Gesamtration (Verdauungswert nicht unter 80% in der Schnellmast) und 2. die Nährstoffkonzentration der Ration, wobei der Gesamtnährstoffgehalt etwa der Nährstoffbedarfsnorm entsprechen soll. Bei der Getreideschnellmast sind der geforderte Verdauungswert und die Gesamtnährstoffzufuhr immer gegeben. Bei Verwendung von Trockenfutterautomaten bzw. Futterketten steht den Tieren das Futter in beliebiger Menge zu Verfügung, was im 1. und 2. Mastabschnitt sehr wesentlich für einen zügigen Mastverlauf ist. Die Hackfruchtschnellmast erfordert eine gute Futterwertbeurteilung und fütterungstechnisches Geschick, da die Nährstoffkonzentration nicht ausreicht. Daher wurde die kombinierte Schnellmast entwickelt, bei der unter Berücksichtigung des Futteraufnahmevermögens der infolge des Einsatzes voluminöser, wenig gehaltvoller Grundfuttermittel eingetretene Nährstoffausfall durch verstärkte Getreideschrotgaben kompensiert wird. Es ist bez. eines wirtschaftlichen Futtermitteleinsatzes notwendig, die konzentrierte und qualitativ hochwertige Fütterung der Absatzferkel beizubehalten und voluminöse Futtermittel frühestens im 2. Mastabschnitt, in größerem Umfang jedoch erst im 3. Mastabschnitt zu verabfolgen.

W. Fleischmann. 3954.

Siegl, O. **Versuchsergebnisse bei zeitlich unterschiedlicher Futterverabreichung in der Hackfruchtmast von Schweinen.** Tierzucht **16** (1962) Nr. 4. S. 156–159.
Es wurde überprüft, wie sich bei feuchtkrümeligem Futter eine tägl. einmalige Futterverabreichung am Morgen gegenüber der sonst 2maligen tägl. Fütterung auswirkt. Ferner wurde gegenübergestellt, ob Leistungsunterschiede auftreten, wenn bei tägl. 2maliger Fütterung die sonst übliche Abendfütterung auf den Mittag verlegt wird. Letzteres könnte dazu beitragen einen zusammenhängenden Arbeitstag zu schaffen. Im Mastabschnitt zwischen 44 und 116 kg erreichten die Tiere Tageszunahmen von 659 g bei Futterverabreichung am Morgen und Abend, von 638 g (3,2% Differenz) dagegen bei Morgen- und Mittagfütterung. In den Organ- und Teilstückgewichten sowie bei der Rükkenspeckdicke und dem Gesamtfettgehalt konnten keine Unterschiede festgestellt werden. Lediglich die Kotelettmuskelflächen der Versuchsgruppen waren kleiner. Werner Schlegel. 3954.

Heitkamp, J. **Die automatische Fütterung der Schweine.** Schweinezucht u. Schweinemast 8 (1960) Nr. 7. S. 123–126. — 2 Abb., 1 Tab.
Es wird dargelegt, daß durch Anwendung von Trockenfutterautomaten eine Arbeitseinsparung erzielt wird. Dies ist bes. dann der Fall, wenn ihr Einsatz mit dem Anbringen von Selbsttränken verbunden ist. Ferner sind als Vorteil die Möglichkeit einer kontinuierlichen Futteraufnahme und die Möglichkeit des Einsatzes von Fertigfuttermischungen zu nennen. Die größte Aussicht auf Rentabilität beim Einsatz der Futterautomaten liegt im Gewichtsbereich vom Ferkel bis zur Mittelmast, da bei der Weitermast der Speckansatz begünstigt wird. Werner Schlegel. 3954.

Benkov, Benko. (Benkow, Benko.); Kolarowgrad, Bulgarien, Inst. für Tierzuchtforsch. Ugojavane na svine ot bŭlgarskata bjala poroda za meso i za meso i mas sŭs sucha koncentrirana smeska ot avtochranilki. **(Fleisch- und Fleisch-Fettmast des Bulgarischen Weißen Schweins durch Trockenfütterung aus dem Futterautomaten.)** Izvestija na Centralnija naučnoizsledovatelski institut po životnovŭdstvo „Georgi Dimitrov“ — Kostinbrod, Sofija **12** (1961) S. 249–262. — 11 Tab., 9 Lit. Zus. in Russ., Engl.
Drei Gruppen zu je 5 Schweinen von 82,5 kg mittlerem Lgw. wurden mit Kraftfuttergemisch (Gr. I überbrüht, Gr. II und III aus dem Futterautomaten)

auf 160 kg aufgemästet. Gr. I und III erhielten außerdem Saftfutter. Ergebnisse (in der Reihenfolge der Gruppen): tägl. Gewichtszuwachs 608, 656 und 595; Futteraufwand je kg Zuwachs 6,727, 6,892 und 6,581 FE. In einem ähnlichen Versuch mit ebenfalls 5 Schweinen in der Gruppe (mittleres Lgw. 43,2 kg) wurden die Tiere auf 118 kg aufgemästet. Die tägl. Zunahme betrug 624, 614 und 633 g und der entspr. Futteraufwand 4,878, 4,252 und 4,292 FE. In bezug auf das Schlachtergebnis waren keine Unterschiede feststellbar. N. Platikanow. 3954.

Schlegel, W. und Jaehne, H.; Jena, Friedrich-Schiller-Univ., Inst. für Tierzucht. **Möglichkeiten der Technisierung im Abferkelstall durch den Einbau von Futterautomaten.** Arch. Tierernähr. 11 (1961) Nr. 5. S. 327–336. — 4 Abb., 9 Tab.

In Jena-Zwätzen wurde geprüft, wie sich ein uneingeschränktes Angebot von Kraftfutter aus Automaten an die Zuchtsauen während der Säugezeit auf Nährstoff- und Futterverbrauch, die Gewichtsentwicklung der Sauen und Ferkel, die Futterverwertung sowie die Rentabilität auswirkt. Der Verbrauch an Kraftfutter der an Automaten gefütterten Sauen war wesentlich höher als bei den nach den gültigen Normen gefütterten Vergleichstieren. In beiden Gruppen nahmen die Sauen ⌀ 30 kg ab. Der finanzielle Mehrerlös für die an Automaten gefütterten Würfe errechnet sich aus den pro Wurf erzielten 44 kg Mehrzuwachs. Er ist höher als der durch die Automatenfütterung bedingte Mehraufwand. K. Damm. 3954.

Fekete, L. Ujabb vizsgálatok hizósertéseken az eltérö vizfogyasztás hatásáról. **(Neue Untersuchungen über die Wirkung von unterschiedlichem Wasserverbrauch der Mastschweine.)** Agrártudományi Egyetem Mezögazdaságtudományi Karának Közleményei, Gödöllö [Ber. landwirtsch.-wiss. Fak. Univ. Agrarwiss., Gödöllö] **1961** S. 51–66. — Aus: Ung. Agrar-Rdsch. **1962** Nr. 3. Vgl. LZ. Abt. III 7 (1962) Nr. 9. S. 1853.

Vf. arbeitete mit Ungarischen Yorkshire vom Bacontyp. Er teilte die Schweine in 4 Gruppen zu je 5 Tieren ein. Die Kontrollgruppe bekam ihr Kraftfutterschrotgemisch mit einer bestimmten Menge an Wasser vermischt und konnte außerdem Wasser ad libitum aufnehmen. Die Versuchsgruppe I erhielt ebenfalls ein mit der gleichen Wassermenge vermischtes Schrotgemisch, bekam jedoch außerdem kein Trinkwasser. Das Futtergemisch der Gr. II wurde mit einer 3fachen Wassermenge vermischt; die Wasserversorgung der Gr. III war ebenso, allerdings erhielten die Tiere hier 3 Wochen vor dem Schlachten Trinkwasser nach Bedarf. Die Versuchsergebnisse erwiesen, daß die Kontrollgruppe während der ganzen Mast tägl. gleichmäßig die doppelte Menge ihres Kraftfuttergemisches an Wasser verbraucht. Die allg. Körperverfassung der Schweine, die weniger Wasser erhielten, als sie benötigten, schien sehr schlecht zu sein. Ihre Haut war trocken und voller Schuppen, ihre Borsten glanzlos und struppig, ihre Freßlust vermindert. An den Schweinen, die viel Wasser tranken, konnten keinerlei Symptome wahrgenommen werden, die auf irgendwelche Störungen schließen ließen. Der tägl. durchschnittl. Futterverbrauch sämtlicher Gruppen war — mit Ausnahme der Gr. I — praktisch gleich. Während der Mehrverbrauch an Wasser keine nachträgliche Wirkung auf die tägl. Zunahme und Futterverwertung hatte, waren beide in der mit Wasser mangelhaft versorgten Gruppe um 48 bzw. um 38% geringer als in der Kontrollgruppe. Der Wasserverbrauch hatte eine Wirkung auf den Wassergehalt des Specks und bewirkte dabei Unterschiede von 1,5 bis 2%. Als Endergebnis stellte der Vf. fest, daß — verglichen mit der Kontrollgruppe — in der mit Trinkwasser ungenügend versehenen Gr. I der Tr.-Subst.-Gehalt der Gewebe höher war; der Unterschied blieb jedoch in sehr engen Grenzen: der prozentuale durchschnittl. Tr.-Subst.-Gehalt von 6 Muskelproben wich kaum voneinander ab. Ein verschieden großer Wasserverbrauch hat zwischen praktischen Grenzen auf den Wassergehalt der Körpergewebe von Schweinen nur einen äußerst geringen Einfluß. 3954.

Renatus, K. **Züchterische Maßnahmen bei der Schweinehaltung in Großbuchten.** Mh. Veterinärmed. **16** (1961) Nr. 12. S. 469–472.
Es wird angeführt, daß durch die Großbuchtenhaltung mehr Tiere gemästet werden können und demzufolge auch mehr Sauen zur Ferkelerzeugung gehalten werden müssen. Damit im Zusammenhang steht die Aufgabe, genügend Zuchtmaterial nachzuziehen. Es wird vorgeschlagen, die Sauen nach ihren Leistungen und ihren Körperformen in 3 Gruppen einzuteilen, wobei Nachzucht nur von der Gr. 1 ausgewählt werden soll, während die Tiere der Gr. 3 am ehesten gemerzt werden sollen. Auch eine Trennung der „Zuchtsauen" und Zuchtläufer von den übrigen Gruppen wird empfohlen. Leistungsprüfungen und damit auch Kennzeichnung sind notwendig. Periodisches Abferkeln sollte je nach Belegungszeiten der Mastanstalten durchgeführt werden, allerdings muß eine Koordinierung im Kreisgebiet erfolgen. Die in die Großbucht eingestellten Läufer müssen ohne Ausnahme die Mastabschnitte durchlaufen, kleinere bzw. leichtere Tiere dürfen bei der Ausstallung nicht zurückgestellt werden.
Werner Schlegel. 3978.

Björklund, Nils-Erik. Nyssjuka hos svin. **(Schnüffelkrankheit beim Schwein.)** Jord Gröda Djur, Årsbok **17** (1961) S. 182–189. — 3 Abb.
Die Symptome und die Diagnose der Schnüffelkrankheit (SK) werden beschrieben. Die wirtschaftliche Bedeutung ergibt sich infolge des Rückgangs der Zunahmen bei oft gleichbleibender Futteraufnahme. Sicher scheint zu sein, daß Fehler in der Fütterungstechnik, Änderungen in der Qualität der Futtermittel oder falsche Proportionen zwischen den Nährstoffen, die zu rel. Mangel führen und den Stoffwechsel stören, zur SK in Beziehung stehen. Würfe von Jungsauen sind anfälliger als spätere Würfe. Die modernen Ansichten über den Stress werden ebenfalls mit der SK in Zusammenhang gebracht. Die Zuchtziele der Schweinezucht fördern die Bildung des Wachstumshormons auf Kosten der energieregelnden Hormone. Vorbeugende Maßnahmen zur Verhütung der SK müssen Umweltgestaltung und Fütterung umfassen und den Zukauf berücksichtigen. Wichtig ist die Trennung der verschiedenen Haltungs- und Altersgruppen sowie zugekaufter Tiere. Da es kein Heilmittel gegen SK gibt, kann für kleine Bestände nur die Ausmerzung aller Tiere mit nachfolgender Desinfektion und 2monatiger Stallruhe empfohlen werden. In größeren Beständen kann in Verbindung mit Hüttenhaltung eine getrennte Aufzucht durchgeführt werden. In Gebrauchszuchten kann eine individuelle Bekämpfung bei Einteilung des Bestandes in Alters- und Gebrauchsklassen Erfolg haben. In reinen Mastbeständen, in denen SK oft zusammen mit Ferkelgrippe vorkommt, steht die Bekämpfung der letzteren im Vordergrund, wobei Antibiotica die Zahl der Infektionen verringern und die Sanierung erleichtern können.
J. K. Hinrichsen. 3985.

Thoonen, J., Hoorens, J., Spincemaille, J. und Demarez, D. Frequentie en oorzaken der biggensterfte. **(Häufigkeit und Ursachen des Ferkelsterbens.)** Meded. Veeartsenijschool Rijksuniv. Gent **5** (1961) Nr. 4. S. 1–28. — 12 Tab., 25 Lit. Zus. in Engl., Franz., Dtsch.
Mit Hilfe bes. Formulare, die eine Anzahl Mitarbeiter auf den Betrieben ausfüllte, wurde eine statistische Untersuchung über Ferkelsterblichkeit durchgeführt. Insgesamt wurden 683 Würfe vom veredelten Landschwein und 107 von der Piétrainrasse ausgewertet. Bei den beiden Rassen betrugen: die Anzahl der Totgeburten 7,6 bzw. 7,07%, die Sterblichkeit bis zum Absetzen 12,5 bzw. 12,42%, die Gesamtverluste demnach 20,10 bzw. 19,49%. Die Sterblich-

keit war bei Würfen von 15 Ferkeln und mehr abnormal hoch. Mehr als 50% der Todesfälle traten in der 1. Lebenswoche auf. Die Anzahl der Totgeburten war am geringsten bei mittleren Würfen und sehr hoch bei sehr großen Würfen; sie lag bei den Landschweinsauen im 4. und 5. Wurf signifikant höher als in den ersten 3 Würfen. Die Sterblichkeit nahm vom 6. Wurf ab signifikant zu. Die Anzahl der Totgeburten und die Ferkelsterblichkeit lagen bei Geburten, die länger als 5 Std. dauerten, signifikant höher. Bei Fütterung der Sauen mit tierischem Eiweiß lag die Ferkelsterblichkeit signifikant niedriger als bei den Sauen, die kein tierisches Eiweiß erhielten. In Betrieben, die regelmäßig Schweine zukauften, waren die Anzahl der Totgeburten und die Ferkelsterblichkeit signifikant höher als in Betrieben, die nicht zukauften. In Gemeinschaftsställen lag die Ferkelsterblichkeit signifikant niedriger als in Betrieben mit Einzelhaltung der Sauen; die Stallhygiene dürfte dabei eine wesentliche Rolle spielen. Im Winter war die Ferkelsterblichkeit höher als im Sommer. Als Todesursachen der Ferkel wurden am häufigsten vermerkt: Erdrücken durch die Sau, Agalaktie der Sau, Durchfall, Lebensschwäche und Erkrankungen der Atmungsorgane. W. Wittig. 3985.

Heermann, K. H. und *Leßmann, G.* **Untersuchung von Möglichkeiten der Beeinflussung von Mast- und Schlachtleistung beim Schwein durch geeignete Futterzusammensetzung und optimale Fütterungstechnik unter besonderer Berücksichtigung des Rohfaseranteils im Gesamtfutter.** Forsch.-Auftrag Institut für Tierzucht und Tierfütterung der Universität Bonn. 1958.
Heermann, K. H. und *Leßmann, G.* **Untersuchungen der Mast- und Schlachtleistung von Schweinen bei Aussetzen der Fütterung an Sonntagen.** Forsch.-Auftrag Institut für Tierzucht und Tierfütterung der Universität Bonn. 1958.
Heermann, K. H. und *Leßmann, G.* **Untersuchungen über die Beeinflussung der Mast- und Schlachtleistung, insbesondere der Schlachtqualität und des Fleisch-Fettverhältnisses bei Mastschweinen durch die Verwendung von Fertigfutter.** Forsch.-Auftrag Institut für Tierzucht und Tierfütterung der Universität Bonn. 1958.
Pitkjanen, I. G. Hrsg.: Vsesojuznaja akad. sel'skochoz. nauk imeni V. I. Lenina. **Novoe v oplodotvorenii i povyšenii plodovitosti svinej.** (Neues auf dem Gebiet der Befruchtung und Steigerung der Fruchtbarkeit der Schweine.) Moskva: Sel'chozgiz. 1961. (185 S.) 8°. (1961 A 1316)
Bericht über die Erarbeitung einer geeigneten Ermittlungsmethode bei der Mastleistungsprüfung. Forsch.-Auftrag Institut für Tierzucht und Tierfütterung der Universität Bonn. 1958.

E. SCHAFE

Morrison, Earnest M. und Nielson, Bruce E. Farm flock sheep production Northern Utah, 1959 cost and return. **(Die Leistung der Schafherden in Nord Utah, Kosten und Einnahmen im Jahre 1959.)** Agric. Exp. Stat., Utah State Univ., Logan, Bull. Nr. 428. S. 1–26.
1959 betrugen die Kosten je Mutterschaf $ 41,92. Hiervon entfielen 36% auf Futterkosten, 19% auf den Arbeitsaufwand, 17% auf die Ergänzung der Herde und die Abschreibungen des Inventars. Die Gesamteinnahmen beliefen sich auf $ 33,59 je Mutterschaf. Der Verkauf von Lämmern brachte 51%, der Woll- und Fellerlös 14%, der Wert des Stalldunges 8%, der Verkauf alter Schafe 6% und die Verwendung von Erzeugnissen der Schafhaltung zur Selbstversorgung 1% der Einnahmen. Aus den Differenzen zwischen den Produktionskosten und den Gesamteinnahmen ergibt sich ein Fehlbetrag von $ 7,72 je Mutterschaf. Nur 16 von 96 Schafhaltern konnten einen tatsächlichen Reingewinn erzielen. Mit steigender GV-Zahl in den Betrieben erhöhte sich der Reingewinn und verminderten sich die Kosten je GV. Je höher der Arbeitsaufwand je GV waren, um so geringer war der Reinertrag. Im Mittel aller Herden wurden je GV 29 Arbeitsstd. aufgewendet. Stiegen je $ 100 Einnahmen die Futterkosten an, verminderte sich der Reinertrag je GV. Je $ 100 Einnahmen beliefen sich die Futterkosten auf $ 51. Die Futterkostenrelation verbesserte sich, je länger die Weideperiode ausgedehnt werden konnte. Je höher die Lämmerverkaufserlöse waren, umso größer war der Reinertrag je GV. Im Mittel aller Herden wurden je GV $ 78 aus dem Lämmerverkauf oder ca. $ 17 je Mutterschaf erzielt. Der Wollerlös je GV lag bei $ 20 ($ 5 je Mutterschaf). Auch das Ablamm-

ergebnis beeinflußte den Reinertrag je GV. Es war günstiger bei März-April-Lammung als bei Lammzeit im Jan./Febr. und betrug ⌀ 130%. Je mehr Leistungswerte über dem Durchschnitt lagen, umso höher war der Reinertrag.
H. Busse. 4015.

Woldmar, Gösta. Raskorsning av får lönande? **(Ist Rassenkreuzung bei Schafen lohnend?)** Svensk Husdjursskötsel **1962** Nr. 1. S. 28. — 3 Tab.
In Schwedens Schafzucht nimmt die Kreuzungszucht zu. Muttern der Landrasse sind hierfür bes. geeignet, da sie an Fütterung und Haltung geringe Ansprüche stellen und fruchtbar sind. Sie bringen mit 1 Jahr ihr erstes Lamm. Die Schlachtkörper sind aber klein und von schlechter Qualität. Für die Kreuzung kommen Shropshire-, Oxforddown- oder auch Leicesterböcke in Frage. Von Shropshireböcken können sich wegen der größeren Köpfe Schwergeburten ergeben. In Ultuna von 1958–61 durchgeführte Versuche mit Oxforddownböcken brachten im Vergleich zu reingezogenen Landrasseschafen höhere Geburtsgewichte und um 13–29% höhere Zunahmen. In der Schlachtbewertung und im erzielten Verkaufspreis waren die Kreuzungstiere den Reinzuchtlämmern überlegen. Zur Weiterzucht sollten die Kreuzungstiere nicht verwendet werden, da sie in der Winterfütterung anspruchsvoller sind. Die Haltung eines Bockes für Kreuzungszwecke lohnt sich, wenn 5 Mutterschafe gehalten werden, die im Jahr 8 Lämmer bringen. J. K. Hinrichsen. 4164.

Rachimov, A. A. und Nasyrov, Ju. Ja. (Rachimow, A. A. und Nassyrow, Ju. Ja.); Samarkand, Landwirtsch. Inst., Lehrstuhl für Schaf- und Ziegenzucht. Složnye pomesi mjaso-sal'nych ovec bolee dochodny. **(Die komplizierten Bastarde der Fleisch-Fettschwanzschafe bringen größere Einnahmen.)** Ovcevodstvo, Moskva 8 (1962) Nr. 6. S. 21–23. — 3 Tab.
Zur Steigerung der Wolleistungen waren in den Jahren 1958–60 örtliche Fettschwanzschafe und Kreuzungsstiere (Fettschwanzschafe × Merino) mit dem Sperma von Degeres-Böcken besamt worden. Für diese Kreuzung hatte man Schafe im Alter von 3 Jahren mit befriedigender Wolleistung ausgewählt, während die zur Kreuzung verwendeten Böcke 106 kg wogen und einen Schurertrag von 4,8 kg aufwiesen. Aus den Kreuzungsergebnissen geht hervor, daß die Bastarde im Vergleich zu den Fettschwanzschafen um 46–70% höhere Schurerträge aufweisen. Damit ist diese kombinierte Kreuzung für die Kolchosen Usbekistans, die die Frühmast auf Fleischerzeugung betreiben, sehr vorteilhaft, da sie im Vergleich zur Ausgangsrasse doppelt so hohe Einnahmen erzielen können. E. Kahn. 4164.

Nicolić, Dragiša; Beograd, Landwirtsch. Fak. Ispitivanje maksimalnih mogućnosti povećavanja proizvodnosti rase cigaja gajene u čistoj krvi (rasi). **(Untersuchungen über die höchstmögliche Leistungssteigerung bei reingezüchteten Zigaja-Schafen.)** Arh. poljoprivredne Nauke **10** (1961) Nr. 44. S. 3–19. — 5 Tab., 47 Lit. Zus. in Engl.
In einer 10jährigen, in 2 Abschnitte (1951–54 und 1956–60) unterteilten Selektionsarbeit auf Reinzuchtbasis in einer Zigajaherde von ca. 260–300 Schafen wurden bemerkenswerte züchterisch verankerte Leistungsverbesserungen erreicht. Vf. berücksichtigt bes. die Periode von 1956–60. In 5 Jahren wurde eine um 15% bessere Fruchtbarkeit (von 134,8 auf 155 Lämmer je 100 Mutterschafe jährl.) mit ca. 48% Zwillingen, 3% Drillingen bei 5–8% güsten Schafen erreicht. Bei einem Geburtsgewicht von 3,14 kg (♂) bzw. 2,96 kg (♀) erreichten die Tiere in 3 Mon. 34,7 bzw. 31,1 kg und mit 1 Jahr 69,7 bzw. 53,3 kg. Im 1. Mon. betrug der tägl. Zuwachs 335 g(♂) bzw. 305 g(♀), was auf eine gute Milchleistung der Mutterschafe deutet. Die Laktationsleistung in 180 Tagen erreichte bei 168 über 3 Jahre alten Schafen 116,05 kg Milch mit 6,95% Fett, die Wolleistung bei den Schafen (1960) 4,38 kg, bei über 3 Jahre alten Böcken 7,04 kg (jüngere Böcke bis 3 Jahre 8,17 kg) Schurgewicht mit einer Feinheit

von 30,62 bzw. 31,49 μ (jüngere Böcke 33,46 μ). — Im Vergleich zu den Resultaten sowjetischer, rumänischer und ungarischer Autoren zeigen diese Untersuchungen etwas höhere Werte, da es sich bei vorliegendem Material um eine bes. selektierte Herde handelt. I. Šmalcelj. 4220.

Jordanov, Stojan und Dimitrov, Dimitŭr. (Jordanow, Stojan und Dimitrow, Dimiter.); Russe, Bulgarien, Landwirtsch. Versuchsstat. „Obraszow tschiflik“. Vlijanieto na SŽK vŭrchu produktivnostta na razplodni ovce. **(Der Einfluß des Serums trächtiger Stuten auf die Produktivität der Zuchtschafe.)** Veterinarna sbirka, Sofija 58 (1861) Nr. 8. S. 18–21. — 3 Tab.
Zwei Gruppen zu je 10 Mutterschafen (Merinokreuzungen) von ca. 56 kg mittlerem Lgw. wurden gemeinsam in einer Herde gehalten und in gleicher Weise gefüttert und gepflegt. Den Tieren der Versuchsgruppe wurden vor der Deckzeit je 10 ml Serum trächtiger Stuten (Wirkstoff 600 IE) injiziert. Ergebnisse (in Klammern Kontrollgruppe): mittleres Lgw. der Mutterschafe nach der nächstjährigen Schur 61,4 (61,7) kg; geborene Lämmer 12 (13); Geburtsgewicht der Lämmer 5,191 (4,907) kg; Lgw. der Lämmer mit 1 Mon. 13,408 (12,224) kg; Absatzgewicht der Lämmer 32,133 (31,859) kg; Wolleistung der Mutterschafe 4,255 (4,165) kg; Laktationsleistung 126,6 (113,6) l. N. Platikanow. 4220.

Balevska, R., Tomov, I., Todorov, A. und Vŭlov, T. (Balewska, R., Tomow, I., Todorow, A. und Wâlow, T.); Sofia, Höheres Landwirtsch. Inst. „Georgi Dimitrow“. Vlijanie na različnite srokove na otbivaneto vŭrchu obštija rastež, stroež na kožata i vŭlnodajnostta na tŭnkorunni agneta. **(Einfluß des verschiedenen Absatzalters auf das allgemeine Wachstum, die Hautstruktur und die Wolleistung der feinwolligen Lämmer.)** Izvestija na Dobrudžanskija selskostopanski naučnoizsledovatelski institut, Tolbuchin 1 (1961) S. 213–247. — 4 Abb., 23 Tab., 25 Lit. Zus. in Russ., Engl.
Drei Gruppen zu je 12 (6 ♂ und 6 ♀) hochblütigen feinwolligen Kreuzungslämmern wurden wie folgt abgesetzt: Gr. I mit 4 Mon., Gr. II und III mit 3 Mon., wobei Gr. III aber in der Altersperiode 60–90 Tage nur die Hälfte der Muttermilch bekam. Im folgenden Jahre wurde derselbe Versuch wiederholt, jedoch mit dem Unterschied, daß die Lämmer der Gr. III in der Altersperiode 46 bis 78 Tage die Hälfte der Muttermilch bekamen und dann abgesetzt wurden. In allen Gruppen wurde voluminöses sowie Kraftfutter ausgiebig zugefüttert. Ergebnisse (in Klammern 2. Versuch): mittleres Lgw. mit 18 Mon. — Gr. I ♂ 56,7 (70,9), ♀ 46,1 (53,8); Gr. II ♂ 58,6 (70,8), ♀ 50,3 (53,0), Gr. III ♂ 59,0 (79,3), ♀ 43,7 (47,0) kg; Wolleistung — Gr. I ♂ 6,73 (9,10), ♀ 6,20 (6,62), Gr. II ♂ 6,72 (9,40), ♀ 7,71 (7,40), Gr. III ♂ 6,00 (9,30), ♀ 7,12 (6,27) kg; Wollhaarlänge mit 12 Mon. — Gr. I ♂ 9,8, ♀ 100,2, Gr. II ♂ 98,9, ♀ 89,5, Gr. III ♂ 96,0, ♀ 100,7 mm; Haardichte/cm² — Gr. I ♂ 3200, ♀ 3388, Gr. II ♂ 3952, ♀ 3064, Gr. III ♂ 2710, ♀ 3170; Haarwurzeldichte/2,6 mm² — Gr. I 144, Gr. II 114, Gr. III 121; mittlere Hautdicke (in gleicher Reihenfolge) — 2642, 2390 und 2650 μ; Lederhautdicke 1174, 1040 und 1150 μ. Der Artikel enthält noch weitere Angaben über die Wollfasern und die Haut. N. Platikanow. 4222.

Bennett, J. W., Hutchinson, J. C. D. und Wodzicka-Tomaszewska, Manika; Prospect, New South Wales, Ian Clunies Ross Animal Res. Lab. Annual rhythm of wool growth. **(Jahresrhythmus des Wollwachstums.)** Nature [London] **194** (1962) Nr. 4829. S. 651–652. — 1 Abb., 5 Lit.
An 2 Gruppen mit je 14 Mutterschafen wurde der Einfluß von Licht und Temperatur auf das Wollwachstum geprüft. Der Wollzuwachs wurde alle 28 Tage gemessen, und die Schur erfolgte nach 56 Tagen auf eine Länge von 1 bzw. 1,5 cm. Die Versuche ergaben, daß der Rhythmus des Wollwachstums durch Temperatur (Schur) und photoperiodische Behandlung beeinflußt werden kann. W. Jentsch. 4222.

Kováč, Vojtěch; Nitra, Vysoká Škola Pol'nohospodárska. Príspevok o produkcii mäsa zošlachtených valašiek na majetku vysokej školy pol'nohospodárskej v Nitre. **(Beitrag zur Fleischproduktion der Veredelten Wallachischen Schafe in dem Betrieb der Landwirtschaftlichen Hochschule in Nitra.)** Pol'nohospodárstvo **9** (1962) Nr. 3. S. 211–220. — 5 Abb., 7 Tab., 18 Lit. Zus. in Russ., Engl.

Mit Hampshire-Böcken des Milchtyps gekreuzte Wallachische Schafe gaben als Jährlinge in 26,8% der Fälle Lämmer mit einem 100-Tage-Lgw. von 22,1–24 kg. Die Variationsbreite betrug 16–30 kg. — Jährlinge aus der Dreirassenkreuzung Wallachisches Schaf × Hampshire-Bock und Wallachisches Schaf × Cheviot-Bock gaben Lämmer mit einem 100-Tage-Lgw. von 20,1–22 kg (29,1% der Fälle) bei einer Variationsbreite von 16–30 kg. — Wallachische Jährlinge gepaart mit Böcken gleicher Rasse gaben in 41,2% der Fälle Lämmer mit 22,1–24 kg 100-Tage-Lgw. bei einer Variationsbreite von 16–34 kg. — Die Anzahl der Lämmer mit mehr als 22,1 kg Lgw. im Alter von 100 Tagen betrug bei 2jährigen Schafen in der 1. Gruppe 51,3%, in der 2. Gruppe 45,1% und in der 3. Gruppe 70,6%. Die Verwandtschaftszucht hatte einen günstigen Einfluß auf das 100-Tage-Gewicht der Lämmer. F. Svoboda. 4224.

Belić, Jovan, Mitić, Novica und Vidanović, Miodrag. O mlečnosti meleza prve generacije pirotske ovce i merino arla. **(Über die Milchleistung der F_1-Kreuzungsschafe Merino d'Arles x Piroter Zackelschaf.)** Arh. poljoprivredne Nauke **14** (1961) Nr. 44. S. 20–41. — 2 Abb., 10 Tab., 17 Lit. Zus. in Dtsch.

Ohne Rücksicht auf die Nutzungsrichtung der Schafe sollte man eine Laktationsleistung von mindestens 60 kg verlangen. Bei den Piroter Schafzüchtern bedeutet die Milch (als Kackaval bearbeitet) einen wichtigen Ertragsfaktor der Schafhaltung. Um auch die Entwicklung der Milchleistung im Verlauf der Merinosation verfolgen zu können, wurden die 592 Laktationen von 116 Piroter Zackelschafen (PZ) in den Jahren 1955 und 1956, 250 Merino d'Arles (MA) und 226 F_1-Schafen (1958–60) untersucht. Milchfettkontrollen wurden bei nur 190 Schafen, und zwar 78 MA, 33 PZ und 79 F_1 durchgeführt. Ergebnisse: Laktationsdauer: MA 148, PZ 189, F_1 190 Tage; Milchleistung: MA 61, PZ 77,5, F_1 88 kg. Die niedrigste Leistung wiesen die ersten Laktationen auf (MA 50, F_1 84,0 kg), in der 3. Laktation erreichten die MA 71 und die F_1 98 kg. Das milchreichste Schaf gab bei den MA 123, den PZ 128 und den F_1 157 kg; die höchsten Tagesleistungen (MA 0,591, PZ 0,572, F_1 0,743 kg) wurden zwischen dem 30. und 45. Tag der Laktation erreicht. Die Milchfettkontrolle ergab bei MA 6,68, PZ 6,86 und F_1 7,45% Fett mit einer Variationsbreite von 2,0–12,5% je nach dem Laktationsabschnitt. — Daraus ist zu schließen, daß die Milchleistung der Schafe im Pirot-Gebiet durch die Merinosation nicht vermindert worden ist und daß die niedrigere Milchleistung der MA bei den F_1-Tieren nicht zur Wirkung kam. Die F_1-Tiere waren im Gegenteil in diesen Untersuchungen milchreicher als beide Ausgangsrassen. I. Šmalcelj. 4226.

Jones, G. Multiple medullæ in wool fibres. **(Markverdoppellungen in Wollfasern.)** Nature [London] **193** (1962) Nr. 4819. S. 1001. — 2 Abb., 1 Lit.

Die betr. Wollprobe stammt von Lincolnschafen aus der Nähe von Hamilton im Westen von Victoria. Sie enthielt in einem geringen Anteil der Fasern 2 Markstränge, in einzelnen Fällen sogar einige wenige Fragmente eines dritten. Die Markstränge verliefen entweder durchgehend, häufig war der eine jedoch mehr unterbrochen als der andere. Die Innenstruktur war gitterförmig. In der Literatur liegen bis auf den Bericht von Brown und Onions keine Mitteilungen über das beschriebene Phänomen vor. H. Busse. 4234.

Tonkorunnoe ovcevodstvo v Sibiri. (Die Feinwollschafzucht in Sibirien.) Moskva: Sel'chozizdat. 1961. (117 S.) 8°. (1961 A 1315)

SPEZIELLE KLEINTIERZUCHT

C. GEFLÜGEL

Mazur, B. P. **Die Entwicklung der Geflügelwirtschaft in der Volksrepublik Polen.** Tierzucht 16 (1962) Nr. 4. S. 172–174. — 3 Abb.
Der Wert der Geflügelwirtschaft an der gesamten landwirtsch. Produktion beträgt z. Z. in Polen 7%, im Export polnischer landwirtsch. Produkte nehmen die Erzeugnisse aus der Geflügelwirtschaft nach dem Baconexport die 2. Stelle ein. Der Hühnerbestand setzt sich aus 42% Legehennen und 44% Hähnchen zusammen, der Rest besteht aus Gänsen (6,3%), Enten und Puten. Der größte Eieranfall liegt in den Mon. März–Juni, der geringste von Nov.–März, diese saisonmäßige Produktion ist volkswirtschaftlich nicht mehr zu vertreten. Als Maßnahme zu deren Beseitigung werden Frühbruten und verstärkte Rassenkreuzungen durchgeführt, um eine frühere und bessere Legetätigkeit zu erzielen; der Umtrieb wird auf 2 Jahre verkürzt. Die Produktion von Masthähnchen steigt um 60–70%. U. Hofmann. 4601.

Urban, W.; Rottenau, Forschungsstelle für Tierzucht. **Die Entwicklung der Geflügelwirtschaft in der ČSSR.** Tierzucht 16 (1962) Nr. 5. S. 221–226. — 2 Tab.
In dem Forschungsinstitut für Geflügelzucht Ivanka werden 8500 Zucht- und Legehennen für Versuchszwecke gehalten, wobei das Schwergewicht der Forschung auf der Verbesserung der Masteigenschaften der mittelschweren Rassen und der Cornish liegt. Die Rassenkreuzung wird so vorgenommen, daß an die Kreuzungshennen der F_1 aus der Paarung White Rock × New Hampshire Cornish-Hähne angepaart werden, woraus dann die Mastküken hervorgehen. Die Prüfungsergebnisse der Mastgruppen zeigen, daß durchschnittl. in 10 Wochen 1200 g Gewicht/Tier bei einem Futterverbrauch von 2,8 kg/kg Zunahme erreicht wurden, das Fleisch:Knochenverhältnis betrug 70:30. Farmen für Puten-, Enten- und Gänsehaltung sind im Aufbau. Von 10 Großherdbuchzuchten sollen 4 Masttiere und 6 Legetiere züchten. Der Tierbestand soll jeweils bei 10000 Zuchttieren liegen, die in klimatisierten Ställen intensiv gehalten werden. Als Zuchtmethode für Legehennen wird das Hybridzuchtsystem aus erblich verschiedenen Linien einer Rasse (Leghorn) angewendet, die Auswertung erfolgt in einem zentralen Rechenzentrum nach dem Hollorithverfahren. Die Leistungsprüfungen sollen als Stichprobenteste (Radom-Sample-Test) durchgeführt werden. Für die Futterversorgung sollen 80% des benötigten Futters in den Betrieben selbst erzeugt werden, die restlichen Spezialfuttermittel werden aus den staatlichen Futtermittelfonds zur Verfügung gestellt und in Futtermittelbetrieben verarbeitet. In den Legebetrieben wird sowohl Käfig- als auch Bodenintensivhaltung betrieben, letztere macht 85% aus. In der Geflügelfarm Janska sind die Gebäude für die Bodenintensivhaltung 158 m lang, 13 m tief und reichen für 24 000 Küken oder 10 000 Legehennen. Das Stallgerüst ist eine Stahlkonstruktion, die Wände bestehen aus wärmedämmenden Kunststoffplatten, das Dach ist mit Wellblech eingedeckt. Die Innenausstattung erfolgt nach modernen Gesichtspunkten. U. Hofmann. 4601.

Hühner

F. Hofmann, Löhle, K. und Barfuss, E. **Bericht über die Durchführung einer Mastleistungsprüfung bei Hühnern in der Hühnerleistungsprüfungsanstalt Altenberga-Kahla.** Tierzucht 15 (1961) Nr. 3. S. 127–130. — 6 Abb., 4 Tab.
Geprüft wurden mittelschwere Rassen bzw. Kreuzungen mit mittelschweren Rassen oder Cornish aus 7 Zuchtbetrieben, die ab angeliefertes Brutei bis zur Erreichung des 10-Wochen-Alters unter einheitlichen Bedingungen in

der HPA gehalten wurden. Neben der Ermittlung der 70-Tage-Gewichte wurden der Einfluß des Geschlechts auf das Mastendgewicht (10-Wochen-Alter), der Futterverbrauch und die Verwertungszahlen, die Abgangsursachen und die Ausschlachtungsergebnisse untersucht. Die Hähnchen der Kreuzung Cornish × Hampshire erreichten sowohl die besten 70-Tage-Gewichte als auch die besten Schlachthofgewichte. H. Schmoldt. 4656.

Smetana, P. und Hunt, F. A. E. Fourth West Australian randon sample egg laying test, 1960–1961. **(Vierte westaustralische Stichproben-Legeleistungsprüfung, 1960–1961.)** J. Agric. Western Australia [5] **3** (1962) Nr. 3. S. 241 bis 244. 246–248. — 1 Abb., 8 Tab.
Von am Test teilnehmenden Brütereien wurden 60 Eintagshennenküken als Stichprobe entnommen. Von 24 Gruppen handelte es sich bei 19 Gruppen um Kreuzungen Leghorn × Australorp. Außerdem wird, wie auch bei anderen australischen Tests, eine genetisch über Jahre konstant bleibende Kontrollgruppe benutzt, um wechselnde Umwelteinflüsse zu erfassen. Nach 8 Wochen wurden die Gruppen auf 48 Tiere reduziert und davon jeweils 36 in Freilandaufzucht übernommen, die restlichen 12 jedoch weiter intensiv und isoliert gehalten. Im Alter von 150 Tagen begann die sich über 350 Tage erstreckende Legeleistungsprüfung. Die verschiedene Haltung während der Junghennenperiode hatte keinen bedeutenden Einfluß auf die Verluste durch Lähme und Leukose, die allein zusammen 20,2% ausgehend vom 8-Wochen-Ausgangsbestand ausmachten(!). R. Doehl. 4656.

Osborne, R.; Wickford, Essex. Theory and practice of poultry genetics. **(Theorie und Praxis der Geflügel-Genetik.)** Agriculture [London] **68** (1961) Nr. 5. S. 238 bis 242. — 10 Lit.
Vf. erörtert die anfänglichen Erkenntnisse der Vererbungslehre bis zu Lerners Populationsgenetik und geht dann auf einige moderne Probleme ein, wie die fortschrittliche Zuchtorganisation der auf das Endprodukt gerichteten Einfach- und Mehrfachkreuzungen mit den erforderlichen Testpaarungen neben der Verbesserung der reinen Rassen. Er weist auf die Schwierigkeiten der Inzucht von Linien hin und warnt davor, innerhalb der reziproken recurrenten Selektion den Wert der Kreuzungszucht zu überschätzen und Testpaarungen anderer Linien zurückzustellen. Große Bedeutung hat weiterhin die Reinzucht. In die Familienselektion und Nachkommenschaftsprüfung sollten statistische Methoden Eingang finden. Eigenschaften hoher Heritabilität sollten auf der Basis von Eigenleistungen bearbeitet werden. Bei niedriger Heritabilität ist den Hahnen-Töchterleistungen gemeinsam mit den besten Einzelleistungen der besten Vollschwesterngruppen größte Beachtung zu schenken. Vf. führt verschiedene Umstände an, die für die Zucht mit Jungtieren sprechen. R. Doehl. 4660.

H. Brandsch. **Heritabilität und Selektion in der Geflügelherdbuchzucht einer LPG.** Tierzucht **15** (1961) Nr. 3. S. 118–120. — 2 Abb., 1 Tab.
Heritabilität, Selektionsintensität und Generationsintervall in der Geflügelzucht werden am Beispiel der LPG „Karl Marx“, Deersheim, untersucht. Die Heritabilitätschätzungen der Eierleistung betragen nach $(v + m)h^2$ für die TWL = 0,28, für die GWL = 0,55, die GJL = 0,24, wobei bestätigt wird, daß bei Verwendung der Winterleistung erbliche Unterschiede am besten beurteilt werden können. Die Heritabilität des Eigewichtes betrug nach obiger Formel 0,58. Die mit einer Selektionsdifferenz von 31 Eiern durchgeführte Selektion verspricht einen genetischen Gewinn von 7,4 Eiern je Generation, der bei dem in der Hauptsache auf 2 Jahre beschränkten Generationsintervall in dieser Zeitspanne erreicht werden kann. Es werden Hinweise über den Selektionserfolg bei Verwendung von Junghennen gegeben.
H. Schmoldt. 4660.

Burckhardt. **Die Bedeutung des Betriebszweiges Hühnerhaltung im Spiegel der Aufzucht- und Wirtschaftlichkeitskontrolle.** Dtsch. Geflügelwirtsch. 13 (1961) Nr. 27. S. 295–298. — 3 Tab.
Vf. empfiehlt Wirtschaftlichkeitskontrolle des Betriebszweiges Geflügelwirtschaft nach einheitlichen Gesichtspunkten für alle Länder der BRD, um vor allem für die Betriebswirtschaftsberatung Unterlagenmaterial zu erhalten. Im Hinblick auf den voll liberalisierten Eier- und Schlachtgeflügelmarkt Westeuropas ist eine scharfe Kalkulation in den Geflügelwirtschaften der BRD bes. wichtig. Ausschlaggebend für die Rente sind ferner beste Fachkenntnisse der Betriebsinhaber und die marktwirtschaftliche Lage am Standort sowie eine allmähliche Vergrößerung des Legehennenbestandes. Der Bestand soll mit den Erfahrungen des Betriebsleiters wachsen. H. Schmoldt. 4667.

Hess, Carl W., Dembnicki, Edward F., und Carmon, James L. Type-of-rearing and location effects on broiler body weights. **(Der Einfluß der Aufzuchtform und Örtlichkeit auf die Körpergewichtsentwicklung der Broiler.)** Poultry Sci. 39 (1960) Nr. 5. S. 1086–1091. 4667.

Jaeger, J. und Brandsch, H. **Zum Aufbau von Geflügel-Großherdbuchzuchten in der DDR.** Tierzucht 15 (1961) Nr. 3. S. 121–124.
Vff. legen grundsätzliche Gedankengänge für Vorschläge zum Aufbau von Großherdbuchzuchten in der DDR dar: 1. Schaffung einer breiten Selektionsbasis. Diese ist nur in Großbeständen (5000–6000 Hennen) gegeben und ermöglicht, höhere Anforderungen als bisher an die Tiere zu stellen. 2. Anwendung von Hybridzuchtmethoden, deren Endziel die Bereitstellung ausreichender Mengen von Linienhybriden für die Intensivhaltungen sein soll. 3. Aufbau einer zweckmäßigen Zuchtanlage. Die hohen Kosten für den Bau einer Zuchtanlage sollen durch den Bau von Mehrzweckställen mit genormten Einrichtungsteilen gesenkt werden. Je Bezirk müßten 5–6 Großherdbuchzuchten und 40–48 Vermehrungsbetriebe aufgebaut werden. 4. Verbesserung der organisatorischen und züchterischen Leitungstätigkeit. Der Fort- und Weiterbildung der Fachkräfte, dem Einsatz von Hochschulabsolventen in der Geflügelwirtschaft sowie der Vereinfachung der Zuchtbuchführung ist bes. Aufmerksamkeit zu schenken. H. Schmoldt. 4668.

Schuberth, L.; Merbitz, Inst. für Geflügelwirtsch. **Hennensortieren — eine dringend notwendige Maßnahme.** Tierzucht 16 (1962) Nr. 4. S. 170–172.— 4 Abb., 1 Tab.
Kranke Tiere sind laufend aus dem Bestand herauszufangen und zu entfernen. Das Durchfangen sämtlicher Legehennen aus Hühnerhaltungen ohne Einzelkontrolle soll jährlich 3- bis 4mal erfolgen und auch dann, wenn die Legeleistung unter 30–40% absinkt. Der Sortierer tastet dabei bei jedem Einzeltier mit der Hand über Kropf, Brust und Legebauch, um Form, Futterzustand, Beschaffenheit des Legebauches und der Legeknochen festzustellen. Kamm, Kehllappen, Augen, Schnabel und Gefieder werden gleichzeitig betrachtet. Nichtleger haben kleine und blasse Kämme. die Legeknochen sind bei engem Abstand kaum biegsam, der Legebauch ist kaum vorhanden, die Kloake klein, fest und trocken, die Tiere sind oft in der Mauser. Durch das Hennensortieren wird eine wertvolle Futterreserve erschlossen, jedes 3–4 Mon. zu spät gemerzte Huhn hat in dieser Zeit so viel Futter verzehrt, wie zur Erzeugung einer legereifen Henne benötigt wird.
U. Hofmann. 4668.

Klein, F. W. **Deutsche Geflügelzüchter auf neuen Wegen.** Tierzüchter 14 (1962) Nr. 1. S. 16–17. — 1 Abb.
Am Deutschen Zuchtprojekt beteiligen sich 79 Zuchtbetriebe mit 1358 Zuchtstämmen, der Normalbetrieb umfaßt 4000–5000 Hennen. Die Gesamtauf-

wendungen für das Deutsche Zuchtprojekt übersteigen schon jetzt die 10-Mill.-DM-Grenze. Von den modernen Zuchtverfahren in der Geflügelzucht, der Inzuchthybridisation und der sog. Linienhybridisation wurde letzteres in Deutschland gewählt. Hierbei werden anfangs zahlreiche „Linien" aufgebaut, im Zuchtprojekt umfaßt eine Linie 20 Zuchtstämme. Pro Zuchtstamm gehen jährl. ca. 100 Töchter in die Töchterkontrolle (500-Tage-Fallennestkontrolle). Die besten Hennen gehen dann in die Stämme, während die Geschwister in der Zuchtherde an Hähne derselben Linie angepaart werden und dann das weibl. bzw. männl. Elterntiermaterial für die Vermehrerbetriebe liefern. Zur Entscheidung, welche Linien zur Erzeugung von Linienhybriden herangezogen werden sollen, müssen Passereignungsprüfungen durchgeführt werden. Auf Grund dieser Ergebnisse werden dann die Vermehrerbetriebe über die Zuchtherden mit Hahnen- und Hennen-Elterntieren beliefert, aus denen die Gebrauch-Linienhybridküken für den Hühnerhalter entstehen. U. Hofmann. 4669.

Parker, J. E.; Corvallis, Oreg., Agric. Exp. Stat. Observations on the low fertility problem in Cornish cockerels. **(Beobachtungen über das Problem der niedrigen Befruchtung bei Cornish-Hähnen.)** Poultry Sci. **40** (1961) Nr. 5. S. 1214–1219. — 6 Tab., 2 Lit.

Im Durchschnitt aller Versuche lag die Befruchtung von New-Hampshire-Hennen durch Dark-Cornish-Hähne um ca. 10% niedriger als bei New-Hampshire-, Delaware- bzw. Cornish- × New-Hampshire-Kreuzungshähnen. Bei Anwendung der KB zeigte das Cornish-Sperma die gleiche Befruchtungsfähigkeit. Jeweils einer von 3 Hähnen wurde in tägl. Wechsel einer Gruppe von 36 Hennen zugesetzt, um die Störungen der Hähne untereinander auszuschalten. Trotzdem waren die Befruchtungsergebnisse der New-Hampshire-Hähne wieder bedeutend besser. Durch herdbuchmäßige Einlage der Eier wurde festgestellt, daß in 3 Vergleichen 10,4; 11,9 und 14,3% der mit Cornish-Hähnen verpaarten New-Hampshire-Hennen unbefruchtet waren gegenüber 1,7; 4,3 und 1,6% bei reinrassiger Verpaarung. Vf. sieht in dieser Feststellung die Ursachen für die erwähnten Befruchtungsunterschiede. R. Doehl. 4672.

Lührs, E.; Oldenburg. **Über die Wirkung von Vitaminen auf das Ei bei der Brut.** Prakt. Tierarzt **1962** Nr. 1. S. 8–11. — 5 Tab.

Beim Huhn wirken sich starke Stoffwechselstörungen auch ungünstig auf Brut und Aufzucht aus. So erzeugen Bakterien, Viren, Parasiten und auch Sulfonamide und Antibiotica Toxine, welche die Vit. im Organismus und also auch im Ei angreifen und zerstören. Da nach Ergebnissen von Sajner (1958) die Eierschale für Öle durchlässig ist, werden Bruteier mit öligen Lösungen, welche die Vit. A, D_3 und E in verschiedenen Kombinationen enthalten, bestrichen, um festzustellen, ob dadurch die Entwicklung des Keimes beeinflußt wird. Insgesamt schlüsseln sich die Ausfälle während der Brut bei den mit den verschiedenen Vit. bestrichenen Eiern wie folgt auf: Vit. $A+D_3$—34%; Vit. A+E—32,2%; Vit. $A+D_3+E$—18,2%; Vit. E 42,3%; Vit. D_3—17,4% und bei den Kontrollen 30,5%. In allen Versuchen wird eine ungünstige Wirkung der Kombinationen Vit. $A+D_3$ und A+E offenbar, während alle 3 Vit. zusammen außerordentlich günstig auf die Keimentwicklung einwirken. Insgesamt werden 2972 Eier mit den Vitaminlösungen behandelt und mit 3780 Kontrolleiern verglichen. Die eigentliche spez. Wirkung der einzelnen Vitamine im Ei bedarf noch eingehender wiss. Klärung. E. Wojaczek-Steffke. 4676.

Schuberth, L.; Merbitz, Inst. für Geflügelwirtsch. **Das Belegen der Brutapparate.** Tierzucht **16** (1962) Nr. 5. S. 219–221. — 5 Abb., 3 Tab.

Von den verschiedenen Brutschranktypen sind die kombinierten Apparate, bei denen Vor- und Schlupfabteil in einem Apparat untergebracht sind, am weitesten verbreitet. Die in der Brutmaschinenfabrik VEB (K) Bismark (Altmark) hergestellten Apparate weisen ein Verhältnis der Eiplätze im Vorbrüter zu dem im Schlupfbrüter von 3:1 auf, während bei denen von Haase und Co., Großsteinberg, hergestellten Brutapparaten ein solches von 2:1 besteht. Wöchentl. können so viele Eier in die Vorbrüter geschoben werden, wie die jeweiligen Schlupfbrüter fassen, dazu 5–10% zusätzlich, weil dieser Prozentsatz während der Brut als unbefruchtet und abgestorben herausgenommen wird. Im Haase-brüter tritt bei ständiger Ausnutzung der Eiplätze am Einlagetag eine starke Arbeitsspitze auf, weil Schlupf, Reinigung, Schieren und Umlage an einem Tag erfolgen. In den neueren Apparaten wird allg. bei rel. kleiner Kapazität der Schlupfbrüter eine 2malige Einlage/Woche vorgenommen, dadurch wird eine volle Auslastung der Apparate gewährleistet, und es treten keine starken Arbeitsspitzen auf. Das kürzere Eiersammeln wirkt sich positiv auf das Schlupfergebnis aus, außerdem werden die Eier mehrere Brutstunden länger gewendet. Eine gut durchdachte Belegung sichert den reibungslosen Ablauf der Arbeiten und die pünktliche Auslieferung der Küken. U. Hofmann. 4676.

W. Eberhardt. **Gedanken zur Streßsituation.** Dtsch. Geflügelwirtsch. **13** (1961) Nr. 27. S. 299–301.

Es bestehen noch Unklarheiten über die Wirkung von Treibfuttermitteln auf das Leistungsvermögen verstörter oder unbekannt beeinflußter Tiere. Vf. rät daher zur Aufklärung möglicher Gründe, die Schuld an plötzlichen Leistungsrückgängen ganzer Tierbestände sein können, statistische Auswertungen in Testbetrieben vorzunehmen. Eine Zusammenarbeit des auswertenden Inst. mit Sternwarten (Sonnenflecken), meteorologischen Stationen und Erdbebenwarten ist anzustreben. H. Schmoldt. 4681.

Anonym. Broiler growing. I. **(Broiler-Mast. 1. Mitt.)** Agric. Gaz. New South Wales **71** (1960) Nr. 4. S. 208–218. 220. — 7 Abb.

Im letzten Jahrzehnt entwickelte sich in Neu-Süd-Wales die Mast von Hähnchen aus Lege-Kreuzungen mit Saison-Charakter. Die Broiler-Industrie ist jedoch auf die kontinuierliche Produktion auf der Grundlage von Spezialrassen angewiesen. Im Vergleich zur Eiproduktion ist die Broilermast mit dem größeren Risiko bez. des Ausbruchs von Krankheiten belastet. Beim amer. Vertragssystem muß ein Mäster, unter Umständen mit Hilfe von Familienangehörigen, 80 000–100 000 Broiler im Jahr mästen, um seinen Lebensunterhalt zu verdienen. Die Broilermast in Bodenhaltung auf Einstreu wird eingehend erläutert. Dabei kann die Halle u. U. in einen Warmraum für die Aufzucht in den ersten 3 Lebenswochen und einen Kaltraum mit geringerer Wärmedämmung getrennt werden. Außerdem wird die Batterie- oder Drahtbodenaufzucht sowie deren Kombinationsmöglichkciten mit der reinen Bodenhaltung besprochen. Bei dem milden Klima können die Batterie- bzw. Drahtbodenkäfige unter einfachen Sonnenschutzdächern Aufstellung finden. Auch ist die Aufzucht und Mast in transportablen Hütten, die wöchentl. versetzt werden, möglich. Darüber hinaus werden Futterverwertung, Fütterung, Einsatz von Antibiotica, Kannibalismus, Schnabelkürzung u. a. besprochen. R. Doehl. 4690.

Swart, L. G.; Stellenbosch-Elsenburg, Coll., of Agric. Feed conversion of broilers. **(Futterverwertung bei Broilern.)** Farming South Africa **38** (1962) Nr. 12. S. 38–39. — 2 Abb.

Als bestimmende Faktoren werden Alter, Geschlecht, Rasse bzw. Zucht und Futter genannt. New-Hampshire-Hähne hatten bis zum Alter von 8 Wochen eine Rohverwertung von 1:2,56 und bis zum Alter von 16 Wochen eine solche von 1:4,29, New-Hampshire-Hennen benötigten dagegen bis zum 16-Wochen-Alter 4,5 kg Futter für 1 kg Zunahme. Die Kreuzung Helle Sussex × Rhodeländer wies bei den Hähnen eine um 0,25 und bei den Hennen eine um 0,21 kg verbesserte Rohverwertung als die Kreuzung Leghorn × Schwarze Australorp auf. Letztere zeigten auch ein langsameres Wachstum. Die Futterverwertung wird außerdem durch den Energiegehalt der Mischungen bestimmt. Wurden 10% Weizenkleie, 10% Nachmehl und 10% Hafermehl durch Maismehl ersetzt, so verbesserte sich die Futterverwertung um 0,3 kg. Die Verteuerung des Futters war auf diese Weise doch akzeptabel. R. Doehl. 4690.

Smith, I. F. Broiler production analysis of costs. **(Broilerproduktion und Kostenanalyse.)** J. Agric. [Melbourne] **59** (1961) Nr. 6. S. 294–296. — 2 Abb., 4 Tab.

Vf. zeigt an Hand ausführlicher Tab. die Zusammenhänge zwischen Rentabilität, Futterkosten, Tierverlusten und Marktpreisen je Gewichtseinheit Lgw. in der Broilerindustrie. Seinen Erfahrungen nach sollten die Futterkosten 60–70% der Gesamtkosten nicht überschreiten und die Tierverluste nicht über 4% des Anfangsbestandes steigen. Garantierte Festpreise während des ganzen Jahres versprechen dem Farmer einen sicheren Gewinn als saisonbedingte hohe Preise, die bei starkem Angebot meist absinken

H. Schmoldt. 4690.

Rudolph, W. und Maash, H.-J.; Merbitz, Inst. für Geflügelwirtsch. **Untersuchungen über die Leistungen von Weißen Cornish.** Tierzucht **16** (1962) Nr. 4. S. 175–178. — 3 Abb., 2 Tab., 13 Lit.

Zur Erzeugung von Broilern werden Weiße Cornish-Hähne an Hennen der mastfähigsten mittelschweren Rassen angepaart. Die Mast der reinen Cornish ist unwirtschaftlich, da die Gestehungskosten der Küken bei der rel. geringen Legeleistung der Hennen zu hoch sind. Kreuzungstiere aus Cornish × New Hampshire erreichten bei der 1. Mastleistungsprüfung in Altenberga die besten 10-Wochen-Ergebnisse. 74 kontrollierte, am Ende des Legejahres noch vorhandene Weiße Cornish-Hennen des Inst. für Geflügelwirtschaft Merbitz legten 110,4 ± 3,83 Eier bei rel. spätem Legebeginn (Schlupftermin Mai/Juni). Von 4370 eingelegten Eiern wurde ein Schlupfergebnis von 65% erzielt. Das Durchschnittsgewicht von 64 Hennen betrug im Dez. beim Einstallen 3160 g, das von 10 Hähnen 4150 g. Die 10-Wochen-Gewichte von 101 Hähnen betrugen 1337 ± 18,1 g, die 135 Hennen erreichten 1108 ± 11,8 g bei erheblicher Variationsbreite. Cornish-Hähne scheinen Tieren anderer Rassen von ungefähr gleichem Schlachtgewicht in der Schlachtleistung überlegen zu sein. Die Körpermaße der Cornish-Hennen zeichnen sich im Vergleich zu New-Hampshire-Hennen offenbar durch bes. Brustbreite, etwas größere Körperlänge und Veränderungen in der Gestaltung der Extremitäten aus. Für die Formbeurteilung werden von den Vff. Vorschläge gemacht. U. Hofmann. 4700.

Engelmann, C. **Über die Legetätigkeit und ihre Beeinflussung, insbesondere durch die Tageslänge.** Tierzucht **16** (1962) Nr. 3. S. 131–133. — 1 Abb., 1 Tab., 3 Lit.

Der Zeitpunkt der Ovulation und des Legens der Eier kann durch Injektion bestimmter Hormone oder Hormongemische vorverlegt werden, der Eiausstoß wird außerdem von nervösen Reizen gesteuert. Die Behandlung mit „Ephedrin" führte zu einer Verzögerung des Legens, durch den längeren Aufenthalt im Uterus erhielten die Eier eine härtere Schale. Durch zusätzliche Beleuchtung, Lichtschock oder Lichtblitz, wird die Legetätigkeit infolge Reizung der Hypophyse gefördert. Versuche mit übernormaler Tageslänge zeigten, daß dadurch vermutlich die Bildung des Luteinisierungshormons verhindert und die Legetätigkeit gehemmt wird. Ein auf 25 Std. verlängerter Tag (12½ Std. hell, 12½ Std. dunkel) dürfte die höchste Produktion mit langen Legeserien der Hennen hervorbringen. Durch Dauerbeleuchtung läßt sich nur eine vorübergehende Steigerung der Legetätigkeit und eine Verlängerung der Serien erreichen. U. Hofmann. 4700.

Scholtyssek, S. **Die Eiqualität und ihre Beeinflussung durch Zucht, Fütterung und Haltung.** Mitt. Tierhalt. **1962** Nr. 78. S. 11–15.
Vf. unterscheidet zwischen äußerer und innerer Eiqualität. Während die äußere Eiqualität Form, Aussehen und Haltbarkeit (Transportsicherheit, Bruchfestigkeit) umfaßt, vereinigt die innere Eiqualität die Zusammensetzung (Fremdkörper, Frischegrad, funktionelle Eigenschaften), Farbe und Geschmack. Zur Formbestimmung dient der Formindex $\left(\frac{\text{Breite} \times 100}{\text{Länge}}\right)$, der mit 74 als ideal gilt. Sauberkeit vorausgesetzt lassen sich weiß- und braunschalige Eier gleich gut verkaufen. Die max. Belastung für Eier liegt bei ∅ 3,75 kg/cm²; die Eischale ist ca. 0,3 mm dick. Zur Beurteilung der inneren Qualität gehört die Feststellung von Blut- und Fleischflecken bzw. anderer Fremdkörper im Eiklar oder -dotter. Der Frischegrad ist an der Schichtung des Eiklars und dem wohlgeformten Dotter erkennbar. Die Dotterfarbe soll goldgelb sein (Verbraucherwunsch). Vf. geht näher auf die Beeinflussung der Eiqualität ein. F. Schenk. 4700.

Kivimäe, Arnold. Försök rörand reglering av äggulans färg och innehållet av A-vitamin genom utfodring. **(Versuche zur Frage der Regulierung der Farbe des Eigelbes und seines Gehaltes an Vitamin A durch die Fütterung.)** Kungl. Lantbrukshögskolan Statens Lantbruksförsök, Statens Husdjursförsök, Medd. **1962** Nr. 152. S. 23–25. — 1 Tab.
Der Verbraucher wünscht ein Eigelb, dessen Farbe intensiv gelb oder orange ist. Eier mit hellgelbem Dotter werden oft als minderwertig angesehen. Die Farbe des Dotters kann durch Futtermittel, die entspr. Farbstoffe enthalten, geändert werden. Vit. A kann durch synthetische Präparate oder Tran zugefüttert werden. Es wurde ein Versuch mit Legehennen in 3 Gruppen zu je 9 Tieren durchgeführt. Die Versuchsdauer betrug 5 Mon. die in 8 Abschnitte zu je 3 Wochen eingeteilt waren. Gr. I erhielt Farbstoffträger und Vit. A abwechselnd, Gr. II als positive Kontrollguppe 2,5% Luzernemehl, 15% Mais und synthetisches Vit. A, Gr. III als negative Kontrollgruppe nur normale Gaben Vit. A. Die Eier wurden hinsichtlich der Dotterfarbe nach einer Skala und außerdem mit Hilfe eines Photometers bewertet. Der Vit.-A-Gehalt und ebenso der Gesamtcarotingehalt und der Gehalt an aktivem Carotin wurden bestimmt. 5% Luzernemehl in der Futtermischung gaben den Dottern eine intensive Gelbfärbung. Bei 2,5% Luzernemehl wurden die Dotter etwas heller. Der optimale Gehalt an Luzernemehl im Legemehl als Alleinfutter liegt bei ca. 3%. Wenn die Luzernemehlgabe weggelassen und nur Vit.- A gegeben wurde, ging die Intensität der Färbung zurück und erreichte nach 10 Tagen eine helle Gelbfärbung. Der Zusatz der synthetischen Carotinoide Apocarotinal und β-Apo-8'-Carotinsäure-Methylester hatte die gleiche Wirkung wie 2,5% Luzernemehl und 15% Mais. Bei Verabreichung von stabilisiertem synthetischem Vit. A war der Vit.-A-Gehalt im Eigelb mit 2400 IE/100 g höher als bei Fütterung von Luzernemehl und der halben Vit.-A-Gabe. Der Gesamtcarotingehalt war nach Luzernemehlfütterung am höchsten. 15% Mais hatten die gleiche Wirkung wie 0,8% Luzernemehl. Im Eigelb wurden 10–20% des gefütterten Vit. A und 7–12% der Carotinoide nachgewiesen. J. K. Hinrichsen. 4700.

Poppe, S.; Rostock, Univ., Inst. für Agrikulturchem. u. Bodenkunde. **Einfluß von Paprika auf die Dotterpigmentierung von Hühnereiern.** Tierzucht **16** (1962) Nr. 3. S. 128–130. — 6 Tab., 6 Lit.

Vf. führte Versuche durch, um optimale Dosierung von Paprika in Legehennenrationen zu ermitteln und um eine einfache Methode zur Bestimmung der Dotterfarbe auszuarbeiten. Die Legehennen-Versuchsgruppen erhielten ein Mischfutter, dem im Versuch I 1–3% und im Versuch II 0,25–0,75% Paprika beigemischt wurde. Für die Dotterbestimmung wurde Kaliumbichromat als Grundstoff verwendet, die Herstellung einer Farbskala und die Anwendung der Bestimmungsmethode werden beschrieben. Durch Paprikagaben von 0,25–0,50% der Gesamtration wurde eine ausreichende Dotterfärbung festgestellt. Die Kosten je Ei würden sich bei einer 0,25%igen Beimischung um 0,2 Dpf., bei einer 0,50%igen Beimischung um 0,4 Dpf. erhöhen.

U. Hofmann. 4700.

Welch, Q. B., Wagonner, R. E. und Gilbreath, J. C. A comparison of two devices for measuring egg shell thickness. **(Vergleich zweier Geräte zum Messen der Eischalendicke.)** Poultry Sci. **39** (1960) Nr. 4. S. 907–909. **4700.**

Shupe, W. D. und Quisenberry, J. H.; Texas Coll. Stat. Effect of certain rearing and laying house environments on performance of incross egg production type pullets. **(Die Wirkung von bestimmten Umweltbedingungen während der Aufzucht und Legeperiode auf die Leistungsfähigkeit von Inzucht-Legehybrid-Junghennen.)** Poultry Sci. **40** (1961) Nr. 5. S. 1165–1171. — 15 Tab., 16 Lit.

Mit Hilfe von 2652 Junghennen wurden Intensiv-, Auslauf- und Gruppenkäfigaufzucht, Boden-, Einzelkäfig- und Gruppenkäfighaltung der Legehennen sowie verschiedene Gruppenkäfigkonstruktionen und Tierzahlen pro Käfig miteinander verglichen. Die Gruppenkäfigaufzucht ergab die höchsten Gewichte, höheren Futterverbrauch und höhere Sterblichkeit. Die Intensivaufzucht erbrachte die leichtesten Hennen. Die verschiedenen Aufzuchtmethoden, die von der 14.–22. Lebenswoche zum Einsatz kamen, blieben ohne signifikanten Einfluß auf die Leistungsfähigkeit während der Legeperiode. Legehennen in Bodenhaltung hatten geringere Körper- und Eigewichte gegenüber der Batteriehaltung. Die höchste Legeleistung, beste Futterverwertung und geringsten Verluste wurden in der Einzelkäfighaltung ermittelt. Die Unterschiede in den beiden anderen Haltungsformen waren nicht signifikant.

R. Doehl. 4707.

Burns, Edward C., Wilson, B. H. und Tower, B. A.; Baton Rouge, La., State Univ., Agric. Exp. Stat. Effect of feeding Bacillus thuringiensis to caged layers for fly control. **(Wirkung der Fütterung von Bacillus thuringiensis an Käfighennen zur Fliegenbekämpfung.)** J. econ. Entomol. **54** (1961) Nr. 5. S. 913–915. — 4 Tab., 4 Lit.

Sporenpräparate von 3 verschiedenen Herstellern wurden in verschiedenen Dosierungen an Legehennen in Einzelkäfighaltung verfüttert und dem innerhalb einer Woche anfallenden Kot in einer Büchse eine bestimmte Anzahl Hausfliegeneier zugesetzt. Nach 3 Wochen wurde die Zahl der aufgetauchten Fliegen festgestellt. Die Sporenpulver zeigten sich sehr unterschiedlich in ihrer Wirksamkeit zur Fliegenbekämpfung. Ein leistungsmindernder Einfluß für die Hennen zeigte sich, als bei dem wirksamsten Präparat Konzentrationen von $53 \cdot 10^6$ Sporen pro g Futter erreicht bzw. überschritten wurden.

R. Doehl. 4708.

Mende, Gunther. **Untersuchungen über die Ursachen der Deformation des Brustbeinkammes (Christa Sterni) bei Zucht- und Masthühnern.** Wiss. Z. Karl-Marx-Univ. Leipzig, math.-naturwiss. R. **11** (1962) Nr. 2. S. 275–276.

Deformierte Brustbeinkämme bei Zucht- und Masthühnern haben eine schlechtere Bewertung zur Folge. In verschiedenen Zuchtbetrieben vorgenommene Untersuchungen führten zu den nachfolgenden Schlußfolgerungen. Für Hühnerausläufe wird ein pH-Wert von 6,5–7,5 und ein Phosphorsäureanteil von 40 mg/100 g Boden empfohlen. Neben Vit.-D-Gaben kann durch eine Beifütterung von 10 mg Vit.-E-Granulat/kg Futter das Auftreten von Skelettanomalien vermieden werden. Zuchttiere dürfen nicht in Ausläufen mit sumpfigen Stellen, Teichen und Tümpeln aufgezogen werden. Zur Herdbuchzucht sollen nur Tiere ohne Brustbeindeformation verwendet werden.

U. Hofmann. 4710.

Blaxland, J. D. The control and prevention of poultry disease. **(Überwachung und Vorbeuge bei Geflügelkrankheiten.)** Veterin. Rec. **73** (1961) Nr. 52. S. 1473–1480. — 1 Tab., 2 Lit.

Es wird kurz und allg. auf die Bedeutung der Kükensterblichkeit durch unspezifische Infektionen, die Übertragung von Infektionen durch das Ei, parasitäre Erkrankungen, Affektionen des Respirationstraktes sowie auf die Rolle der Stallbauten und der Fütterung im Krankheitsgeschehen eingegangen. Weiterhin wird die Notwendigkeit der selektiven Brut, die Kontrolle bestimmter, vor allem seuchenhafter, Erkrankungen von staatlicher Seite, die Anwendung von Vaccinen, Drogen und Antibiotica besprochen. Eine umfangreiche tabellarische Übersicht führt die medikamentöse Behandlung unter Angabe von Handelsnamen, Hersteller, aktiven Wirkstoffen, therapeutischer und prophylaktischer Dosenangabe der Medikamente an.

E. Wojaczek-Steffke. 4710.

Groth, W.; Bonn, Univ., Inst. für Anatomie und Physiol. der Haustiere. **Zur histologischen Diagnostik einiger Erkrankungen des Nervensystems der Hühner (Newcastle Krankheit, Marekscbe Geflügellähmung, infektiöse Encephalomyelitis, Encephalomalacie.)** Berliner Münchener tierärztl. Wschr. **75** (1962) Nr. 2. S. 24–29. — 6 Abb., 5 Lit.

Die Diagnostik der genannten Tierkrankheiten wird dargelegt. Dabei werden bes. die histol. Möglichkeiten dargestellt und die morphol. Veränderungen des Nervensystems beschrieben. Bei der atypischen Geflügelpest, zu deren Nachweis unter den epizootologischen Bedingungen im Einzugsbereich des Vf. außerdem serologische und virulogische Untersuchungen hinzuzufügen sind, sind die entzündlichen Reaktionen vorwiegend im Gehirn und bei der Marekschen Hühnerlähmung hauptsächlich in den peripheren Nerven lokalisiert. Bei der aviären Encephalomyelitis, die in ihrer akuten Form vorwiegend bei Küken auftritt, sind sowohl encephalitische — diese vor allem im Kleinhirnmark — als auch myelitische Veränderungen zu finden. Chronisch verlaufende Fälle oder Späterkrankungen bei Jungtieren über 8 Wochen können diagnostische Schwierigkeiten bereiten, da die klinischen Erscheinungen nunmehr denen der Mareklähmung ähneln können. Histol. fehlen jedoch Veränderungen der peripheren Nerven. Bei der Encephalomalacie handelt es sich um degenerative Laesionen des Gehirns, bes. des Kleinhirns im Kükenalter, die auf eine toxische Blutgefäßschädigung — durch ungesättigte Fettsäuren — zurückzuführen sind und meistens mit Vit. E therapeutisch und prophylaktisch zu beeinflussen sind.

W. Seffner. 4710.

Meyn, A. **Die Hühnertuberkulose und ihre Auswirkungen.** Mh. Tierheilkunde **14** (1962) Nr. 3. Rindertuberkulose u. Brucellose **11** S. 24–30.

Die Hühnertuberkulose kommt vorwiegend nur noch in kleinbäuerlichen Hühnerhaltungen vor und besitzt für die Intensiv- und Wirtschaftsgeflügelhaltungen praktisch keine Bedeutung mehr. Zur Ermittlung infizierter Bestände bedient man sich der Tuberkulin-Kehllappenprobe und der Frischblutschnellagglutination. Hühnertuberkelbakterien sind auf Grund ihrer bakteriologischen und krankmachenden Eigenschaften einfach von Menschen- und Rindertuberkelbakterien zu unterscheiden. Beim Menschen kommt es selten zu Infektionen. Die Ansteckung erfolgt hierbei vorwiegend bei der Arbeit in infizierten Beständen, weniger durch den Genuß von tuberkelbakterienhaltigem Fleisch bzw. Eiern. Das Schwein ist für Geflügeltuberkelbakterien empfänglicher als das Rind. Geflügeltuberkulose beim Schwein ist als Tuberkulose anzusehen und hat eine Beurteilung des Fleisches als „bedingt tauglich" zur Folge. Große wirtschaftliche Bedeutung haben Infektionen mit Geflügeltuberkulosebakterien in tuberkulosefreien Rinderbeständen durch Erzeugung unspezifischer Tuberkulinreaktionen. Derartige Infektionen können nicht als Wiederverseuchung bezeichnet werden. J. Otta. 4710.

Gänse

Ruus, C. Ch. (Ruus, Z. Ch.); Estn. Landwirtsch. Akad. Opredelenie rola gusej. **(Geschlechtsbestimmung bei Gänsen.)** Pticevodstvo, Moskva **1961** Nr. 9. S. 24–29. — 4 Abb.
Das Tier wird auf den Rücken gelegt und mit den Fingern beider Hände die Kloake ausgestülpt. Bei Gantern erscheint der 7–10 cm lange Penis. Günstiger ist die Geschlechtsbestimmung bei Gösseln im Alter von 2–6 Wochen.
H. Pingel. 4810.

Patrik, I. A.; Zentr. Forsch.-Inst. für Geflügelverarb. Ind. Novye komponenty racionov. **(Neue Komponenten in den Futterrationen.)** Pticevodstvo, Moskva **1961** Nr. 9. S. 16–19.
Es werden Mangelerscheinungen, Vorkommen und Bedarf der Vit. Cholin, Nikotinsäure, Riboflavin und B_{12} sowie der Aminosäure Methionin angegeben. Der Gehalt je kg Trockenfutter der angeführten Komponenten soll 1500–1700 mg, 15 mg, 8–12 mg, 0,02–0, 03 mg und das 0,5% betragen. Außerdem wird auf die Notwendigkeit des Zusatzes von 0,1 mg Co, 100–110 mg Mn, 5–6 mg J, 10 mg Cu und 10–12 mg Zn zu 1 kg Trockenfutter hingewiesen.
H. Pingel. 4842.

Enten

Cullington, J. M. American ducks. **(Amerikanische Enten.)** Agriculture [London] **68** (1961) Nr. 8. S. 436–439.
Vf. vergleicht Long Island mit Norfolk, welches 75% der englischen Tafelentenproduktion erbringt, und stellt mit Erstaunen fest, daß auf Long Island keine Vorstellungen über das zukünftig bedeutsame Problem der Anwendung selektiver Zuchtverfahren vorhanden sind. Sie kritisiert das 5malige Umsetzen der Entenküken während des kurzen Lebensabschnittes der Aufzucht und Mast und hält Schwimmwasser für die Mast nicht für unbedingt erforderlich. Bes. imponierte die ausgezeichnete Verarbeitung und Verpackung des Produktes sowie die Mastorganisation. Vf. beneidet die Mäster auf Long Island um die dort vorhandene Versuchsstation. Es wurden interessante Forschungsergebnisse zum Problem der Verringerung des Fettgehaltes im Schlachtkörper und zu einigen spez. Krankheiten mitgeteilt. 8-Wochen-Gewichte von über 3 kg lebend und über 2,27 kg ausgeschlachtet bei einer Futterverwertung von 3,5–4,0 und ca. 90 Küken pro Zuchtente werden für die Pekingenten genannt (!). R. Doehl. 4882.

Koviňko, D. A. (Kowinko, D. A.) Ul'trafioletovoe oblučenie utinych jaic. **(Ultraviolette Bestrahlung von Enteneiern.)** Pticevodstvo, Moskva **1961** Nr. 8. S. 28. — 1 Tab.
Die besten Schlupfergebnisse wurden erzielt, wenn bei der Einlage, am 8. und 16. Bruttag die Bruteier 2 Min. mit einer Quecksilber-Quarzlampe aus 40 cm Entfernung bestrahlt wurden. Die Schlupfergebnisse waren um 18% höher als bei der Kontrollgruppe. H. Pingel. 4965.

Krok, G. S., Ščerbina, P. P., und Pilipenko, M. Ju. (Krok, G. S., Stscherbina, P. P. und Pilipenko, M. Ju.); Charkow, Zootechn.und Veterinärmed. Inst. Vlijanie kukuruzno-morkovnogo silosa pri kormlenii utok na ėmbriogenez i vyvodimost' utjat. **(Einfluß des Mais-Möhren-Gärfutters bei der Entenfütterung auf die Embryogenese und die Schlupffähigkeit der Küken.)** Vestnik sel'skochozjajstvennoj nauki, Kiev **4** (1961) Nr. 4. S. 76–81. — 4 Abb., 3 Tab. — Orig.: ukrain., Ausz.: russ.

Vff. untersuchten den Einfluß der optimalen und max. Gaben eines aus 60% milchwachsreifen Maiskolben und 40% Möhren bestehenden Gärfutters, das 15–45% des Nährwertes der Ration ausmacht, auf den physiol. Zustand und die Leistungen (Legeleistung, Befruchtungsfähigkeit der Eier und Kükenschlupf pro Legeente), die Überlebensfähigkeit der erwachsenen Herde und der angefallenen Jungtiere sowie auf die Embryogenese der Enten. Unerwünschte Erscheinungen bei Verfütterung max. Gärfuttergaben auf die biol. Wertigkeit der Bruteier wurden nicht festgestellt. Eine zusätzliche Verabreichung von Spurenelementen (Co + Mn + Tn + Cu) wirkte günstig auf die morphol. Merkmale der sich entwickelnden Embryonen.

K. Neumann. 5000.

Truthühner

Jerome, F. N., Friars, G. W. und Weeden, L. T. Heterosis for growth in turkeys. **(Heterosis hinsichtlich des Wachstums bei Puten.)** Poultry Sci. **39** (1960) Nr. 5. S. 1225–1226. 5090.

Shoffner, R. N., Leighton, A. T. und Sandberg, K.; St. Paul, Minn., Univ.., Inst. of Agric., Poultry Dep. A comparison of two methods for reducing broodiness in turkey hens. **(Vergleich von zwei Verfahren zur Reduktion des Brutverhaltens bei Truthennen.)** Poultry Sci. **40** (1961) Nr. 6. S. 1760–1761. — 1 Tab., 5 Lit.

Der Brutdrang kann durch Hormonverabfolgung oder durch Haltungsmaßnahmen beeinflußt werden. Es werden die Anwendung des Elektroschocks und der „Korbhaltung" verglichen. — Verwendet wurden Breitbrüstige Bronzeputen in Fallennestern. Beim Elektroschock wurden sie in einem Abstand von 12 Sek. 2mal je 5 Sek. mit 20 V, 3 A, behandelt wobei sie vorübergehende krampfartige Zuckungen zeigten. In den „Körben" aus Drahtgeflecht wurden sie 4 Tage lang gehalten, danach durften sie in ihre Legekäfige zurückkehren. — Beide Verfahren erwiesen sich als gleichwertig bez. der physiol. Wirkung, jedoch erfordert die Schockbehandlung ca. 5mal mehr Zeit.

F. Lüpnitz. 5090.

Fedorovskij, Nikolaj Pavlovič. **Novoe v pticevodstve.** (Neues in der Geflügelzucht.) Moskva: Izd. „Znanie". 1961. (38 S.) 8°. Kop. 8 = Brošjury-lekcii Vsesojuznogo obščestva po rasprostraneniju političeskich i naučnych znanij. Serija 5. Sel'skoe chozjajstvo. 1961 Nr. 14. (SR 168, 14)

Hrsg.: Černigovskoe oblastnoe upravlenie sel'skogo chozjajstva. **Rekomendacii po vyraščivaniju cypljat na mjaso v kolchozach i sovchozach oblasti.** (Empfehlungen zur Aufzucht von Fleischküken in den Kolchosen und Sowchosen des Gebietes Tschernigow [Ukrain. SSR].) Kozelec. 1961. (4 S.) 8°. (DA 1276)

E. PELZTIERE

Jørgensen, Gunnar, Clausen, Hjalmar und Petersen, F. Haagen. Fodringsforsøg med mink 1960. Forsøg med forskellig proteinkoncentration i foderet til diegivende minktaever. **(Fütterungsversuche mit Nerzen 1960. Versuche mit verschiedener Eiweißkonzentration im Futter säugender Nerzfähen.)** Beretn. Forsøgslab. [Statens Husdyrbrugsudvalg] **1962** Nr. 332. S. 3–14. — 6 Tab.

Es wird ein Überblick über die während der Tragezeit und der Säugezeit durchgeführten dänischen und norwegischen Versuche gegeben. Die Versuchsergebnisse während der Tragezeit sind tabellarisch zusammengefaßt. Auf Grund praktischer Erfahrungen verringert man in Dänemark die Eiweißkonzentration im Futter während der Säugezeit, um so beim Absetzen stärkere

Welpen zu erhalten. 1960 wurden hierzu in Trollesminde und in Gre-ca 2 Versuche durchgeführt, die insgesamt 388 Fähen in 7 Gruppen umfaßten. Während der Versuchszeit vom 1. Mai–4. Juli wurde der Rohproteinanteil der Ration, gerechnet je 1000 kcal, von 13,5–14 g auf 8–13 g herabgesetzt, wobei die Reduzierung in den Gruppen verschieden schnell erfolgte. In der Entwicklung der Welpen ergaben sich zwischen den Versuchsgruppen keine wesentlichen Unterschiede. In den Gruppen mit den niedrigsten und den höchsten Eiweißgaben wurde eine bes. niedrige Sterblichkeit festgestellt.
J. K. Hinrichsen. 5302.

Jørgensen, Gunnar, Clausen, Hjalmar und Petersen, F. Haagen. Fodringsforsøg med mink 1960. Forsøg med forskellige maengder islandsk torskeaffald (filetafskaer, trimming) i foderet til minkhvalpe. **(Fütterungsversuche mit Nerzen 1960. Versuche mit verschiedenen Mengen isländischen Dorschabfalls [Filetabschnitte, Zuschneideabfälle] im Futter von Nerzwelpen.)** Beretn. Forsøgslab. [Statens Husdyrbrugsudvalg] **1962** Nr. 332. S. 15–18. — 4 Tab.

1960 wurden in Dänemark 41000 t Fischabfälle für die Nerzfütterung verbraucht. Da außerdem Fischabfälle nach Schweden ausgeführt wurden, mußten andererseits Importe von Dorsch- (*Gadus morrhua*) und Goldbarsch- (*Sebastes marinus*) Abfällen aus Island und der BRD erfolgen. Goldbarschabfälle haben einen Fettgehalt von 6–8%, während Dorschabfälle einen sehr niedrigen Fettgehalt haben. Sie enthalten 0,2% NaCl, 5 mg Formaldehyd und 1 mg Natriumnitrit je kg. In der Praxis werden Goldbarschfiletabfälle in Höhe von 10–15%, Dorschfiletabfälle von 25–35% des Gesamtfutters gegeben. Um festzustellen, bis zu welchen Mengen Dorschabschnitte ohne Schaden gefüttert werden können, wurden in Trollesminde 1960 Versuche mit Welpen durchgeführt. In 3 Gruppen zu je 8 männl. Tieren wurden 20, 40 bzw. 60% des Futterfisches in Form von Dorschabschnitten gegeben, wobei die niedrigste Gabe etwa in Höhe des in der Praxis gegebenen Anteils lag. Obwohl sich bei den ziemlich uneinheitlichen Versuchstieren allg. eine schlechte Freßlust, bes. bei Versuchsbeginn, zeigte, ließen sich keine Unterschiede in der Futteraufnahme, in den Zunahmen und in der Fellqualität erkennen, die auf die Fütterung zurückgeführt werden könnten. In der Gruppe mit 60% Dorschabschnitten wurden sogar die höchsten Zunahmen festgestellt. J. K. Hinrichsen. 5302.

Jørgensen, Gunnar, Clausen, Hjalmar und Petersen, F. Haagen. Fodringsforsøg med mink 1960. Forsøg med tilsaetning af protein og kulhydratspaltende enzymer til minkhvalpenes foder. **(Fütterungsversuche mit Nerzen 1960. Versuche mit Zusatz von protein- und kohlenhydratspaltenden Enzymen zum Futter von Nerzwelpen.** Beretn. Forsøgslab. [Statens Husdyrbrugsudvalg] **1962** Nr. 332. S. 19–24. — 8 Tab.

Eine unzureichende Produktion von Verdauungsenzymen kann zum begrenzenden Faktor für das Wachstum und die Futterverwertung werden. 1960 wurden 2 Versuche mit eiweiß- und kohlenhydratspaltenden Enzymen bei Nerzwelpen durchgeführt. Die Tiere wurden satt gefüttert. Im 1. Versuch mit 24 ♂ und 24 ♀ erhielt die Hälfte der Tiere tägl. 1,5 mg einer Enzymmischung. Im 2. Versuch mit 100 ♂ und 100 ♀ wurde zu einer etwas eiweißärmeren Ration das gleiche Trypsinpräparat gegeben. Keiner der beiden Versuche ergab einen gesicherten Ausschlag zugunsten der Versuchsgruppen. Bei Berücksichtigung der geringeren Futteraufnahme bei den Versuchstieren infolge der nach ca. 30 Min. eintretenden Veränderungen des Futters ergibt sich eine geringe positive Wirkung der Enzyme. Rentabel ist die Verabreichung von Enzymen nicht. J. K. Hinrichsen. 5302.

Jørgensen, Gunnar, Clausen, Hjalmar und Petersen, F. Haagen. Fodringsforsøg med mink 1960. Fodernormer til minkhvalpe af forskellig begyndelsesvaegt. **(Futternormen bei Nerzwelpen von verschiedenem Anfangsgewicht.)** Beretn. Forsøgslab. [Statens Husdyrbrugsudvalg] **1962** Nr. 332. S. 25–33. — 2 Abb., 6 Tab. Zus. in Engl.

Die Wirkung einer Futternorm ist abhängig vom Kaloriengehalt des Futters im Verhältnis zu seinem Füllungsgrad, der Eiweißkonzentration, Qualität, Geschmack und diätetischer Wirkung des Futters, Zeitpunkt und Regelmäßigkeit der Fütterung, der Zahl der Welpen je Käfig, der Temperatur, dem Gewicht, dem Alter und den Erbanlagen der Welpen. Im Versuch wurden insgesamt 270 Tiere, zu $^2/_3$ ♂ und zu $^1/_3$♀ nach ihrem Gewicht Ende Juni in 3 Gruppen eingeteilt. Von den ♂ erhielt je die Hälfte Futter satt bzw. um 20% gekürzt; die ♀ wurden satt gefüttert. Die Kürzung der Ration führte im ersten Versuchsmonat dazu, daß die Tiere 14–17 Std. ohne Futter waren. Sie sonderten vormittags einen grünlichen schleimigen Kot ab. Bei niedrigen Temperaturen wurde mehr Futter aufgenommen als bei hohen. Die Futteraufnahme ist in sehr viel stärkerem Maße vom Gewicht der Tiere als von ihrem Alter abhängig. Bei den ♂ war die gewichtsmäßige Einordnung bei Versuchsende etwa die gleiche wie bei Versuchsbeginn; alle ♀ lagen im Endgewicht nahe beieinander. Die Korrelationskoeffizienten zwischen Anfangs- und Höchstgewicht liegen für die satt gefütterten ♂ bei 0,56, für die 20% gekürzt gefütterten ♂ bei 0,39 und für die ♀ bei 0,18. Die Korrelation zwischen dem Höchstgewicht und der Zahl der Lebenstage bis zum Erreichen des Höchstgewichtes ist bei den ♂ mit gekürzter Ration am höchsten ($r = 0{,}43$). Bei Sattfütterung erreichten die ♂ der mittleren Anfangsgewichtsgruppe die größten Zunahmen; bei den gekürzt gefütterten liegen die Zunahmen niedriger. Bei den ♀ haben die Tiere mit den niedrigsten Anfangsgewichten die höchsten Zunahmen. Die Umstellung der gekürzt gefütterten ♂ auf Sattfütterung zeigte, daß sich die Tiere auf eine konstante Futtermenge einstellen. In der Fell- und Hautbeschaffenheit ergaben sich keine gesicherten Unterschiede zwischen den Gruppen.

J. K. Hinrichsen. 5302.

Jørgensen, Gunnar, Clausen, Hjalmar und Petersen, F. Haagen. Foddringsforsøg med mink 1960. Forsøg med tilskud af methylandrostendiol til taevehvalpe. **(Fütterungsversuche mit Nerzen 1960. Versuche mit Zusatz von Methylandrostendiol bei weiblichen Nerzwelpen.)** Beretn. Forsøgslab. [Statens Husdyrbrugsudvalg] **1962** Nr. 332. S. 42–48. — 2 Abb., 4 Tab., 2 Lit. Zus. in Engl.

Durch die Verabreichung ♂ Geschlechtshormone an ♀ Tiere soll das Größenwachstum positiv beeinflußt werden. Im Versuch erhielten je 12 ♀ Welpen tägl. 0,17, 0,33 und 0,55 mg Methylandrostendiol. Die Tiere wurden satt gefüttert. Der Versuch dauerte von Juli–Nov. Die Tiere mit den beiden höchsten Hormongaben hatten 75–100 g höhere Gesamtzunahmen als die Tiere mit der niedrigen Gabe und die Vergleichstiere, sie waren aber in der Pelzqualität schlechter. Die geringe Einwirkung der Hormongaben auf das Wachstum wird damit erklärt, daß der Versuchsbeginn verhältnismäßig spät lag.

J. K. Hinrichsen. 5302.

Niehaus, H. **Fütterungsversuche mit „Naphos“ an Nerze.** Dtsch. Pelztierzüchter **36** (1962) Nr. 6. S. 101–105.

Das Polyphosphat-Präparat „Naphos“ führte als Zusatz zum Nerz-Mischfutter zu einer bedeutenden Verbesserung der Konsistenz infolge Steigerung der Quellfähigkeit der Kolloide und Erhöhung des Wasserbindevermögens. Verbunden hiermit war ein Anstieg des Bakteriengehaltes, ohne daß es jedoch zu Gesundheitsschäden bei den Versuchstieren kam. Wesentliche Auswirkungen auf Gewichtsentwicklung und Fellqualität ergaben sich nicht, auch trat ein eindeutiger Einfluß auf die Fruchtbarkeit nicht in Erscheinung. Es ist anzunehmen, daß der Effekt von zugesetzten Phosphaten bei einem phosphorarmen Grundfutter größer ist als bei einem Futter mit normalem oder sogar hohem Phosphorgehalt. H. Zimmermann. 5302.

Sanne, S. Mjölkäggvitan värdefull till mink. **(Milcheiweiß ist wertvoll für Nerze.)** Våra Pälsdjur **33** (1962) Nr. 7. S. 184–186. — 1 Tab.
An Nerze soll nur sprühgetrocknete Magermilch gegeben werden. Molke ist wegen ihres hohen Milchzuckergehaltes für Nerze nicht geeignet, wohl aber das bei der Herstellung von Milchzucker verbleibende Molkeneiweiß (Albumin). Verfütterung von Magermilch hat man bes. für tragende und säugende Fähen und für Jungtiere unter 3 Mon. empfohlen, wenn die Fleisch- und Fischration einseitig zusammengesetzt ist. 1–2% Trockenmagermilch können in der Ration enthalten sein. Größere Mengen wirken wegen des Milchzucker- und Salzgehaltes zu stark abführend. Für Molkeneiweiß trifft dies nicht zu. In den USA wird Quark in Anteilen von 5–15% verfüttert. Eine Mischung von 75% Quark, 20% Leber und 5% Brauereihefe kann als Ersatz für Pferdefleisch gefüttert werden und bis zu 20% der Ration ausmachen. In Schweden wurden 1961 Versuche mit 200 Nerzwelpen durchgeführt, die zuerst 4, später 8% Quark erhielten. Es ergaben sich keine Unterschiede zur Vergleichsgruppe hinsichtlich Zunahmen, Gesundheit und Pelzqualität. Bei Fütterung an Fähen ergibt sich eine gute Säugeleistung und geringe Sterblichkeit unter den Welpen. Der Quark muß frisch verwertet oder eingefroren aufbewahrt werden. Wenn die Kosten von Quark und Magermilch auf den Gehalt an verd. E. bezogen werden, so ergibt sich ein Preis, der im Bereich der anderen für Nerze in Frage kommenden Futtermittel liegt. Nur Trockenmagermilch ist teurer.
J. K. Hinrichsen. 5302.

Anonym. Automatiserad vattning. **(Automatisiertes Tränken.)** Våra Pälsdjur **33** (1962) Nr. 7. S. 180–183. — 12 Abb.
Die Arbeitszeit für das Tränken fällt bes. im Sommer ins Gewicht. Die Nerze müssen ständig Zugang zu frischem Wasser haben. In Schweden werden meist Näpfe verwendet, die aus Aluminium, Plastik oder rostfreiem Eisen bestehen und von einer Plastikleitung aus gefüllt werden können. Dieses Tränksystem, das wenigstens tägl. eine Kontrolle erfordert, kann mit einer automatischen Kontrolle versehen werden. In den USA wird seit vielen Jahren mit Erfolg ein Saugnippel verwendet. In Dänemark gibt es Plastikschläuche mit darauf montierten vollautomatischen Ventilen. Die Druckregulierung erfolgt durch einen Wassertank. An Frosttagen wird auf 4 °C erwärmtes Wasser gegeben. J. K. Hinrichsen. 5302.

Udris, A. Valpdödlighet hos mink. **(Sterblichkeit der Welpen beim Nerz.)** Våra Pälsdjur **33** (1962) Nr. 8/9. S. 211–214. — 2 Abb., 3 Tab.
Die Untersuchungen erstreckten sich auf die Jahre 1959–61 und den Tierbestand des Pelztierversuchsbetriebes der Landwirtsch. Hochschule in Uppsala. Bei den Versuchstieren wurde die Zahl der lebenden Tiere je Wurf am Tage der Geburt, einen Tag danach, 4, 7 und 11 Tage danach festgestellt, während bei den Kontrolltieren nur am Tag der Geburt und am 11. Tag danach die Zahl der Welpen erfaßt wurde. Es wurden ⌀ 5,01 Welpen je Wurf geboren, davon 4,75 lebend. Nach 11 Tagen lebten noch 4,10, beim Absetzen 4,04 und beim Pelzen noch 3,96 Tiere. Bei den Standardnerzen wurden 5,1%, bei den Pastellnerzen 4,1% Totgeburten festgestellt. Die Verluste bis zum 10. Lebenstag betrugen für Standard 18,1%, für Pastell 13,7%. Die größten Verluste ergaben sich in den ersten Tagen nach der Geburt. Am 1. Lebenstag starben 7,7% der geborenen Welpen, vom 2.–3. Tag 2,4%, vom 4.–6. Tag 1,6% und vom 7.–10. Tag 1,1%. Es ergibt sich bis zum Pelzen ein Gesamtverlust von ca. 1/5 der geborenen Tiere. Die Berechnung der Sterblichkeit und der Wurfgröße ist in starkem Maße von der Wahl der Kontrolltage ab-

hängig. Die Unterschiede zwischen den Jahren sind signifikant. Die prozentuale Sterblichkeit ist in kleinen Würfen am höchsten, in Würfen mit 7 bis 8 Welpen am niedrigsten. In Würfen von Erstlingsfähen ist die Sterblichkeit größer als in Würfen älterer Fähen. In einer privaten Nerzfarm wurden Paralleluntersuchungen für die gleichen Jahre durchgeführt. Hier lag die Zahl der Totgeburten bei 4,3%, die Zahl der Ausfällle bis zum 10. Lebenstag bei 15,8%. J. K. Hinrichsen. 5302.

Kinsel, George V. Nutriamutationer, en Amerikansk fackmans åsikter. **(Nutriamutationen, Ansichten eines amerikanischen Fachmannes.)** Våra Pälsdjur **33** (1962) Nr. 8/9. S. 218–222. — 6 Abb.

Es wird zwischen verschiedenen Färbungen innerhalb der Standardgruppe und Mutationen unterschieden. Castor oder Bibes-Nutria unterscheidet sich vom Standard-Nutria im Körperbau und in der Ausgeglichenheit des Fells. Der Kopf ist kürzer und breiter und hat eine Bulldog-Nase von weißer Färbung. Das Unterhaar ist bes. dicht. Die Tiere haben eine verringerte Widerstandskraft. Schwarze Nutrias werden unter den Bezeichnungen Nigger und Negus gehandelt. Die Schwarz-Anlage erweist sich bei Kreuzungen mit braunen Nutrias als zu ca. 50% dominant. Die 3 verschiedenen Schwarz-Typen sind etwas schlanker und leichter als Standard-Nutrias. Auch bei ihnen wurde verringerte Widerstandskraft und außerdem geringe Fruchtbarkeit festgestellt. „Blaue“ Nutrias erzielen die höchsten Preise. Die Blau-Anlage ist dominant und steht nicht zu einer Schwächung der Konstitution in Beziehung. Durch Kreuzung mit blauen Nutrias kann die bei braunen Tieren vorkommende rote Schattierung ausgeschaltet werden. Die Albino-Anlage ist rezessiv und bringt gleichzeitig schlechte Konstitution und Fruchtbarkeit. Die Fellqualität ist gering. Außer den Albinos gibt es gelbweiße Nutrias, auch als "Off-Whites" bezeichnet. Es gibt zwei Varianten, mit roten und mit blaubraunen Augen und mit abweichenden Färbungen. Noch stärker ist die Variabilität bei den „Grönländern“, die bei dunklerer Rückenfärbung verschiedene Beige-Töne zeigen. Sie sind fruchtbar und gesund, aber kleiner und weniger wüchsig als Standard-Nutrias. Silber-Nutrias sind die F_1-Tiere aus der Kreuzung zwischen Off-Whites und Standard-Nutrias. Sie haben langes, feines, hell gefärbtes Oberhaar. Das Unterhaar ist hell graubraun. Bei Verwendung guter Elterntiere haben Silber-Nutrias eine gute Fellqualität und finden guten Absatz. J. K. Hinrichsen. 5310.

Schmidt, Fritz. **Der Norwegische Blaufuchs.** Dtsch. Pelztierzüchter **36** (1962) Nr. 7. S. 124–125.

Der Blaufuchs ist der einzige Fuchstyp, für dessen Fell der Rauchwarenmarkt Interesse zeigt. Bes. gefragt sind Felle des „Norwegischen Blaufuchses“, der eine Kreuzung zwischen verschiedenen wilden und gezüchteten Blaufüchsen darstellt. In Grönland gefangene Tiere wurden mit den besten Exemplaren des Alaska-Types gekreuzt. Weiterhin erfolgten Einkreuzungen von gefangenen Füchsen aus Island, die die reine Silberung brachten und aus Spitzbergen, durch die eine Verbesserung der Fellstruktur in Deckhaar und Unterwolle erfolgte. Die klare blaue Farbe stammte von dem Jan-Mayen-Fuchs. Sorgfältige Zuchtarbeit und Fütterungsweise führten dazu, daß der heutige Blaufuchs 20–23 cm größer ist als der vor 20 Jahren. Das Fell hat einen kurzen Nap, seidige Textur und eine vom hellen bis zum tiefdunklen Blau reichende Farbe mit mehr oder weniger starker Silberung.

H. Zimmermann. 5315.

Dietz, Georg. **Moderne Blaufuchsgehege.** Dtsch. Pelztierzüchter **36** (1962) Nr. 7. S. 126–128. — 4 Abb.

In den letzten Jahren hat die Blaufuchszucht wieder einen gewissen Aufschwung genommen. Die Fuchsgehege neuer Bauart sind überdacht, der aus

Drahtgeflecht bestehende Gehegeboden befindet sich 1 m über der Erde. In die außen angebrachte Nistkiste sind Fässer oder halbrunde Lattenroste eingelegt, wodurch die Welpen immer in der Mitte zusammenliegen und sich gegenseitig erwärmen. Im Sommer wird die Kiste verschlossen. Die Gehege weisen eine Bodenfläche von 3,00 × 1,80 m auf, die Kistengrundfläche beträgt 1,00 × 0,60 m. Als Gehegedraht wird ein Geflecht mit 5 cm Maschenweite verwendet. H. Zimmermann. 5315.

Eckardt, Harry. **Kernprobleme der Chinchilla-Zucht.** Chinchilla-Zucht 3 (1960) Nr. 11. S. 128–132.; Nr. 12. S. 133–138.; 4 (1961) Nr. 1. S. 7–12.; Nr. 2. S. 13–25.

Eine regelmäßige Kontrolle des Tierbestandes ist Grundbedingung für eine erfolgreiche Chinchillazucht. Es ist davor zu warnen, diese tägl. Kontrolle zu einem beschleunigten Routinevorgang zu machen, da oft Kleinigkeiten im Verhalten der Tiere Hinweise auf Erkrankungen geben können. Krankheiten und Verletzungen werden häufig erst so spät erkannt, daß es für eine erfolgreiche Behandlung zu spät ist. Wesentlich ist die Einhaltung eines festen Tagesplanes für die ordnungsgemäße Betreuung der Tiere. Wichtig ist die Beachtung der Konsistenz des Kotes, da sich hieraus Rückschlüsse auf die Verdauungstätigkeit des Tieres ergeben. Die Futteraufnahme ist bei den einzelnen Tieren verschieden. Aufregungen jeglicher Art können zu Appetitverlust führen. Der durchschnittl. Wasserverbrauch ist mit 1–2 Eßlöffeln voll anzugeben, er steigert sich bei säugenden Weibchen. Die Paarung findet meistens nachts statt, in 85% der Fälle wird vom Weibchen nach der Paarung ein ca. 2,5 cm langer und 0,4 cm breiter weißer Pfropfen ausgeschieden. Die Trächtigkeit kann durch Abtasten 60 Tage nach der Paarung festgestellt werden. Während der Tragezeit ist für eine Temperatur des Nestkastens von 20–24 °C zu sorgen. Einige Tage vor dem Wurf ist dem Weibchen das Sandbad zu entziehen, das nach 30 Tagen wieder gegeben werden kann. Bei Geburtskomplikationen kann ein Kaiserschnitt erforderlich werden. Durchschnittl. werden 2 Junge im Gewicht von 24–65 g geworfen, nach 10 Mon. soll das Gewicht 400 g betragen. Bei Milchmangel oder Tod der Weibchen ist zu versuchen, durch ein Gemisch von Wasser und Büchsenmilch (3:1) die Jungtiere zu ernähren. H. Zimmermann. 5318.

Schmidt, Fritz. **Über die Mutationen in der Chinchillazucht.** Dtsch. Pelztierzüchter 36 (1962) Nr. 6. S. 107–110.

Als erste Chinchilla-Mutation trat 1955 ein weißes weibl. Jungtier von normalfarbigen Eltern auf. Die Weiterzucht führte zu zahlreichen Nachkommen, so daß in den USA damit gerechnet wird, daß weiße Chinchilla-Felle in 3–4 Jahren auf dem Fellmarkt erscheinen könnten. Im Laufe der Jahre sind erwartungsgemäß weitere Mutationen angefallen, die benannt werden als weiß, albino, braun, schwarz, charcoal (Holzkohle), champagne und gescheckt. Hinsichtlich des genetischen Verhaltens bestehen noch viele Unklarheiten, so daß fest fundierte Erkenntnisse bisher kaum vorliegen.
H. Zimmermann. 5318.

Eckardt, Harry. **Richtiges Pelzen als Schlußpunkt für den Züchter.** Chinchilla-Zucht 5 (1962) Nr. 4. S. 44–47.

Chinchillas können durch intracardiale oder i.m. Injektionen von 0,5–1,0 cm³ „Nembutal“ sowie durch Benutzung eines elektrischen Tötungskäfigs getötet werden. Zur Pelzung steht einmal die bei Nerzen und Füchsen angewandte Methode zur Verfügung, bei der das Fell geschlossen über den Kopf des Tieres zu ziehen ist. Häufiger wird das Fell an der Bauchseite vom Schwanz bis zur Schnauze aufgeschnitten und dann in einem Stück flach vom Tierkörper abgeschält. Zum Trocknen ist das Fell auf ein Brett zu heften, nachdem es vorher entfleischt wurde. Zum Abfleischen lassen sich verschiedene Mittel verwenden: Sand und Talkum, Hartholzsägemehl, weißes oder gelbes Maismehl, Kleie oder Weizenkeime. H. Zimmermann. 5318.

Kraft, H. **Jahreszeitlich unterschiedliches Auftreten von Krankheiten und Todesfällen beim Chinchilla.** Dtsch. Pelztierzüchter **36** (1962) Nr. 7. S. 128 bis 131. — 2 Abb.
Die meisten Todesfälle sind in der Chinchillazucht im Frühjahr und Herbst zu beobachten. Überwiegend sind es Magen- und Darmerkrankungen, die zu Ausfällen führen. Futterumstellungen können sich störend auswirken, wobei gleichzeitig die Seuchenanfälligkeit ansteigt. Wichtig ist vor allen Dingen, Chinchillas in den Mon. Febr., März, Aug., Sept. und Okt. keinen Belastungen, wie Futterumstellungen, Umpaarungen oder Versand auszusetzen. Da bei bakteriologischen Untersuchungen vorwiegend Stämme von *Escherichia coli* und *Pseudomonas aeruginosa* zu finden sind, empfehlen sich als wirksamste Medikamente „Chloramphenicol" (300 mg/Tier/Tag) oder das Sulfamethazinpräparat „Sulmet" (bis 50 mg/Tier/Tag). Von dem Antibioticum „Colistin" sind per os ca. 500000 E. zu verabfolgen. Colistin-Tabletten können in den kritischen Mon. auch vorbeugend gegeben werden.
H. Zimmermann. 5318.

G. BIENEN

Bilaš, G. D. (Bilasch, G. D.); Rybnoje, Gebiet Rjasan, Inst. für Bienenzucht. Plemennaja gruppa pčelinych semej dlja central'noj zony. **(Eine Zuchtbienengruppe für die mittlere Zone.)** Pčelovodstvo, Moskva **39** (1962) Nr. 1. S. 10–14. — 2 Tab.
Auf Grund einer konsequenten Selektion einer ständigen Annäherung der Charaktere und Berücksichtigung spez. Eigenschaften der mittelrussischen und grusinischen Hochgebirgsbiene wurde eine neue Zuchtgruppe herangezüchtet, die sich durch hohe Honigproduktivität, Winterfestigkeit, geringen Schwarmtrieb und große Fruchtbarkeit der Weisel auszeichnet. Die Rüssellänge beträgt 6,7 mm. Die Zuchtmethode wird eingehend beschrieben. H. Gentz. 5410.

Lukoschus, Fritz; Bad Segeberg. **Entwicklung und Kastendimorphismus der superfiziellen Postgenaldrüsen bei der Honigbiene.** Z. Bienenforsch. **6** (1962) Nr. 3. S. 72–76. — 3 Abb., 7 Lit. Zus. in Engl., Franz.
An der Rüsselgrube an der Hinterseite des Kopfes finden sich neben den einzelligen Postgenaldrüsen, die aus der Epidermis in die Tiefe des Kopfes hineinragen, Drüsenfelder, die als superfizielle Postgenaldrüsen bezeichnet werden. Es sind epithelartig angeordnete kubische Zellen vom Typ der Wachsdrüsenzellen. Ihre Funktion konnte noch nicht sicher geklärt werden. Unmittelbar nach der Imaginalhäutung haben die Zellen ihre stärkste Ausbildung und weisen mit ihren großen Kernen auf hohe Sekretionsaktivität hin. Nach einer Rückbildung während der Stockbienenzeit wachsen sie bei der Flugbiene wieder heran und sind stärker senkrecht strukturiert. Bei der Winterbiene sind sie wieder rückgebildet. Es scheint ein Zusammenhang zwischen der Sekretionsleistung und der Arbeitsteilung zu bestehen. Die Drüsenfelder sind bei der Königin kleiner, die Zellen niedriger. Die Zellkerne sind diploid, bei der Arbeitsbiene tetraploid. Dies scheint ein Beweis dafür zu sein, daß die Königin auf einem geringpolyploiden Stadium verharrt, das die Arbeiterin in ihrer Entwicklung zum Endzustand durchläuft. G. Droege. 5425.

Vlasov, V. (Wlassow, W.); Baschkir. Versuchsstat. für Bienenzucht. Voščina s ukrupnennoj jačejkoj na pasekach Baškirii. **(Mittelwände mit erweiterten Zellen in baschkirischen Imkereien.)** Pčelovodstvo, Moskva **39** (1962) Nr. 5. S. 19–20. — 1 Abb., 1 Tab.

Vergleichende Bewertungen zwischen Bienen aus Normalwaben und Bienen aus Mittelwänden mit einem Zellendurchmesser von 5,45, 5,85 und 6,00 mm ergaben nach 3900 Messungen folgende Werte: Das Gewicht der Bienen erhöhte sich entspr. auf 107,34, 114,59 und 117,13 mg, ihre Rüssellänge auf 6,26, 6,40 und 6,48 mm. Das Fassungsvermögen der Honigblase erhöhte sich um 12%. Den Kontrollvölkern gegenüber war ein Honig-Mehrertrag von 4,1 kg zu verzeichnen. H. Gentz. 5430.

Eickmeyer, K.-A.; Gudendorf/Niederelbe. **Ein wichtiges Betriebsmittel zur Ertragssteigerung.** Westf. Bienenztg. **75** (1962) Nr. 6. S. 187–190.; Nr. 7. S. 203–204.

Ein wichtiges Hilfsmittel im modernen Kastenimkereibetrieb ist der Ableger, der, wenn er in genügender Zahl gebildet wird (mindestens halb soviel Ableger wie Wirtschaftsvölker) vor allen Eventualitäten schützt und damit die Rentabilität des Standes erhöht. Weisellose Völker oder solche mit untauglich gewordener Königin bleiben im Frühjahr durch Einweiselung eines Ablegers als Wirtschaftsvölker erhalten. Zur besseren Ausnutzung der Obst- und Rapstracht wird 2–3 Wochen vor Trachtbeginn mit Ablegern verstärkt. Ableger können weiter zur Vergrößerung des Standes oder zum Verkauf dienen. Bei der Standverjüngung im Sommer weiselt sich die neue Königin im Ableger leichter und ungefährlicher ein. Die Schwarmlust wird durch Ablegerbildung verhindert. Zur max. Ausnutzung der Heide ist eine Verstärkung durch Ableger oder Brutwaben eines Ablegers ebenfalls sehr angebracht. Schließlich ist der Ableger sehr geeignet zur Prüfung der Jungköniginnen.

G. Droege. 5465.

Anonym. **Wie man Brutableger bildet, pflegt und einwintert.** Westf. Bienenztg. **75** (1962) Nr. 7. S. 204–208.

Ableger werden je nach Trachtverhältnissen zwischen Ende Mai und Ende Juli gebildet. Die Stärke richtet sich nach Jahreszeit und Verwendungszweck. Zur Bildung benötigt man möglichst viel verdeckelte, schlüpfende Brut, viele Jungbienen, die man von Waben mit offener Brut abfegt, Honig und Pollenwaben oder Futterteig für 10–14 Tage. Am Abend nach der Bildung wird die begattete Jungkönigin unter Zuckerteigverschluß freigegeben. Mindeststärke 5–6 Waben NM. Kleine Ableger brauchen mehr Pflege und mehr Futter. Ablegerkasten mit 3–5 Waben eignen sich nur für Begattungsableger. Solche mit 6–8 Waben, wenn man sie nur für Be- und Umweiselung verwenden will. Sonst bringt man am besten 2 Ableger in einer Standbeute unter.

G. Droege. 5465.

Barac, I., Alexandru, V. und Bolcaş, A. Cercetări pentru stabilirea metodelor de iernare a albinelor potrivit condiţiilor de stepă din R.P.R. **(Untersuchungen zur Festsetzung der Überwinterungsmethoden von Bienenvölkern unter den Steppenbedingungen der Rumänischen Volksrepublik.)** Staţ. centr. Cercetări Sericicult. Apicult., Lucrări ştiinţ. 1 (1959) S. 105–114. — 3 Abb., 6 Tab., Lit.

Das Verhalten 3er Bienenvölkergruppen wurde mehrere Winter unter verschiedenen Überwinterungsbedingungen beobachtet, und zwar: Gr. I — Überwinterung im Freien ohne zusätzliche Verpackung. Gr. II — Überwinterung im Freien mit gemeinsamer zusätzlicher Verpackung (Schafpelz). Gr. III — Überwinterung in einem Raum. Der Honigverbrauch wurde auf 1 kg Bienen berechnet und in g/Tag ausgedrückt; er betrug bei Gr. I — 38,95 g (100%); Gr. II — 38,33 g (98,45%); Gr. III — 37,36 g (95,97%). In einer bes. Rechnung wurde der Nahrungsverbrauch nur für die kurze Zeit erfaßt, die die Bienen unter verschiedenen Verhältnissen gehalten wurden. Hierbei stieg der Verbrauch bei Gr. I auf 40,9 g (100%), bei Gr. II auf 36,9 g (90,13%) und bei Gr. III auf 33,32 g (78,94%). Die Sterblichkeit der Bienen während des Winters war um 24,76% (Gr. II) bzw. um 18% (Gr. III) höher als bei Gr. I. Bez. der Entwicklung der Bienenvölker waren kaum Unterschiede feststellbar. Vff. empfehlen für die rumänischen Steppenbedingungen die Überwinterungsmethode im Freien. Die Überwinterung im Freien hat noch den Vorteil, daß die Bienen an warmen Wintertagen Reinigungsflüge unternehmen können. M. Casan. 5485.

Jeffery, G. L.; Gore, New Zealand, Dep. of Agric. Colony management during autumn. **(Völkerbehandlung im Herbst.)** New Zealand J. Agric. **104** (1962) Nr. 3. S. 227. — 1 Abb.
Es ist wichtig, den Futtervorrat der Völker im Herbst genau zu kennen. In Neuseeland wird darauf gesehen, daß jedes Volk zu Beginn des Winters 7–8 Futterwaben besitzt. Vorteilhaft ist, wenn im Frühjahr jedem Volke noch Futterwaben zugehängt werden können. Auch auf die Bedeutung des Pollenvorrates wird hingewiesen. Weiterhin erläutert Vf. die Vorteile der Überwinterung in einer Zarge (Magazinimkerei). Der Futterverbrauch ist u.a. geringer als bei einer Überwinterung in 2 Zargen. Im Frühjahr allerdings sollten den Völkern 2 Zargen gegeben werden, da die Entwicklung dann schneller vorangeht als in einer Zarge. Auch auf die Königinnenerneuerung im Herbst wird hingewiesen, die jeweils dann vorzunehmen ist, wenn die Gefahr besteht, daß zu alte Königinnen den Winter nicht überleben könnten. Nur gesunde und starke Völker mit jungen Königinnen garantieren eine gute Überwinterung. R. Bährmann. 5485.

Žerebkin, M. V. (Sherebkin, M. W.); Moskau, Univ., Lehrstuhl für Zool. der Wirbellosen. Vlijanie belkovogo korma na glotočnye železy pčely. **(Der Einfluß der Eiweißfütterung auf die Schlunddrüsen der Bienen.)** Pčelovodstvo, Moskva **39** (1962) Nr. 1. S. 38–39. — 2 Abb.
Bei Pollenfütterung setzt bei Jungbienen unmittelbar eine schnelle Entwicklung der Alveolen ein, im Protoplasma der Zelldrüsen bilden sich Vakuolen mit Sekretstoff, die den Zellkern umschließen. Der Zellkern selbst verändert seine Form und Ausmaße, in den Zellen häuft sich die Ribonukleinsäure. Bei Jungbienen, die keinen Pollen erhielten, traten sichtbare Eiweißmangelerscheinungen auf (Verkümmerung der Alveolen, Ruhezustand der Zelldrüsen, keine Vakuole im Protoplasma usw.). Hefebeifütterung stimuliert die Entwicklung der Schlunddrüsen nur geringfügig. H. Gentz. 5494.

Kopanevič, P. P. (Kopanewitsch, P. P.); Moskau, Veterinärmed. Akad. Dejstvie antibiotikov na zdorovych pčel. **(Die Wirkung der Antibiotica auf gesunde Bienen.)** Pčelovodstvo, Moskva **39** (1962) Nr. 1. S. 14–15. — 1 Tab.
Beifütterung von Biomycin, Penicillin, Dehydrostreptomycin und Terramycin (300000 IE) steigern den Sammeltrieb der Bienen erheblich. Lediglich bei Levomycin ist ein Absinken der Produktivität zu beobachten. Untersuchungen, inwieweit Antibiotica die Lebensdauer der Bienen beeinflussen, führten zum Ergebnis, daß Biomycin, Penicillin und Tetracyclon die Lebensdauer verlängern, Terramycin sie verkürzt. H. Gentz. 5494.

Jeffery, G. L.; Gore, New Zealand, Dep. of Agric. Extraction of the honey crop. **(Gewinnung der Honigernte.)** New Zealand J. Agric. **104** (1962) Nr. 1. S. 37.
Die beste Temperatur zum Honigschleudern liegt zwischen 90 und 95 °F. Wenn der Honig sofort nach der Entnahme der Waben geschleudert wird, ist es nicht nötig, die Waben erst zu erwärmen. Die Waben werden mit Dampf oder elektrisch beheizten Messern entdeckelt, diese führen dem Honig noch zusätzlich Wärme zu. Mit kalten Messern geht die Arbeit zu langsam. Der Honig wird gesiebt und dann 48 Std. im Tank stehen gelassen, damit die Luftbläschen nach oben steigen. — Soll der Honig flüssig abgefüllt werden und längere Zeit flüssig bleiben, wird er auf 160 °F erhitzt. Erhitzen und wie-

der abkühlen muß schnell geschehen, damit der Honig nicht dunkel wird. Um feingranulierten schmalzigen Honig zu erzeugen, empfiehlt es sich, einen sog. Starter zu verwenden, d.h. unter den flüssigen Honig werden bis 10% kandierten Honigs als Kristallkeime gemischt. Öfteres Rühren macht den Honig cremeartig. Die günstigste Temperatur für das Festwerden beträgt 55–57 °F.
M. Biedermann. 5496.

Sănduleac, E. und Puşcaru, Gh. Baza meliferă şi stupăritul pastoral în delta Dunării. **(Bienenweide und Wanderbienenzucht im Donaudelta.)** Staţ. centr. Cercetări Sericicult. Apicult., Lucrări ştiinţ. 2 (1960) S. 195–204. — 5 Abb., Lit. Zus. in Russ., Engl., Franz., Dtsch.
Nach Angaben der Autoren sind die wichtigsten Pollen- und Nektarspender im Donaudelta *Salix caprea* und *Viminalis* gefolgt von *Nasturtium* im Mai, *Taraxacum officinalis* und Baumarten, wie *Cydonia oblonga* im Juni, *Trifolium fragiferum. Lithrum intermedium, Nasturtium palustre* und *Cicuta viroza*, letztere ist reich an Nektar. Diese Reihenfolge entspricht der Blütezeit der Pflanzen, angefangen vom Apr. Anschließend blühen *Stachis palustris, Mentha acvatica, Licopus europeus*, deren Blütezeit sich bis zum Spätherbst verlängert. Das Hauptkennzeichen der Tracht im Donaudelta ist die von Jahr zu Jahr äußerste Verschiedenheit als Folge der Witterungsverhältnisse und bes. des Wasserstandes der Donau. Von 1957–59 wurde im Donaudelta mit 6000 Bienenvölkern Wanderbienenzucht betrieben und 1958 erzielte das Staatsgut Agighiol eine Höchstproduktion von 20 kg Honig/Bienenvolk. Im Jahre 1959 wurden bessere Resultate in Tatanir, und zwar 28,5 kg, in Pardina 22 kg und in Sonteia 25 kg erzielt. Im Donaudelta bestehen große Möglichkeiten für die Entwicklung der Stand- und Wanderbienenzucht, und zwar während der Mon. Aug.–Sept., die Blütezeit der wichtigsten Nektarspender. Die Anzahl der produktionsfähigen Bienenvölker im Donaudelta kann verdoppelt werden.
I. Barac. 5530.

Levčenko, I. A. und Zdochnenko, V. G. (Lewtschenko, I. A. und Sdochnenko, W. G.); Gebiet Tscherkassy, Lehrforstwirtsch. der Univ. zu Kiew. O srokach podvoza pčel k medonosam. **(Wann soll man Bienen an Bienenweiden heranführen.)** Pčelovodstvo, Moskva 39 (1962) Nr. 5. S. 5.
Stellungnahme gegen die verbreitete Aufassung, daß Bienen 5–7 Tage vor Beginn der Blüte an das Trachtfeld herangeführt werden sollen. In Ermangelung von Futter bilden sich bei ihnen irritierende bedingte Nahrungsreflexe auf andere blühende Pflanzen, die nur langsam erlöschen. Bei Bienen, die zu Beginn der Blüte herangeführt werden, tritt diese Erscheinung nicht auf.
H. Gentz. 5530.

Schels, J.; Deggendorf. **Wie beobachte ich Honigtauerzeuger im Laufe des Jahres. 1. Folge.** Dtsch. Bienenwirtsch. 13 (1962) Nr. 1. S. 2–5. — 2 Abb.
Honigtauerzeuger leben vom kohlenhydrat- und eiweißführenden Siebröhrensaft der Wirtspflanzen. Beide sind abhängig von Witterung, Jahreszeit, Klima und Bodenverhältnissen am Standort. Vf. hat Temperatur, Niederschlagsmenge und Niederschlagsverteilung über 15 Jahre in Deggendorf (435 m NN) aufgezeichnet. Die Entwicklung der Honigtauerzeuger von der Larve bis zum fruchtbaren Weibchen, ebenso wie die Gebärfähigkeit ist nur im Temperaturbereich von +7 °C und +30 °C möglich. G. Droege. 5530.

Schels, J.; Deggendorf. **Wie beobachte ich Honigtauerzeuger im Laufe des Jahres. 2. Folge. Vom Jahreskreis verschiedener Honigtauerzeuger.** Dtsch. Bienenwirtsch. 13 (1962) Nr. 3. S. 72–75. — 3 Abb. 1. Folge vgl. vorst. Ref.
Alle Honigtauerzeuger haben einen einjährigen Jahreskreis, d. h. sie sterben im Winter ab und überwintern als Ei bzw. die Schildläuse als Larve. Letztere erzeugen nur eine Generation im Jahr. Die Larven schlüpfen zwischen Juni und Aug. aus dem Ei und entwickeln sich erst im nächsten Jahr zu

bewegungslosen ausgewachsenen Weibchen. Bei den Rinden- und Blattläusen schlüpft im Frühjahr die Stammutter aus dem Ei. Sie und die ihr nachfolgenden Generationen, deren Zahl nach Art und Witterung schwankt, sind ungeflügelte Weibchen, die sich als Jungfern eingeschlechtlich vermehren und lebende Junge (Larven) zur Welt bringen, die nach mehreren Häutungen ohne Metamorphose gebärfähig sind. In der 2.-4. Generation treten auch geflügelte Weibchen auf, die durch Flug oder Windverwehung neue Gebiete besiedeln, sich dort aber wieder in ungeflügelten Generationen fortsetzen. Die vorletzte Generation des Jahres gebiert geflügelte Männchen und ungeflügelte Weibchen, die nach der Begattung überwinternde Eier legen. G. Droege. 5530.

Schels, J.; Deggendorf. **Wie beobachte ich Honigtauerzeuger im Laufe des Jahres. 3. Folge. Naturvorgänge im April.** Dtsch. Bienenwirtsch. **13** (1962) Nr. 4. S. 107–110. — 10 Abb. 2. Folge vgl. vorst. Ref.
Je nach der Witterung erscheinen die Stammütter zwischen dem 20. 3. und 10. 5. Vf. zeigt an Hand von Bildern, wo die Gelege an Fichte, Tanne, Kiefer, Wacholder und Eiche zu suchen sind. Man verwendet am besten eine 2fach vergrößernde Lupe und bezeichnet die Stelle, wo man Honigtauerzeuger fand, mit farbigen Wollfäden, um sie später leichter wiederfinden zu können. Vf. konnte den Schlupf aus dem Ei im Bilde festhalten.
G. Droege. 5530.

Schels, J.; Deggendorf. **Wie beobachte ich Honigtauerzeuger im Laufe des Jahres. 4. Folge. Naturvorgänge im Mai.** Dtsch. Bienenwirtsch. **13** (1962) Nr. 5. S. 155–159. — 12 Abb. 3. Folge vgl. vorst. Ref.
Im Mai führt der Siebröhrensaft verhältnismäßig viel Eiweißbestandteile. Durch beste Ernährung, günstige Temperatur- und Luftfeuchtigkeitsverhältnisse wird die Entwicklungszeit verkürzt (Stammutter bis zu 45 Tagen, deren Töchter ca. 20 Tage) und die Gebärfreudigkeit der Honigtauerzeuger gefördert. Den ersten Honigtau liefert die Fichtenquirlschildlaus, die in den Knospenschuppen der Zweiggabelungen sitzt, etwa Mitte Mai–Mitte Juni. An den Kiefern sitzen die Larven wie eine Manschette kurz unter der Zweigspitze, dicht von Ameisen umlagert. Vf. zeigt im Bilde den Sitz der Honigtauerzeuger an verschiedenen Bäumen. G. Droege. 5530.

Schels, J.; Deggendorf. **Wie beobachte ich Honigtauerzeuger im Laufe des Jahres. 5. Folge. Naturvorgänge im Juni.** Dtsch. Bienenwirtsch. **13** (1962) Nr. 6. S. 190–192. — 4 Abb. 4. Folge vgl. vorst. Ref.
Im Juni ist die sich anbahnende Fichtentracht durch die Schlagwirkung von Starkregen, aber auch durch Dauernässe zwischen den Nadeln sehr gefährdet, weil die Honigtauerzeuger an den Zweigenden sitzen und hier abgespült werden. Sie können sich nur selten nach solcher Massenvernichtung zu Trachtstärke erholen. Der im Juni eiweißärmere Siebröhrensaft gibt den Anreiz zur Entwicklung von geflügelten Weibchen, um Übervölkerung zu vermeiden. Die rel. fluguntüchtigen Tiere fliegen nur einmal und müssen auf derselben Pflanzenart ankommen. Regen und Nebel verhindern den Flug, der aber für das Fortpflanzungsgeschehen unumgänglich ist.
G. Droege. 5530.

Schels, J.; Deggendorf. **Wie beobachte ich Honigtauerzeuger im Laufe des Jahres. 6. Folge. Naturvorgänge im Juli.** Dtsch. Bienenwirtsch. **13** (1962) Nr. 7. S. 200–204. — 13 Abb. 5. Folge vgl. vorst. Ref.
Im Juli leidet die flachwurzelnde Fichte leicht unter Wassermangel; durch die Einschränkung der Erzeugung von Siebröhrensaft werden die Honigtauerzeuger an der Fortpflanzung gehindert. Geringe Feuchtigkeit der Luft gestattet andererseits den Bienen oft nicht, den anfallenden eingetrockneten Honigtau zu bergen. Die Tracht der grünen Tannenlaus kann länger dauern,

weil die Tanne als Pfahlwurzler nicht unter Wassermangel leidet. Die Tannentracht ist zuweilen unsicher, weil die Tannenlaus einzeln sitzt und nur langsam neue Gebiete besiedelt bzw. alte zurückerobert. An mit Honigtau bedeckten Nadeln stellt sich schnell Rußtau ein, der die Anwesenheit von Honigtauerzeugern verrät. G. Droege. 5530.

Fossel, A.; Aigen im Ennstal, Österreich. **Ergebnisse und Fragen der Waldtrachtbeobachtung unter besonderer Berücksichtigung der Fichtenlecanien.** Z. Bienenforsch. **6** (1962) Nr. 3. S. 57–71. — 17 Abb., 20 Lit. Zus. in Engl., Franz.

Die beiden Fichtenquirlschildläuse *Physokermes piceae* Schrk. und *P. hemicryphus* Dalm. (große und kleine Lecanie) sind in Mitteleuropa in fast allen Fichtenbeständen beheimatet und gut zu beobachten. Ihre Besatzdichte schwankt mit den Wachstumsbedingungen der Fichte. Mildes feuchtes Klima fördert die Tracht. Die Lecanien bilden im Jahr nur eine Generation. Ende März sieht man das fleischfarbene Weibchen unter den endständigen Fichtenquirlschuppen in silberweißer lockerer Wachswolle sitzen, während die männl. Lecanienlarven als flache, gelbrote Tupfen an der Unterseite der benachbarten Fichtennadeln zu sehen sind. Die große Lecanie an starkwüchsigen Triebenden, die kleine an schwachwüchsigen Seitentrieben. Die kleine ist bienenwirtschaftlich bedeutungsvoller. Die Tracht setzt ca. 4 Wochen nach der der großen Lecanie ein, wenn das Weibchen zur Paarungsreife kirschrot gefärbt ist. Es ist nur schwer erkennbar. Die große Lecanie ist dann streifig hellbraun verfärbt und birgt unter ihrem Schild ca. 200–2000 himbeerfarbene Eier. G. Droege. 5530.

Barac, I., Bolcas, A. und Alexandru, V. Eficacitatea stupăritului pastoral. **(Die Wirksamkeit der Wanderbienenzucht.)** Staţ. centr. Cercetări Sericicult. Apicult., Lucrări ştiinţ. **1** (1959) S. 115–120. — 5 Tab.

Die Untersuchungen wurden von 1953–56 unter den Verhältnissen der Region Galaţi mit 2 Versuchsgruppen durchgeführt. Die 1. Versuchsgruppe wurde nach der Akazientracht (*Robinia pseudoacacia*) in die Lindentracht transportiert, während mit der 2. Versuchsgruppe in Sonnenblumenfelder gewandert wurde. Im Laufe der 4 Versuchsjahre erzielten die Bienenvölker in der Lindentracht je 11,9 kg Honig, während die in der Sonnenblumentracht je 10,6 kg erzielten (1,3 kg weniger). Die Transportspesen erhöhten den Preis pro kg Honig um je 2,16 Lei bei der Lindentracht und mit 0,12 Lei bei der Sonnenblumentracht. Die Wanderung in Sonnenblumentrachten nach Abschluß der Akazientracht erhöht den jährl. Honigertrag um 18,7%, während die Wanderung in die Lindentracht zu einer Steigerung von 92% führt. Da aber die Spesen im letzteren Fall hoch sind, ist es nicht empfehlenswert, für die weiter als 100 km entfernten Bienenstände Wanderungen in diese Tracht zu unternehmen. M. Casan. 5540.

Dimitrov, I. I. (Dimitrow, I. I.); Moldau. Zuchtstat. für Bienen-Königinnen. Lečenie gnil'covych pčel moločnoj syvorotkoj. **(Heilung der von Faulbrut befallenen Bienen mit Molke.)** Pčelovodstvo, Moskva **39** (1962) Nr. 5. S. 26 bis 27.

Die Molke enthält in großer Anzahl Milchsäurebakterien sowie Hefe, Vit. (Thyamin, Riboflavin und Vit. B_{12}) und den antibiotischen Wirkstoff Nysin. Die Wände der Beuten, die Rahmen mit Bienen und Brut werden 2mal im Abstand von 5 Tagen mit Molke (0,5 l/Volk) übersprüht. Der therapeutische Effekt wurde für gut erachtet. H. Gentz. 5560.

Bojko, A. K. (Boiko, A. K.); Ukrain. Versuchsstat. für Bienenzucht. Kormovye antibiotiki v pčelovodstve. **(Futterantibiotica in der Bienenzucht.)** Pčelovodstvo, Moskva **39** (1962) Nr. 5. S. 23–25.

Die Bestäubung der von Faulbrut befallenen Waben mit vitaminisiertem Biomycin erwies sich als außerordentlich wirkungsvoll. Dieses billige, für den Heilprozeß, die Prophylaxe und Leistungssteigerung gleich bedeutende Präparat, enthält pro kg 25–60 g Chlortetracyclin, 35–40% Eiweiß, 5–10% Fett und 8–9% Mineralsalze. Als Fermentstoff dient Vit. B_{12}. Die Europäische Faulbrut könnte bei Anwendung dieses Präparats in 2–3 Jahren getilgt werden. H. Gentz. 5560.

Kulikov, N. S. (Kulikow, N. S.); Forsch-Inst. für Bienenzucht. Antibiotiki i sul'famidy protiv evropejskogo gnil'ca. **(Antibiotica und Sulfamide gegen die Europäische Faulbrut.)** Pčelovodstvo, Moskva **39** (1962) Nr. 5. S. 27–29.
Der therapeutische Effekt der antibiotischen Präparate ist bei Bespritzung bzw. Bestäubung weitaus höher als bei Verabfolgung durch Beifütterung in Zuckerlösung. — Sämtliche zur Verfügung stehenden Präparate werden in verschiedenen Konzentrationen und Kombinationen auf ihre Wirksamkeit als Heilmittel und Prophylaktikum geprüft und gewertet. H. Gentz. 5560.

Pelimon, C., Lungu, M. und Brătinoiu, E. Răspîndirea bolilor molipsitoare si parasitare ale albinelor în R. P. R. **(Die Verbreitung der ansteckenden und parasitären Krankheiten der Bienen in der Rumänischen Volksrepublik.)** Staţ. centr. Cercetări Sericicult. Apicult., Lucrări ştiinţ. **1** (1959) S. 145–150. — 2 Abb., 3 Tab.
Vff. beschreiben die Diagnostik, die von 1934–56 an 60 000 Bienen- und Wabenproben durchgeführt wurde. In dieser Zeit, bes. von 1951–53, wurde ein Nosemabefall von 48% festgestellt. Der Krankheitsverlauf war charakteristisch mit einem Höchstpunkt von 93,7% bzw. 96,6% im Frühjahr, um dann allmählich wieder auf Null (Nov.) zu fallen. Amoebenbefall wurde von 1934–50 in 7 Fällen festgestellt. Unter den 1400 Proben wurde kein einziger Fall von Milbenseuche registriert. Die von *Mellanozela morapis* verursachte Eischwarzsucht trat 1956 ein einziges Mal auf. Die bösartige Faulbrut stieg von 77 Fällen (1934–45) auf 192 (1946—50), 1951 waren es 56%. 1956 war der Befall wieder auf 13,04% gesunken. Gleichzeitig verbreitet sich die gutartige Faulbrut immer mehr, und zwar stieg ihr Prozentsatz von 34,6% (1951) auf 72,72% (1956). Die zwischen 1946–50 in 11 Fällen festgestellte Sackbrut übertrifft die Anzahl der Fälle bösartiger Faulbrut des Jahres 1956 (14,2% gegenüber 13,04%). Im gleichen Zeitraum wurden diagnostiziert: 3 Fälle Aspergillosis, 2 Fälle Kalkbrut und 1 Fall Septikämie. Auch wurde 1951 das erste Mal 1 Fall von Senotainosis festgestellt; 1952 waren es bereits 16 Fälle (in 1 Fall waren 80% des erkrankten Volkes befallen). Die Meloekrankheit wurde in 16 Fällen festgestellt, und zwar beginnend mit dem Mon. März. I. Barac. 5565.

Ostrovskij, Nikolaj Ivanovič. **Predupreždenie otravlenija pčel chimičeskimi veščestvami.** (Vorbeuge gegenüber Vergiftung von Bienen durch chemische Stoffe.) Moskva: Izd. Minist. sel'skogo choz. RSFSR. 1961. (38 S.) 8°. (1961 A 1180)
Smaragdova, Nina Pavlova. **Reservy povyšenija produktivnosti pčelovodstva v nečernozemnoj zone evropejskoj časti SSSR.** (Reserven zur Leistungssteigerung in der Bienenzucht im Nichtschwarzerdegebiet des europäischen Teiles der UdSSR.) Moskva: Izd. Moskovskogo univ. 1961. (71 S.) 8°. (1962 A 109)

H. SEIDENRAUPEN

Stroescu, E. Rasa de viermi de matăse „Alb Cislău". **(Die Seidenraupenrasse „Alb Cislău".)** Staţ. centr. Cercetări Sericicult. Apicult., Lucrări ştiinţ. **2** (1960) S. 31–45. — 1 Abb., 9 Tab.
Bei der Versuchsstation für Seidenbau und Bienenzucht in Cislău, Region Ploeşti, wurde von 1953–58 durch Kreuzung der Rassen „Alb japonez" × „Auriŭ chinez" eine Weißspinnerrasse erzielt. Das Kreuzungsprodukt wurde

nach einem Auswahlschema bez. seiner Nachkommenschaft weiter verfolgt, so daß 1958 die 3. Generation der Rasse „Alb Cislău" erzielt wurde. Letztere Rasse wurde im Jahre 1959 für Produktionszwecke eingesetzt. Diese Rasse zeichnet sich durch Frühreife (das Larvenstadium dauert 29 Tage) und höhere Lebensfähigkeit aus als die Mutterrasse und der örtliche Gelbspinner. Die Produktion beträgt ⌀ 2,870 kg/g und bleibt auch in der Produktionszucht beständig. Die Rasse „Alb Cislău" ist reich an Seide, ein von der Mutterrasse „Alb japonez" geerbtes Kennzeichen, und bei der Fadenabwicklung bleibt nur ein geringer Prozentsatz von Abfällen übrig. Die Rasse ist für die Sommerzucht sehr geeignet; gute Resultate wurden aber auch in der Frühjahrs- und Herbstzucht erzielt. Es ist geplant, die Rasse „Alb Cislău" bes. in der Hügelzone, wo sie eigentlich erzeugt wurde und sich infolgedessen den klimatischen Verhältnissen gut anpaßt, zu verbreiten.
M. Casan. 5654.

Craiciu, M. Studiul unui sortiment de rase de viermi de mătase din URSS şi R. P. Cnineză. **(Studium über einige Seidenraupensortimente aus der Sowjetunion und der Chinesischen Volkrepublik.)** Staţ. centr. Cercetări Sericicult., Apicult., Lucări ştiinţ. 2 (1960) S. 3–26. — 3 Abb., 14 Tab.
Von 1957–58 wurden in den Versuchsstationen für Seidenbau und Bienenzucht 9 sowjetische und 6 chinesische Seidenraupenrassen geprüft. Die sowjetischen Rassen haben gegenüber der Rasse „Alb Orşova" ein um 1–2,5 Tage verlängertes Larvenstadium und eine geringere Vitalität (19,7%). Von den 9 sowjetischen Rassen hat nur die Rasse „SANIIŠ 8" die Vergleichsrasse mit 5,8% in der Produktion übertroffen. Gegenüber der Vergleichsrasse verfügten die sowjetischen Rassen jedoch über einen um 20,5% höheren Seidengehalt. Die chinesischen Rassen, obwohl sie ein um 1–1,75 Tage verlängertes Larvenstadium aufwiesen, zeichneten sich durch erhöhte Vitalität aus (93,4–98,3%). Obwohl die Kokonproduktion geringer war als die der Vergleichsrasse, ist der Seidengehalt um 17,1% größer. Vom technol. Standpunkt ist der Seidenfaden dieser Rassen um vieles feiner als der der Rasse „Alb Orşova" und der der sowjetischen Rassen. Unter den Klimaverhältnissen der Versuchsstation Orşova haben sich die sowjetischen Rassen „SANIIŠ 8", „SANIIŠ 9", „Asərbaidshan", „Imeruli" und die chinesischen Rassen „Frühjahr 4" und „Frühjahr 14" als wertvoll erwiesen. Diese Rassen können zur Verbesserung und zur Schaffung neuer Rassen mit weißen Kokons dienen. M. Casan. 5654.

Chiriac, A. Reducərea pərioadei larvare-factor de mărire a rentabilităţii creşterii viermilor de mătase. **(Die Verkürzung des Larvenstadiums — ein Faktor zur Erhöhung der Rentabilität der Seidenraupenzucht.)** Staţ. centr. Cercetări Sericicult. Apicult., Lucrări ştiinţ. 2 (1960) S. 49–57. — 7 Tab.
Die Versuche in der Versuchsstation Băneasa erstreckten sich auf die Jahre 1956–58 und wurden in 4 Varianten durchgeführt. Die beste Variante für die ersten 4 Lebensabschnitte der Larven war diejenige, bei der die Temperatur der Zuchträume zwischen 28–30 °C schwankte und für den fünften Lebensabschnitt auf 23 °C reduziert wurde. Auf diese Weise konnte die Zuchtperiode um 14–16 Tage verkürzt werden. Diese Methode läßt sich ohne Schwierigkeiten in die Praxis einführen, da keinerlei Neuanschaffungen erforderlich sind. Das Beheizen der Zuchträume kann man überall mit billigem Material (Stroh, Mais- und Sonnenblumenstengel usw.) durchführen. Erhöhte Temperaturen führen gegenüber der normalen Zucht zu einer um 9,5% gesteigerten Produktion. Gleichzeitig (durch die verkürzte Lebensdauer der Larven) wird der Selbstkostenpreis der Seidenkokons pro kg um 29,4% reduziert. Durch diese Methode kann die Seidenraupenzucht im Frühjahr eher begonnen werden. Die Kokonernte wird durch dieses Verfahren ebenfalls erhöht. M. Casan. 5665.

Priadcencu, Cl. Realizarea seminței elită de viermi de mătase și eficiența folosirii ei în producție. **(Die Schaffung des Eliteseidenraupensamens und dessen Wirkungsgrad in der Produktion.)** Staț. centr. Cercetări Sericicult. Apicult., Lucrări științ. 2 (1960) S. 61–69. — 1 Abb., 4 Tab.
1955 wurde in der Zentralen Versuchsstation für Seidenbau und Bienenzucht Băneasa mit der Erzeugung von Elite- und Superelitesamen für Seidenraupen begonnen. Bis zu diesem Zeitpunkt wurde der Seidenraupensamen aus anderen Ländern eingeführt. Die Erzeugung von Superelitesamen wurde nach einem Schema für 4 Jahre vorgesehen, ausgenommen die ersten 3 Jahre, die dem Studium der Rassen dienen sollten. Im Jahre 1958 wurde das erste reproduktionsreife Material erlangt. Durch strenge Auswahl und Akklimatisierung der Rassen waren die bei der Erzeugung des Elitesamens erzielten Resultate recht gut und brachten gleichzeitig folgende Vorteile: Im Verhältnis zu den importierten Rassen ist die Produktion von Seidenraupenkokons um 13–20% größer. Durch das angewandte technol. Verfahren zur Erzeugung von Industriesamen — im Verhältnis zu den angewandten Kokons — stieg die Samenmenge bei dem importierten Samen um 2% und bei dem im Lande erzeugten Elitesamen um 4,1%. Heute wird auf allen Versuchsstationen Rumäniens Elite- und Superelitesamen erzeugt. Der Import wurde schon nach 2 Jahren eingestellt. M. Casan. 5665.

Moldoveanu, Xenia, Grünberg, Edy und Rusu, Ion. Studiul acțiunii unor dezinfectanți asupra virus sului poliedriei. **(Studium über die Wirkung einiger Desinkektionsmittel auf das Virus der Gelbsucht bei Seidenraupen.)** Staț. centr. Cercetări Sericicult. Apicult., Lucrări științ. 1 (1959) S. 133 bis 141. — 2 Abb., 3 Tab.,
Von 1956–58 wurden in der Zentralen Versuchsstation Băneasa die Bekämpfungsmittel gegen die Gelbsucht geprüft. Als Bekämpfungsmittel wurde die unmittelbare keimtötende Wirkung verschiedener chem. Stoffe auf das Virus Borrelina bei extravularer Infektion gewählt. Nach der Infektion wurden die Eier mit 9 Universaldesinfektionsmitteln behandelt. Dabei wurde sowohl die Desinfektionswirkung der chem. Stoffe als auch ihre Schädlichkeit gegenüber den Eiern verfolgt, und zwar nach dem Prozentsatz der geschlüpften Larven. Die besten Desinfektionsmittel sind: 1. Formol in 4%iger Konzentration, in der die Eier. 10 Min. lang gehalten werden. Durch erhöhte Konzentration und Verlängerung der Behandlungszeit erfolgt eine Verminderung der Schlupfrate von 3–3,5%. 2. Natriumhydrat oder Kaliumhydrat in 1%iger Konzentration und einer Behandlungszeit von 5 Min. Weitere Desinfektionsmittel sind Kupfersulfatol, Kaliumpermanganat, Kaliumbichromat und Chloramin, die sich durch gleichgültiges Verhalten oder unbeständige Schädlichkeit gegenüber dem Virus Borrelina auszeichnen.
M. Casan. 5680.

Chiriac, A. Substituirea frunzei de dud în alimentarea viermelui de mătase. **(Ersatzstoffe für Maulbeerblätter in der Ernährung der Seidenraupen.)** Staț. centr. Cercetări Sericicult. Apicult., Lucrări științ. 2 (1960) S. 75–84. — 8 Tab., Lit.
In den Versuchen in der Versuchsstation Băneasa (1956–58) sollte festgestellt werden, wodurch Maulbeerblätter ersetzt werden können, ohne daß die Kokonproduktion leidet. Die Versuche führten zu folgenden Schlußfolgerungen: Im ersten Lebensabschnitt können 5–7 Tage die Blätter von *Maclura*, *Lactuca* und *Taraxacum* verwendet werden. Bei längerer Verabreichung leidet die Widerstandsfähigkeit, und im dritten Lebensabschnitt beginnt die Sterblichkeit. Solange diese Ersatzpflanzen nur im ersten Lebensabschnitt der Larven verfüttert werden, erkrankten diese nicht; sie entwickeln sich normal und liefern auch eine normale Kokonproduktion. — In Rumänien können die Blätter von *Lactuca* und *Taraxacum* leicht beschafft

werden, da sie stark verbreitet sind. In den Jahren, in denen die Maulbeerblätter durch Spätreif vernichtet werden, können sie die Seidenraupenzucht retten.
M. Casan. 5685.

TIERERNÄHRUNG

B. CHEMISCHE BESTANDTEILE DES TIERKÖRPERS UND DER FUTTERMITTEL

Veerkamp, J. H., Mulder, I. und Deenen, L. L. M. van. Comparison of the fatty acid composition of lipids from different animal tissues including some tumours. **(Vergleich der Fettsäurezusammensetzung der Lipide aus verschiedenen Tiergeweben einschließlich einiger Tumore.)** Biochim. biophysica Acta [Amsterdam] **57** (1962) Nr. 2. S. 299–309.

Aus einer Anzahl von Säugetiergeweben (Maus, Ratte, Kaninchen, Schwein, Pferd, Rind und Schaf) wurden mit Hilfe der Gas-flüssig-Chromatographie die Methylester der Fettsäuren ihrer Neutralfett- u. Phosphatidfraktion getrennt. Es wurde festgestellt, daß die Fettsäurezusammensetzung der Neutralfettfraktionen bei den einzelnen Tierarten nicht einheitlich ist, sich aber innerhalb der Gewebe ein und derselben Tierart weitgehend ähnelt. Im Gegensatz dazu zeigt die Fettsäurezusammensetzung der Phosphatide aus den Geweben ein und desselben Tieres untereinander keine große Ähnlichkeit. Dagegen wurde bei homologen Geweben (einschließlich Tumoren) der verschiedenen Tierarten eine gewisse Übereinstimmung gefunden. Weiter ergab sich, daß innerhalb eines Gewebes in der Fettsäurezusammensetzung der Phosphatidfraktion und der der Lipide, die aus mitochondrialen Membranfragmenten erhalten wurden, eine sehr große Ähnlichkeit besteht.
H. Steger. 7180.

Iwaida, Masahiro und Tsugo, Tomokichi; Tokyo, Univ., Fac. of Agric., Dep. of Agric. Chem. The effect of homogenization on nitrogen distribution in skim milk and Ca-caseinate solutions. **(Der Homogenisierungseffekt auf die Stickstoffverteilung in Magermilch und Ca-Caseinat-Lösungen.)** Agric. biol. Chem. [Tokyo] **25** (1961) Nr. 2. S. 130–136. – Orig.: engl.

Magermilch und Ca-Caseinat-Lösungen wurden vor und nach dem Homogenisieren auf N-Fraktionen analysiert und deren N-Verteilung und Abhängigkeit von der Bearbeitungsintensität untersucht. Aus den Ergebnissen dieser Untersuchungen ließ sich durch das Homogenisieren eine Abnahme des Casein-N-Gehaltes und ein Ansteigen des Nicht-Casein-N nachweisen. Unter den Integredienzien des Nicht-Casein-N war ein rel. starkes Ansteigen des Proteose-Pepton-N zu beobachten. Die Caseinpartikel der Ca-Caseinat-Lösungen enthielten als ihre Bestandteile Proteose-Peptone. Nach dem Homogenisieren wurde ein beträchtlicher Anteil dieser Proteose-Peptone durch mechanischen Aufschluß freigesetzt. Diese Proteose-Peptone unterscheiden sich elektrophoretisch beträchtlich von den im Milchserum enthaltenen Peptonen. Nach dem ultrazentrifugalen Sedimentationsbild zu urteilen werden nicht nur die Proteose-Peptone durch Homogenisieren freigesetzt, sondern auch die Dispersion der Caseinpartikel verändert.
W. Gimmler. 7220.

Jaffé, W. G.; Caracas, Univ. Centr. de Venezuela, Fac. de Ci. **Blutagglutinierende und toxische Eiweißfraktionen aus Bohnen.** Experientia [Basel] **18** (1962) Nr. 2. S. 76–77. — 2 Tab., 12 Lit.

Vf. gelang die Auftrennung der löslichen Proteine aus schwarzen Bohnen (*Phaseolus vulgaris*) in 4 Fraktionen. Davon ist eine in 1%iger NaCl-Lösung löslich, während die übrigen wasserlöslich sind. Die letzteren wurden durch Fraktionierung mit Ammoniumsulfat und Chromatographie an DEAE-Cellulose getrennt. Der Vergleich der hämagglutinierenden Wirkung aller

4 Fraktionen mit ihrer Toxizität bei Mäusen ergab eine LD_{50} von 50 mg/kg Maus für die aktivste Fraktion. Bei Mäusen von 2 verschiedenen Stämmen ergab sich eine unterschiedliche Toxizität, während die Agglutinierung gewaschener Erythrocyten auf der Tüpfelplatte gleich war. Mäuse, bei denen durch Behandlung mit Crotonölfraktionen Papillome erzeugt worden waren, zeigten eine höhere Resistenz als die gesunden Tiere des gleichen Stammes. U. Zelck. 7225.

Work, Elizabeth; London, Twyford Lab. The amino acids of bacterial cell walls. **(Die Aminosäuren von Bakterienzellwänden.)** Biochem. J. **82** (1962) Nr. 3. S. 35P–36P.
Die Zusammensetzung der Zellwände aller Bakterienspecies ist unterschiedlich, gewisse Fraktionen sind ihnen jedoch gemeinsam. Eine trypsinresistente, unlösliche Fraktion kommt in den Zellwänden aller Bakterien (Gram-positive und Gram-negative) vor, die als „Mucopeptid" bezeichnet wird. Alle Mucopeptide enthalten die Hexosamine, Glucosamin und Muraminsäure, zusätzlich große Mengen von Glutaminsäure (gewöhnlich das D-Isomere), Alanin (D- und L-Isomeres) und L-Lysin oder Diaminopimelinsäure. In manchen Species sind auch Glycin oder Asparaginsäure (beide Isomere) Hauptbestandteile. Andere Aminosäuren sind in geringen Mengen anwesend. Die D-Aminosäuren und Diaminopimelinsäure sind zum großen Teil auf die Zellwand beschränkt. Die meisten Aminosäuren scheinen in Form der kurzen Peptidketten zu existieren, die an N-Acetylhexosaminreste gebunden sind.
I. Schröder. 7230.

Larsen, P. Olesen und Kjaer, Anders; Copenhagen, Denmark, Roy. Veterin. and Agric. Coll., Dep. of Org. Chem. 3-(3-carboxy-4-hydroxy-phenyl)-L-alanine (m-carboxy-L-tyrosine), a new amino acid isolated from seeds of Reseda odorata L. **(3-[3-Carboxy-4-hydroxy-phenyl]-L-alanin [m-carboxy-L-tyrosin], eine neue Aminosäure, isoliert aus den Samen von Reseda odorata L.)** Acta chem. scand. **16** (1962) Nr. 1. S. 142–148. — 4 Abb., 10 Lit.
Es wurde aus der freien Aminosäurefraktion der Samen von *Reseda odorata* L. eine neue Aminosäure isoliert. Die Isolierungsmethodik mit Hilfe stark saurer (Zeokarb 225, 4 × 50 cm, in der Säureform) und schwach basischer Ionenaustauscherharze (Dowex 3, 3,2 × 40 cm, in der Acetatform) sowie der Endreinigung durch Rekristallisation aus Wasser wird ausführlich beschrieben. Die Struktur wird durch Elementaranalyse, UV- und Infrarot-Absorptionsspektren sowie andere Daten als 3-(3-Carboxy-4-hydroxy-phenyl)-L-alanin bewiesen. Eine Bestätigung erfolgt durch die Identität mit einer synthetischen Aminosäure. Vff. schließen, daß m-carboxysubstituierte aromatische Aminosäuren in höheren Pflanzen in größerem Maße verbreitet sind als bisher im allgemeinen angenommen wurde. I. Schröder. 7230.

Voigt, J.; Potsdam-Rehbrücke, Inst. für Ernähr. der Dtsch. Akad. der Wiss. zu Berlin. **Glucoseoxydase-Gewinnung, Eigenschaften, Anwendung.** Ernährungsforschung **6** (1961) Nr. 5. S. 563–578. — 3 Abb., 30 Lit.
In einer Übersichtsarbeit werden insbesondere die vielseitigen Anwendungsmöglichkeiten der Glucoseoxydase beschrieben und ein Ausblick gegeben. Neben den manometrischen und photometrischen Glucose-Bestimmungsmethoden, dem Nachweis der Glucose auf dem Papierchromatogramm sowie in Blut und Harn mittels Reagenzpapier werden vor allem die Anwendungen in der Lebensmittelindustrie (Fruchtsäfte, Trockenei, Backwaren, Verpackung) besprochen. U. Zelck. 7300.

Nezu, N., Asano, M. und Ouchi, S. Cerium-144 in food. **(^{144}Ce in der Nahrung.)** Science [Washington] **135** (1962) Nr. 3498. S. 102–103.
Untersuchungen der Vff. in Japan ergaben das Vorkommen von ^{144}Ce in der Nahrung. Die ^{144}Ce-Konzentration lag unter der max. zulässigen Konzentra-

tion. Maximalwerte ergaben sich bei tierischen Knochen und der Venusmuschel. Als Ursache des ^{144}Ce-Gehaltes wird der radioaktive Niederschlag angesehen. Es wird die Methode der ^{144}Ce-Bestimmung beschrieben. Von den aufgearbeiteten ^{144}Ce-Proben wurden das Gammaspektrum, die Absorptionskurve und die Zerfallskurve gemessen. P. Dahms. 7400.

C. UNTERSUCHUNGS- UND VERSUCHSMETHODIK

Becker, W. A. und Chai, C. K. Choice of animals and sensitivity of experiments. **(Auswahl der Tiere und Empfindlichkeit der Versuche.)** Nature [London] **193** (1962) Nr. 4822. S. 1264–1266. — 3 Tab., 18 Lit.

Von W. A. Becker und C. K. Chai wird die Frage diskutiert, nach welchen Prinzipien die Auswahl der Versuchstiere im Sinne einer Erhöhung der Versuchsempfindlichkeit vorgenommen werden soll. Becker schlägt den F-Test (aus der einfachen Varianzanalyse oder aus der Varianz der Regressionskoeffizienten) als Maßstab für die Empfindlichkeit von Versuchen vor. Danach soll der höhere F-Wert von 2 streng miteinander vergleichbaren Versuchen (z. B. Inbred gegenüber F_1-Tieren) Ausdruck für eine größere Versuchsempfindlichkeit sein. Eine andere Möglichkeit bietet der von Chai vorgeschlagene λ-Wert (λ= s/b). Beide Berechnungsverfahren können für die richtige Auswahl des Tiermaterials (F_1 oder Inbred)angewandt werden. H.-D. Bock. 7450.

Lundblad, Arne und Berggard, Ingemar.; Uppsala, Sweden,Univ., Inst. of Med. Chem. Gel filtration of the low molecular weight carbohydrate components of normal urine. **(Gelfiltration der Kohlenhydratkomponenten niederen Molekulargewichts des normalen Harns.)** Biochim. biophysica Acta [Amsterdam] **57** (1962) Nr. 1. S. 129–134. — 2 Abb., 1 Tab., 19 Lit.

Normale Menschenharne wurden der Ultrafiltration unterworfen und das Ultrafiltrat mittels Lyophilisieren auf das 10fache konzentriert (nachdem das Filtrat vorher auf pH 6 eingestellt worden war). In zwei Versuchen wurde vor dem Lyophilisieren noch Harnstoff (mittels Urease) und Salz (durch Elektrodialyse) entfernt. Die Gelfiltration erfolgte an 4 $\times$ 120 cm Säulen, die sorgfältig mit Sephydex G–25 (250–400 mesh) gepackt wurden. Elutionsmenge 20 ml/Std. Aufgebracht wurden 15–30 ml des Konzentrats. Die Elution erfolgte sowohl mit aqua dest als auch mit 0,1 m NaCl. Aufgefangen wurden jeweils 7 ml Fraktionen. Bestimmt wurden Hexose + Methylpentose (Anthronmethode), Methylpentose, Uronsäure, Sialsäure, Hexosamin, Protein und Peptide sowie Chlorid. Es wurden 6 (reproduzierbare) mit Anthron reagierende Kohlenhydratfraktionen gefunden, die alle Methylpentose zu enthalten scheinen. 5 Fraktionen scheinen Uronsäure zu enthalten. Die Analysen auf Hexosamine und auf ninhydrinpositive Substanzen ergaben jeweils 2 Maxima. Eine nähere chemische Charakterisierung soll noch erfolgen. U. Zelck. 7485.

Gee, Mildred und Walker jun., H. G.; Albany, Calif., Western Regional Res. Lab. Gas-liquid chromatography of some methylated mono-, di-, and trisaccharides. **(Gas-flüssig-Chromatographie einiger methylierter Mono-, Di- und Trisaccharide.)** Analyt. Chem. **34** (1962) Nr. 6. S. 650–653. — 7 Abb., 16 Lit.

Vff. untersuchten das gaschromatographische Verhalten einer Anzahl methylierter Zucker, wie Heptamethylsaccharosen, die vollmethylierten Derivate von Saccharose, Raffinose, Melezitose, Maltose, Cellobiose, Melibiose, Glucose, Fructose und die Methanolyseprodukte der Di- und Trisaccharide. Methylierung der Zucker erfolgte mit Silberoxyd und Methyljodid in Dimethylformamid. Bei Anwendung von Al-Säulen mit 2 mm lichter Weite (Länge 5–10 feet) und Konzentrationen der flüssigen polaren Phase von 5–10% wurden eine schnelle Analyse und gute Trennung der Gemische erzielt. Für die Ermittlung verschiedener Verknüpfungsstellen in Kohlenhydraten erwies sich die Gas-flüssig-Chromatographie als sehr vorteilhaft. F.Kreienbring. 7485.

Ough, Lee D.; Clinton, Iowa, Clinton Corn Processing Co., Standard Brands Inc. Paper chromatographic analyses of the disaccharide fraction of 60 dextrose equivalent acid hydrolyzed corn syrup. A study of the separation of eleven glucodisaccharides. **(Papierchromatographische Analyse der Disaccharidfraktion von säurehydrolysiertem Maisstärkesirup mit 60 Dextrose-Äquivalenten. Eine Untersuchung über die Trennung von 11 Glucodisacchariden.)** Analyt. Chem. **34** (1962) Nr. 6. S. 660–664. — 4 Abb., 2 Tab., 28 Lit.

Die 11 möglichen Disaccharide der D-Glucopyranose wurden durch absteigende Papierchromatographie (S. & S. 2043 B u. Whatman Nr. 44) mit mehreren Lösungsmittelsystemen getrennt. Entsprechend der angegebenen Methodik wurde die Disaccharidfraktion von säurehydrolysiertem Maisstärkesirup mit 60 Dextrose (= D-Glucose)-Äquivalenten untersucht und folgende 8 Disaccharide gefunden: Laminaribiose, Nigerose, Maltose, Cellobiose, Kojibiose, β,β-Trehalose, Isomaltose und Gentiobiose. Den überwiegenden Anteil der Fraktion stellte die Maltose. Die quantitative Bestimmung erfolgte colorimetrisch nach der Anthron-Methode. F. Kreienbring. 7485.

Colvin, J. Ross; Ottawa, Ontario, Nat. Res. Council, Div. of Appl. Biol. Synthesis of cellulose from ethanol-soluble precursors in green plants. **(Synthese von Cellulose aus äthanollöslichen Vorstufen in grünen Pflanzen.)** Canad. J. Biochem. Physiol. **39** (1961) Nr. 12. S. 1921–1926. — 6 Abb., 1 Tab., 10 Lit.

Vf. extrahierte aus etiolierten Avena-Koleoptilen sowie aus Erbsenkeimlingen mit 80%igem Äthanol ein mikrofaseriges Material (Elektronenmikroskopie), das resistent gegen Alkali, molare Essigsäure und Extraktion mit Lipoidlösungsmitteln ist. Bei der Säurehydrolyse wurde ausschließlich Glucose gebildet (Papierchromatographie), und das Röntgen-Puder-Diagramm war identisch mit dem eines Standards von mit Alkali behandelter Bakterien-Cellulose. Es wird angenommen, daß es sich bei den Mikrofibrillen um Cellulose handelt, die aus einer löslichen Vorstufe unter Einwirkung eines extracellulären Bakterienenzyms gebildet wird. U. Zelck. 7490.

Tor-Magnus, Enari, Mikola, Juhani und Nummi, Martti; Helsinki, Finland, Lab. of Brewing. Starch gel electrophoresis of basic water-soluble barley grain proteins. **(Stärkegelelektrophorese von basischen wasserlöslichen Gersteproteinen.)** Acta chem. scand. **16** (1962) Nr. 2. S. 517–518. — 2 Abb., 8 Lit.

Während die basische Proteinfraktion papierelektrophoretisch bei pH 8,6 in 4 Komponenten aufgetrennt wird, gestattet die von Vff. angegebene Methode eine Auftrennung dieser Fraktionen in 16 reproduzierbare Banden, die alle native Komponenten der Gerste zu sein scheinen. Bei pH 8,4 erfolgt eine stärkegelelektrophoretische Auftrennung in 2 anodische und 14 kathodische Komponenten. Die präparative Methode zur Reinigung der basischen Proteine wird ausführlich beschrieben. Zur elektrophoretischen Trennung wird eine modifizierte Vertikalmethode von Smithies (vgl. Biochem. J. **71** [1959] Nr. 3. S. 585) angewendet. Die Stärkekonzentration für die Herstellung der Stärkegelplatten beträgt 11,3 g/100 ml Pufferlösung (0,026 Mole H_3BO_3 und 0,014 Mole NaOH/l). Die Trennung erfolgt bei 10 V/cm und 4°, die Anfärbung mit Amidoschwarz B für 10 Min., gewaschen wird 4 bis 5mal.
I. Schröder. 7500.

Chang, L. O., Srb, A. M. und Steward, F. C.; Ithaca, N. Y., Cornell Univ., Dep. of Bot. and Plant Breeding. Electrophoretic separations of the soluble proteins of Neurospora. **(Elektrophoretische Trennungen der löslichen Proteine von Neurospora.)** Nature [London] **193** (1962) Nr. 4817. S. 756–759. — 5 Abb., 15 Lit.

Das lyophilisierte Myzel wurde in der Kälte zu einem feinen Pulver gemahlen und 3mal mit kaltem Petroläther extrahiert. Nach dem Zentrifugieren (—2°)

erfolgte eine weitere Extraktion mit Phosphatpuffer, pH 7. Es folgen Zentrifugieren, Dialysieren, Konzentrieren und Zentrifugieren (Ultrazentrifuge). Die überstehende Lösung wurde der Elektrophorese unterworfen. Die papierelektrophoretische Trennung (vgl. Science [Washington] **121** [1955] S. 829.) führte zur Auftrennung der löslichen Proteine in 6–8 Komponenten, die Stärkegelelektrophorese nach Smithies (vgl. Advands Protein Chem. **14** [1959] S. 65.) in 18 Proteinbanden. Eine kathodische Zone wurde als charakteristischer Unterschied zwischen der wilden Neurospora und einer Mutanten erkannt. Die besten Ergebnisse wurden mit Hilfe der Acrylamidgeltechnik erhalten (25 Zonen). Die Methode wird ausführlich beschrieben.

I. Schröder. 7500.

Bengtsson, C., Hanson, L. Å. und Johansson, B. G.; Gothenburg, Sweden, Univ., Dep. of Bacteriol.; Dep. of Med. Biochem. Immunological studies of modified and enzymically degraded β-Lactoglobulin and α-Lactalbumin. **(Immunologische Studien des modifizierten und enzymatisch abgebauten β-Lactoglobulins und α-Lactalbumins.)** Acta chem. scand. **16** (1962) Nr. 1. S. 127–134. — 6 Abb., 30 Lit.

Es wird über immunoelektrophoretische Studien des chemisch modifizierten und enzymatisch abgebauten α-Lactalbumins und β-Lactoglobulins aus Molke berichtet. Die aufbereiteten Proteine wurden dinitrophenyliert, acetyliert, methoyliert bzw. dem tryptischen Abbau unterworfen. An immunologischem Material wurden Kaninchen-Immunseren gegen Rindermilch und Colostrum verwendet. Die Agargelelektrophorese und Immunoelektrophorese erfolgt nach Grabar und Williams (vgl. Biochim. biophysica Acta [Amsterdam] **10** [1953] S. 193.) bzw Wadsworth und Hanson (vgl. Int. Arch. Allergy appl. Immunol. **17** [1960] S. 165.). Die Studien der modifizierten Proteine zeigen, daß eine Modifikation von Aminogruppen nicht unbedingt die Immunopräzipitationsreaktion mit Antikörpern gegen die nativen Proteine hemmt. Eine Veresterung der Carboxylgruppen der Proteine vermindert die Fähigkeit Immunopräzipitate zu bilden. Bei Versuchen mit tryptischen Hydrolysaten von nativem oder acetyliertem β-Lactoglobulin werden keine Abbauprodukte erhalten, die mit Antikörpern Präzipitate bilden. Ähnliche Versuche mit α-Lactalbumin zeigen mehrere Präzipitationslinien, von denen jedoch nur eine durch das native α-Lactalbumin bedingt wird, während die anderen auf geringe Verunreinigungen zurückgeführt werden können. I. Schröder. 7500.

Schollmeyer, Peter und Klingenberg, Martin.; Marburg, Univ., Physiol.-Chem. Inst. **Über den Cytochrom-Gehalt tierischer Gewebe.** Biochem. Z. **335** (1962) Nr. 5. S. 426–439. — 5 Tab., 50 Lit.

Vff. bestimmten nach einer neuen spektrophotometrischen Methode den Gehalt an den Cytochromen c und c_1 sowie a in ungewaschenen Gewebshomogenaten verschiedener Organe von Ratten, Tauben und Kaninchen sowie in Mitochondrienextrakten und verglichen die Ergebnisse mit denen anderer Autoren. Der höchste Cytochrom c-Gehalt wurde im Herz -und Brustmuskel der Taube gefunden. Zwischen den Tierarten geht der Cytochromgehalt vergleichbarer Muskeln der Stoffwechselintensität etwa parallel. Der Quotient Cytochrom a zu c variiert in den untersuchten Organen zwischen 1,1 und 1,8. Der Cytochromgehalt der isolierten Mitochondrien ist rel. konstant, so daß Differenzen im Gewebegehalt vornehmlich durch Differenzen in der Mitochondriendichte bedingt sind. Bei der Extraktionsmethodik nach Rosenthal und Drabkin wurden in allen Fällen niedrigere Cytochrom c-Gehalte gemessen als bei der parallel durchgeführten direkten Bestimmung.

R. Schiemann. 7510.

Severin, Michel, Casimir, Jean und Renard, Marcel. Dosage des acides aminés par chromatoélectrorhéophorèse. Emploi du réactif de Barollier.

(Chromatoelektrorheophoretische Aminosäurebestimmung [Anwendung des Barollier-Reagens].) Bull. Inst. agronom. Stat. Rech. Gembloux 28 (1960) Nr. 4. S. 445–451. — 6 Tab., 6 Lit.
Die Eignung des Barrollier-Reagens zum Anfärben von Papierelektrorheochromatogrammen wurde geprüft. Das Reagens erwies sich als sehr geeignet. Für Farbkonstanz, Reproduzierbarkeit und Genauigkeit der Methode werden Beleganalysen mit günstigen Werten angeführt.
H. Wolffgang. 7505.

Dubouloz, P., Fondarai, J. und Pavone-Marville, R.; Marseille, France, Fac. de Méd., Lab. de Physique-Biol. Microdosage colorimétrique de la cystéine et de la cystine. **(Colorimetrische Mikrobestimmung von Cystein und Cystin.)** Analyt. chim. Acta [Amsterdam] **26** (1962) Nr. 3. S. 249–252. — 1 Abb., 2 Lit. Zus. in Engl., Dtsch.
Es wird eine Farbreaktion von hoher Empfindlichkeit zur quantitativen Bestimmung von Cystein und Cystin in biologischem Material ausführlich beschrieben. Sie beruht darauf, daß Thiofluorescein in alkalischer Lösung unter Lichteinwirkung entfärbt wird, HS-Gruppen aber wieder eine Farbbildung hervorrufen. Mikromolare Mengen von Cystein und Cystin werden so spektrophotometrisch im sichtbaren Bereich bei 5850 Å bestimmt. Die Herstellung der Thiofluoresceinlösung wird beschrieben.
I. Schröder. 7505.

Cessi, C. und Serafini-Cessi, Franka; Bologna, Italy, Univ., Ist. die Fisica, Gruppo di Biofisica; Ist. di Patol. Gen. The determination of D-galactosamine in the presence of D-glucosamine. **(Die Bestimmung von D-Galactosamin in Gegenwart von D-Glucosamin.)** Biochem. J. **82** (1962) Nr. 3. S. 43 P. — 6 Lit.
Die quantitative Bestimmung erfolgt in 3 Stufen: 1. Kondensation des Aminozuckers mit Acetylaceton zu einem Pyrrol, 2. Abspalten der Seitenkette durch Borat (vgl. Tracey, Biochim. biophysica Acta [Amsterdam] **17** [1955] 159.), 3. Reduktion des entstandenen 2–Methylpyrrols mit p-Dimethylaminobenzaldehyd. Ausführung: Die bei 50 ° im Vakuum eingeengte Lösung (20–100 mg Aminozuckerhydrochlorid enthaltend) wird mit abs. Methanol (0,5 ml), enthaltend 20% Triäthylamin, 6% Acetylaceton und 1% Pyridin, aufgenommen und 16 Std. bei 55° inkubiert. Nach dem Einengen im Vakuum erfolgt eine 20 Min.- Behandlung mit 6 ml Boratpuffer, pH 8,0 ($K_2B_4O_7$, 4 H_2O (50,2 g/l) + H_3BO_3(40,6 g/l), gehalten bei 35°) in kochendem Wasserbad. Nach dem Abkühlen auf 35° werden 2 ml in einem 10 ml Meßkolben, der 8 ml einer äthanolischen Lösung von 0,8% p-Dimethylaminobenzaldehyd und 3,5% HCl enthält, destilliert. Die Extinktion wird bei 550 mμ bestimmt.
I. Schröder. 7510.

Seidel, K.-H. und Krabisch, H.; Karl-Marx-Stadt, Frauenklin., Forschungsstelle. **Eine einfache Methode zur Bestimmung vonAmmonium-Ionen und Harnstoff im Urin.** Pharmazie 17 (1962) Nr. 4. S. 220–221.— 1 Abb., 2 Tab., 2 Lit.
Vff. beschreiben eine Modifikation der Methode von Folin. Dabei werden die Harnproben (es genügen 10 ml) in Gaswaschflaschen gegeben, die in einem Wasserbad von 37–38° stehen. Dann wird ein Luftstrom von 1,2 l/Min. je Probe durchgesaugt und das nach 2 Std. in nachgeschalteten, mit 0,1 n H_2SO_4 beschickten, Waschflaschen absorbierte NH_3 titrimetrisch bestimmt. Die Harnstoffbestimmung erfolgte nach der Ureasemethode in der Apparatur nach Parnas-Wagner. Dazu werden 10 ml Harn einpipettiert, mit einer Ureaseaufschwemmung versetzt und 1 Std. bei 40°C gehalten. Nach anschließendem Versetzen mit 2 n NaOH wird wie üblich destilliert, in 0,1 n H_2SO_4 aufgefangen und titriert. Die Genauigkeit der beiden Bestimmungsmethoden wurde an Hand von Modellmischungen geprüft.
U. Zelck. 7510.

Faillace, L. A. und Bogoch, S.; Boston, Maas., Harvard Med. School, Dep. of Psychiatry; Massachusetts Mental Health Center, Neurochem. Res. Lab. Quantitative separation of human brain glucolipids: isolation of an aminoglycolipid. **(Quantitative Trennung von Menschenhirnglykolipiden: Isolierung eines Aminoglykolipids.)** Biochem. J. 82 (1962) Nr. 3. S. 527–530. — 2 Tab., 25 Lit.

Für die quantitative Trennung von Glykolipid- und Phospholipidfraktionen aus der grauen Substanz der Menschenhirnrinde wird eine säulenchromatographische Methode mit Kieselsäure und einem stufenweisen Elutionsschema beschrieben. 6–12 Std. post mortem erfolgt nach Trennung in graue und weiße Substanz eine Extraktion der Komplexlipide mit heißem Methanol. Das nach beschriebener Aufarbeitung erhaltene Produkt (gelöst in Chloroform) wird auf die Säule gegeben, die nach Weiss (vgl. J. biol. Chemistry **223** [1956] 523.) hergestellt wurde. Es werden 12 Fraktionen unterschieden. Die analytischen Ergebnisse der 12 Fraktionen von 2 Menschenhirnen (Trokkenmasse, N, Hexose und P) zeigen eine gute Reproduzierbarkeit der Methode sowie Ähnlichkeiten und Variationen zwischen individuellen Menschenhirnen. Ein Aminoglykolipid wurde isoliert. Es enthält Neuraminsäure (18–20%), Hexosamin (10,8%) und Hexose (23,8%) in einem angenäherten mol. Verhältnis von 1:1:2 sowie 0,3% P und 2,4% N. I. Schröder. 7515.

Clark, I. Joy; Vancouver, Canada, Univ. of Brit. Columbia, Dep. of Zool. Analysis of essential oils. Part I. Injection system for a gas-liquid chromatography apparatus. **(Analyse von essentiellen Ölen. 1. Mitt. Injektionssystem für eine Gas-flüssig-Chromatographie-Apparatur.)** J. Chromatogr. [Amsterdam] 7 (1962) Nr. 4. S. 433–437. — 2 Abb., 17 Lit.

Es hat sich gezeigt, daß bei der Gas-flüssig-Chromatographie selbst bei Einhaltung optimaler Säulenbedingungen, Temperaturen und anderer wichtiger Faktoren oft keine gute Trennung und Auflösung einzelner Komponenten erreicht werden. Häufig lassen sich diese Mängel beheben, wenn der Probeninjektionstechnik besondere Beachtung geschenkt wird. Es wird eine Apparatur beschrieben, die durch eine besondere Probeneinführung eine vielseitige Kontrolle verschiedener Faktoren, insbesondere Druck und Temperatur des Eingangssystems und die Überprüfung der Probenkonzentration und Probenmenge bei der Injektionsperiode ermöglicht. H. Steger. 7520.

Lea, C. H. und Swoboda, P. A. T.; Cambridge, Low Temperature Res. Stat. Simple vacuum distillation procedure for determination of the volatile carbonyl content of autoxidising edible fats. **(Ein einfaches Vakuumdestillationsverfahren zur Bestimmung des flüchtigen Carbonylgehaltes autoxydierter, eßbarer Fette.)** J. Sci. Food Agric. **13** (1962) Nr. 3. S. 148–158. — 4 Abb., 4 Tab., 22 Lit.

Mit Hilfe eines verbesserten Vakuumdestillationsverfahrens gelingt es bei Anwendung von bis zu 10 g Fett den aliphatischen Aldehydgehalt quantitativ zu bestimmen. Das Verfahren hat den Vorteil, auch die niedrigmolekularen Aldehyde von Propanal bis Dodecanal bis zu einer Konzentration von 0,1 μ mol/g im Fett zu erfassen. Die Apparatur besteht aus einem Destilliergefäß mit eingepaßtem Kühlzapfen und einem geschlossenen Vakuumsystem, mit welchen die Apparatur bis zu einem Druck von 0,01 mm Hg evakuiert werden kann. Die mit Fett beschickte Apparatur wird zunächst auf 1 mm Hg vorevakuiert, nachdem zuvor das Fett mit flüssigem N abgekühlt wurde. Zur Destillation des flüchtigen Carbonylgehalts wird der im Destillationsgefäß befindliche Kühlzapfen mit flüssigem N gefüllt, das Fett unter magnetischer Rührung bis auf 50 °C erwärmt und das Vakuum auf 0,01 mm Hg vermindert. Das Kondensat wird in einer mit flüssigem N gekühlten Vorlage aufgefangen. Der Carbonylgehalt des Kondensates läßt sich in benzolischer Lösung unter alkalischen Bedingungen mit 2,4-Dinitrophenylhydrazin colorimetrisch nach Henick (vgl. J. Amer. Oil Chemists'

Soc. MM **31** [1954] S. 88.; 447.; **33** [1956] S. 35.) bestimmen. Zur gaschromatographischen Bestimmung kann man das Kondensat in einer besonderen Vorlage auffangen (De Bruyn und Schogt: (vgl. J. Amer. Oil Chemists' Soc. **38** [1961] S. 40.) H. Steger. 7520.

Ruggieri, S. Separation of the methyl esters of fatty acids by thin layer chromatography. **(Trennung der Methylester der Fettsäuren durch Dünnschichtchromatographie.)** Nature [London] **193** (1962) Nr. 4822. S. 1282 bis 1283.
Bei der gaschromatographischen Trennung der Methylester von Fettsäuren, die direkt durch Umesterung aus Lipiden dargestellt wurden, stört das Unverseifbare. Mit Hilfe der Dünnschichtchromatographie auf Silicagelplatten gelingt es auf schnelle u. einfache Weise die Methylester von den unverseifbaren Verunreinigungen zu trennen. Als Laufmittel dient Hexan, Diäthyläther, Essigsäure (85:15:1). Der Rf-Wert der Ester liegt sehr hoch (0.85–0.9). Die Lokalisierung der Flecken erfolgt an einem schmalen Streifen entlang der linken Ecke der Platte durch Besprühen mit Dichlorfluorescein und Betrachtung im UV-Licht. Die Methylesterflecken werden abgekratzt und mit Methanol eluiert. H. Steger. 7520.

Smith, Edgar D. und Gosnell, Aubrey B. Gas chromatographic analysis of fatty and chlorinated fatty acids. **(Gaschromatographische Analyse von Fettsäuren und chlorierten Fettsäuren.)** Analyt. Chem. 34 (1962) Nr. 3. S. 438–439.
Bei der Entwicklung einer gaschromatographischen Analysenmethode zur Bestimmung von chlorierten Fettsäuren wurde ein Gemisch von Essig-, Valerian-, Decansäure, Monochlor- u. Dichloressigsäure in einer 1 m langen Cu-Säule, die mit 10% Lac 296 u. 5% Phosphorsäure (85%ig) auf säuregewaschenem Chromosorb W beschickt war, der Trennung unterworfen. Mit der gleichen Säule wurde einmal in einem Perkin Elmer 184 C Dampffraktometer (Thermodetektor) und einem Barber-Colman Chromatographen, Modell 20 mit ^{90}Sr u. ^{226}Ra Ionisationsdetektor analysiert. Der Ionisationsdetektor sprach auf die Reaktion mit Dichloressigsäure wesentlich geringer an als der Thermistordetektor. Mit ^{90}Sr u. ^{226}Ra Detektoren erhielt man für diese Säure unterschiedliche Ergebnisse. Für Monochloressigsäure wurden bei Verwendung dieser Detektoren die theoretischen Werte wiedergefunden. H. Steger. 7520.

Morris jun., W.W., Wilkie, J.B., Jones, S.W. und Friedmann, Leo; Washington, U. S. Dep. of Health, Food and Drug Adm. Differentiation of vitamins D_2 and D_3 by infrared spectrophotometry. **(Differenzierung der Vitamine D_2 und D_3 durch Infrarotspektrophotometrie.)** Analyt. Chem. **34** (1962) Nr. 3. S. 381–388. — 4 Abb., 1 Tab., 15 Lit.
Die Aufnahme des Infrarotspektrums ergab, daß Vit. D_2 ein Absorptionsmax. bei 10,3 Mikron mit einem weiteren kleinen Peak bei 10,4 Mikron besitzt, während Vit. D_3 nur ein solches bei 10,4 Mikron aufweist. Die Art des vorliegenden Vit. kann einmal durch visuelle Auswertung des Spektrums zwischen 10 und 11 Mikron bestimmt werden; ist diese nicht eindeutig, kann die Differenzierung durch spektrophotometrische Neutralisation erfolgen. Die Technik der letzteren ist eingehend beschrieben. Liegen beide Formen nebeneinander vor, kann der Anteil jeder durch das Verhältnis der Absorptionsdifferenzen $(A_{10,3}-A_{10,5})/(A_{10,4}-A_{10,5})$ berechnet werden. H. Ackermann. 7564.

Richter, J.; Berlin, Staatl. Inst. für Arzneimittelprüf. **Die photometrische Bestimmung der antirachitischen Vitamine in Arznei- und Tieraufzuchtmitteln.)** Pharmazie 17 (1962) Nr. 4. S. 213–218. — 8 Abb., 1 Tab.
Es wird eine photometrische Methode beschrieben, die es gestattet, die

antirachitischen Vit. (I) in Arznei- und Tieraufzuchtmitteln auch bei Anwesenheit von Sterinen, Vit. A und E durchzuführen. Sind Vit. A und E nicht vorhanden, jedoch Sterine mit zwei konjugierten Doppelbindungen (z. B. bei bestrahlten Hefen), werden die I durch Messungen der Extinktion bei 2 verschiedenen Wellenlängen (Filter S 50 und S 55) unter Berücksichtigung eines Faktors durch Differenzbildung direkt bestimmt. Bei Anwesenheit von Vit. A. und E können die I nach papierchromatographischer Auftrennung des Unverseifbaren bestimmt werden. Bei der Untersuchung von Lebertran und Fischölen müssen außerdem noch die mit Digitonin fällbaren Sterine entfernt werden. H. Ackermann. 7564.

Balla, I. Uj táblázatos értékelési módszer a B_{12}-vitamin mikrobiológiai meghatározásához. **(Mikrobiologische Beurteilung des Vitamin B_{12} mit Hilfe einer neuen Bestimmungstabelle.)** Mosonmagyaróvári mezögazdasági Akad. Közleménye/Mitt. Akad. Landwirtsch. Mosonmagyaróvár, Ungarn] **1961** Nr. 2. S. 125–133. — Aus: Ung. Agrar-Rdsch. **1962** Nr. 3.

Anstatt des von Harrison und seinen Mitarbeitern angewandten Nomogramms, erarbeitete Vf. zur mikrobiologischen Bestimmung des Vit. B_{12} mit Hilfe von 113 depetenten Stämmen der Escherichiacoli eine Tab. Sie beruht auf einer neuen, vom Vf. ausgearbeiteten Standardserien-Beurteilungsmethode. Unter Anwendung von Standard-Lösungen von 10 verschiedenen Konzentrationen [1,0, 0,1, 0,075, 0,050, 0,025, 0,010, 0,0075, 0,0050, 0,0025, 0,0010 γ/g] sammelte er zur Untersuchung von Substanzen eines geringen Vit. B_{12}-Gehaltes 580 Durchschnittsdaten und stellte mit deren Hilfe seine Tab. auf. Diese hat zwar noch Mängel, kann aber dennoch zur Untersuchung von Substanzen, die wenig Vit. B_{12} und Verunreinigungen enthalten, gut verwendet werden. 7568.

Yagi, Kunio, Kondo, Hiroshi und Okuda, Jun; Nagoya, Univ., School of Med., Dep. of Biochem. A simplified measurement of flavins on filter paper by lumiflavin fluorescence method. **(Eine vereinfachte Messung der Flavine auf Filterpapier mit der Lumiflavin-Fluoreszenz-Methode.)** J. Biochemistry [Tokyo] **51** (1962) Nr. 3. S. 231–232. — 1 Abb., 1 Tab., 2 Lit. Orig.: engl.

Die Methode von Yagi (vgl. J. Biochemistry [Tokyo] **38** [1951] S. 161.) zur Auftrennung der Flavine auf Papierchromatogrammen und Messung derselben mittels Lumiflavin-Fluoreszenz wurde insofern vereinfacht, als die Flavine nicht mehr mit Wasser von 80 °C aus dem Papier extrahiert zu werden brauchen, sondern die quantitative Umwandlung der Flavine in Lumiflavin direkt auf dem Papier durch Zugabe von n NaOH erfolgt. Die Fluorometer-Werte laufen parallel den Original-Mengen an Riboflavin, Flavin-Mononucleotid und Flavin-Adenin-Dinucleotid. Die Arbeitstechnik der modifizierten Methode wird in einer Tab. zusammengefaßt.
J. Wünsche. 7568.

Eränkö, Olavi, Kokko, Aulikki und Söderholm, Ulla; Helsinki, Finland, Univ. of Helsinki, Dep. of Anatomy. Separation of substrate-specific brain esterases by starch-gel electrophoresis. **(Trennung von substratspezifischen Hirnesterasen durch Stärkegelelektrophorese.)** Nature [London] **193** (1962) Nr. 4817. S. 778–779. — 1 Abb., 7 Lit.

Hirn von Albinoratten wurde mit gleicher Menge aqua dest homogenisiert. Das Homogenat wurde gefroren und 6mal aufgetaut, anschließend 15 Min. zentrifugiert. Der Überstand wurde nach der Technik von Makert und Hunter (vgl. Science 125 [1957] S. 1294.; J. Histochem. Cytochem. **7** [1959] S. 42) einer Stärkeelektrophorese unterworfen. Nach der Elektrophorese wurde das Elektropherogramm in 3 gleiche Teile zerschnitten und die Enzyme wurden durch verschiedene Techniken (Lit.) unter Verwendung folgender Substrate sichtbar gemacht: α-Naphthylacetat, α-Naphthylbutyrat, o-Acetyl-5-bromindoxyl, 2,4-Dichlorphenolindophenolacetat, Acetylthiocholinjodid und Butyrylthiocholinjodid. Zur Charakterisierung der einzelnen Banden fanden folgende Inhibitoren Verwendung: p-Nitrophenoldiäthylphosphat, Diisopropylfluorphosphat, Eserin, Acetylcholin u. a. Lediglich Naphthylacetat (5 Banden), Naphthylbutyrat (2 Banden) und Acetylthiocholin (1 Bande) ergaben klare positive Reaktionen. Die Ergebnisse zeigen, daß die Esterasen des Rattenhirns verschiedene Substrat- und oder Inhibitorcharakteristiken haben und sich mit verschiedenen Geschwindigkeiten in der Stärke bewegen, so daß sie elektrophoretisch getrennt werden können. I. Schröder 7580.

Edwards, R. W. H.; London, Inst. of Child Health. Two-dimensional chromatography of corticosteroids. **(2dimensionale Chromatographie von Corticosteroiden.)** Biochem. J. 82 (1962) Nr. 3. S. 48P–49P. — 4 Lit.

Die Bestimmung der Corticosteroide wurde 2dimensional papierchromatographisch mit folgenden Lösungsmitteln durchgeführt: Benzol-Methanol-Wasser (2:1:1) bei 37° mit 1 Std. Sättigung und in der 2. Richtung Ameisensäure-Benzol-tert. Butylchlorid (5:4:1) bei Raumtemperatur mit 4 Std. Sättigung. Die Rf-Koordinaten (%-Einheiten) folgender Corticosteroide werden angegeben: Cortisol (22,32), Cortison (19,53), Aldosteron (70,41), 11-Deoxycortisol (76,95), Corticosteron (48,95), Reichstein's Substanzen E und U (11,10) bzw. (17,19), Cortolon (50,4), Tetrahydrocortisol (THF) (61,19), Tetrahydrocortison (THE) (53,26), Tetrahydro-11-deoxycortisol(THS) (97,77) Tetrahydro11-dehydrocorticosteron (THA) (88,69) u.a. Der Durchschnittsradius beträgt 4 R_f-Einheiten. Die Anwendung des Verfahrens auf die Chromatographie von Urinextrakten ergibt gute Ergebnisse.

I. Schröder. 7595.

Schreiner, H. R.; Tonawanda, N. Y., Linde Co., Union Carbide Corporation, Div., Res. Lab. Chromatography of unstable materials of biological origin. **(Chromatographie instabiler Materialien biologischen Ursprungs.)** J. Chromatogr. [Amsterdam] 7 (1962) Nr. 4. S. 573–576. – 1 Abb., 1 Tab., 2 Lit.

Für viele in wäßriger Lösung und gegen O_2 empfindliche Materialien biologischer Herkunft ist die Aufbewahrung bei tiefen Temperaturen unter N_2 sinnvoll. Am Beispiel der chromatographischen Reinigung der Nitratreduktase wird der Aufbau einer kleineren einfachen Arbeitskammer erläutert, bei der es möglich ist, mit einem Fraktionssammler und den Chromatographiesäulen unter N_2 zu arbeiten und die einzelnen Fraktionen sofort mit flüssigem N_2 einzufrieren. Die Kammer läßt sich auch für andere Verfahren, z. B. präparative Elektrophorese, unter Inertgas verwenden.

F. Kreienbring. 7610.

Chauton, J. C. Procédé de chromatographie sur papier entre plaques de verre. Application à la séparation de la 3,5-di-iodo-thyronine et de la 3,5,3,'-tri-iodo-thyronine. **(Verfahren der Chromatographie auf Papier zwischen Glasplatten. Auftragung zur Trennung von 3,5-Dijodthyroxin und 3,5,3'-Trijodthyroxin.)** J. Chromatogr. [Amsterdam] 7 (1962) Nr. 3. S. 341 bis 345.

Es wird ein neuartiges Verfahren der Papierchromatographie zwischen Glasplatten beschrieben, das den Vorteil besitzt, auch bei Verwendung von sehr flüchtigen Lösungsmitteln arbeiten zu können. Da das ganze System vollständig geschlossen ist, gelingt es, auf kleinstem Raum eine hervorragende Kammersättigung zu erzielen. Das Prinzip der Methode ist folgendes. Das in Streifen geschnittene Chromatographiepapier wird zwischen 2–5mm dicke Glasplatten gelegt, die mit Dimethyldichlorsilan bestrichen sind. Rechts und links des eingelegten Chromatographiestreifens legt man in einem gewissen Abstand je einen Streifen gewöhnliches Filtrierpapier. Das Chromatographiepapier taucht in die mobile Phase, die beiden Filtrierpapierstreifen in die stationäre Phase ein, wodurch eine einwandfreie Kammersättigung erreicht wird. Um die Brauchbarkeit des Verfahrens zu demonstrieren, wird eine Trennung von DL-Thyroxin (I), 2,3-Dijod-DL-thyroxin (II) und 3,5,3'-Trijodthyroxin (III) auf Whatman 3MM beschrieben. Als Fließmittel wird mit 2n NH_4OH gesättigter tert. Amylalkohol (1:1) vorgeschlagen. Das mit tert. Amylalkohol gesättigte 2n Ammoniak wird zur Sättigung der seitlichen Papierstreifen verwendet. Nach einer Laufzeit von 20, besser von 40 Std. wird eine gute Trennung erreicht. Das Arbeiten zwischen Platten hat auch den Vorteil, daß man eine Zone eines Chromatogrammes, wo die einzelnen Komponenten noch wenig gut voneinander getrennt sind, ausschneiden und das auf einen anderen Papierstreifen gelegte Papiersegment erneut chromatographieren kann.

H. Steger. 7610.

Nilsson, Anna; Uppsala, Sweden, Nat. Animal Exp. Stat. Fractionation of some plant estrogens and their animal excretion metabolites on dextran gels. **(Fraktionierung einiger Pflanzenoestrogene und ihrer tierischen Exkretionsmetaboliten an Dextrangelen.)** Acta chem. scand. **16** (1962) Nr. 1. S. 31–40. — 11 Abb., 19 Lit.

Vf. fraktionierten mit Hilfe der beschriebenen Gelfiltrationstechnik (Sephadex G-25) konjugierte und freie Metaboliten von Biochanin A sowie ihre tierischen Exkretionsprodukte nach i. p. Injektion. Es wurden 4 Isoflavone (Biochanin A, Genistein, Formononetin, Daidzein) synthetisiert, Biochanin A wurde mit Tritium markiert. Nach Injektion von Biochanin A wurden Urin und Faeces der Ratte in der Zeit von 0–48 Std. nach Injektion gesammelt und untersucht. Die Urinproben und Faecesextrakte wurden direkt bzw. nach beschriebener Vorbehandlung auf die Säule gegeben. Die Identifizierung der Isoflavone erfolgte papierchromatographisch in verschiedenen Lösungsmittelsystemen. Weiter wurden bestimmt: Glucuronide, S-Ester, Harnstoff, NaCl, jeweils mit Lit. Die Radioaktivität wurde in einem Ekco 612 Flüssigkeitsscintillationszähler bei $-20°$ gemessen. Die Trennung an Sephadex G–25 wird durch unterschiedliche Absorption am Gel bewirkt, nicht durch eine Molekularsiebwirkung. I. Schröder. 7610.

Picard, Jaques; Paris, France, Hôpital des Enfants Malades, Lab. d' Étude de l'Os et de la Croissance; Tours et École Nat. de Méd., Lab. de Biochim. Séparation des phosphodérivés de l'adénosine et des mucopolysaccharides acides par chromatographie sur papier. **(Trennung der Phosphoderivate des Adenosins und der Mucopolysaccharidsäuren durch Papierchromatographie.)** J. Chromatogr. [Amsterdam] **7** (1962) Nr. 2. S. 223–227. — 3 Abb., 1 Tab., 17 Lit. Zus. in Engl.

Es werden Methoden (1 und 2dimensionale sowie chromatoelektrophoretische) zur Trennung von Adenosinmonophosphat, -diphosphat, -triphosphat (AMP, ADP, ATP), Adenosin-5-Phosphosulfat (APS), 3-Phosphoadenosin-5-phosphosulfat (PAPS), Heparin, Chondroitinsulfat (CHS) und Sulfaten beschrieben. Während Heparin und Sulfate 1dimensional getrennt werden, werden AMP, ADP, ATP, und CHS sowie APS, PAPS und Sulfate (autoradiographisch) 2dimensional bzw. chromatoelektrophoretisch getrennt. Die Technik ist auf die Trennung von Nucleotiden und Sulfoderivaten sowie von Mucopolysacchariden anwendbar. I. Schröder. 7610.

Wagner, H., Hörhammer, L. und Dengler, B.; München, Univ., Inst. für Pharmaz. Arzneimittellehre. **Dünnschichtchromatographie von Ubichinonen.** J. Chromatogr. [Amsterdam] **7** (1962) Nr. 2. S. 211–215. — 2 Abb., 20 Lit.

Vff. entwickelten durch Kombination zweier Systeme eine Methode zur Identifizierung und quantitativen Bestimmung von Ubichinonen in tierischen Organen ohne vorhergehende Reinigung. Die Rohlipoidextrakte (Aceton) werden auf Kiesel G-Platten aufgetragen und die Ubichinone im 1. System Benzol-Chloroform (1:1) von den anderen Lipoidbestandteilen abgetrennt. Durch Behandlung mit Rhodamin B-Lösung kann ein Nachweis im UV-Licht erfolgen. Zur weiteren Auftrennung der Ubichinone erfolgt eine Elution aus der 1. Platte und eine 2. Chromatographie auf einer paraffinierten 2. Kieselgelplatte im System Aceton-paraffingesättigtes Wasser (9:1). Als Testsubstanzen werden U_{30}, U_{35}, U_{40}, U_{45} und U_{50} in Aceton verwendet. Die Entwicklung erfolgt nach der Sättigung bis zu einer Laufhöhe von 10 cm. Die Anfärbung erfolgt durch Besprühen mit gesättigter Lösung von Sb-III-Chlorid in Chloroform und anschließendes Trocknen (10 Min.) bei 110°. Die Flecke erscheinen bei Normallicht grauviolett auf weißem Grund, im UV-Licht dunkelbraun fluoreszierend. I. Schröder. 7610.

Raaflaub, J.; Bern, Schweiz, Univ., Pharmakol. Inst. **Über die Basizität der Knochenmineralien.** Experientia [Basel] 17 (1961) Nr. 10. S. 443–444. — 2 Tab., 7 Lit.
Vf. fand, daß die anorg. Salze des Knochengewebes stark basischen Charakter haben. Die quantitative Bestimmung der Basenäquivalente erfolgte durch einfache Titration mit 0,005 n H_2SO_4 (bis pH 7,4 ± 0,02), nachdem das Knochenpulver (je 4 mg) in 20 cm^3 0,05 m Na-Citrat gelöst und 24 Std. unter Luftabschluß geschüttelt wurde (nach Abzentrifugieren des kollagenen Materials wurde die überstehende Lösung untersucht). Pro mMol Ca werden dabei 0,82 m Äquiv. Base in Freiheit gesetzt. Die zahlenmäßige Erfassung des eminent basischen Charakters der Knochenmineralien weist darauf hin, daß die Mobilisierbarkeit von Knochenbasen offensichtlich ein wesentliches Glied eines physiologischen Regulationsmechanismus zur Aufrechterhaltung der pH-Konstanz bzw. zur Regenerierung der Alkalireserve des Blutes darstellt. U. Zelck. 7630.

Kuck, J. A., Berry, J. W., Andreatch, A. J. und Lentz, P. A.; Stamford, Conn., Cyanamid Co. Microdetermination of carbon and hydrogen using nondispersive infrared and thermal conductivity analysis. **(Mikrobestimmung von Kohlenstoff und Wasserstoff bei Anwendung nicht-disperser Infrarot — und Wärmeleitfähigkeits-Analyse.)** Analyt. Chem. **34** (1962) Nr. 3. S. 403–407.
Vff. beschreiben eine Methode zur Bestimmung von C und H_2 in Proben von 0,5–4 mg. Die Proben werden in einem Verbrennungsrohr bei 850 °C verbrannt; die Verbrennungsgase werden mit konstantem Volumen (250 ml) gesammelt. Die C-Bestimmung erfolgt über die CO_2-Konzentration in einem Infrarot-Analysator; H_2, der durch Reaktion des Oxydationswassers mit CaH_2 gebildet wird, wird in einer Wärmeleitfähigkeitszelle gemessen. Beleganalysen weisen eine große Genauigkeit der beschriebenen Methode nach. L. Hoffmann. 7650.

Mabasa, jun., C. A., Calo, L. L., Lopez, A. B. und Covar, R. R.; Univ. of Philippines, Coll. of Agric. Determination of the digestibility of forage with plant chromogenes as indicator. **(Die Bestimmung der Verdaulichkeit von Weidegras mit Pflanzenfarbstoffen als Indikator.)** Philippine Agriculturist **45** (1961) Nr. 4 S. 188–195. 3 Tab., 9 Lit.
Mit Hilfe des Indikators Chromogen wurden bei Weidegras und einigen anderen Gräsern im Vergleich zur konventionellen Methode brauchbare Verdaulichkeitswerte erhalten. 7760.

Lusk, J. W., Browning, C. B. und Miles, J. T.; Mississipi State Univ., State Coll., Dairy Dep. Small-sample in vivo cellulose digestion procedur for forage evaluation. **(Ein Kleinproben-Celluloseverdauungsverfahren in vivo zur Futterbewertung.)** J. Dairy Sci. **45** (1962) Nr. 1. S. 69–73. — 2 Abb., 3 Tab., 21 Lit.

Das klassische Verfahren der Verdaulichkeitsbestimmung wurde mit einer Methode verglichen, bei der in 3 Parallelen gemahlene Futterproben von je 3 g in 2–4 Zoll großen Nylonsäckchen (Porenweite 6–11 μ) intraruminal via Fistel 48 Std. (Leguminosenheu) bzw. 72.Std. (Grasheu) inkubiert wurden. Durch eine besondere Halterung wird eine konstante Lage der Nylonsäckchen im ventralen Pansenteil ermöglicht. In zahlreichen Versuchen mit Luzerne, Hafer, Johnsongras, Sojabohnen und Coastel Bermuda (verschiedene Düngungen und Schnittzeiten) fanden Vff. eine signifikante Beziehung zwischen den Cellulose-Verdauungskoeffizienten beider Verfahren. Der berechnete und gesicherte Korrelationskoeffizient beträgt 0,83. Ist x = Celluloseverdaulichkeit in % nach der klassischen Methode und y = Verdaulichkeit nach dem Kleinprobenverfahren, so konnte folgende Regressionsgleichung aufgestellt werden: $y = 4{,}86 + 0{,}7947\,x$. H. H. Budzier. 7765.

Powell, Richard C., Plough, Irvin C. und Baker, Eugene M.; Denver, Colo., Fitzsimons Gen. Hospital, U. S. Army Med. Res. and Nutrit. Lab. The use of nitrogen to creatinine ratios in random urine specimens to estimate dietary protein. **(Die Anwendung des Stickstoff/Kreatinin-Verhältnisses in zufälligen Urinproben zur Bestimmung des Nahrungsproteins.)** J. of Nutrit. **723** (1961) Nr. 1. S. 47–52. — 3 Abb., 1 Tab., 12 Lit.

In von 6 jungen Männern, die bestimmte Protein-Diäten erhielten, in bestimmten Zeitabständen (3, 4 oder 5 ständige Intervalle) gesammelten Urinproben wurden N (Mikro-Kjeldahl-Methode) und Kreatinin (Jaffe-Reaktion) bestimmt. Es ergab sich eine Korrelation zwischen N/Kreatinin-Verhältnis (g N/g Kreatinin) im Urin und der Vorhersage der täglichen N-Aufnahme. Vff. halten diese Methode zur Orientierung über die Proteinaufnahme größerer Menschengruppen für bes. geeignet. H.-D. Bock. 7785.

Hartfiel, W.; Bonn, Univ., Inst. für Tierzucht und Tierfütter. **Zur Bewertung von Futtermitteln im Tierversuch mit Hühnern. 2. Mitt. Energie- und Kohlenstoffbestimmungen in frischen und unterschiedlich getrockneten Exkrementen bei Verwendung von nassem Ausgangsmaterial.** Arch. Tierernähr. **11** (1962) Nr. 6. S. 441–452. — 4 Abb., 5 Tab., 14 Lit. 1. Mitt. vgl. LZ. Abt. III **7** (1962) Nr. 5. S. 1040.

Vf. ermittelt den Kaloriengehalt von Hühnerexkrementen, die folgenden Trocknungsmethoden unterworfen waren: Trockenschrank, 65 °C (I); Luftstrom, 20–25 °C (II); Vakuumtrockenschrank, 35 °C (III); Gefriertrocknung, –18 °C (IV); Verbrennung ohne Trocknung mit Dimethylformamid-Zusatz (V). I zeigte die größten und IV die geringsten Energieverluste. Die Differenzen zwischen II, III und IV waren sehr gering (0,6–2,1%). Eine Verbrennung der nassen Substanz (V) blieb unvollständig (schwarzer Rückstand) und ergab die geringsten Energiewerte. Der Einfluß der verschiedenen Trocknungsverfahren (I–IV) auf den C-Gehalt der Exkremente war sehr gering. I ergab etwas höhere C-Werte als die auf gleicher Höhe liegenden C-Gehalte von II, III und IV. H. Bergner. 7819.

Gillespie, P. J.; Purdysburn, Belfast, Montgomery House, Northern Ireland Radiotherapy Centre, Physics Dep. Radioactive content of some cattle thyroids following the recent Russian nuclear tests. **(Der radioaktive Gehalt von einigen Rinderschilddrüsen nach den neuen russischen Kernwaffentests.)** Nature [London] **193** (1962) Nr. 4818. S. 892–893. — 1 Abb., 1 Tab.

Vf. hat anläßlich der sowjetischen Kernwaffentests 1961 Messungen der Radioaktivität (β- u. γ-Strahlung) der Schilddrüsen von Färsen in Nordirland durchgeführt. Die Färsen waren kurze Zeit vor und nach dem Tag, an dem der max. radioaktive Niederschlag über Nordirland zu verzeichnen war, von der Weide genommen worden. An Hand der Abklingkurven konnte nachgewiesen werden, daß die Strahlung dem ^{131}J zuzuschreiben ist. Vf. weist auf die Beziehung Jodaktivität der Schilddrüse–Milchaktivität hin, die zur Abschätzung der Milchaktivität verwendet werden könnte. Es wird auf die mögliche Gefahr hingewiesen, die beim Aufarbeiten dieser Schilddrüsen durch die Strahlung des ^{131}J erwachsen kann. P. Dahms. 7830.

Rapkim, E. und Gibbs, J. A. A system for continuous measurement of radioactivity in flowing streams. **(Eine Einrichtung für die kontinuierliche Messung der Radioaktivität in fließenden Strömen.)** Nature [London] **194** (1962) Nr. 4823. S. 34–36.
Vff. beschreiben eine Meßanordnung zur Bestimmung der ^{14}C- und Tritiumaktivität in einer zirkulierenden Flüssigkeit oder in einem Gasstrom. Der Detektor besteht aus einem mit Anthrazenkristallen gefüllten Glasrohr, welches zwischen 2 in Koinzidenz geschalteten Photovervielfachern angeordnet ist. Der Detektor ist an ein Spektrometer oder Ratemeter anzuschließen. Die Zählausbeute kann für ^{14}C bis zu 50% sein, für Tritium 1–3%. Vff. erwähnen die Anwendung der Meßanordnung in Verbindung mit einem Aminosäure-Analysator und bei Gärprozessen. P. Dahms. 7830.

D. ERNÄHRUNGSPHYSIOLOGIE

Verdauungsphysiologie

Sullivan, Maurice F. Absorption from gastrointestinal tract of the rat after x-irradiation. **(Die Resorption aus dem Magendarmkanal der Ratte nach Röntgenbestrahlung.)** Amer. J. Physiol. **201** (1961) Nr. 6. S. 1013–1016. — 6 Abb., 1 Tab., 23 Lit.
Mit Hilfe einer Perfusionstechnik in situ wurde der Einfluß einer Röntgenbestrahlung auf die Resorption von Glucose, Xylose und Fett untersucht. Die Resorptionshemmung infolge der Bestrahlung war bei Glucose und Xylose nach 3 Tagen am stärksten ausgeprägt. Zu diesem Zeitpunkt bestanden jedoch nach der Einwirkung von 900 und 1500 r keine bedeutenden Unterschiede im Hemmeffekt bei der Glucose, obwohl die histologischen Veränderungen bei der hohen Dosis wesentlich stärker ausgeprägt waren. Eine Vorbehandlung mit Cystein oder AET (S-(2-aminoäthyl)-isothiouronium-bromid-hydrobromid) schützte gegen eine Bestrahlung mit 900 r, nicht jedoch gegen 1500 r. Vf. schließt aus den Ergebnissen, daß sowohl aktive wie auch passive Transportmechanismen bei der Zuckerresorption durch Röntgenbestrahlung gestört werden. Die Fettresorption konnte durch Röntgenstrahlen nicht beeinflußt werden. H. Gürtler. 7852.

Schanker, Lewis S. und Tocco, Dominick J.; Bethesda, Md., Nat. Inst. of Health; Nat. Heart Inst., Lab. of Chem. Pharmacol. Some characteristics of the pyrimidine transport process of the small intestine. **(Einige Charakteristiken des Pyrimidintransportprozesses durch den Dünndarm.)** Biochim. biophysica Acta [Amsterdam] **56** (1962) Nr. 3. S. 469–473. — 4 Tab., 12 Lit.
Es werden einige Charakteristiken des aktiven Pyrimidintransports durch die Wand des Dünndarms beschrieben und gezeigt, daß dieser Prozeß sowohl beim Hamster und Frosch als auch bei der Ratte existiert. Für die in vitro durchgeführten Versuche wird der obere Teil des Dünndarms verwendet. Die Aufarbeitung erfolgt nach der Methode von Wilson und Wiseman (vgl. J. Physiol. [London] **123** [1954] S. 116.) Als Pyrimidinderivat findet das 2-^{14}C-Uracil Verwendung, das nach der Technik von Cotlove (vgl. Federation Proc. **14** [1955] S. 32.) bestimmt wird. I. Schröder. 7852.

McCarthy, R. D.; University Park, State Univ. of Pennsylvania, Dep. of Dairy Sci. A review of control of milk composition. The importance of rumen metabolism in relation to milk composition. **(Ein Überblick über die Steuerung der Milchzusammensetzung. Die Wichtigkeit des Pansenstoffwechsels in Beziehung zur Milchzusammensetzung.)** J. agric. Food Chem. **10** (1962) Nr. 2. S. 126–131. — 8 Tab., 45 Lit.
In diesem Sammelreferat macht Vf. auf die Bedeutung des Pansenstoffwechsels, insbesondere des der ruminalen Mikroorganismen für den Gesamtstoffwechsel aufmerksam. Es wird an Hand der Literatur der Zusammenhang zwischen den flüchtigen Fettsäuren und deren Relation zueinander und der Syntheseleistung für Protein, Kohlenhydrate und Fett gezeigt. Das Zustandekommen pathologisch-physiologischer Zustände wird erläutert und der Einfluß der Futterzusammensetzung auf die Pansengärung und die tierische Leistung demonstriert. Unter Einbeziehung bisher unveröffentlichten Zahlenmaterials und hypothetischer Ansichten will Vf. auf die derzeitige Forschungsrichtung auf diesem Gebiet hinweisen.
H. H. Budzier. 7862

Shaw, J. C. Nutritional physiology of the rumen. **(Ernährungsphysiologie des Pansens.)** VIII. int. Tierzuchtkongr. Hamburg **1961** Hauptber. S. 29–56. — 4 Tab., 117 Lit. Zus. in Franz., Dtsch.
Vf. berichtet über die Beeinflussung des bakteriellen Stoffwechsels im Pansen, um Futterverwertung und tierisches Produkt zu verbessern. — Die flüchtigen Fettsäuren (FFS) werden im Pansen resorbiert (nur Buttersäure z. T. als Milchsäure). Propion- und Buttersäure bilden Kohlenhydrate. Essig- und β-Hydroxybuttersäure sind die Hauptvorstufen des Milchfettes, wobei beide unterschiedlich wirken. Von Bedeutung ist das Verhältnis Essigsäure:Propionsäure. (Wird letztere auf Kosten der ersten gebildet, so steigert sich der Anteil an ungesättigten Fettsäuren im Milch- und Körperfett), verengert sich das Verhältnis, so erhöhen sich die Gewichtszunahmen bei Ochsen um 18%. Dies wird auf die geringere Wärmebildung von Propionat gegenüber Acetat zurückgeführt. Die Zunahme von Propionsäure wird z. B. durch kleinere Mengen von erhitzem Mais bei Luzerneheufütterung hervorgerufen. Die Eiweißverdaulichkeit stieg um 20%. Eine Veränderung der Mikroflora ging einher. Da weniger gutes Raufutter noch lange der Hauptenergielieferant in der Rinderfütterung sein wird, ist die weitere Forschung auf diesem Gebiet von großer ökonomischer Bedeutung. B. Piatkowski. 7862.

Eadie, J. Margaret und Hobson, P. N.; Bucksburn, Aberdeen, Rowett Res. Inst. Effect of the presence or absence of rumen ciliate protozoa or the total rumen bacterial count in lambs. **(Wirkung der Gegenwart oder Abwesenheit von Ciliaten-Pansenprotozoen auf die Gesamtzahl von Pansenbakterien bei Lämmern.)** Nature [London] **193** (1962) Nr. 4814. S. 503–505. — 1 Tab., 4 Lit.
In 2 Versuchen wurden jeweils 2 Lämmer vom 3. Lebenstag an von anderen Tieren streng isoliert gehalten (**I**) und deren Rumenmikroflora mit der eines parallel bei gleichen Fütterungsbedingungen unter normaler Haltung (**II**) aufgezogenen Lammes verglichen. Letzteres wurde bis zur 19. Lebenswoche zusätzlich wöchentlich einmal mit Schafpansenprotozoen intraruminal beimpft. Die mit Formalin fixierten Pansenproben wurden mit Hilfe einer Zählkammer auf 3 Gruppen hin, nämlich „Große Bakterien“ (Quin's-Organismus, große Selenomonaden, große Coccen) (G), *Oscillospira* (O), „Kleine Bakterien“ (alle übrigen Keime) (K), ausgewertet. **I**-Tiere konnten bis zum Versuchsende (etwa 2½ Jahre) protozoenfrei gehalten werden. In beiden Experimenten wurden bei **I** bedeutend mehr O- und K-Keime gefunden als bei **II**. Die G-Gruppe war dagegen bei **II** stärker vertreten. Nach Inokulation von **I**-Tieren mit Pansenprotozoen stellten sich innerhalb weniger

Tage praktisch die gleichen Verhältnisse ein wie sie für die II-Tiere typisch waren. Die Ergebnisse sprechen für die schon gemachte Beobachtung, daß bei entfaunisierten Ruminatien infolge quanti- und qualitativer Verschiebungen die Bakterienflora die physiologischen Aufgaben der Protozoen übernehmen kann. H. H. Budzier. 7862.

Gaumont, Robert und Raynaud, Pierre; Reims, Lab. de Zool.; Toulouse, France, Inst. de Physiol. La culture in vitro des Ciliés commensaux du rumen du mouton. **(Lebendkultur von Ciliaten-Kommensalen des Schafpansens.)** C.R. hebd. Séances Acad. Sci. **254** (1962) Nr. 17. S. 3131–3133. — 3 Lit.

Die Untersucher zeigen die Möglichkeit einer in vitro-Kultur von Pansenciliaten der Wiederkäuer unter Verwendung einer mineralischen isotonischen Lösung (Hungate) mit Amidon und Cellulose in Form von Filtrierpapier. Die Rolle des Amidons ist bestimmend, da diese Substanz als Reizmittel für eine Teilung der Ciliaten *Diplodinium* und *Ophryoscolex* wirkt. Die Ciliaten greifen aktiv die Filterpapierstreifen an, die vollständig zerfallen. Dieser Versuch zeigt die Wichtigkeit der Ciliaten bei der mechanischen Zerkleinerung der festen Celluloseteilchen. R. Neseni. 7862.

Tamate, H., McGilliard, A. D., Jacobson, N. L. und Getty, R.; Ames, Iowa, Dep. of Animal Sci. and Veterin. Anatomy. Effect of various dietaries on the anatomical development of the stomach in the calf. **(Die Wirkung verschiedener Futterstoffe auf die anatomische Entwicklung des Kälbermagens.)** J. Dairy Sci. **45** (1962) Nr. 3. S. 408–420. — 3 Abb., 3 Tab., 21 Lit.

27 neugeborene Kälber wurden in 3 Gruppen (I Milch, II Milch, Heu + Getreide, III Milch + andere Substanzen) unterteilt und die Entwicklung der Vormägen zu verschiedenen Zeitpunkten untersucht. Die Tiere der Gruppe II zeigten die rascheste Entwicklung der Pansenkapazität und der Papillaren und eine Zunahme des Lebergewichtes entsprechend des Körperwachstums. Außerdem wurde bei den Tieren dieser Gruppe eine Pigmentablagerung in der Pansenschleimhaut festgestellt. Eine Einführung von Milch in den Pansen stimuliert das Wachstum der Papillaren. Bei Einführung von Schwämmchen wird die Entwicklung der Pansenkapazität und der -muskulatur angeregt, nicht die der Papillaren, die der Papillaren wiederum von mindestens 43 M (30 M = 2,5 kg) C_3- oder C_4-Säure während der ersten 8 Wochen. Kälber, die flüchtige Fettsäuren erhielten, begannen im Alter von 7 Tagen wiederzukauen, ganz gleich, ob sie Schwämmchen (0,5 inch^3) erhielten oder nicht. B. Piatkowski. 7862.

Weller, R. A., Pilgrim, A. F. und Gray, F. V.; Adelaide, South Australia, Univ., C.S.I.R.O., Div. of Biochem. and Gen. Nutrit. Digestion of foodstuffs in the rumen of the sheep and the passage of digesta through its compartments. III. The progress of nitrogen digestion. **(Verdauung der Futterstoffe im Pansen des Schafes und der Durchgang der Digesta durch dessen einzelne Abteilungen. 3. Mitt. Der Verlauf der Stickstoff-Verdauung.)** Brit. J. Nutrit. **16** (1962) Nr. 1. S. 83–90. — 2 Abb., 5 Tab., 7 Lit. 2. Mitt. vgl. LZ. Abt. III **5** (1960) Nr. 2. S. 315.

Merinoschafe wurden mit Weizenheu oder mit Luzerneheu einmal tägl. 14 Tage lang gefüttert und dann zu verschiedenen Zeiten nach der Fütterung geschlachtet. Der Pansen- + Haubeninhalt und der Inhalt des Blättermagens wurden gesammelt und analysiert. Aus den Mengen an Pflanzen-N, Mikroben-N und löslichem N ging hervor, daß bei beiden Fütterungsregimen unmittelbar nach der Fütterung der planzl. N sehr schnell angegriffen wird, entsprechend der schnellen Vermehrung der Mikroorganismen. Bei Verfütterung von Luzerneheu war der Anteil des Protozoen-N am Mikroben-N etwas höher als bei Weizenheu-Fütterung. Ein Vergleich der N-Verteilung im Pansen- und Blättermageninhalt ließ erkennen, daß das in den Blättermagen eintretende

Material schon gut verdaut war. In den Pansen 4 Std. vor der Fütterung injiziertes Polyäthylenglycol passierte den Magen schneller als Lignin. Über die Art und Weise des Durchgangs der Digesta vom Pansen in den Blättermagen wird diskutiert. J. Wünsche. 7862.

Clarke, R. T. J.; Palmerston North, Dep. of Sci. and Ind. Res., Plant Chem. Div. A proteolytic rumen anaerobe. (A note). **(Ein proteolytischer Pansen-Anaerobier.)** New Zealand J. agric. Res. **4** (1961) Nr. 3/4. S. 298–299. — 7 Lit.

Clostridium bifermentans wurde aus dem Rinderpansen isoliert. Es ist nicht toxisch und verflüssigt schnell Gelatine. Aus der Glucose wird hauptsächlich Essigsäure gebildet. Ameisensäure und Milchsäure, Spuren von Propionsäure, Buttersäure und Bernsteinsäure und eine geringe Gasmenge entstehen auch durch dieses Clostridium. Der Organismus wurde in ziemlich großen Mengen im Pansen neuseeländischer Kühe gefunden. Es kann möglich sein, daß der Sporenbildner in der Pansen-Proteolyse einige Bedeutung hat. K.-J. Rojahn. 7862.

Bredon, R. M. und Marshall, B.; Entebbe, Uganda, Animal Health Res. Centre. Selective consumption by stall-fed cattle and its influence on the results of a digestibility trial. **(Die selektive Futteraufnahme durch Milchvieh bei Stallfütterung und der Einfluß auf die Ergebnisse eines Verdauungsversuches.)** East African agric. Forestry J. **27** (1962) Nr. 3. S. 168–172. — 4 Tab., 25 Lit.

In Versuchen mit 12 Zebuochsen wurde eine selektive Rauhfutteraufnahme festgestellt und an 6 weiteren Ochsen der Einfluß auf die Verdaulichkeit untersucht. Durch die Selektion ist hauptsächlich die Aufnahme des Rohproteins und des Rohfettes erhöht und die der Rohfaser erniedrigt. Entsprechend veränderten sich die VK, wenn die Futterrückstände nicht analysiert wurden. Die Auswirkungen auf die praktische Fütterung werden diskutiert. W. Jentsch. 7862.

Dougall, H. W.; Kitale, Kenya, Grassland Res. Stat. Effects of terramycin on the composition of sheep faeces. **(Der Einfluß von Terramycin auf die Zusammensetzung des Schafkotes.)** East African agric. Forestry J. **27** (1962) Nr. 3. S. 173–175. — 1 Abb., 1 Tab., 3 Lit.

In Versuchen mit einem Hammel (Versuchsfolge: 16 Tage Vorperiode, 14 Tage Terramycin-Behandlung, 14 Tage 1. Nachperiode und 14 Tage 2. Nachperiode) wurde bei Verabreichung von 1,56 g Terramycin/Tag zu einer Heuration festgestellt, daß der Rohasche-, Si-, P- und der Rohproteingehalt im Kot erniedrigt und der N-fr.-E-Gehalt entsprechend erhöht ist. Der Einfluß des Terramycins auf den Asche- und N-fr-E.-Gehalt des Kotes klingt in der 1. Nachperiode ab und in der 2. Nachperiode entsprechen die Gehalte denen der Vorperiode. Der Rohproteingehalt entspricht bereits in der 1. Nachperiode dem der Vorperiode. Die Differenzen in der Verdaulichkeit sind jedoch gering und erklären nicht die Wirkung der Antibiotica. W. Jentsch. 7862.

Isaev, V. I. (Issajew, W. I.); Nowotscherkassk, Zootechn. und Veterinärmed. Inst. Farmakologičeskaja ocenka nekotorych protivobrodil'nych veščestv. **(Pharmakologische Bewertung einiger Antigärungsmittel.)** Veterinarija, Moskva **39** (1962) Nr. 2. S. 53–55. — 2 Tab.

Vf. untersuchte die pharmakologische Wirkung von Milchsäure, Ichtiol, Formalin, Kerosin und Kuhmilch auf die Pansenmikroflora sowie ihren Einfluß auf die Verhinderung von Gärungsprozessen. Die Wirkung der einzelnen Medikamente wird beschrieben. In jedem Falle ist es richtig, die Mittel direkt in den Pansen zu geben. W. Plaschke. 7862.

Jančařík, Antonín; Uhříněves, Výzkumný Ústav Živočišné Výroby ČSAZV, Pracoviště Fyziol. Výživy Hospodářských Zvířat. Vylučování chlóru do slezu telete po požití technologicky upraveného mléka. **(Chlorausscheidung in den Kalblabmagen nach der Aufnahme der technologisch verarbeiteten Milch.)** Živočišná Výroba **8(35)** (1962) Nr. 2. S. 71–78. — 2 Abb., 2 Tab., 13 Lit. Zus. in Russ., Dtsch.

In Versuchen mit Saugkälbern wurde festgestellt, daß die pasteurisierte und egalisierte sowie die pasteurisierte und entfettete Kuhmilch im Vergleich mit der nativen Kuhmilch weniger intensiv auf die Ausscheidung des Chlors in den Labmagen wirkt. Pasteurisierte acidophile Voll- und Magermilch wirken auf die Chlorausscheidung in den Labmagen des Kalbes ähnlich wie saure Milch, hergestellt mittels einer Reinkultur von *Streptococcus cremoris, citrovorus* und *peracitrovorus*. Die Veränderungen im Chlorhaushalt des Organismus von Kälbern nach Aufnahme technologisch bearbeiteter Milch äußern sich am meisten bei den schwächsten und jüngsten Kälbern. F. Svoboda. 7862.

Feliński, Leon; Szczezecin, Wyższa Szkoła Rolnicza, Katedra Fizjol. Zwierząt. Wpływ mocznika na motorykę przewodu pokarmowego u owiec. **(Der Einfluß von Harnstoff auf die Motorik des Verdauungskanals von Schafen.)** Acta physiol. polon. **13** (1962) S. 191–201. — 6 Tab., 17 Lit. Zus. in Russ., Engl.

Die Zugabe von Harnstoff verminderte die Stärke der einzelnen Pansenkontraktion, steigerte die Stärke der Blinddarmkontraktionen, blieb aber ohne signifikanten Einfluß auf die Tätigkeit des Zwölffingerdarms. Die verminderte Häufigkeit der Kontraktionen hatte ein Nachlassen ihrer Stärke zur Begleiterscheinung. Die durchschnittliche Zahl der Kontraktionen während einer Kontrollstunde betrug: Pansen 60,8; Zwölffingerdarm 54,3; Blinddarm 25,8; die Kontraktionsstärke betrug: Pansen 15,3 cm, Zwölffingerdarm 4,6 cm, Blinddarm 7,1 cm Wassersäule. H. Hoffmannowa. 7862.

Krogh, Nils; Oslo, Norwegian Veterin. Coll., Dep. of Med. Studies on alterations in the rumen fluid of sheep, especially concerning the microbial composition, when readily available carbohydrates are added to the food. I. Sucrose. **(Untersuchungen über Veränderungen im Pansensaft vom Schaf unter besonderer Berücksichtigung der mikrobiologischen Zusammensetzung bei Zusatz von leicht verfügbaren Kohlenhydraten zum Futter. 1. Mitt. Saccharose.)** Acta veterin. scand. **1** (1959) Nr. 1. S. 74–97. — 4 Abb., 3 Tab., 13 Lit. Zus. in Norweg., Dtsch.

Nichttragende Mutterschafe mit Dauerfisteln erhielten eine reine Heufütterung (2 × tägl.), die Versuchstiere zusätzlich vormittags nach der Pansensaftentnahme die Rohrzuckerlösung (bis 500 g Saccharose tägl.) intraruminal verabreicht. Bei hohen Zuckergaben verschwanden aus der Pansenpopulation bzw. wurden stark reduziert die Protozoen, Gram-positiven (G+) Coccen, Streptococcen und Hefeähnliche („yeast like"), eine starke Zunahme erfuhren die Hefen und Gram + Stäbchen. Die Dynamik zeigte mehr eine spontane als eine stetige Entwicklung. Der Einfluß auf die pH-Veränderung ist besonders den Gram + Stäbchen, weniger den Gram + Coccen zuzuschreiben, die offenbar an der Aciditätsverschiebung weniger beteiligt sind. Die Saccharosetoleranz ist selbst beim selben Tier sehr unterschiedlich. Wird die Zuckergabe abgesetzt, so normalisieren sich die mikrobiellen Verhältnisse im Pansen schnell. H. H. Budzier. 7862.

Cullison, A. E.; Athens, Univ. of Georgia. Effect of physical form of the ration on steer performance and certain rumen phenomena. **(Wirkung der physiologischen Form der Ration auf die Leistung von Bullen und einige Pansenphänomene.)** J. Animal Sci. **20** (1961) Nr. 3. S. 478–483. — 6 Tab., 11 Lit.

Es wurden zerkleinerte und pelletierte Rationen zum Füttern verwendet. In dem 1. Experiment verglich man Bermudaküstenheu in langer, gehäckselter und pelletierter Form, wie es bei der Winterfütterung für Kälber verwendet wird. Bei den anderen beiden Versuchen verglich man eine Körnerration in einer konventionellen, einer geschroteten und pelletierten Form für Jungbullen. Keine normale Rumination wurde bei den Tieren bemerkt, die nur pelletierte Rationen bekamen. Ein bemerkenswert niedriger pH-Wert im Pansen ist bei den Tieren gefunden worden, die ausschließlich pelletierte Rationen erhielten. Eine unzulängliche Sekretion von Speichel wurde als Erklärung dieses Phänomens angeführt. K.-J. Rojahn. 7862.

Golovač, V. N. (Golowatsch, W. N.); Lwow, Forsch.-Inst. für Ackerbau und Tierzucht der Westl. Bezirke der Ukrain.SSR. Azotistye veščestva vmestimogo rubca krupnogo rogatogo skota. **(Stickstoffgehalt im Panseninhalt der Rinder.)** Vestnik sel'skochozjajstvennoj nauki, Kiev 4 (1961) Nr. 8. S. 111–113. — 2 Abb., 1 Tab., 3 Lit. Orig.: ukrain., Ausz.: russ.

In Versuchen an 3 Jungochsen stellte Vf. mittels Pansenfisteln eine Zunahme der N-Verbindungen im Panseninhalt in der Grünfütterungsperiode bei Verfütterung von Wick-Hafer-Gemenge bzw. Grünmais fest. Nach Verabreichung von Grünmais stiegen Gesamt- und Eiweiß-N im Pansen stark an. Applikation von $(NH_4)_2SO_4$ in den Pansen nach der Fütterung bewirkte eine Zunahme des Eiweiß-N im Panseninhalt. H.-D. Bock. 7862.

Månsson, Ingmar und Olsson, Bertil; Stockholm, Sweden, Roy. Veterin. Coll., Dep. of Bacteriol. and Epizootiol.; Dep. of Animal Nutrit., Genetics and Hyg. The intestinal flora of pigs. II. Further quantitative studies of coliforms, enterococci, and clostridia in the faeces of pigs self-fed a high-protein and high-calcium diet. **(Die Darmflora von Schweinen. 2. Mitt. Weitere quantitative Untersuchungen der Coliformen, Enterokokken und Clostridien in den Faeces von Schweinen bei Fütterung einer eiweiß- und calciumreichen Kost.)** Acta Agric. scand. 11 (1961) Nr. 3/4. S. 257–264. — 1 Abb., 3 Tab., 4 Lit. 1. Mitt. vgl. LZ. Abt. III 7 (1962) Nr. 7. S. 1456.

Nach Fütterung einer eiweißreichen (146 g verd. Protein je FE) und Ca-reichen (17,5 g Ca und 9,4 g/P/kg) Nahrung ist die Anzahl von *Cl. perfringens* in den Faeces gegenüber der Kontrolle deutlich erhöht (log 5,64 bzw. 2,48). Signifikant höher liegen auch die Zahlen der Coliformen (6,5 bzw. 5,6). Keine Unterschiede zeigen die Enterococcen und die pH-Werte. Im Dünndarm der Versuchstiere wurde im Gegensatz zu den Kontrolltieren eine größere Anzahl von *Cl. perfringens* gefunden (post mortem-Untersuchungen). 60 Tage nach Versuchsbeginn erhielten die Versuchstiere mit dem Trinkwasser Zn-Sulfat (100 mg Zn/Tag zur Abheilung einer nur bei diesen aufgetretenen Parakeratosis, die mit einem Absinken des Appetits verbunden war. Die Darmflora wurde durch Zn nicht verändert, ebensowenig wie durch die Verabreichung von Coli- und Enterococcenkulturen. Diskutiert werden Zusammenhänge zwischen der Veränderung der Darmflora und dem Auftreten der Parakeratosis. W. Goldbach. 7870.

Månsson, Ingmar und Olsson, Bertil; Stockholm, Sweden, Roy. Veterin. Coll., Dep. of Bacteriol. and Epizootiol.; Dep. of Animal Nutrit., Genetics and Hyg. The intestinal flora of pigs. III. The effect of dietary zinc on the number of coliforms, enterococci, and clostridia in the faeces of pigs self-fed a high-protein and high-calcium diet. **(Die Darmflora von Schweinen. 3. Mitt. Die Wirkung von Zink in der Nahrung, auf die Zahl der Coliformen, Enterococcen und Clostridien in den Faeces von Schweinen bei Fütterung einer eiweiß- und calciumreichen Kost.)** Acta Agric. scand. 11 (1961) Nr. 3/4. S. 265–269. — 1 Abb., 3 Tab., 7 Lit. 2. Mitt. vgl. vorst. Ref.

Die in einer früheren Untersuchung beobachtete Parakeratosis bei Fütterung einer eiweiß- und Ca.-reichen Nahrung bleibt aus, wenn dem Futter Zn zugesetzt wird. Unbeeinflußt vom Zn bleiben die für diese Kost typischen

Änderungen der Darmflora (Erhöhung der Zahlen für Clostridien und Coliformen) und die tägliche Zuwachsrate. Das Futter enthielt 50 ppm Zn als $ZnCO_3$. W. Goldbach. 7870.

Poljakov, I. I. (Poljakow, I. I.) Perevarivanie korma v tonkich kiškach kur. **(Die Verdauung des Futters in den Dünndärmen der Hühner.)** Izvestija Timirjazevskoj sel'skochozjajstvennoj akademii, Moskva **1961** Nr. 5. S. 237 bis 240. — 4 Tab., 4 Lit. Zus. in Engl.
Die aus dem Duodenum einer Henne mittels Fistel je Std. erhaltene Darmsaftmenge beträgt im Mittel 6,7 ml mit 0,6 ml festen Bestandteilen. Die Reaktion des Darmsaftes ist sauer; nach Fütterung einer Mehlmischung oder Hirse betrug der pH-Wert 4,67 bzw. 5,50. Die proteolytische Aktivität nach Mette betrug 2,0 bzw. 1,9 mm, die lipolytische Aktivität 0,7 bzw. 1,4 ml n/10 Lauge. Im Duodenum geht die Kohlenhydrat-, Protein- und Fettspaltung vor sich. H.-D. Bock. 7872.

Intermediärer Stoffwechsel

Pritchard, G. I. und Tove, S. B. Interrelationships between the metabolism of short-chain fatty acids by ruminant liver slices. **(Gegenseitige Beziehungen zwischen dem Stoffwechsel von kurzkettigen Fettsäuren in Wiederkäuerleberschnitten.)** Biochem. biophysica Acta [Amsterdam] **41** (1960) Nr. 1. S. 130–137. 7910.

R-Candela, R., Martin-Hernandez, D., Castilla-Cortazar, T. und R-Candela, J. L.; Madrid, Inst. „G. Marañón". Passage of glucose through the uterine muscle in relation to the surface area. **(Die Passage von Glucose durch den Uterusmuskel in Beziehung zu dessen Oberfläche.)** Nature [London] **193** (1962) Nr. 4822. S. 1292. — 1 Tab., 3 Lit.
Wird die Aufnahme von Glucose durch den Uterusmuskel untersucht, so spielt seine unterschiedliche Oberfläche eine größere Rolle als sein Gewicht. Es ergibt sich dabei folgende Gleichung der linearen Regression: $Y = 0{,}54\,X + 126 \cdot 4$ ($X = mm^2$ der Oberfläche, Y = Glucoseaufnahme in mcg). Können die Ergebnisse wegen technischer Schwierigkeiten nicht auf die Oberfläche des Gewebes bezogen werden, so ist es sehr günstig, Tiere völlig gleicher Merkmale zu verwenden, d. h. es sind sehr ähnliche Muskeloberflächen und damit im Zusammenhang stehend gleiche Gewichte des Gewebes zu beachten.
E.-R. Franke. 7910.

Adachi, Kenji, Chow, Donald C. und Rothman, Stephen; Chicago, Ill., Univ., Argonne Cancer Res. Hospital. Metabolism of glycogen in skin and the effect of radiation. **(Der Glykogenstoffwechsel in der Haut und der Einfluß von Strahlen.)** Science [Washington] **135** 1962) Nr. 3499. S. 216–217. — 1 Tab., 7 Lit.
Mittels ^{14}C-Glucose wurde die Biosynthese von Glykogen in der Haut von Hunden in 6 Versuchen mit Salz-(**I**) und 8 Versuchen mit Blutdurchströmung (**II**) in vivo nachgewiesen. Die Aktivität im Glykogen ist bei **I** etwa 7-fach höher als bei **II**. Die Behandlung mit x-Strahlen in erythemalen Dosen erhöht den Einbau von aktiver Glucose in Glykogen um durchschnittlich 90% (36–140%), was wahrscheinlich auf eine Gleichgewichtsstörung der Enzyme zurückzuführen ist. W. Jentsch. 7910.

Wertheimer, Ernst und Shafrir, Eleazar. Influence of hormones on adipose tissue as a center of fat metabolism. **(Einfluß der Hormone auf das Fettgewebe als Zentrum des Fettstoffwechsels.)** Recent Progr. Hormone Res. **16** (1960) S. 467–495.
In einem Übersichtsref. wird die Bedeutung des Fettgewebes für den Fettstoffwechsel herausgestellt und unter Einbeziehung neuester Forschungs-

ergebnisse über den Einfluß der Hormone auf die Lipogenese berichtet. Das Fettgewebe ist der Sitz aktiven Stoffwechsels, der durch nervöse und endokrine Faktoren geregelt wird. Die Ansicht, daß das Fettgewebe gegenüber der Leber in dieser Beziehung eine untergeordnete Rolle spielt, kann nicht mehr aufrecht erhalten werden. Das Fettgewebe hat die Aufgabe, die Glucoseenergie des Organismus zu erhalten. Die Kohlenhydrate sind die reichste Quelle der Bildung von Fettsäuren. Insulin begünstigt die Umwandlung der Kohlenhydrate in Fett. Cortison vermindert die Lipogenese. Die Einflüsse, welche die Hypophyse, Nebennierenrindenhormone, Thyroxin und andere hormonale Effekte auf das metabolische Geschehen des Fettgewebes ausüben, werden im einzelnen dargestellt und ein möglicher Mechanismus der hormonalen Regulation des Energiestoffwechsels diskutiert.

H. Steger. 7920.

Ball, Eric G. und Cooper, Octavia; Boston, Mass., Harvard Med. School, Dep. of Biol. Chem. Studies on the metabolism of adipose tissue. III. The response to insulin by different types of adipose tissue and in the presence of various metabolites. **(Untersuchungen über den Stoffwechsel von Fettgewebe. 3. Mitt. Die Reaktion auf Insulin durch verschiedene Typen von Fettgewebe und in Anwesenheit verschiedener Metabolite.)** J. biol. Chemistry **235** (1960) Nr. 3. S. 584–588. — 3 Abb., 3 Tab., 15 Lit. 2. Mitt. vgl. LZ. Abt. III **5** (1960) Nr. 1. S. 152.

Vff. untersuchten in der Warburgapparatur unter 5% CO_2 in Luft auf manometrischem Wege den Einfluß von Insulin auf den Umsatz von verschiedenen Kohlenhydraten (Glucose, Fructose, Mannose, Galaktose) und sonstigen Metaboliten (Acetat, Pyrurat, Propionat, Glucose-6-phosphat, Malonat, Glycerin) durch Fettgewebe verschiedener Körperteile von männlichen und weiblichen Ratten. Bei weißen Fettgeweben (epididymales, mesenteriales und perinephritisches) bewirkte Insulin eine Steigerung der CO_2-Bildung aus Glucose, Fructose und Mannose, nicht dagegen aus Galaktose und den anderen Metaboliten. Die Fettsynthese aus den Kohlenhydraten durch Insulinzusatz war jedoch bei braunem Fettgewebe nicht eindeutig. Im Ausmaß der Insulineinwirkung auf die Kohlenhydratverwertung durch Fettgewebe besteht eine Abhängigkeit zum Alter der Tiere. R. Schiemann. 7920.

Masoro, E. J.; Boston, Mass., Tufts Univ., School of Med., Dep. of Physiol. Biochemical mechanisms related to the homeostatic regulation of lipogenesis in animals. **(Biochemische Mechanismen, die zu der homeostatischen Regulation der Fettbildung in Tieren in Beziehung stehen.)** J. Lipid Res. **3** (1962) Nr. 2. S. 149–164. — 164 Lit.

Übersichtsreferat. Die Arbeit ist in folgende Abschnitte gegliedert: Wirkung des Hungerns auf die Fettbildung; Einfluß des Fressens auf die Fettbildung; Wirkung des Nahrungsfetts auf die Fettbildung; Fettbildung und Diabetes mellitus; Wirkung von Kältebehandlung auf die Fettbildung; Fettsäuresynthese durch die laktierende Milchdrüse; biochemische Daten, die noch nicht zur physiologischen Regulation in Beziehung stehen; endokrine Versuche, die noch nicht zur physiologischen Regulation in Beziehung stehen. — In einer Gesamtzusammenfassung sind die möglichen biochemischen Mechanismen, die an der Regulation der Fettbildung beteiligt sind, übersichtlich zusammengestellt. Vf. stellt besonders heraus, daß die weitere Forschung auf diesem Gebiet nicht nach dem Mechanismus suchen sollte, durch den der Kohlenhydratstoffwechsel mit der Fettsäurebildung verbunden ist. Vielmehr dürften multiple Wechselwirkungen zwischen Kohlenhydratstoffwechsel und Lipogenese bestehen, die im einzelnen noch nicht vollständig aufgeklärt sind und zu weiteren Forschungsarbeiten anregen sollten.

R. Schiemann. 7920.

Winnick, R. E., Lis, H. und Winnick, T.; Rehovoth, Israel, Weizmann Inst. of Sci. Biosynthesis of gramicidin S. I. General characteristics of the process in growing cultures of Bacillus brevis. **(Die Biosynthese von Gramicidin S. 1. Mitt. Allgemeine Charakteristik des Vorganges in wachsenden Kulturen von Bacillus brevis.)** Biochim. biophysica Acta [Amsterdam] **49** (1961) Nr. 3. S. 451–462. — 7 Abb., 3 Tab., 17 Lit.

B. brevis hat die Fähigkeit das cyclische Decapeptid Gramicidin S, dessen Aminosäuresequenz bekannt ist, in Gegenwart von 5 Aminosäuren L-Leucin, D-Phenylalanin, L-Prolin, L-Valin und L-Ornithin zu synthetisieren. Die als radioaktive Isotope zugesetzten Aminosäuren werden leicht in das cyclische Polypeptid inkorporiert. Die Bestimmung des Gramicidin S erfolgt auf Grund der antibiotischen Aktivität gegenüber *E. coli*. Es werden in 3 Tagen 150 mg/l erhalten. Das Peptid wird völlig innerhalb der Zelle konzentriert. Strukturähnliche Analogen gewisser Aminosäuren hemmen die Produktion der antibiotischen Aktivität und die Inkorporation natürlicher Substrate in die Gramicidinfraktion, während das Wachstum und die Proteinsynthese rel. wenig beeinflußt werden. Dagegen bewirken Pyrimidinderivate wie 5-F-uracil (20 mg/l) und 5-Br-uridin (80 mg/l) eine Hemmung des Wachstums und Proteinbildung, während die antibiotische Aktivität ansteigt. Bei einer Konzentration von 40 mg 5-F-uracil/l wird sowohl die Gramicidin S-Bildung als die Proteinsynthese gehemmt. Vff. schließen auf verschiedene Mechanismen der Gramicidin- und der Proteinbiosynthese. Zwischenstufen konnten nicht erfaßt werden. I. Schröder. 7930.

Winnick, R. E. und Winnick, T.; Rehovoth, Israel, Weizmann Inst. of Sci. Biosynthesis of gramicidin S. II. Incorporation experiments with labeled amino acid analogs, and the amino acid activation process. **(Die Biosynthese von Gramicidin S. 2. Mitt. Inkorporationsexperimente mit markierten Aminosäureanalogen und der Aminosäureaktivierungsprozeß.)** Biochim. biophysica Acta [Amsterdam] **53** (1961) Nr. 3. S. 461–468. — 4 Tab., 18 Lit.

1. Mitt. vgl. vorst. Ref.

Suyama (J. Osaka City Med. Center **9** (1960) S. 1321.) zeigte, daß Extrakte von *B. brevis*, der Gramicidin J synthetisiert, aktivierende Enzyme für verschiedene Aminosäuren enthält. Vff. berichten über Experimente mit Gramicidin S synthetisierenden Organismen (*B. brevis-ATCC* 9999 und *E. coli*-Stamm W), um die Untersuchungen von Suyama zu wiederholen und zu ergänzen. In den Versuchen wurden zu den wachsenden Kulturen markierte Aminosäureanalogen hinzugesetzt und gezeigt, daß im Prozeß der Gramicidinbildung ein gewisser Grad von Substratspezifität besteht. D-Phenylalanin konnte in beschränktem Umfang durch DL-Thienylalanin ersetzt werden, während bei radioaktivem DL-p-Fluorphenylalanin und DL-Norleucin die Konz. der Isotope im Polypeptid abnahm. Gewisse Analogen von Valin, Ornithin und Prolin wurden nicht in Gramicidin inkorporiert. Die Untersuchungen mit Zellextrakten ergaben eine Übereinstimmung mit der Ansicht, daß die Aminosäureaktivierung die Primärstufe in der Gramicidinsynthese darstellt. Die Methoden zur Isolierung von Gramicidin, des Cellularproteins, der Proteinfraktionen, der Test für die Aminosäureaktivierung sowie die Herstellung der Extrakte der Bakterienzellen werden teilweise beschrieben, teilweise wird auf Lit. verwiesen. I. Schröder. 7930.

Scholefield, P. G.; Montreal, Quebec, McGill-Montreal Gen. Hospital, Res. Inst. Competition between amino acids for transport into Ehrlich ascites carcinoma cells. **(Antagonismus zwischen Aminosäuren beim Transport in Ehrlich-ascites-Karzinomzellen.)** Canad. J. Biochem. Physiol. **39** (1961) Nr. 11. S. 1717–1735. — 4 Abb., 13 Tab., 15 Lit.

Vf. untersucht die Anwendbarkeit der Gesetze der Enzymkinetik des Aminosäurentransportes in Asciteszellen und prüft, ob die angewandten klassischen Gleichungen sicher auf die Wechselwirkung zwischen den Aminosäuren während des Transportes angewendet werden können. Die Ehrlich-asciteszellen wurden 6–7 Tage nach i. p. Injektion (bei Mäusen) von 0,4 ml Ascitesflüssigkeit wie beschrieben gewonnen. Die Inkubationszeit in einer Ca-freien Krebs-Ringer-Phosphatlösung (unter Zusatz von markierten und unmarkierten Aminosäuren) betrug bei 37° 45 Min. Die Inkubation wurde durch Abkühlung unterbrochen und die Zellen auf alkohollösliche Aminosäuren untersucht. In weiteren Versuchen wurde der Einfluß von Aminosäuren auf die Inkorporation von Glycin und Methionin in die alkoholunlösliche Fraktion bestimmt. Ergebnis: Der kumulative Eintritt von Aminosäuren in die Karzinomzellen ist der Gegenwart aktiver Transportsysteme zuzuschreiben. Verschiedene Aminosäuren und Aminosäureanalogen scheinen eine Affinität zum selben Transportsystem zu haben, wodurch der Transport von anderen Aminosäuren gehemmt wird (durchReaktion als kompetitiver Inhibitor oder kompetitives Substrat). Der Verlust an Methionin aus Asciteszellen läßt sich durch einen Diffusionsprozeß (entspr. dem Ficks Gesetz) erklären. Die Leucinanreicherung ist gering und steigt nach Zugabe gewisser anderer Aminosäuren, wobei die Zunahme nicht der Hemmung der Leucinoxydation zuzuschreiben ist. Die kinetischen Aspekte der Ergebnisse werden diskutiert.
I. Schröder. 7930.

Dagley, S., White, A. E., Wild, D. G. und Sykes, J.; Leeds, Univ., Dep. of Biochem.; Sheffield, Univ., Dep. of Biochem. Synthesis of protein and ribosomes by bacteria. **(Synthese von Protein und Ribosomen durch Bakterien.)** Nature [London] **194** (1962) Nr. 4823. S. 25–27. — 2 Abb., 21 Lit.

Um zur Klärung der Frage der antibiotischen Wirkungsweise von Chloromycetin (Chloramphenicol) (**I**) beizutragen, wurde untersucht, inwieweit **I** in den Stoffwechsel der Proteinsynthese eingreift. Die von Bakterien unter **I**-Belastung synthetisierte Ribonucleinsäure (RNS) ist offenbar nicht mit der identisch, die ohne solche Belastung produziert wird. Es wird diskutiert, ob es sich bei dem **I**-Effekt nur um eine Blockierung der Endphase der Proteinsynthese handelt oder ob **I** sich lediglich auf die Stoffwechselstabilität der RNS auswirkt. H. H. Budzier. 7930.

Gerlach, E., Dreisbach, R. H. und Deuticke, B.; Freiburg/Br., Univ., Physiol. Inst. **Entstehung von Nucleosiden, Purinen und Pyrimidinen in der Rattenniere bei Sauerstoffmangel.** Naturwissenschaften **49** (1962) Nr. 4. S. 87–88. — 1 Abb., 1 Tab., 2 Lit.

Es wird der Abbau von Tri- und Diphosphonucleotiden über die Monophosphatstufe hinaus an in situ vollständig ischämisch gemachten Rattennieren untersucht. Da kein nachweisbarer Abbau von RNS und DNS zu Mononucleotiden stattfindet, ist die vorübergehende Anreicherung von Mononucleotiden sowie die Bildung von Nucleosiden, Purinen und Pyrimidinen in ischämischen Rattennieren als die ausschließliche Folge des Abbaus freier Nucleosidtri- und -diphosphate aufzufassen. Es wird ein Schema für die Abbaustufen der Nucleotide angegeben. H. Kreienbring. 7960.

Dam, H.; Kopenhagen, Dänemark, Danmarks Tekn. Højskole, Afd. for Biokem. og Ernaering. **Cholesterin-Stoffwechsel und Gallenstein-Bildung im Tierversuch. Einfluß von Fetten und Kohlenhydraten.** Fette, Seifen, Anstrichmittel **64** (1962) Nr. 3. 193–198. — 6 Abb., 8 Tab., 15 Lit.

2 Gruppen von jungen Goldhamstern erhielten folgende Diät, bzw. mit 20 mg% d,l-α-Tocopherolacetat versetzt: 74,3 g Saccharose, 20,0 g Casein, 5,0 g Salzgemisch (USP. XIII, Nr. 2) ,0,5 g Vit. gemisch, 0,2 g Cholinchlorid. Bei der Sektion fand man bei 16 von 18 Tieren, die nach 87 Tagen getötet wurden.

Gallensteine. 2 Haupttypen wurden beobachtet: weiße bis hellgelbe krist. Steine, fast nur aus Cholesterin bestehend und pigmentierte amorphe Steine, die fast kein Cholesterin enthalten, aber durch einen hohen Gehalt an Ca, P und Salzen von Gallensäuren charakterisiert sind. Es wurde gefunden, daß die Neigung zur Bildung von Cholesterin-Gallensteinen bei Hamstern am größten ist, wenn die Nahrung fettfrei ist und ein schnell resorbierbares Kohlenhydrat, wie Glucose, Fructose, Galactose oder Saccharose enthält. Geringe Fettmengen sowie Reisstärke und Lactose schützen gegen Cholesterinbildung, wobei die Schutzwirkung der untersuchten Fette mit steigender Ungesättigtheit zunimmt. Geprüft wurden: Schweineschmalz, Sojabohnenöl und Dorschlebertran, jeweils 2% Zusatz. Eine Diät, welche Cholesterinsteine in Lösung bringt bzw. eine Bildung verhindert, wird angegeben. Die Schutzwirkung der genannten Stoffe sowie der Mechanismus der alimentären Gallensteinbildung beim Hamster und seine mögliche Relation zur Gallensteinbildung beim Menschen werden diskutiert. I. Schröder. 7960.

Energiewechsel

Karnackaja, O. I. (Karnazkaja, O. I.); Kiew, Versuchsstat. für Tierzucht. Obmen veščestv i ènergii u moločnogo skota v zavisimosti ot sostava grubych kormov raciona. **(Stoff- und Energiewechsel bei Milchvieh in Abhängigkeit von der Zusammensetzung des Rauhfutters in der Ration.)** Vestnik sel'skochozjajstvennoj nauki, Kiev **4** (1961) Nr. 8. S. 81–85. — 4 Tab. Orig.: ukrain., Ausz.: russ.

Ersatz von 30, 50 bzw. 70% Leguminosen-Gramineen-Heu durch Gerstenstroh in der Ration von Jungrindern im Alter von 8–10 Monaten, von 16 bis 18 Monaten bzw. von Färsen und Kühen verminderte die Verdaulichkeit aller Nährstoffe außer Rohfaser und N nur geringfügig. Die Verdaulichkeit der Rohfaser und des verd. N wurden erhöht. Negative Einflüsse auf Zunahmen der Jungrinder bzw. Milchleistungen der Kühe wurden dabei nicht beobachtet. Bei nach Gesamtnährstoffen und Mineralstoffen ausbalancierter Fütterung und bei Senkung der Norm an verd. Rohprotein um 16–20% war der Aufwand an FE/kg Zuwachs beim Jungrind bzw./kg Milch bei der Kuh in beiden Versuchsgruppen gleich. Der Ersatz eines Teils des Heus durch Stroh ist also bei ausgeglichenen Rationen möglich; jedoch muß im Winter Silage von guter Qualität und im Sommer genügend Grünfutter zur Schaffung von Vitaminvorräten im Organismus verabreicht werden. H.-D. Bock. 8000.

Danielson, Lennart und Ernster, Lars; Stockholm, Univ., Wenner-Gren-Inst. Lack of relationship between mitochondrial oxidative phosphorylation and the dicoumarol-sensitive flavoenzyme „DT diaphorase“ or „vitamin K reductase“. **(Das Fehlen einer Beziehung zwischen mitochondrialer oxydativer Phosphorylierung und dem Dicumarol-empfindlichen Flavinenzym „DT-Diaphorase“ oder „Vitamin K-Reduktase“.)** Nature [London] **194** (1962) Nr. 4824. S. 155–157. — 1 Abb., 2 Tab., 15 Lit.

An Taubenlebermitochondrien, die frei von „DT-Diaphorase“ sind, untersuchten Vff. die Entkopplung der oxydativen Phosphorylierung durch Dicumarol bei Succinat bzw. Pyruvat + Malat als Substraten. Ferner wurde die Atmung nach Zusatz von Vit. K_3, Amytal sowie Antimycin A bestimmt. Aus den erhaltenen Befunden sowie weiteren Untersuchungen über Atmung und oxydative Phosphorylierung bei verschiedenen Substratbedingungen (Succinat, Pyruvat + Malat, Citrat, α-Ketoglutarat, L-Glutamat, DL-β-Hydroxybutyrat) schließen Vff., daß die Vit.K-Reduktase mit der DT-Diaphorase identisch ist und daß dies Enzym kein direktes Glied in der Kette der aeroben Oxydation der Pyridinnucleotid-gebundenen Substrate in intakten, phosphorylierenden Mitochondrien darstellt. Abschließend ist die Funktion der DT-Diaphorase im Zellstoffwechsel diskutiert. R. Schiemann. 8008.

Liberman, Robert; San Francisco, Univ. of California, School of Med., Dep. of Pharmacol. Retinal cholinesterase and glycolysis in rats raised in darkness. **(Netzhaut-Cholinesterase und Glykolyse bei Ratten, die im Dunkeln gehalten wurden.)** Science [Washington] **135** (1962) Nr. 3501. S. 372–373. — 1 Tab., 10 Lit.

10 Ratten wurden unter sonst gleichen Bedingungen wie 10 Kontrolltiere von der Geburt bis zum Alter von 17 Wochen im Dunkeln gehalten. Nach Tötung und Isolierung der Netzhaut der Augen der Tiere wurde deren Aktivität an Cholinesterase und Pseudocholinesterase sowie die glykolytische Aktivität bestimmt. Bei den im Dunkeln gehaltenen Tieren war die Cholinesteraseaktivität signifikant (um 19%) erniedrigt, während sich in den beiden anderen Meßgrößen keine signifikanten Differenzen zeigten.
R. Schiemann. 8012.

Alexander, G.; Prospect, New South Wales, C.S.I.R.O., Ian Clunies Ross Animal Res. Lab., Div. of Animal Physiol. Energy metabolism in the starved new-born lamb. **(Energiestoffwechsel im hungernden neugeborenen Lamm.)** Austral. J. agric. Res. **13** (1962) Nr. 1. S. 144–164. — 8 Abb., 7 Tab., 43 Lit.

Neugeborene Lämmer wurden 1. 2 Std. nach der Geburt getötet, 2. bei 23° und Windstille und 3. bei 9° und bewegter Luft ohne Fütterung gehalten. Bei den hungernden Lämmern stellte sich Hypothermie und Hypoglykämie ein und kurz vor dem Tod, der nach 16 Std. bis 5 Tagen eintrat, verfielen sie in Koma oder Konvulsionen. Der Hungertod trat bei höheren Temperaturen später ein als bei niedrigeren. Fett-, Glykogen- und Proteinabbau beim Hungern wurden gemessen. Bei Eintritt des Todes waren Kohlenhydrat- und Fettreserven nahezu aufgebraucht. Die Fettreserven der Lämmer sind von der Fütterung der Mutterschafe während der Trächtigkeit abhängig. Der Proteinabbau steigt mit der Hungerzeit an und ist von der Fütterung der Muttertiere während der Trächtigkeit unabhängig. Die gesamte Energiereserve der Lämmer betrug bei gut gefütterten Muttertieren 1000 und bei schlecht gefütterten 400 kcal. W. Jentsch. 8015.

Eiweißstoffwechsel

Schønheyder, F. und Lyngbye, J.; Århus, Denmark, Univ., Dep. of Biochem. Influence of partial starvation and of acute scurvy on the free amino acids in blood plasma and muscle in the guinea-pig. **(Einfluß des teilweisen Hungerns und des akuten Skorbuts auf die freien Aminosäuren im Blutplasma und Muskel beim Meerschweinchen.)** Brit. J. Nutrit. **16** (1962) Nr. 1. S. 75–82. — 1 Abb., 4 Tab., 24 Lit.

Im Blutplasma und Muskelgewebe von 12 normal ernährten, 16 Vit.-C-frei ernährten und 6 unterernährten Meerschweinchen wurden 18 Aminosäuren (AS), Taurin, Chlorid, Na und K, ferner im Muskel Carnosin, Anserin und Kreatin bestimmt. Im Blut und Muskel der Hungertiere waren der Glykokoll- und Glutaminsäuregehalt verringert, die Taurin-, Threonin-, Valin-, Lysin- und Argininwerte erhöht. Ferner war Methionin im Blut sowie Alanin, Isoleucin, Leucin, Tyrosin und Histidin im Muskel erhöht; Prolin dagegen im Muskel erniedrigt. Bei den skorbutischen Tieren lagen die Ergebnisse ähnlich, woraus gefolgert wurde, daß die festgestellten Veränderungen der AS-Zusammensetzung nicht für einen Ascorbinsäuremangel spezifisch, sondern allgemein auf eine Unterernährung zurückzuführen sind. J. Wünsche. 8042.

Swendseid, Marian E., Watts, Johnnie H., Harris, Cheryl L. und Tuttle, Stewart G.; Los Angeles, Veterans Adm. Center; Univ. of California, Dep. of Home Econ.; Dep. of Physiol. Chem. and Med. An evaluation of the FAO amino acid reference pattern in human nutrition. I. Studies with young men.

(Eine Bewertung des FAO-Aminosäure-Vergleichsmusters in der menschlichen Ernährung. 1. Mitt. Untersuchungen mit jungen Männern.) J. of Nutrit. **75** (1961) Nr. 3. S. 295–302. — 5 Tab., 13 Lit.

An 12 ♂ Studenten wurde bei einer konstanten N-Einnahme von 10 g/Tag das FAO-Aminosäure (AS)-Vergleichsmuster mit dem Ei-Muster verglichen. Bei beiden Vorschriften war die N-Bilanz unabhängig davon, ob die AS in der Hauptsache in Form einer gereinigten Mischung oder als Vollei verabreicht wurden. Wurde die Kost nach beiden Vorschriften auf eine gleichhohe Tryptophan-Menge eingestellt, so ergab das Ei-Muster eine bessere N-Bilanz. Verringerung des Tryptophan-Gehaltes der FAO-Vorschrift um ca. 20% hatte keinen Einfluß auf das N-Gleichgewicht. Um dieses zu halten, sind unter den gegebenen Versuchsbedingungen mit beiden AS-Mustern 1,0–1,3 g essentieller Nahrungs-N je Tag erforderlich. J. Wünsche. 8042.

Farish, Preston T., Salmon, W. D. und Sauberlich, H. E.; Auburn, Univ. of Alabama, Agric. Exp. Stat., Dep. of Animal Husbandry and Nutrit. Effect of choline deficiency and ethionine feeding on nucleic acid content of rat livers. **(Der Einfluß von Cholinmangel und Äthioninfütterung auf den Nucleinsäuregehalt von Rattenlebern.)** J. of Nutrit. **73** (1961) Nr. 1. S. 23–27. — 4 Tab., 11 Lit.

In Rattenlebern und Tumoren wurde der DNS- und RNS-Gehalt bei Cholinmangel und Ergänzungen von Cholin, Äthionin, Methionin, Betain, Vit. B_{12} und Folacin sowie bei bestimmten Kombinationen der Supplemente gemessen. In Rattenlebern ist der DNS-Gehalt bei Cholinmangel oder Äthioninergänzung erhöht. Bei Ergänzung von Vit. B_{12} und Folacin ist der DNS-Gehalt normal. In transplantierten Tumoren ist der DNS-Gehalt höher, der RNS-Gehalt niedriger als in den Lebern, in denen sich die Tumoren entwickelten. Bei den 2 verwendeten Rattenstämmen wurden graduelle Unterschiede gemessen. W. Jentsch. 8042.

Deb, A. K. und Cama, H. R.; Bangalore, Indian Inst. of Sci., Dep. of Biochem. Studies on human lactation. Dietary nitrogen utilization during lactation and distribution of nitrogen in mother's milk. **(Untersuchungen der menschlichen Laktation. Nahrungs-N während der Laktation und Verteilung des N in der Muttermilch.)** Brit. J. Nutrit. **16** (1962) Nr. 1. S. 65–73. — 1 Abb., 4 Tab., 31 Lit.

Die Zusammensetzung der Milch von armen indischen Müttern mit an der unteren Grenze liegenden Diät wird mit der Milch von gesunden Müttern aus anderen Ländern verglichen. Die Versuchspersonen waren 20 Tage normal laktierende Mütter mit einer eiweißarmen Ernährung. Die Nahrung wurde aber periodenweise mit Casein ergänzt. Die Milch wurde auf Fett, Eiweiß, Casein, Nicht-Caseinfraktionen, Rest-N und Milchzucker untersucht. Die Ergänzung der Nahrung mit Casein hat die Gesamteiweißmenge nicht geändert, wohl aber die Milchproteine. Wenn die Eiweißeinnahmen gesteigert wurden, so waren diese von einer Erhöhung des Albumingehaltes im Blut- und Milchserum begleitet. Es war also das Molke:Quark-Verhältnis durch eine erhöhte Eiweißeinnahme gesteigert. Es wird die Möglichkeit diskutiert, daß ein Teil der Molkenproteinfraktion der Milch direkt aus dem Blute sich ableitet. R. Neseni. 8042.

Jasiorowski, H., Piotrowski, J., Szaniawski, A., Wierny, A. und Zurkowski, M. Zmiany w zawartości mocznika we krwie krów związane z żywieniem. **(Veränderungen des Harnstoffgehalts im Blut von Kühen als Folge der Fütterung.)** Zeszyty problemowe postępów Nauk rolniczych **1961** Nr. 28. S. 99–102. — 1 Tab., 4 Lit.

Der Harnstoffgehalt im Blutserum der Kühe wurde 2mal während der Winterfütterung, einmal im Frühling und einmal im Herbst bestimmt, und zwar in 3 landwirtschaftlichen Betrieben in verschiedenen Gebieten Polens. Die Winterfütterung bestand aus Wiesenheu, Futterrüben, Futtermischung B und Kraftfuttermischung mit Luzernetrockengut. Sommerfütterung: Weide, Weide mit Zugabe von Trockenschnitzel und Mischung B, Weide mit Zugabe von Kraftfutter. Die Versuchsergebnisse ließen keinen Zusammenhang zwischen der Milchleistung der Kühe und dem Harnstoffspiegel im Blut erkennen. Es wurden Unterschiede im Harnstoffgehalt im Blutserum von Kühen festgestellt, die im Frühling (im Durchschnitt 10,76 mg%) und im Herbst (im Durchschnitt 17,32 mg%) weideten. H. Hofmannowa. 8050.

Winter, A. J. Studies on nitrate metabolism in cattle. **(Untersuchungen über den Nitratmetabolismus bei Rindern.)** Amer. J. veterin. Res. **23** (1962) Nr. 94. S. 500–506. — 5 Tab., 17 Lit. Zus. in Interlingua.
Na-Nitrat wurde Jungrindern peroral und parenteral und Na-Nitrit parenteral appliziert, ferner Nitrat, Nitrit und Hydroxylamin dem Blut in vitro zugesetzt. Die Blutuntersuchungen erstreckten sich auf Bestimmung des Nitrat-, Nitrit-, Hydroxylamin-, Ammonium- und Methaemoglobingehaltes. Das als Trank applizierte Nitrat wurde in hohem Grade resorbiert und in den Geweben — im Gegensatz zum Blut — verhältnismäßig stark metabolisiert. Nitrit und Hydroxylamin wurden nach Nitratverabreichung in wesentlich geringeren Mengen im Blut gefunden. Blutnitrit- und Methaemoglobinspiegel stehen in gewisser Korrelation. Hydroxylamin entstand aus dem Nitrit des Blutes und löste ebenfalls Methaemoglobinbildung aus. Der Blutammoniakspiegel wurde kaum beeinflußt. 7 Jungrinder, die die gleichen Nitratdosen peroral erhalten hatten, zeigten eine sehr unterschiedliche Methaemoglobinbildung. Das gleiche Ergebnis zeitigte ein Versuch mit 3 Jungrindern, denen Nitrat und Nitrit parenteral verabreicht worden war. W. Laue. 8050.

Stoffwechsel stickstofffreier Nährstoffe

Annison, E. F.; Armidale, New South Wales, Univ. of New England, Fac. of Rural Sci. Plasma non-esterified fatty acids in sheep. **(Nicht-veresterte Fettsäuren im Plasma von Schafen.)** Austral. J. agric. Res. **11** (1960) Nr. 1. S. 58–64. — 4 Abb., 1 Tab., 16 Lit.
Die Konzentration nicht-veresterter Fettsäuren im Plasma wurde unter normalen Fütterungsbedingungen, im Hungerzustand und nach i.v. Injektion von Glucose und Insulin bestimmt. Bei normaler Fütterung wurden 0,1 bis 0,9, im Hungern 1,0–2,5 m-equiv./l gemessen. Glucose reduzierte die Konzentration auf 0,05 m-equiv./l. Insulin verursachte zunächst ein Fallen und dann ein hohes Ansteigen im Gehalt nicht-veresterter Fettsäuren. L. Hoffmann. 8066.

Mandel, Leoš, Trávníček, Jiří und Šimek, Lubor; Kostelec nad Orlícíc, Výzkumný Ústav pro Chov Prasat, Odd. Biol. a Fysiol. Lipemické křivky u selat po nárazovém podání různých tuků. **(Lipämische Kurven bei Ferkeln nach einer Stoßgabe von verschiedenen Fetten.)** Živočišná Výroba 8(**35**) (1962) Nr. 4. S. 225–230. — 1 Abb., 2 Tab., 8 Lit. Zus. in Russ., Engl., Dtsch.
Bei 10, 21 und 35 Tage alten Saugferkeln wurden Fettbelastungsproben durch Eingabe von 3 g Schweinefett, Erdnuß- und Weizenöl in den Magen (mittels Magensonde) durchgeführt. Die Kontrollgruppe erhielt auf gleiche Art und Weise eine isokalorische Menge einer Glucoselösung. Der Scheitelpunkt der Kurve des Verlaufs des gesamten Serumlipid-Spiegels und der veresterten Fettsäuren wurden am 35. Tage nach Verabreichung aller 3 Fette festgestellt. Am 10. und 21. Tage kam diese Tendenz nur nach Verabreichen von Schweinefett zum Vorschein. Nach Verabreichung von Glucose stellte sich ein schroffer Abfall des Lipidgehaltes im Blutserum ein. Das Ruheniveau der Serumlipide war am 21. Tage fast um 200 mg% höher als am 10. oder 35. Tage nach Geburt der Ferkel. F. Svoboda. 8066.

Heidenreich, C. J., Garwood, V. A. und Carter, M. W.; Lafayette, Ind., Purdue Univ., School of Agric., Dep. of Animal Sci. Seasonal influence on serum cholesterol levels in swine. **(Saisonmäßige Beeinflussung des Serum-Cholesterolspiegels bei Schweinen.)** Amer. J. veterin. Res. **23** (1962) Nr. 94. S. 457–459. — 1 Abb., 9 Lit. Zus. in Interlingua.

Bei 2 Gruppen von Schweinen im Alter zwischen 92 und 182 Tagen wurden zu 2 verschiedenen Jahreszeiten Cholesterolbestimmungen durchgeführt. Geschlechtsbedingte Unterschiede zwischen ♂ Kastraten und ♀ Tieren wurden nicht beobachtet. Es bestand jedoch ein signifikanter Unterschied des Cholesterolspiegels in verschiedenen Jahreszeiten. Im Winter wurden höhere Werte als im Spätsommer festgestellt. Der Cholesterolspiegel innerhalb einer genetisch einheitlichen Tiergruppe änderte sich mit zunehmendem Alter in ähnlicher Weise. Die Versuche wurden zur weiteren Erforschung der allgemein bekannten Beziehung zwischen Cholesterolspiegel im Serum und Arteriosklerose durchgeführt. W. Laue. 8066.

Yoshida, Akira und Ashida, Kiyoshi; Anjo Aichi, Japan, Nagoya Univ., Dep. of Agric. Effect of moderate low temperature on the accumulation of liver fat of rats fed an amino-acid unbalanced diet. **(Der Einfluß einer mäßig tiefen Temperatur auf die Leberfett-Akkumulation von Ratten, die mit einer im Aminosäuregehalt unausgeglichenen Ration gefüttert wurden.)** Nature [London] **194** (1962) Nr. 4827. S. 484–485. — 1 Tab., 10 Lit.

Je eine Threonin-(I)Mangel- bzw. Cholin-(II)Mangel-Gruppe ♂ Albinoratten (Wistar-Zuchtstamm) wurde 14 Tage bei 9 bzw. 25 °C gehalten. Die Gewichtszunahmen der beiden I-Mangel-Gruppen unterschieden sich nur unwesentlich. Im Futterverbrauch lag die bei 9 °C gehaltene Gruppe um 54% höher, während der Leberfettgehalt der Ratten dieser Gruppe wesentlich geringer (> 50%) war als bei der anderen Gruppe (25 °C). Auch bei den II-Mangel-Gruppen traten in der Futteraufnahme ähnliche Differenzen auf, während der Einfluß der niedrigen Temperatur auf die Verhinderung einer Leberverfettung hier geringer war. Der kalorische Bedarf ist demnach bei 9 °C wesentlich höher als bei 25 °C. Geringe Temperaturen verhindern eine übermäßige Fett-Akkumulation der Leber, ohne das Wachstum negativ zu beeinflussen. H.-D. Bock. 8066.

Beare, Joyce L., Grice, Harold C. und Hopkins, Clarence Y. Conjoint effects of dietary vegetable fats and cholesterol in rabbits. **(Gemeinsame Effekte von Pflanzenfetten und Cholesterin in der Ration von Kaninchen.)** J. of Nutrit. **73** (1961) Nr. 1. S. 17–22. — 3 Abb., 3 Tab., 14 Lit.

An Kaninchen wurden Diäten verfüttert, die 10% Fett mit unterschiedlichem Gehalt an gesättigten Fettsäuren enthielten. Der Linolensäuregehalt lag stets bei etwa 12% . Der Serumcholesteringehalt blieb bei allen Diäten ungefähr gleich, während die Konzentration des Lebercholesterins sich umgekehrt zum Sättigungsgrad der Fette verhielt. 0,5% Cholesterin zur Diät hatte einen hohen Serumcholesterinspiegel und Aortenschäden zur Folge. Die Höhe der Sättigung der Diätfette veränderte die Größen dieser Effekte kaum. Durch die Cholesterin-Fett-Diäten wurden die Gewichte von Leber, Milz und Nebenniere, sowie die Konzentrationen der Gesamtlipide und des Cholesterins in der Leber erhöht. Gleichzeitig kamen Normocytenanämie und Hyperplasien des Epithels der Magenschleimhaut vor. S. Risse. 8066.

Diller, E. R., Korzenovsky, M. und Harvey, O. A. Endogenous hypercholesterosis in rabbits fed a fat-free purified diet and the effect of unsaturated lipid. **(Endogene Hypercholesterosis in Kaninchen mit einer fettfreien Diät und der Effekt ungesättigter Lipide.)** J. of Nutrit. **73** (1961) Nr. 1. S. 14–16. — 1 Abb., 2 Tab., 11 Lit.

An erwachsenen ♂ Kaninchen wurden die Serum- und Lebercholesterinspiegel nach Verabreichung cholesterinfreier Diäten bestimmt. Die Diäten enthielten entweder überhaupt keine Lipide oder 5, 10 oder 20% Maisöl. Alle Fütterungsgruppen zeigten einen Anstieg des Serumcholesterins, der bei der Gruppe ohne Lipide noch höher war als bei den Tieren mit Öl. Es schien keine Abhängigkeit der Höhe des Serumcholesterinspiegels vom Lipidgehalt der Diät vorzuliegen. Die Lebercholesterinkonzentration stieg bei Fettmangel ebenfalls an. Sie nahm aber auch zu mit steigendem Fettgehalt der Nahrung. S. Risse. 8066.

Friedman, Leo, Horwitz, William, Shue, Glen M. und Firestone, David. Heated fats. II. The nutritive properties of heated cottonseed oil and of heated cottonseed oil fractions obtained by distillation and urea adduct formation. **(Erhitzte Fette. 2. Mitt. Die nutritiven Wirkungen von erhitztem Baumwollsamenöl und von durch Destillation gewonnenen, erhitzten Baumwollsamenölfraktionen und ihre Komplexbildung mit Harnstoff.)** J. of Nutrit. **73** (1961) Nr. 1. S. 85–93. — 2 Abb., 7 Tab., 20 Lit.
Baumwollsamenöl wurde 190 Std. bei 225 °C in Gegenwart von Luft gehalten. Danach erfolgte eine Fraktionierung in lineare und nichtlineare Monomere, Dimere und Polymere durch Destillation und Bindung an Harnstoff. Das erhitzte Öl hatte in Bezug auf das Wachstum geringeren Nährwert. Bei den Versuchstieren wurden Lebervergrößerungen beobachtet. Vff. führen diese Effekte darauf zurück, das die entsprechenden Fettsäuren vermindertes Komplexbildungsvermögen mit Harnstoff hatten. Es wird darauf hingewiesen, daß die quantitative Bestimmung der Harnstoff-Filtrat-Fettsäuren für die Schaffung objektiver Kriterien zur Beurteilung der Qualität von Fetten größere Bedeutung bekommen könnte. S. Risse. 8066.

Prabucki, A. L. **Die Beeinflussung des Körperfettes wachsender Küken durch die Beschaffenheit des Futterfettes.** Mitt. Gebiete Lebensmittelunters. Hyg. [Bern] **52** (1961) Nr. 6. S. 545–556.
Bei ♂ Küken der Mastrasse Hybro-Gelb wurde ein Kükenmastversuch mit normalem Geflügelmastfutter, das jeweils 5% verschiedener Fettstoffe enthielt, durchgeführt. Die Gruppen bestanden aus 5–6 Tieren. Als Fettsubstanzen wurden Rindertalg, Schweineschmalz, Sojaöl, Kokosfett und Kakaobutter verwendet. Die Tiere entwickeln sich normal. Bei einem Anfangsgewicht von durchschnittlich 42,7 g zeigten sie bis zum 25. Lebenstag eine Gewichtszunahme von durchschnittlich 257,3 g. Signifikante Unterschiede zwischen den einzelnen Gruppen traten nicht auf. Nach dem 25. Lebenstag wurden die Tiere getötet, und insbesondere die Fettsäuremuster ihres Körperfettes gaschromotographisch untersucht und mit denen des im Futter verabreichten Gesamtrohfettes verglichen. Es wurde die bekannte Tatsache bestätigt, daß die analytische Zusammensetzung des Körperfettes vom Futterfett stark beeinflußt wird. Besonders augenfällig trat das bei den Tieren in Erscheinung, die pflanzliche Öle zugelegt erhielten. Zwischen dem Gehalt des Futterfettes an ungesättigten Fettsäuren und dem entsprechenden Gehalt im Körperfett ergab sich folgende hoch signifikante Beziehung $y = 27{,}62 + 0{,}564\,x$ (y = ungesättigte FS im Körperfett, x = ungesättigte FS im Gesamtfutterfett). Desgleichen ergaben sich gesicherte Korrelationen zwischen den Anteil der einzelnen verzehrten Futterfettsäuren und deren Anteil im Körperfett. Die Korrelationskoeffizienten lagen für Laurinsäure, Öl- und Linolsäure am höchsten, am niedrigsten für Palmetinsäure. H. Steger. 8066.

Procos, J.; Onderstepoort, Lab. Ovine ketosis. I. The normal ketone body values. **(Die Schafketose. 1. Mitt. Die normalen Werte der Ketonkörper.)** Onderstepoort J. veterin. Res. **28** (1961) Nr. 4. S. 557–567. — 3 Abb., 3 Tab., 25 Lit.
Der mittlere Gehalt an Ketonkörperchen (bestimmt nach der Methode von Thin und Robertson) war während des Oestrus 1,32 mg% und während des Anoestrus 2,08 mg%. Die Differenzen waren hoch signifikant. Böcke hatten

ebenfalls einen signifikant höheren Gehalt als ♀ Tiere. Bei Temperaturabfall im Bereich von 14–20 °C bestand eine deutliche Beziehung zu den Ketonkörpern, die je Grad Temperaturabfall um 0,24 (♀) bzw. 0,31 (♂) mg% stiegen. Bei niedrigen Temperaturen ergaben sich keine Beziehungen, ebenso nicht zwischen Niederschlägen, Luftfeuchtigkeit und dem Ketonkörpergehalt. Zwischen Blutzuckergehalt und Temperaturabfall bestand eine negative Korrelation (signifikant). B. Busch. 8068.

Procos, J.; Onderstepoort, Lab. Ovine ketosis. II. The effect of pregnancy on the blood ketone body levels of well-fed ewes. **(Die Schafketose. 2. Mitt. Der Einfluß der Trächtigkeit auf den Ketonkörpergehalt des Blutes gutgenährter Mutterschafe.)** Onderstepoort J. veterin. Res. **29** (1962) Nr. 1. S. 107–110. — 1 Tab., 10 Lit. 1. Mitt. vgl. vorst. Ref.

Es ergaben sich bei gleicher Haltung und Fütterung keine Unterschiede im Ketonkörpergehalt trächtiger und güster Mutterschafe, die Werte lagen innerhalb der normalen Grenzen. Die Tiere reagierten wiederum auf Temperaturabfall mit einem Anstieg der Ketonkörper, jedoch nicht so stark wie in vorhergehenden Versuchen, weil ihnen Schutzhütten zur Verfügung standen. Alle Muttern hatten nur Einlingsgeburten. B. Busch. 8068.

Mineralstoffwechsel

Kamal, T. H. und Cragle, R. G.; Oak Ridge, Univ. of Tennessee, Atomic Energy Comiss., Agric. Res. Lab. Significance of plasma ultrafiltrable Ca^{45} and P^{32} in milk synthesis. **(Die Bedeutung des Plasma-ultrafiltrierbaren ^{45}Ca und ^{32}P für die Milchsynthese.)** J. Dairy Sci. **45** (1962) Nr. 1. S. 43–47. — 6 Abb., 3 Tab., 16 Lit.

3 Jersey-Kühen würden ^{45}Ca und ^{32}P gleichzeitig i. v. injiziert. Die Bestimmung von ultrafiltrierbarem (**I**) sowie Gesamt (**II**)-^{45}Ca und -^{32}P in Milch und Plasma erfolgte periodisch, um die Bedeutung dieser Fraktionen bei der Bildung von Milch-Ca und -P zu untersuchen. 1 Std. nach der Verabreichung waren noch 85% des Plasma-^{32}P ultrafiltrierbar. Plasma-**I**-P ist die Vorstufe des Milch-P. 43 Std. nach der Injektion beträgt das Verhältnis Plasma-**I**-^{32}P: **II**-^{32}P nur noch 0,40. Plasma-**I**-^{45}Ca ist die Vorstufe des Milch-Ca. Das Verhältnis von Milch-**I**:**II**-^{45}Ca und -^{32}P fällt zwischen der 3. und 5. Std. nach der Injektion auf die Werte des stabilen Ca und P. In dieser Zeit ist die Umwandlung von Plasma-Ca und -P in alle Ca- und P-Fraktionen der Milch vollzogen. H.-D. Bock. 8123.

Demjančuk, V. P. (Demjantschuk, W. P.); Ukrain. Akad. der Landwirtsch.-Wiss. Obmen kal'cija i fosfora u vysokoproduktivnych korov pri D-gipovitaminose. **(Calcium- und Phosphorstoffwechsel hochproduktiver Kühe bei D-Hypovitaminose.)** Vestnik sel'skochozjajstvennoj nauki, Kiev **4** (1961) Nr. 8. S. 86–90. — 5 Tab., 10 Lit. Orig.: ukrain., Ausz.: russ.

Fütterungsversuche mit Hochleistungskühen zeigten, daß in der Winterstallperiode bei geringen Heugaben in der Ration sowie bei reichlicher Konzentratfütterung, aber bei begrenzter Einwirkung natürlichen UV-Lichtes auf die Tiere schwere Störungen des Stoffwechsels in Form der Osteomalazie auftreten. Diese Krankheit hat eine Senkung der Milchleistung und -qualität, der Fruchtbarkeit und der Nutzungsdauer der Kühe zur Folge. Verabreichung von täglich 50000 IE eines Vit. D_2-Präparates unter gleichzeitiger Erhöhung der P- und Ca-Versorgung verbessern den Mineralstoffwechsel und die Milchleistung der Kühe. Das ölige Vit.-D_2-Konzentrat muß den Kühen alle 5 Tage s.c. verabreicht werden. Verfütterung eines Vit.-D_2-Trockenhefe-Konzentrats in der Kraftfuttermischung wird zur Prophylaxe gegen die D-Hypovitaminose empfohlen. H.-D. Bock. 8123.

Anonym. A reassessment of calcium requirements of pigs. **(Eine Neubeurteilung des Calciumbedarfs bei Schweinen.)** Nutrit. Rev. **20** (1962) Nr. 1. S. 21–23.
Der Ca-Bedarf bei Ferkeln im Alter von 3–9 Wochen war Gegenstand der Arbeit von Rutlege (vgl. LZ. Abt. III **7** (1962), Nr. 7. S. 1467.), die in vorliegendem Übersichtsreferat eingehend besprochen wurde. Auf Grund der Versuchsergebnisse kamen die Vff. zu der Schlußfolgerung, daß 0,8% Ca in der Fütterung als ausreichend für ein normales Knochenwachstum anzusehen sei, wenn diese 0,6% P enthält. Aus diesem Beobachtungen war zu erkennen, daß es wesentliche Unterschiede gibt zwischen der Ca-Zufuhr und der Wachstumsrate, sowie dem Futterverbrauch und dem Blut-Ca- und Blut-P-Spiegel. Alle diese Faktoren sind wiederum abhängig vom Alter.
M. Richter. 8123.

Okoński, Jerzy; Grodziec Śląski, Zakład Hodowli Doświadczalnej PAN. Przemiana mineralna (Ca, P) i azotowa u czteromisięcznych knurków. **(Mineralstoff-[Ca,P] und Stickstoffwechsel bei 4 Monate alten Jungebern.)** Roczniki Nauk rolniczych, Ser. B **79** (1962) S. 363–373. — 7 Tab., 27 Lit. Zus. in Russ., Engl.
Die Untersuchung erfolgte an 2 Gruppen von je 3 Jungebern. Die Versuchstiere erhielten, beginnend vom Absetzen (8 Wochen) bis zum Alter von 4 Mon. in der Futterration unterschiedliche Gaben von Ca und P, und zwar Gruppe I 5,85 g Ca u. 5,03 g P, Gruppe II 16 g Ca u. 14 g P pro Tag und Tier. Unterschiedliche Mengen von Ca und P in den Futterrationen hatten keinen Einfluß auf den prozentualen Gehalt dieser Mineralstoffe in den langen, platten und kurzen Knochen, in den Zähnen, in der Leber, im Blut, in den Muskeln, in dem Magen-, Dick- und Dünndarminhalt. Die Verwertung des resorbierten Ca betrug in Gruppe I 90,8%, in Gruppe II 98,4%, des P entsprechend 70,2% und 58,4%. Die Tagesbilanz von Ca, P und N war höher bei den Tieren, die in der Futterration mehr Ca und P erhalten hatten. Die Retention von ^{45}Ca und ^{32}P in den Knochen und den weichen Geweben war in Gruppe I höher. Bei Gruppe II wurde eine bessere Verwertung des verd. N festgestellt.
H. Hoffmannowa. 8123.

Hurwitz, S. und Griminger, P.; New Brunswick, N.J., Rutgers State Univ., Dep. of Poultry Sci. Estimation of calcium and phosphorus requirement in laying hens by balance techniques. **(Die Ermittlung des Calcium- und Phosphorbedarfs der Legehennen durch Bilanzversuche.)** J. Sci. Food Agric. **13** (1962) Nr. 3. S. 185–191. — 2 Abb., 6 Tab., 14 Lit.
In Bilanzversuchen an 13–15 Mon. alten Leghornhennen mit mindestens 70% Legeleistung ermittelten Vff. in jeweils 8tägigen Untersuchungsperioden (wobei sie an den letzten 6 Tagen die Ca-Bilanz durchführten) unter Prüfung der Schalendicke, des Ca-Gehaltes der Schale und des Eies sowie der Plasma-Alkaliphosphatase den Ca-Bedarf. Das Futter enthielt zunächst 2,83% und 2,56% Ca, in der darauffolgenden Periode 2,27% und bei einer 2. Gruppe 3,54% Ca, die in den 3. anschließenden Perioden auf 3,18; 2,93 und 2,63% herabgesetzt wurden. Um optimale Schalendicke und das Ca-Gleichgewicht zu erhalten, waren 3 g Ca je Henne und Tag erforderlich. Die Ca-Retention erstreckte sich auf 50–55% des aufgenommenen Ca, sie nahm zu bei geringerem Ca-Angebot. Die P-Exkretion bildete eine lineare Funktion der P-Aufnahme. P-Gleichgewicht bestand, wenn die Henne 0,24–0,36 g P täglich zu sich nahmen. Die Hennen behielten 25–41% des aufgenommenen P zurück, und wiederum war die Retention bei geringerem Angebot besser, obwohl diese Beziehung nicht so deutlich war wie beim Ca-Stoffwechsel und stark schwankte
C. Engelmann. 8123.

Taylor, D. M., Bligh, P. H. und Duggan, Mary H.; London, Roy. Cancer Hospital, Inst. of Cancer Res., Dep. of Physics. The absorption of calcium, strontium, barium and radium from the gastrointestinal tract of the rat. **(Die Resorption von Calcium, Strontium, Barium und Radium im Verdauungstrakt der Ratte.)** Biochem. J. **83** (1962) Nr. 1. S. 25–29. — 2 Abb., 13 Lit.

An Ratten wurden im Alter von 14–18 Tagen, 6–8 Wochen und 60–70 Wochen die Resorptionen der Elemente Ca, Sr, Ba und Ra untersucht. Im Jugendstadium resorbieren die Tiere 97,5% Ca, 95,2%Sr, 84,6% Ba und 78,6% Ra. Im Alter von 6–8 Wochen geht die Resorption auf 63,0% Ca 24,6% Sr, 6,8% Ba und 113,3% Ra zurück. Ratten, denen man vor der Zuführung der markierten Metallsalze das Futter vorenthalten hatte, nutzten Barium (20%) und Ra (17,5%) besser aus, während Ca und Sr etwas weniger aufgenommen wurde. Verabreichte man die Metallsalze in Kuhmilch gelöst, war die Ausnutzung bei allen Elementen wesentlich besser. Im Alter von 60–70 Wochen ist die Resorption von Ca auf 31,6%, Sr auf 11,1%, Ba auf 7,5% und Ra auf 3,2% abgesunken. Hungernde Ratten nutzten Ca nur zu 24,8% aber Sr zu 16,7%, Ba zu 19,9% und Ra zu 8,9% aus, es ist also außer bei Ca eine Steigerung zu verzeichnen. I. Lohse. 8123.

Palmer, Ray F. und Thompson, Roy C. Discrimination in intestinal absorption of strontium and calcium. **(Über Unterschiede in der intestinalen Resorption bei Strontium und Calcium.)** Proc. Soc. exp. Biol. Med. **108** (1961) Nr. 2. S. 296–300. — 2 Tab., 12 Lit.

Die Resorption von ^{85}Sr und ^{45}Ca wurde in vivo an Ratten durch intestinale Perfusion untersucht. Vff. stellten fest, daß die Sr-Resorption in den Fällen größer war, in denen kein Ca in die Perfusionsflüssigkeit zugesetzt wurde. Mit einer Ca-Erhöhung in der Flüssigkeit kommt es zu einem prozentualen Abfall in der ^{85}Sr und ^{45}Ca-Resorption, jedoch stieg das Verhältnis in der prozentualen Resorption von ^{85}Sr zu ^{45}Ca. Die weiteren Versuche über die Möglichkeit einer Rückwanderung von ^{85}Sr und ^{45}Ca vom Blut in den Verdauungskanal waren nicht aussagekräftig genug.

W. Richter/Kleinmachnow. 8123

McAleese, D. M. und Forbes, R. M.; Urbana, Univ. of Illinois, Div. of Animal Nutrit. The requirement and tissue distribution of magnesium in the rat as influences by environmental temperature and dietary calcium. **(Der Bedarf und die Verteilung von Mg im Gewebe und der Einfluß der Temperatur bei verschiedenen Ca-Rationen bei Ratten.)** J. of Nutrit. **73** (1961) Nr. 1. S. 94–106. — 6 Abb., 6 Tab., 3 Lit.

Gruppen von jeweils 12 Tieren wurden 4 Wochen lang bei konstanter Temperatur von 23 und 10 °C gehalten. In der Nahrung variierte das Ca-Angebot von 0,2% über 4% bis 8%. An Mg wurde 20, 80, 175, 285, 360, 420 und 510 ppm im Futter gegeben. Es zeigte sich, daß bei niedriger Temp. der Bedarf an Mg höher ist, wobei höhere Ca-Gaben den Bedarf steigern. In den Nieren ist der Gehalt an Asche und Ca bei höherer Temp. höher. Geringeres Angebot an Mg steigert den Ca-Gehalt der Nieren, wobei der Gehalt an Ca in der Nahrung keine Rolle spielt. Geringe Ca-Gaben beeinflussen die Ausdehnung des Oberschenkel-Knochens dahingehend, daß bei tieferer Temp. wesentlich mehr Ca und Mg enthalten ist. Auch das Gewicht der Knochen ist gegenüber einer Haltung bei 23 °C höher. Gaben von 0,4% und 0,8% Ca und variierte Mg-Gaben verändern die Meßwerte nicht.

I. Lohse. 8123.

Slater, Jean E. und Widdowson, Elsie M.; Cambridge, Univ., Med. Res. Council, Dep. of Exp. Med. Skeletal development of suckling kittens with and without supplementary calcium phosphate. **(Skelett-Entwicklung säugender Kätzchen mit und ohne Calciumphosphat-Ergänzung.)** Brit. J. Nutrit. **16** (1962) Nr. 1. S. 39–48. — 8 Tab., 18 Lit.

Mittels Magensonde erhielten säugende Kätzchen 7 Tage lang nach der Geburt 2 mal tägl. eine $CaHPO_4$-Ergänzung. Die Größe und Zusammensetzung ihrer Körper und Knochen wurde mit denen von Wurfgeschwistern, die diese Ca- und P-Ergänzung nicht erhielten, und mit unmittelbar nach der Geburt getöteten Kätzchen verglichen. Alle gesäugten Tiere verdoppelten etwa ihr Geburtsgesicht in der Untersuchungswoche. Der bei den normal gesäugten Tieren auftretende Rückgang des Ca-Gehaltes in den fettfreien Körpergeweben wurde durch die Ca + P-Ergänzung vermieden. Ein Anstieg wurde jedoch nicht bewirkt. Ebenso verhielt es sich mit dem Ca-Gehalt in den Scheitelbeinen der Schädel und in den Röhrenknochen sowie mit dem Ca/N-Verhältnis. J. Wünsche. 8123.

Crowley, T. A., Pasvogel, M. W., Kemmerer, A. R., Vavich, M. G. und Kurnick, A. A.; Tucson, Univ. of Arizona, Dep. of Poultry Sci and Agric. Biochem. Effect of phosphorus supplementation on egg shell composition. **(Der Einfluß von Phosphorergänzungen auf die Zusammensetzung von Eierschalen.)** J. of Nutrit. **73** (1961) Nr. 1. S. 33–37. — 2 Abb., 2 Tab., 14 Lit.
Zu einem Grundfutter wurde an weiße Leghornhennen im Alter von 20 Wochen Weichphosphat (mit kolloidem Lehm) allein und in 2 verschiedenen Kombinationen mit Dicalciumphosphat sowie Calciumphosphat allein 30 Wochen lang zugefüttert. Während des Winters blieb die Zusammensetzung der Eierschalen verhältnismäßig konstant, aber von Mai bis August war ein ständiges Absinken des P-Gehaltes bei allen Gruppen festzustellen, wobei die Werte in der Gruppe ohne P-Zuführung am tiefsten lagen. Bei dem höchsten P-Gehalt im Futter ist ein geringes Ansteigen des Eiweißgehaltes in den Schalen zu erkennen. Auffällig ist ein hoher Gehalt an Fluor (177 ppm) in den Schalen bei ausschließlicher Weichphosphatfütterung. I. Lohse. 8124.

Ashton, W. M., Evans, C. und Williams, P. C.; Reading, Nat. Agric. Advisory Serv. Phosphorus compounds of oats. II. The utilisation of phytate phosphorus by growing chicks. **(Die Phosphatverbindungen des Hafers. 2. Mitt. Die Verwertung des Phytin-Phosphors bei heranwachsenden Küken.)** J. Sci. Food Agric. **11** (1960) Nr. 12. S. 722–727.— 5 Tab., 19 Lit. 1. Mitt. vgl. LZ. Abt. III **4** (1959) Nr. 4. S. 811.
In Bilanzversuchen wurden 5 Wochen alte Küken geprüft, die zu ihrer phytinfreien Futtermischung mit 17,1% Rohprotein 50% des Gesamt-P (0,6%) entweder a) in anorg. Form erhielten (0,53 g KH_2PO_4) oder b) als Phytin (0,71 g) oder c) als einfaches (30 g) und radioaktives Phytin (50 g) aus bestrahltem Hafer. Gruppe b und c nahmen übereinstimmend $^1/_5$ des Phytins in den intermediären Stoffwechsel auf; das entsprach etwa 16–33% des insgesamt retenierten P. Das radioaktive Phytin fand sich vor allem in den Federn und der Leber wieder, knapp die Hälfte davon in den Muskeln und Knochen. C. Engelmann. 8124.

Hennig, A., Schlegel, W., Ritter, E., Wittig, H. und Schmidt, W. **Untersuchungen zur Verbesserung der Eisenversorgung der Saugferkel.** Jb. Arbeitsgemeinsch. Fütterungsberat. **3** (1960/61) S. 117–124. — 1 Abb., 5 Tab., 20 Lit.
37 Würfe des Deutschen veredelten Landschweines wurden geteilt. Die Hälfte der Ferkel erhielt am 2. bis 3. Lebenstag eine Injektion von 60 bis 150 mg Fe in Form einer Eisendextranverbindung. Erhielten die Tiere keine Rasenbatzen vorgelegt, so konnte die Zunahme bis zur 8. Lebenswoche um durchschnittlich 1,3 kg je Ferkel erhöht werden. Auf die Verluste hatte die Injektion keinen Einfluß. A. Hennig. 8127.

Šufliarsky, Jozef. Výsledky pokusov s použitím ferridextranu v kombinácii s adevetínom pri odchove prasiatok. **(Ergebnisse der Versuche mit Anwen-**

dung von Ferridextran, kombiniert mit Adevetin, bei der Ferkelaufzucht.) Pol'nohospodárstvo **9** (1962) Nr. 3. S. 193–201. — 4 Abb., 9 Tab., 7 Lit. Zus. in Russ., Engl.

Als Versuchsobjekt dienten 18 Würfe von weißen Edelschweinsauen. Beim Absetzen betrug das Lgw. der Ferkel in der Kontrollgruppe 9,48 kg, in der Versuchsgruppe 12,54 kg. Die Applikation von Ferridextran und Adevetin erfolgte durch einmalige Injektion in den Schenkelmuskel und ihre Wirkung zeigte sich am 5. Tage. Bei der Ferkelaufzucht in den Winter- und Frühjahrsmonaten sollte sie als normale zootechnisch-veterinäre Maßnahme eingeführt werden. Es wird notwendig sein, das Ferridextran serienweise zu erzeugen. K. Beran. 8127.

Lucas, I. A. M., Livingstone, R. M., Boyne, A. W. und McDonald, I.; Bucksburn, Aberdeen, Rowett Res. Inst. The early weaning of pigs. VIII. Copper sulphate as a growth stimulant. **(Das Frühabsetzen der Ferkel. 8. Mitt. Kupfersulfat als Wachstums-Stimulans.)** J. agric. Sci. **58** (1962) Nr. 2. S. 201–208. — 2 Abb., 6 Tab., 10 Lit. 7. Mitt. vgl. LZ. Abt. III 7 (1962) Nr. 10. S. 2079.

In 2 Versuchen mit Absatzferkeln (8 lb). bis zu 45 lb. Gewicht verbesserten $CuSO_4$-Zusätze von 0,1% der Ration Gewichtszunahmen (6 bzw. 12%) und Futterverwertung (um 5 bzw. 6%) ohne schädliche Nebenwirkungen. Antibiotica-Gaben (Chlortetracyclin) erhöhten den positiven Einfluß des $CuSO_4$. Im Gewichtsabschnitt von 55–200 lb. bewirkte dieselbe $CuSO_4$-Ergänzung eine Verbesserung von Futterverwertung und Gewichtszunahmen um 4 bzw. 3,5%. H.-D. Bock. 8127.

Johnson, N. C. Study of copper and zinc metabolism during pregnancy. **(Eine Untersuchung über den Kupfer- und Zinkstoffwechsel während der Schwangerschaft.)** Proc. Soc. exp. Biol. Med. **108** (1961) Nr. 2. S. 518–521. — 1 Tab., 14 Lit.

Gegenstand dieser Arbeit waren Untersuchungen über die Zn- und Cu-Stoffwechselveränderungen während der Schwangerschaft beim Menschen, spez. nach der Einwirkung nach Geschlechtshormonen. Es konnte festgestellt werden, daß ein Anstieg im Gesamt-Cu-Gehalt im Serum und ein Abfall beim Zn während der Schwangerschaft eintrat. Auch nach der Verabfolgung von Sexualhormonen an nicht schwangere Frauen konnten diese Erscheinungen beobachtet werden. Post partum erreichten der Zn- und Cu-Gehalt im Serum wieder seine Normalwerte. W. Richter/Kleinmachnow. 8127.

Braude, R., Townsend, M. Jill, Harrington, G. und Rowell, J. G.; Shinfield, Reading, Nat. Inst. for Res. in Dairying. Effects of oxytetracycline and copper sulphate, separately and together, in the rations of growing pigs. **(Die Wirkungen von Oxytetracyclin und Kupfersulfat einzeln und gemeinsam, in Rationen wachsender Schweine.)** J. agric. Sci. **58** (1962) Nr. 2. S. 251–256. — 5 Tab., 17 Lit.

21 Versuchsrationen mit insgesamt 980 Schweinen waren unter der Organisation des Agric. Res. Council an der Versuchsdurchführung beteiligt. Wachstumsrate und Futterverwertung wurden durch Zusatz von 2 lb./t $CuSO_4$ (**I**) um 9,7 bzw. 7,9%, bei Zusatz von 10 g/t Oxytetracyclin (**II**) um 3,1 bzw. 2,3% verbessert. **I** wirkte signifikant besser als **II** oder **I** + **II**. In der Schlachtausbeute waren keine wesentlichen Differenzen. H.-D. Bock. 8127.

Jucker, H. **Über die Wirkung von Kupfersulfatzulagen zum Futter wachsender Schweine auf den Lebendgewichtszuwachs, die Futterverwertung und den Kupfergehalt einzelner Gewebe.** Mitt. Gebiete Lebensmittelunters. Hyg. [Bern] **52** (1961) Nr. 6. S. 580–588.

In 3 Mastversuchen wurden insgesamt 192 Schweinen verschieden hohe Gaben von $CuSO_4$ (0,125, 250, 375 ppm Cu zum lufttrockenen Grundfutter) verabreicht. Die Mast erstreckte sich auf den Gewichtsabschnitt von ca.

20 bis auf etwa 100 kg. Mit steigender Dosierung ergab sich i. allg. eine Verbesserung des Gewichtszuwachses (3 bis 12%). Die Futterverwertung war nicht abhängig von der Höhe der Cu-Gabe, aber durch Cu-Zusatz wurde sie allgemein verbessert (3 bis 7%). Bei Cu-Gaben von über 125 ppm wurde eine deutliche Verbesserung des Bruttoerlöses (Schwankungsbreite 27–63%) festgestellt. Eine Qualitätsverschlechterung der Schlachtkörper trat durch Cu-Zulagen nicht ein. Der Cu-Gehalt des Muskelfleisches (Karrée) blieb von der Höhe der gefütterten Menge praktisch unbeeinflußt. Die Cu-Konzentration der Leber stieg dagegen mit steigenden Zulagen von Cu im Futter progressiv an. (Cu-Gehalt in den frischen Lebern 16, 20, 39 und 312 ppm bei entsprechend gesteigerten Zulagen von $CuSO_4$ im Futter von 0, 125, 250, 375 ppm).
H. Steger. 8127.

Popescu, Fr., Harsian, E., Nedelniuc, V., Tacu, A. und Florescu, St. Cercetări asupra acţiunii cobaltului la raţe. **(Untersuchungen über die Wirkung von Kobalt auf Enten.)** Lucrările ştiinţ. Inst. Cercetări zootehn. 18 (1960) S. 513–526. — 2 Abb., 4 Tab., 5 Lit. Zus. in Russ., Engl., Franz., Dtsch.

Vff. ermittelten an 70 Pekingenten und 358 Entengosseln, die in je eine Versuchs- und Kontrollgruppe eingeteilt waren, daß 0,3 mg Kobaltchlorid je kg Lgw. 3mal wöchentlich in wäßriger Lösung im Schrot verabreicht, die Gewichtszunahmen der 4 Mon. alten Gosseln um 29%, die Legetätigkeit der Enten um 16%, den Befruchtungsprozentsatz der Eier um 5,5% und das Schlupfergebnis um 8,5% gegenüber der Kontrollgruppen verbesserten. Der Sterblichkeitsprozentsatz der Gosseln sank um 75%.
R. Petrovszky. 8127.

Anonym. The secretion of iodine into milk of lactating goats. **(Die Sekretion von Jod in die Milch von laktierenden Ziegen.)** Nutrit. Rev. **20** (1962) Nr. 1. S. 20–21.

In vorliegendem Übersichtsreferat geht der Vf. auf die Untersuchungen von E. P. Reinecke (vgl. J. Dairy Sci. **44** [1961] Nr. 5. S. 937.) ein, der an der Ziege das Verhältnis von Schilddrüsen- und Euterfunktion zu ermitteln suchte. Am Anfang der Versuchsreihe wurde der Ziege ^{131}J s.c. injiziert und die Ausscheidung in die Milch bis 70 Std. danach verfolgt. Aus dem Verhältnis von Milch- und Serumjod wurde die Schlußfolgerung gezogen, daß in der Milchdrüse eine sehr aktive Exkretion stattfinden muß. Desweiteren wurde beobachtet, daß der Exkretionsmechanismus eine scharfe Differenzierung zwischen den verschiedenen Jodverbindungen trifft. Auf die Besonderheiten der Ziegenmilch gegenüber der Milch anderer Tierarten in Hinblick auf den Jodstoffwechsel wird eingegangen. M. Richter. 8127.

Columbus, A. und Gebhardt, G. **Einsatz arsenhaltiger Mittel in der Tierernährung. 1. Mitt. Einfluß von arsenhaltigen Mitteln auf Wachstum und N-Bilanz.** Jb. Arbeitsgemeinsch. Fütterungsberat. **3** (1960/61) S. 327–334. — 7 Tab., 7 Lit.

In Aufzuchtversuchen an ♂ und ♀ Albinoratten wurde der Einfluß von 3-Acetylamino-4-oxyphenylarsinsäure und von 3-Nitro-4-oxyphenylarsinsäure auf Wachstum und Futterverwertung geprüft. Die 1. Verbindung konnte, ohne toxische Erscheinungen hervorzurufen, bis 0,5% zugegeben werden, während die 2. Arsenverbindung schon bei 0,025% schädlich war. Der Aufzuchtversuch mit Gaben von etwa 0,37% bzw. 0,0037% in der Kost erbrachte ein negatives Ergebnis. Daher wurden Aufzucht- und N-Bilanz-Versuche mit den Na-Salzen der genannten Säuren durchgeführt. Die N-Bilanz blieb durch die Beimischung von 0,002% der Verbindungen unbeeinflußt. Nur das Na-Salz der 3-Acetylamino-4-oxyphenylarsinsäure verbesserte den Zuwachs und den Zuwachs je 100 g Tr.-Subst.-Aufnahme.
G. Gebhardt. 8127.

Slen, S. B., Demiruren, A. S. und Smith, A. D.; Lethbridge, Alberta, Canada Agric. Res. Stat. Note on the effects of selenium on wool growth and body gains in sheep. **(Bemerkung über die Wirkung von Selen auf Wollwachstum und Gewichtszunahmen bei Schafen.)** Canad. J. Animal Sci. **41** (1961) Nr. 2. S. 263–265. — 1 Tab., 13 Lit.

An Mutterschafe wurde anorg. Se (in Form von H_2SeO_3) per os in subtoxischen Dosen verabreicht, um die Wirkung des Se auf die Wolleistung und die Gewichtszunahmen festzustellen. Se förderte den Reinwollertrag, die Wollhaarstärke und die Körpergewichtsentwicklung. Daraus wird geschlossen, daß Se ein essentieller Nährstoff für das Woll- und Körperwachstum der Schafe ist. J. Wünsche. 8127.

Mortenson, F. N., Benedict, H. M., Transtrum, L. G. und Winters, W. S.; Provo, Ut., U.S. Steel Corporation, Agric. Div. Method for determining fluorine intake of dairy cows under field conditions. **(Eine Methode zur Bestimmung der Fluoraufnahme von Milchkühen unter Feldbedingungen.)** J. Dairy Sci. **45** (1962) Nr. 1. S. 74–78. — 4 Tab., 12 Lit.

Vff. beschreiben eine unter Praxisbedingungen anwendbare Methode zur Bestimmung der F-Aufnahme von Milchviehherden. In 5 Jahren wurden 321 F-Bestimmungen in 60 Herden vorgenommen. Die Genauigkeit dieser Methode soll $\pm$ 20% bei 5% Irrtumswahrscheinlichkeit betragen.
H.-D. Bock. 8127.

Suttie, John W., Gesteland, Ray und Phillips, P. H.; Madison, Univ. of Wisconsin, Dep. of Biochem. Effects of dietary sodium fluoride on dairy cows. VI. In young heifers. **(Die Wirkung von mit dem Futter verabreichtem Natriumfluorid auf Milchkühe. 6. Mitt. Bei jungen Färsen.)** J. Dairy Sci. **44** (1961) Nr. 12. S. 2250–2258. — 6 Tab., 18 Lit. 5. Mitt. vgl. LZ. Abt. III **5** (1960) Nr. 5. S. 846.

In Fortsetzung der Versuche über die F-Belastung von Milchkühen dienten 28 Holstein-Kälber zur Klärung folgender Fragen: 1. Toleranzwerte für F; 2. Einfluß des Alters (6 Wo. bis 6 Mon.) auf die erforderliche Zeit zur Erzeugung einer Fluorosis bei Milchvieh; 3. Auswirkung der F-Aufnahme der Muttertiere auf die Fluorosis bei den Nachkommen und 4. Einfluß einer verringerten Getreideaufnahme auf die Fluorosis-Entwicklung. Ergebnisse: Auf der Basis von F-Retention in den Knochen, Harn-Exkretion, Gewichtszunahme, physiologischen Reaktionen und allg. Gesundheitszustand beträgt die Toleranz bei jungem Milchvieh weniger als 1,6 mg F/kg Lgw. tägl. Die Toxicität war unabhängig vom Anfangsalter der Kälber und der F-Belastung der Mütter. Verringerung der Getreideaufnahme führte unabhängig vom F-Gehalt zu einer geringfügigen Depression des Lgw. der ausgewachsenen Tiere. Das zuverlässigste Maß für eine F-Vergiftung ist das Vorhandensein von mehr als 5500 ppm Fluorid im Knochen. J. Wünsche. 8127.

Groževskaja, S. B. und Malyšev, G. G. (Groshewskaja, S. B. und Malyschew, G. G.) Vlijanie mikroėlementov na gazoobmen, sostav krovi i privesy teljat. **(Einfluß von Spurenelementen auf Gaswechsel, Blutzusammensetzung und Gewichtszunahme bei Kälbern.)** Tr. Permsk. s.-ch. in-ta **17** (1960, hrsg. 1961) Nr. 3. S. 49–54. — Aus: Referativnyj žurnal. Biològija, Moskva **1961** Nr. 23. Ž 33. S. 5.

Die Versuche wurden an 30 Kälbern im Gebiet Perm durchgeführt. Festgestellt wurde, daß bei Kälbern, die bis zu 2 Mon. Mineralbeigaben in Form von $CoCl_2 + ZnSO_4$ bekamen, die Gewichtszunahmen um 31,8% und bei Kälbern von 2–4 Mon. um 10,2% höher waren als bei den Kontrolltieren. Der Minutenverbrauch an O_2 war entsprechend um 12,3 und 0,9%, die CO_2-Abgabe um 9,2 und 22,4%, die Wärmeproduktion um 11,9 und 6,1% höher als bei Kontrolltieren. Die Hb-Menge im Blut der Versuchskälber wuchs um

4–15%, die Menge der Erythrocyten um 8–19%. Bei den Kälbern, die nur $CoCl_2$ erhielten, waren diese Kennziffern niedriger, aber höher als bei den Kontrollkälbern. übersetzt v. K. Neumann. 8127.

Wasserhaushalt

Wilson, P. N., Barratt, M. A. und Butterworth, M. H.; Trinidad, Univ. Coll. of the West Indies, Fac. of Agric.; Imperial Coll. of Trop. Agric. The water intake of milking cows grazing Pangola grass (Digitaria decumbens Stent.) under wet and dry-season conditions in Trinidad. **(Die Wasseraufnahme von Milchkühen auf Pangolagras [Digitaria decumbens Stent.]-Weiden unter den Bedingungen einer nassen und einer trockenen Jahreszeit in Trinidad.)** J. agric. Sci. 58 (1962) Nr. 2. S. 257–264. — 3 Tab., 30 Lit.

Von je 10 Holstein × Zebu-Milchkühen wurde während je 10 Tagen der nassen und trockenen Jahreszeit die Gesamtwasseraufnahme (Tränkwasser + Wasseraufnahme mit dem Weidegras) festgestellt. Zwischen beiden Jahreszeiten ergab sich in der Gesamtwasseraufnahme nur ein Unterschied von 24%. Die Tränkwasseraufnahme belief sich bei der nassen Witterung auf 18,5 lb., bei der trockenen Witterung dagegen auf 81,5 lb. je Kuh und Tag. Die entsprechenden Zahlen für die Wasseraufnahme mit dem Futter betrugen 94,9 bzw. 59,2 lb. Die ⌀ Anzahl der Wasseraufnahmen aus den Trögen betrug je Kuh und Tag 0,8 während der nassen und 1,4 während der trockenen Jahreszeit. J. Wünsche. 8129.

Payne, W. J. A. Southon, K. R., Bazin, A. E., Hutchison, H. G., MacFarlane, J. G. und Horrocks, D. A provisional report on a study of the water requirements and productivity of zebu cattle when subject to the stress of infrequent watering and long daily treks. **(Vorläufiger Versuchsbericht über den Wasserbedarf und die Leistungsfähigkeit von Zebu-Rindern, die einem Stress in Form seltener Wassergabe und langer täglicher Märsche ausgesetzt waren.)** VIII. int. Tierzuchtkongr. Hamburg **1961** Diskuss.-Beitr. S. 134–136. Zusammenfassung eines Diskussionsbeitrages der Vff. zum Thema III: The influence of the enviroment on animal production and health under housing conditions. 8129.

Stoffwechsel der Vitamine und anderer Wirkstoffe

Miller, E. R., Harmon, B. G., Ullrey, D. E., Schmidt, D. A., Luecke, R. W. und Hoefer, J. A.; East Lansing, Michigan State Univ., Dep. of Animal Husbandry; Dep. of Veterin. Pathol.; Dep. of Biochem. Antibody absorption, retention and production by the baby pig. **(Resorption, Retention und Bildung von Antikörpern durch das Ferkel.)** J. Animal Sci. 21 (1962) Nr. 2. S. 309–314. — 2 Abb., 5 Tab., 36 Lit.

Ferkel resorbierten Antikörper bei oraler Applikation von Serum in den ersten 36 Lebensstunden, diese waren 7, jedoch nicht 17 Tage lang im eigenen Serum nachzuweisen. Auch aus antikörperhaltigem Colostrum resorbierten sie Antikörper, der Titer stieg innerhalb von 24 Std. an und fiel dann ab. Bei aktiver Immunisierung stieg der Antikörpertiter im Serum zunächst nicht oder nur geringgradig, von der 4. Woche danach stärker an. Die Vermehrung der γ-Globuline begann frühzeitiger. Die i.p. Verabreichung von Serum erwachsener Schweine erhöhte zwar nicht die Gewichtszunahmen, hatte aber einen günstigen Einfluß auf den Gesundheitszustand der Ferkel. B. Busch. 8145.

Tagwerker, F. J.; Basel. **Der Einfluß der Vitaminversorgung auf die Widerstandsfähigkeit des Geflügels gegen Infektionskrankheiten, Parasitenbefall und andere Belastungen.** Kraftfutter 44 (1961) Nr. 10. S. 400–403; Nr. 11. S. 438 bis 441.

Die Gesichtspunkte, unter denen Geflügelfutter vitaminiert wird, haben sich verändert. Ging es zunächst vor allem um die Deckung des an der Gewichtszunahme und der Legeleistung zu messenden Minimalbedarfs, so wurde später auch die Qualität der Produkte (Fleischigkeit, Fettansatz, Vorhandensein von Brustblasen u. ä., Haltbarkeit usw. bei Mastküken, Eischalenqualität, Häufigkeit der Blutflecken bei Legehennen sowie Fruchtbarkeit, Schlupf- und Frühentwicklung der Küken bei Zuchthennen) berücksichtigt. Die darauf basierenden Vitaminzusätze lagen schon weit höher, als den Minimalbedarfszahlen entsprach. Heute verlangt die fortschreitende Intensivierung der Geflügelhaltung auf Grund guter Aufzucht- und Therapieerfolge noch höhere Maßzahlen für die Futtervitaminierung; diese berücksichtigen die heute üblichen zahlreichen Streß-Belastungen. Um Produktions- und Fortpflanzungsstörungen zu vermeiden, sind nach Meinung des Vf. vorbeugende, planmäßig durchgeführte Vitaminstöße empfehlenswert.

B. Gaßmann. 8150.

Matschiner, John T. und Doisy jun., E. A.; St. Louis, Univ. of Missouri, School of Med., Dep. of Biochem. Role of vitamin A in induction of vitamin K deficiency in the rat. **(Die Rolle des Vitamin A bei der Auslösung eines Vitamin-K-Mangels bei der Ratte.)** Proc. Soc. exp. Biol. Med. **109** (1962) Nr. 1. S. 139–142. — 2 Tab., 14 Lit.

Das Futter abgesetzter Ratten bestand aus einer Caseinkost, einer Ration mit bestrahltem Rindfleisch oder einer Diät, die unbehandeltes Rindfleisch enthielt. Jede Kostform wurde ergänzt mit 0; 0,5; 50 oder 500 IE/g Vit.-A-Acetat. Wie aus den gemessenen Prothrombinkonzentrationen zu ersehen war (Methode nach Hjord und Mitarbeiter vgl. J. Lab. clin. Med. **46** [1955] S. 89.), führten bei Caseinkost und bei Frischfleischkost 50 und 500 IE/g Acetat zu einem K-Mangel. Verfütterung von bestrahltem Rindfleisch hatte bereits bei niedrigsten Vit.-A-Gaben eine als krankhaft zu beurteilende Prothrombinabnahme zur Folge. Die hämorrhagische Wirkung des Vit. A war bei ♀ Tieren schwächer als bei ♂, und die Derivate der Säure wirkten stärker als das Acetat des Vit. A.

I. Müller. 8152.

Bernard, Rudy A., Halpern, Bruce P. und Kare, Morley R. Effect of vitamin A deficiency on taste. **(Die Wirkung von Vitamin-A-Mangel auf den Geschmackssinn.)** Proc. Soc. exp. Biol. Med. **108** (1961) Nr. 3. S. 784–786. — 1 Abb., 1 Tab., 4 Lit.

Mit USP Vit.-A-Mangelkost ernährte Ratten erhielten vom 123. Versuchstage an jeweils über 24 Std. ein Trinkgefäß mit destilliertem Wasser und ein 2. mit einer Testlösung zur Wahl. 3 Wochen bevor die Mangelratten Gewichtsverluste zeigten, veränderte sich ihr Verhalten signifikant gegenüber 8 μM Chininsulfatlösung im Vergleich zu normal ernährten Kontrollen. Mit progressivem Vit.-A.-Mangel lehnten sie die Chininlösung immer seltener ab. NaCl-Lösungen, die normale Tiere vor Wasser bevorzugten, tranken die Versuchstiere bei sehr starkem A-Mangel nicht signifikant reichlicher als Wasser. Zu diesem Zeitpunkt konnte durch Vit.-Applikation die Geschmacksempfindlichkeit für NaCl sehr schnell wieder normalisiert werden, nicht aber gegenüber Chinin.

I. Müller. 8152.

Crider, Q. E., Alaupović, P. und Johnson, B. Connor; Urbana, Univ. of Illinois, Div. of Animal Nutrit. On thr function and metabolism of vitamin E. III. Vitamin E and antioxidants in the nutrition of the rat. **(Über die Funktion und den Stoffwechsel von Vitamin E. 3. Mitt. Vitamin E und Antioxydantien bei der Ernährung der Ratte.)** J. of Nutrit. **73** (1961) Nr. 1. S. 64–70. — 6 Tab., 23 Lit. 2. Mitt. vgl. Biochim. Biophys. Res. Community 2 (1960) S. 293.

Abgesetzte ♀ Ratten, die 8 Wo. vor der Paarung mit einer synthetischen Vit.-E-freien Ration gefüttert wurden und sich als unfruchtbar erwiesen hatten, warfen im 2. Fortpflanzungscyclus nach Verabreichung der Antioxydantien N,N'-Diphenyl-p-phenylendiamin (DPPD) und 1,2-Dihydro-6-äthoxy-2,2,4-trimethylchinolin (Äthoxychin) lebende Junge. Die Antioxydantien butyliertes Hydroxytoluol und säurereduziertes Ubichinon (Ubichromanol) waren dagegen unwirksam. DPPD gewährleistete bei Vit.-E-freier Ernährung auch in der zweiten Generation die Fortpflanzung. Sowohl die Lebern und Körper der Vit.-E.-frei ernährten Kontrollratten als auch der mit DPPD, Äthoxychin und α-Tocopherol versorgten Ratten enthielten Substanzen, die mit α,α'-Dipyridyl reagierten. Chromatographisch ließ sich bei allen Tieren eine neue reduzierende Verbindung (Verbindung X) nachweisen. Nur die mit α-Tocopherol gefütterte Ratten enthielten neben der Verbindung X auch Vit. E. J. Wünsche. 8156.

King, C. G. und Becker, Robert R.; New York, Columbia Univ., Dep. of Chem. The biosynthesis of vitamin C (ascorbic acid). **(Die Biosynthese des Vitamin C [Ascorbinsäure].)** Wld. Rev. Nutrit. Dietetics **1** (1959) S. 61–72. — 3 Abb., 74 Lit.

Übersicht über die vorliegenden experimentellen Befunde hinsichtlich der bei Tieren (außer Mensch und Meerschweinchen) und Pflanzen ablaufenden Wege der Biosynthese und des Stoffwechsels von Vit. C, die zusammenfassend folgenden Hauptstoffwechselweg ergeben: D-Glucose → D-Glucuronsäure → L-Gulonsäure → [3-Keto-L-gulonsäure (oder deren Lakton)] → L-Ascorbinsäure ⇄ L-Dehydroascorbinsäure ↗ CO_2 + Pentose, ↘ Oxalat + 4-C-Fragment → Endprodukte. B. Gaßmann. 8156.

Sauberlich, H. W.; Auburn, Univ. of Alabama, Agric. Exp. Stat., Dep. of Animal Husbandry and Nutrit. Effect of vitamin B_6 on the growth of rats fed diets limiting in an essential amino acid and on the utilization of isomers of tryptophan, methionine and valine. **(Die Wirkung von Vitamin B_6 auf das Wachstum von Ratten bei Fütterung mit einer Kost, die eine essentielle Aminosäure nur beschränkt enthält, und auf die Verwendbarkeit der Isomeren von Tryptophan, Methionin und Valin.)** J. of Nutrit. **74** (1961) Nr. 3. S. 289 bis 297. — 5 Tab., 38 Lit.

Die Untersuchungen wurden an jungen, entwöhnten ♂ Ratten durchgeführt, deren Nahrung frei von Pyridoxin und der jeweils untersuchten Aminosäure war. Das Wachstum wird durch Zugabe von Pyridoxin und der Aminosäure, einzeln oder zusammen verabreicht, gefördert. Die wachstumsfördernde Wirkung der essentiellen Aminosäuren Tryptophan, Methionin und Valin steigt mit der B_6-Konzentration in der Nahrung und im Gewebe. Die Aktivität von d-Tryptophan beträgt ½, die von d-Valin nur $^1/_3$ der entsprechenden l-Form. Bei optimaler B_6-Versorgung (1–6 mg/kg Futter) besteht kein Unterschied in der Wirkung von l-, d- und Hydroxymethionin. Der Vit.-B_6-Gehalt der Nahrung beeinflußt den Gehalt von freien Aminosäuren im Blutplasma. Diskutiert wird ein B_6-abhängiger Wirkungsmechanismus. W. Goldbach. 8158.

Frederick, G. L. und Brisson, G. J.; Ottawa, Ontario, Canada Dep. of Agric. Some observations on the relationship between vitamin B_{12} and reproduction in swine. **(Beobachtungen über die Beziehungen zwischen Vitamin B_{12} und der Fortpflanzung der Schweine.)** Canad. J. Animal Sci. **41** (1961) Nr. 2. S. 212–219. — 5 Tab., 9 Lit.

Durch eine langdauernde Fütterungsperiode wurden 6 Sauen in ein Vit.-B_{12}-Defizit gebracht. Dies führte zu Aborten und einem hohen Anteil von Todesfällen bei den Ferkeln in den ersten 3 Lebenstagen. Alle Ferkel, welche mit einer Kunstmilch mit Mangel an Vit. B_{12} aufgezogen wurden, verendeten innerhalb von 14 Tagen. Wurde die Mangelfütterung der Sauen durch 400 μg Vit. B_{12}/Tier/Tag ergänzt, resultierten weniger Ferkelverluste, und die Ferkel überstanden zum größten Teil die Fütterung mit einer Kunstmilch mit Vit.-B_{12}-Mangel. Die Gewichtsentwicklung von Ferkeln mit Vit.-B_{12}-Zugabe war besser. B. Busch. 8158.

Chow, Bacon F., Okuda, Kunio und McCollum, Ernestine B.; Baltimore, Md., Johns Hopkins Univ., School of Hyg. and Public Health, Dep. of Biochem. Vitamin B_{12} and the thyroid in reproduction of female rats. **(Vitamin B_{12} und Schilddrüse im Fortpflanzungsgeschehen weiblicher Ratten.)** J. of Nutrit. 74 (1961) Nr. 3. S. 319–323. — 4 Tab., 7 Lit.

♀ Ratten verlieren die Fähigkeit zur Fortpflanzung durch Mangel an Vit. B_{12} oder nach Entfernung der Schilddrüse. Wird Vit.-B_{12}-Mangel durch Verabreichung B_{12}-freier Kost oder durch Gabe eines hemmenden Intrinsic-Faktors herbeigeführt, so ist nur die Zahl der Schwangerschaften und Lebendgeborenen reduziert. Erst die Applikation eines B_{12}-Antagonisten führt zur völligen Unfruchtbarkeit. Die Sterilität nach Entfernung der Schilddrüse wird durch Injektion von B_{12} (3mal wöchentl. 5 μg) oder durch Gabe von getrockneter Schilddrüse zum Futter (0,05%) teilweise aufgehoben. Wird sowohl B_{12} als auch das Schilddrüsenpräparat appliziert, so wird wieder völlige Fruchtbarkeit erreicht. Ein Gehalt von 0,01% Schilddrüse zum Futter führt in Verbindung mit B_{12} nur zur Schwangerschaft, jedoch nicht zur Geburt von lebenden Jungen. Der Vit.-B_{12}-Gehalt des Serums ist bei den Tieren ohne Schilddrüse signifikant erniedrigt. Zusammenhänge zwischen Vit. B_{12} und Schilddrüsenhormon im Fortpflanzungsgeschehen werden diskutiert. Die Vitaminbestimmungen erfolgten mikrobiologisch mit *Lactobacillus leichmannii*. W. Goldbach. 8158.

Rosenthal, Harold L. und Austin, Shirley; St. Louis, Mo., Washington Univ. School of Dentistry, Dep. of Physiol. Chem. Vitamin B_{12} unsaturated binding capacity of sera from various animals. **(Die ungesättigte Vitamin-B_{12}-Bindungskapazität des Serums von verschiedenen Tieren.)** Proc. Soc. exp. Biol. Med. 109 (1962) Nr. 1. S. 179–181. — 2 Tab., 11 Lit.

Mit einer von Rosenthal beschriebenen Methode, die auf erschöpfender Dialyse unter Verwendung von ^{60}Co-Cyanocobalamin oder von ^{60}Co-Dimethylbenzimidazolcobamid-Coenzym (DMBC) beruht, wurde die ungesättigte Vitamin-B_{12}-Bindungskapazität des Serums ermittelt. Die niedrigsten Werte, ca. 0,30 mμg/ml, wiesen die untersuchten Crustaceenarten auf. Die ungesättigte Bindungskapazität bei den Säugern, 1,59–24,4 mμg/ml, wurde von den Vertretern der anderen Wirbeltierklassen mit kernhaltigen Erythrocyten bei weitem übertroffen. Bei einem Fisch, *Oncorhynchus gorbuscha*, wurden 6956 mμg/ml gemessen. Da die Bindungskapazität für ^{60}Co Cyanocobalamin die gleiche war wie für DMBC, ist nicht anzunehmen, daß Cobaltliganden bei der Bindung beteiligt sind. I. Müller. 8158.

Fox, M. R. Spivey und Chow, Bacon F.; Bethesda, Md., U. S. Dep. of Health and Education, Nat. Inst. of Arthritis and Metabolic Diseases, Lab. of Nutrit. and Endocrinol.; Baltimore, Md., Johns Hopkins Univ., School of Hyg. and Public Health, Dep. of Biochem. Nutritional significance of vitamin B_{12}. I. Metabolic functions in experimental animals. II. Mechanism of absorption of vitamin B_{12}. III. Vitamin B_{12} in health and disease. **(Bedeutung des Vitamin B_{12} für die Ernährung. 1. Mitt. Stoffwechselfunktionen in Versuchstieren. 2. Mitt. Mechanismus der Vitamin-B_{12}-Resorption. 3. Mitt. Vitamin B_{12} in Gesundheit und Krankheit.)** Wld. Rev. Nutrit. Dietetics 1 (1959) S. 125–143. — 1 Abb., 1 Tab., 120 Lit.

Zusammenfassende Übersicht der wichtigsten vorliegenden Arbeiten über die Funktionen des Vit. B_{12} im Stoffwechsel der Eiweiße, Fette, Kohlenhydrate,

Nucleinsäuren, Sulfhydryl- und Einkohlenstoffverbindungen, die Resorption im Verdauungskanal, Möglichkeiten zu deren Beeinflussung und Verfahren, zu deren Beurteilung sowie über die Bedeutung des Vit. B_{12} im Alter (Toleranztest, Serumspiegel, Resorption, biochem. Wirkung) und in der Schwangerschaft. B. Gaßmann. 8158.

Calhoun, M. C., Fleeger, J. L. und Richards, C. R.; Newark, Univ. of Delaware, Dep. of Animal and Poultry Sci. Serum insulin-like activity of normal, fasting, and ketotic cattle. **(Die „Insulin-like"-Aktivität im Serum normaler und hungernder Milchkühe sowie bei Ketosis.)** J. Dairy Sci. **45** (1962) Nr. 3. S. 421–426. — 1 Abb., 2 Tab., 40 Lit.

An 14 normalen, 4 hungernden und 14 Kühen mit Ketosis wurde die „Insulin-like"-Aktivität (I) des Serums an der Glucose-Aufnahme des Rattendiaphragmas als Maßstab der genauen Insulinmenge gemessen. Die I des Serums normaler Kühe ergab 1,94 ± 0,24 mμ Insulin/ml und bei Kühen mit Ketosis 1,25 ± 0,23 mμ/ml. Nach 72 Std. Hungern wurde ein Abfall der I um 31% festgestellt. Es besteht demnach eine Beziehung zwischen Insulin- und Metabolitengehalt des Blutes. W. Jentsch. 8170.

Puchol, J. R. und Carballido, A.; Madrid, Inst. „G. Marañón", Dep. Endocrinol. Transaminasic activity of rat adipose tissues. **(Transaminaseaktivität im Fettgewebe von Ratten.)** Nature [London] **193** (1962) Nr. 4822. S. 1284–1285. — 1 Tab., 6 Lit.

In in vitro-Untersuchungen an verschiedenen Fettgeweben (epididymales, epiploisches, gelbes subcutanes und braunes) bestimmten Vff. die Aktivitäten der Glutamat-Oxalacetat-Transaminase (GOT) und der Glutamat-Pyruvat-Transaminase (GPT). Zwischen den Geschlechtern ergaben sich keine signifikanten Differenzen in den Transaminaseaktivitäten. Bei den Fettgeweben zeichnen sich 2 Typen ab. Der GOT/GPT-Quotient liegt bei den ersten 3 erwähnten Fettgeweben unter 0,4, während das braune Fettgewebe eine wesentlich höhere Transaminaseaktivität bei gleichzeitig erhöhtem GOT/GPT-Quotienten der Größenordnung von 1 aufweist. Inwieweit diese Differenzen mit spez. Stoffwechselcharakteristika in Zusammenhang stehen, ist noch unbekannt. R. Schiemann. 8170.

Sachs, Lothar. **Haupttendenzen und Regulationsprinzipien der Steroidhormon-Biogenese.** Arzneimittel-Forsch. **12** (1962) Nr. 3. S. 244–252.

Die für die Steroidhormonbiogenese erforderlichen Cofaktoren werden durch Reaktionen des Kohlenhydratstoffwechsels bereitgestellt. Bei der Glykolyse entstehen Acetyl-Coenzym A, Diphosphopyridinnucleotid und Adenosintriphosphorsäure. Der Hexosemonophosphate — Shunt stellt neben spez. Baustoffen Triphosphopyridinnucleotid zur Verfügung. Die Vorstufen der Biosynthese über Mevalonsäure, Squalen, Cholesterin und Pregnenolon zum Grundkörper der Steroidhormone, dem Cylopentanoperhydrophenanthren, beruhen in erster Linie auf Kondensationen, die Adenosintriphosphorsäure als Energiequelle benötigen, und auf Reduktionen, die durch das Triphosphopyridinnucleotid vermittelt werden. Die Fähigkeit der endokrinen Drüsen, bestimmte Steroidhormone zu bilden, ist durch eine relative Dominanz charakteristischer Enzymsysteme möglich. So wird die Bildung der Steroidhormone in Testes und Ovarien durch Gonatropin, die Bildung der NNR-Hormone durch das adrenocorticotrope Hormon gesteuert. Aus dem Pregnenolon entstehen über Progesteron und 17α-Hydroxypregnenolon die Gestagene, Corticosteroide und die teilweise als Vorläufer der Oestrogene auffaßbaren Androgene. Von dem Pregnenolon gehen 3 Hauptsyntheseketten aus. Der adrenale Weg über Progesteron und bzw. oder 17α-Hydroxyprogesteron zu den Corticosteroiden, der adrenale und testikuläre Weg über 17α-Hydroxypregnenolon, Dehydroepiandrosteron und Δ^4-Androsteron-3-17-

dion zu den Androgenen und schließlich der gonadale Weg über 17α-Hydroxyprogesteron und Δ^4-Androsteron 3-17-dion zu den Androgenen und Oestrogenen. Für die Biosynthese von Androgenen existieren 4 Möglichkeiten. 1. Der gonadale Weg über Cholesterin und Progesteron zum Androstendion. 2. Der adrenale Weg über Cholesterin zum Dehydroepiandrosteron (DHEA) und Androstendion. 3. Die periphere Androgenbildung aus Corticosteroiden. 4. Der noch nicht genügend gesicherte Weg über das unbekannte C_{19}-Steroid zum DHEA und Androstendion. Abschließend werden quantitative Angaben zur Steroidhormonproduktion gemacht und einige Regulationsprinzipien besprochen. H. Steger. 8175.

Ermolov, B. N. (Jermolow, B. N.); Leningrad, Pawlow-Inst. für Physiol. der Akad. der Wiss. der UdSSR, Lab. für Physiol. Landwirtsch. Nutztiere. Vlijanie metiltiouracila na moločnuju produktivnost' i funkciju ščitovidnoj železy u koz. **(Der Einfluß von Methylthiouracil auf die Milchleistung und Schilddrüsenfunktion bei Ziegen.)** Fiziologičeskij žurnal SSSR imeni I. M. Sečenova, Moskva-Leningrad **48** (1962) Nr. 1. S. 86–90. — 2 Tab., 8 Lit.
Verfütterung von 6-Methylthiouracil (MTU) an Ziegen in Dosen von 30 bis 45 mg/kg Lgw. führte nach 25 Tagen Anwendung zu einer Unterdrückung der ^{131}-J-Resorption durch die Schilddrüse und inhibierte ihre hormonbildende Funktion. Das nach Verfütterung von MTU durch die Schilddrüse resorbierte ^{131}J verschwand nach 192 Std. Wurde die MTU-Fütterung unterlassen, erfolgte wieder eine intensive ^{131}J-Resorption in die Schilddrüse. Nach dem 4. Tag der MTU-Verfütterung wurde die Milchfettsekretion, nach dem 12. Tag die Milchsekretion und nach dem 24. Tag der O_2-Verbrauch eingestellt. H.-D. Bock. 8175.

Obračević, Čedomir, Pavlović, Milivoj, Bačvanski, Stevan und Kosanović, Miloš; Novi Sad, Inst. für Rinder- und Schweinezucht der VR Serbien. Uticaj implantiranog stibestrola na iskoriščavanje hrane u tovu muške junadi. **(Der Einfluß des implantierten Stilboestrols auf die Futterausnützung in der Jungbullenmast.)** Arh. poljoprivredne Nauke **14** (1961) Nr. 44. S. 42–49. — 5 Tab., 15 Lit. Zus. in Engl.
Jungbullen erhielten 36 mg Stilboestrol s.c. implantiert. Das Anfangsgewicht der Versuchs- und Kontrolljungbullen war 200 kg, und das Endgewicht nach 181 Masttagen variierte zwischen 387 und 406 kg. Die Kontrollgruppe nahm tägl. 1,031–1,070 kg, die Versuchsgruppe 1,068–1,137 kg zu. Daraus kann man entnehmen, daß die Verbesserung der tägl. Zunahmen durch die 36 mg Stilboestrol 3,64; 10,04 bzw. 6,24% und die der Futterverwertung 4,0; 9,3 bzw. 6,6% betrug, was ca. 50% weniger ist als bei einigen anderen Autoren. I. Šmalcelj. 8175.

Barker, D. J. P. und Crossley, J. N.; London, Guy's Hospital, Dep. of Anatomy. Effect of testosterone on oestrogen-induced bone formation in mice. **(Der Einfluß von Testosteron auf die durch Oestrogen bewirkte Knochenbildung bei Mäusen.)** Nature [London] **194** (1962) Nr. 4833. S. 1088–1089. — 1 Abb., 2 Lit.
Bei einer Gruppe von Mäusen wurde nach s.c. Injektion von Oestradiolmonobenzoat eine erhöhte Dichte der Knochen auf Grund von Knochengewebsbildung in den Markhöhlen festgestellt. Die zusätzliche Injektion von Testosteron-propionat bei einer 2. Gruppe zeigte die antagonistische Wirkung des Testosteron, indem eine Rückbildung des Knochengewebes in den Markhöhlen eintrat. W. Jentsch. 8175.

Weltman, A. Stanley, Owens, Harry und Sackler, Arthur M.; Brooklyn, N. Y., Long Island, Univ., Brooklyn Coll. of Pharmacy, Res. Inst., Lab. for Therapeutic Res. Effect of age and thymectomy on urinary 17-ketosteroid-

levels in male rats. **(Der Einfluß des Alters und der Thymusektomie auf den 17-Ketosteroidgehalt des Harns männlicher Ratten.)** Nature [London] **194** (1962) Nr. 4833. S. 1087–1088. — 1 Tab., 18 Lit.
Bei ♂ Albinoratten führte Thymusektomie (A) und Scheinthymusektomie (B) nach 4 Wochen zu keinem Unterschied in der Harnmengenausscheidung und im Ketosteroidgehalt gegenüber der Kontrollgruppe, während nach 12 und 24 Wochen bei A und B höhere Ketosteroidausscheidung gemessen wurde, die mit größerer Harnmenge gekoppelt ist. Im allgemeinen gibt die 17-Ketosteroidbestimmung im Harn nicht den Einfluß der Thymusektomie auf die Hormonproduktion der Gonaden und der Nebennieren wieder. W. Jentsch. 8175.

Junkmann, K. und Suchowsky, G.; Berlin, Scheering AG, Hauptlab. **Untersuchung anabol wirksamer Steroide.** Arzneimittel-Forsch. **12** (1962) Nr. 3. S. 214–218. — 4 Abb., 2 Tab., 105 Lit.
Vff. untersuchten 12 Steroide bezüglich des Verhältnisses ihrer anabolen zur androgenen Wirksamkeit und den möglichen Nebenwirkungen bei oraler bzw. subcutaner Verabreichung an Ratten. Beim 5 α-Androstan-17β-ol-3-on erhöht die 1-Methylierung wie auch die Einführung einer Doppelbindung in 1- oder 4-Stellung den Quotienten der anabolen zur androgenen Wirksamkeit. Beide Eingriffe zusammen wirken nur beim 1-Methyl-Δ^1-androsten-17β-ol-3-on (Methonolon) additiv, nicht jedoch beim 1 α-Methyltestosteron. Reduktion der Ketogruppe in 3-Stellung wirkt mindernd, Oxydation der 17-Hydroxygruppe stark herabsetzend. U. Zelck. 8175.

Kolb, K. H., Kimbel, K. H. und Schulze, P. E.; Berlin, Scheering AG, Hauptlab. **Der Einfluß verschiedener anabol wirksamer Steroide auf die Farbstoffausscheidung in die Rattengalle.** Arzneimittel-Forsch. **12** (1962) Nr. 3. S. 228–230. — 8 Abb., 2 Tab., 6 Lit.
Vff. benutzten die Ausscheidung von mit ^{131}J markiertem Bengalrosa in die Fistelgalle von Ratten zur Messung der Beeinflussung der Farbstoffausscheidungskapazität der Leber durch anabolische Steroide. Die 6 untersuchten, in 17-Stellung alkylierten Steroide (17α-Methyltestosteron, Δ^1-17α-Methyltesto steron, 4-Hydroxy-17α-Methyltestosteron, 17α-Äthyl-19-nor-testosteron, 2-Hydroxymethylen-17α-methylandrodan-17β-ol-3-on, 17α-Äthylöstren-17β-ol und 1-Methyl-Δ^1-androsten-17β-ol-3-on-acetat) schränken (nach 21 tägiger oraler Gabe) die Farbstoffsekretionskapazität der Leber mehr oder weniger stark ein. Gleiches gilt auch für das Androstan-17β-ol-3-on, ein in 17-Stellung nicht alkyliertes Anabolicum. Ohne Einfluß auf die Farbstoffausscheidung war das 1-Methyl-Δ^1-androsten-17β-ol-3-on-acetat (Methenolon-acetat).
U. Zelck. 8175.

François, A. C.; Jouy-en-Josas, Seine-et-Oise, France, Centre Nat. de Rech. Zootechn. Mode d'action des antibiotiques sur la croissance. **(Der Wirkungsmechanismus des Antibiotica auf das Wachstum.)** VIII. int. Tierzuchtkongr. Hamburg **1961** Hauptber. S. 57–77.
Antibiotica über eine Sparwirkung auf den Energie-, N- und Vitamin-Stoffwechsel aus. Ob dies durch eine Beeinflussung des intermediären Stoffwechsels oder der Verdauungsflora hervorgerufen wird, ist nicht eindeutig geklärt. Vf. vertritt die Ansicht, daß eine Wirkung auf die bakteriellen Toxine vorliegt. So wird beim Huhn die Bildung von Lezithinase durch *C. Welchii* verhindert. Dieses Enzym ist möglicherweise für die Wachstumshemmung verantwortlich. Die Verdauungsflora scheint ein unerläßliches „Relais" zu sein.
B. Piatkowski. 8185.

Jacobsen, Jacob und Mogensen, Bent; København, Fra E. B. Muňs Odense A/S; Novo Terapeutik Lab. A/S. Hygromycin B — et nyt svinefodertilskudsmiddel. **(Hygromycin B — ein neuer Futterzusatz bei Schweinen.)** Nord. Veterinärmed. **14** (1962) Nr. 2. S. 142–148. — 7 Tab., 8 Lit. Zus. in Engl., Dtsch.

Das aus dem Strahlenpilz *Streptomyces hygroscopicus* gewonnene Antibioticum kam 1957 in den USA in den Handel. Es wurden Versuche mit 4 Gruppen zu je 18 Schweinen durchgeführt, die nach Norm gefüttert wurden. Die Ration bestand aus Gerste, Hafer, Sojaschrot, Weizenstrohmehl, Fleischknochenmehl und Melasse. In den Versuchsgruppen enthielt das Futter je kg 3; 6 bzw. 12 mg Hygromycin B. Eine Woche vor der Schlachtung wurde die Verabreichung des Antibioticums ausgesetzt. Der Versuch umfaßte den Gewichtsabschnitt von 22–88 kg Lgw. Es ergaben sich mit steigender Hygromycingabe höhere Zunahmen und eine bessere Futterverwertung, und zwar im Gewichtsabschnitt bis 45 kg in stärkerem Maße als in der Endmast. Bei der Schlachtbewertung ergaben sich nur geringere Unterschiede zwischen den Gruppen, so eine etwas geringere Rückenspeckdicke in den beiden Gruppen mit den höchsten Hygromycingaben. Nach Hygromycinfütterung wurden im Gegensatz zur Kontrolle keine Spulwürmer gefunden. Knotenwurmeier waren in den Versuchsgruppen in wesentlich geringerer Menge, bei der höchsten Dosierung nur noch in unbedeutendem Maße vorhanden. J. K. Hinrichsen. 8185.

Hennig, A. und Kracht, W. **Schweinemastversuche mit Rationen ohne tierische Eiweißfutter und Antibiotikazusätze.** Jb. Arbeitsgemeinsch. Fütterungsberat. 3 (1960/61) S. 335–343. — 9 Tab., 13 Lit.

In 2 Versuchen mit Mastschweinen wurde ein Zusatz von 30 mg Oxytetracyclin bzw. 40 mg Chlortetracyclin je Tier und Tag bei Rationen aus pflanzlichen Futtermitteln geprüft. Beide Antibiotica erhöhten die Zunahme signifikant. Die Futterverwertung wurde geringfügig verbessert. Der erzielte Gewinn gegenüber beiden Vergleichsgruppen ist beträchtlich. Die Nachkommen aus verschiedenen Sauen reagierten unterschiedlich auf den Antibioticazusatz. A. Hennig. 8185.

Rauchbach, K.; Arad, Rumänien. **Der Einfluß biogener Stimulatoren auf die Mastfähigkeit von Rindern.** Mh. Veterinärmed. 4 (1962) Nr. 4. S. 193–194. — 1 Tab., 2 Lit.

Die Milzextrakte wurden vom Bukarester Pasteurinstitut nach dem Verfahren von Celan und Taga hergestellt. Die stimulierende Wirkung beruht auf der Mobilisierung der Abwehrkräfte, sowie der Erhöhung des Blutbaktericid-, Agglutinin- und des Antitoxintiters. Insgesamt kommt es zur Stärkung der immunobiologischen und physiologischen Reaktivität i. allg. Toxische Schäden, anaphylaktischer Schock und Sensibilisierungen wurden nicht festgestellt. Die Dosis betrug bei Großtieren 20, bei Kleintieren 2 bis 5 ml je nach Lgw. 2 Versuchsgruppen von Kühen wurden bei gleichem Fütterungs- und Haltungsbedingungen 30 Tage geprüft. Die Versuchsgruppe erhielt in dieser Zeitspanne 5 mal je 20 ml Milzextrakt injiziert. Appetit und Freßgeschwindigkeit waren im Vergleich zu den unbehandelten Kontrolltieren erhöht. Die Gesamtzunahme bei der Versuchsgruppe lag bei 142 kg, die der einzelnen Kuh 7,47 kg höher als in der Kontrollgruppe. In der Tageszunahme betrug die Differenz 249 g bei einer um 21,67% größeren Mastergiebigkeit. H. Busse. 8195.

Columbus, A. und Apelt, W. **Mastversuch an Jungbullen mit Tranquilizern.** Arch. Tierzucht 5 (1962) Nr. 1. S. 3–11.

Dieser Versuch wurde mit 14 schwarzbunten Jungmastbullen im Zeitraum vom 181.–397. Lebenstage (200–400 kg Lgw.) der Tiere durchgeführt. Die Versuchsgruppe erhielt täglich 5 mg „Tran-Q" je Tier. Die tägliche Zunahme lag bei der Versuchsgruppe um 12% höher als bei der Vergleichsgruppe, und die Futterverwertung war um 9% verbessert. Hinsichtlich der Schlachtwertermittlung zeigte die Versuchsgruppe eine bessere Schlachttierbewertung, eine stärkere Fetteinlagerung sowie ein höheres Magen- und Hautgewicht. Bei der Zweihälftenausbeute und den Organgewichten waren nur sehr geringe Differenzen zwischen den Gruppen festzustellen. G. Buß. 8195.

Franzer, A. C., Sharratt, M. und Hickmann, J. R.; London, Res. Assoc. of British-Flour-Millers; Cereals Res. Stat. The biological effects of feed additives. I. — Nisin. **(Biologische Einflüsse von Nahrungszusätzen. 1. Mitt. Nisin.)** J. Sci. Food Agric. **13** (1962) Nr. 1. S. 32–42. — 2 Abb., 10 Tab., 14 Lit.

Nisin, ein durch gewisse Milchsäure-Streptococcen der Gruppe N gebildetes Polypeptid, inhibiert das Wachstum von *Clostridium* und einigen anderen Fäulnis-Bakterien und wird deshalb dem Käse zur Verhinderung der Fäulnis zugesetzt. Vff. prüften den Einfluß von Nisin auf Gewichtszunahmen, Futteraufnahme, Reproduktions- und Überlebensrate, Blutbild, Organgewichte, Mortalitätsrate, makro- und mikroskopisches Bild der Organe von Ratten (Wistar-Stamm). Ferner wurden Magen-Darm-, Nieren- und Leberfunktionen der Tiere untersucht. Die Prüfung der Sensibilisierungswirkung von Nisin erfolgte an Meerschweinchen. Selbst bei 14 bzw. 1400 mal höheren Dosen der normalen Nisin-Zumischung für Nahrungsmittel konnten bei den Versuchstieren keine negativen Veränderungen der o. a. Indices festgestellt werden. H.-D. Bock. 8195.

Haenel, H., Gerriets, E. und Rieche, A.; Potsdam-Rehbrücke, Inst. für Ernähr. der Dtsch. Akad. der Wiss. zu Berlin; Berlin, Humboldt-Univ., Inst. für Geflügelkrankh.; Inst. für Org. Chem. **Nutritive Wirkungen synthetischer senfölbildender Verbindungen bei Hühnerküken. 1. Mitt.** Arch. Geflügelkunde **26** (1962) Nr. 1. S. 33–50. — 6 Abb., 6 Tab. Zus. in Engl.

8 Gruppen von je 100 Leghornküken erhalten 8 Wochen lang ein normales, mit A und D vitaminiertes Grundfutter, dem bei den Versuchsgruppen Aureomycin (100 ppm), senfölabspaltende synthetische Verbindungen (je 100 ppm N-β-Phenyl-äthyl-thiocarbamidsäure-O-phenylester [P 69], 3,5-Dibenzyl-2-thio-1,3,5-tetrahydrothiadiazin [D47] oder 3-Benzyl-5-β-hydroxyäthyl-2-thio-1,3,5-tetrahydrothiadiazin [D4733]), 3% Knoblauchzwiebel, 0,5% Kressesamen oder 1000 ppm Ascorbinsäure zugesetzt werden. Wachstum und Futterverwertung werden sowohl durch Aureomycin, Knoblauch und Kresse als auch durch P69 und D4733 verbessert. Ascorbinsäure zeigt keinen Einfluß auf das Wachstum und verschlechtert die Futterverwertung. D47 begünstigt das Wachstum nicht signifikant und beeinflußt die Futterverwertung nicht. Die bakterielle Besiedlung des Caecums sowie der Vit.-A- und -B_1-Gehalt der Lebern werden durch keinen der Zusätze verändert. In vitro werden bei den synthetischen wie bei den natürlichen Verbindungen mikrobizide Eigenschaften unterschiedlicher Stärke und Wirkungsweise nachgewiesen. Vff. halten weitere Untersuchungen über die Verwendung senfölabspaltender Verbindungen in der Tierernährung für aussichtsreich. B. Gaßmann. 8195.

E. VERWERTUNG DER NÄHRSTOFFE UND FUTTERMITTEL

Bauer, H., Bakels, F., Gall, Chr. und Woerlen, F. **Eine Darstellung der Lebensleistung des Rindes auf energetischer Basis.** Arb. Inst. Tierzucht, Vererb.- u. Konstitutionsforsch. Univ. München **1960** Nr. 2. S. 1–28. — 6 Tab., 65 Lit.

Aus Literaturangaben werden Berechnungen über den energetischen Aufwand für die verschiedenen Lebensleistungen des Rindes durchgeführt, wobei insbesondere die Energieaufwendungen für die Milchproduktion, für die Entwicklung der Konzeptionsprodukte, für den Körperzuwachs und für die Erhaltung behandelt werden. Als neuer Energiebegriff wird die „Erzeugungsenergie" eingeführt, die dem zusätzlichen Wärmeverlust entspricht, der während der Erzeugung eines Produktes entsteht. Nach Ansicht der Vff. ist diese Erzeugungsenergie der Ausdruck für die eigentliche Arbeit des Tieres (!). Die Erzeugungsenergie für 1 kg FCM wird als 337 kcal (Verwertung der um-

setzbaren Energie für die Milchbildung von 69%) angenommen; die Erzeugungsenergie für die anderen Leistungen wird hierzu in Beziehung gesetzt.
R. Schiemann. 8210.

Berkovič, E. M. (Berkowitsch, Je. M.) Zavisimost' ėnergetičeskogo obmena žvačnych životnych ot sostava ich tela v uslovijach stojlovogo i pastbiščnogo soderžanija. **(Abhängigkeit des Energiewechsels von Wiederkäuern von ihrer Körperzusammensetzung bei Stall- und Weidehaltung.)** Reguljacija obmena tepla i drugich funkcij u sel'skochozjajstvennych životnych v uslovijach vysokich temperatur. Doklady. Kubanskij sel'skochozjajstvennyj institut, Krasnodar **1960** S. 46–48. 8210.

Coop, I. E.; New Zealand, Lincoln Coll. The energy requirements of sheep for maintenance and gain. I. Pen fed sheep. **(Die Energie-Forderungen der Schafe für Erhaltung und Zuwachs. 1. Mitt. Im Pferch gefütterte Schafe.)** J. agric. Sci. **58** (1962) Nr. 2. S. 179–186. — 1 Abb., 6 Tab., 26 Lit.
In 4 Versuchen wurde bei Pferchhaltung und Pferchfütterung der Aufwand an verd. org. Subst. für Erhaltung und Gewichtszuwachs bestimmt. Im Mittel errechnete sich für ein 100 lb. schweres Schaf ein Erhaltungsbedarf von 0,92 lb. verd. org. Subst. je Tag (= 0,96 TDN oder 0,89 lb.-StW). Für 1 lb. Gewichtszuwachs betrug der Aufwand im Mittel 2,27 lb. Die Bedarfsforderung für Erhaltung war unabhängig von der Art des Futtermittels.
L. Hoffmann. 8215.

Coop, I. E. und Hill, M. K.; New Zealand, Lincoln Coll. The energy requirements of sheep for maintenance and gain. II. Grazing sheep. **(Die Energie-Forderungen der Schafe für Erhaltung und Zuwachs. 2. Mitt. Weidende Schafe.)** J. agric. Sci. **58** (1962) Nr. 2. S. 187–199. — 5 Abb., 1 Tab., 31 Lit. 1. Mitt. vgl. vorst. Ref.
In 4 Versuchen wurde bei Weidegang der Aufwand an verd. org. Subst. für Erhaltung und Gewichtszuwachs mit Hilfe der Chromoxyd-Stickstoff-Technik bestimmt. Im Mittel errechnete sich für ein 100 lb.- schweres Schaf ein Erhaltungsbedarf von 1,49 lb. verd. org. Subst. je Tag. Den höheren Bedarf gegenüber Pferchhaltung (0,92 lb. s. vorst. Referat) erklären Vff. durch gesteigerte Bewegungsaktivität zusammen mit klimatischen Faktoren bei Weidegang. Für 1 lb. Gewichtszuwachs betrug der Aufwand an verd. org. Subst. 0,90 (50–60 lb. schwere Tiere) bzw. 1,98 lb. (130 lb. schwere Tiere).
L. Hoffmann. 8215.

Lee, Melvin und Lucia, S. P.; San Francisco, Univ. of California, School of Med., Dep. of Preventive Med. Some relationships between caloric restriction and body weight in the rat. I. Body composition, liver lipids and organ weights. **(Einige Beziehungen zwischen der Einschränkung der Energiezufuhr und dem Körpergewicht der Ratte. 1. Mitt. Körperzusammensetzung, Leberfette und Organgewichte.)** J. of Nutrit. **74** (1961) Nr. 3. S. 243–248. — 2 Abb., 4 Tab., 15 Lit.
Bei 200 g schweren Ratten bewirkte die Einschränkung der Energiezufuhr bei Lgw.-Konstanz einen Rückgang im Energiebedarf, der auch bei stärkerer Einschränkung mit verbundenem Gewichtsverlust auftrat. Körperfett- und -proteingehalt korrelieren mit der Energiezufuhr. Der Wassergehalt des Tierkörpers ist bei verschiedener Fütterung unterschiedlich. Gesamtfett-, Cholesterin- und Phospholipoidgehalt der Leber sind unabhängig von der Energiezufuhr. Die Lebergewichte sind ohne bestimmte Systematik unterschiedlich, während Herz- und Nierengewichte im Verhältnis zum Gesamtkörpergewicht gleich sind. Aus der Konstanz der Körperzusammensetzung wird geschlossen, daß der Rückgang des Energiebedarfs bei Einschränkung der Energiezufuhr auf bessere Verwertung oder Aktivitätsänderung zurückgeführt werden muß. W. Jentsch. 8215.

Lee, Melvin und Lucia, S. P.; San Francisco, Univ. of California, School of Med., Dep. of Preventive Med. Some relationships between caloric restriction and body weight in the rat. II. The metabolism of radioactive glucose and the activity of some TPN-linked enzymes in the liver. **(Einige Beziehungen zwischen der Einschränkung der Energiezufuhr und dem Körpergewicht der Ratte. 2. Mitt. Der Stoffwechsel radioaktiver Glucose und die Aktivität einiger TPN-gebundener Enzyme in der Leber.)** J. of Nutrit. **74** (1961) Nr. 3. S. 249–253. — 1 Abb., 2 Tab., 9 Lit. 1. Mitt. vgl. vorst. Ref.

Die Beziehung zwischen Einschränkung der Energiezufuhr und Glucosestoffwechsel wurde mittels intraperitonaler Injektion von Glucose-1-^{14}C und -6-^{14}C und der $^{14}CO_2$-Bildung untersucht. Bei reichlicher Energiezufuhr wird Glucose über Hexosemonophosphat direkt oxydiert, während bei Einschränkung der Energiezufuhr die direkte Oxydation eingeschränkt wird oder schließlich gänzlich unterbleibt und auch in einer darauffolgenden Periode mit ad libitum-Fütterung nicht wieder sofort eintritt. Bei Einschränkung der Energiezufuhr ist die in vitro-Aktivität der 6-Phosphogluconsäure-dehydrogenase nicht verändert, während die Aktivität der Glucose-6-phosphat-dehydrogenase um das 4fache erhöht ist, was eine Änderung im Fettstoffwechsel und in der Futterausnutzung bewirken kann. W. Jentsch. 8215.

Cresswell, E.; New Zealand, Massey Agric. Coll. Energy metabolism studies with Romney Marsh and Cheviot sheep in New Zealand. **(Energiestoffwechsel-Studien mit Romney Marsh- und Cheviot-Schafen in Neu-Seeland.)** Empire J. exp. Agric. **30** (1962) Nr. 117. S. 82–93. — 5 Abb., 5 Tab., 21 Lit.

Auf dem Wege der indirekten Calorimetrie bei Verwendung einer Trachealkanüle wurde der Energiestoffwechsel auf der Basis des O_2-Verbrauches zwischen Romney Marsh- und Cheviot-Schafen vergleichend bestimmt. Die Cheviot's hatten im Mittel einen niedrigeren O_2-Verbrauch als die Romney's. Bezogen auf 1 kg Lgw. waren die Unterschiede nicht signifikant. Mit der Oberfläche als Bezugsgröße ergaben sich in einigen Fällen zwischen den beiden Zuchten signifikante Differenzen. Der Stoffwechsel beider Schafrassen fiel von der Lammzeit bis zum Herbst ab. Vf. spricht auf Grund seiner Ergebnisse in Anlehnung an Ritzman und Benedict die Vermutung aus, daß mehr die dem Tier innewohnenden Funktionen den Stoffwechsel bestimmen als Umfang und Körperoberfläche. L. Hoffmann. 8220.

Bartsch, K.-H.; Clausberg bei Eisenach, Zweigstelle des Inst. für Tierzuchtforsch. Dummerstorf der Dtsch. Akad. der Landwirtsch.-Wiss. zu Berlin. **Futteraufwand und Nährstoffverwertung sowie Milchzusammensetzung von Franken- und F_1-Rindern während der Aufzucht und Laktation.** Arch. Tierzucht **4** (1961) Nr. 6. S. 420–470.

Es wurden 9 ♀ Tiere der Rasse gelbe Franken u. 10 ♀ F_1-Tiere (♀ gelbe Franken × ♂ Rote Dänen) hinsichtlich Futteraufwand und Nährstoffverwertung beim Wachstum und in der Laktation verglichen. Der Nährstoffverbrauch betrug bei Franken- bzw. F_1-Tieren 5,1 bzw. 5,2 StW und 0,99 bzw. 1,0 kg verd. Rohprotein. In beiden Gruppen betrug der tägl. Zuwachs von Geburt bis zum Abkalben 536 g. Die Milchleistung betrug 2701 kg (292) Laktationstage) bzw. 3273 kg FCM (284 Laktationstage). Je kg FCM (einschließlich Erhaltungsbedarf) wurden 0,645 bzw. 0,567 StW und 0,119 bzw. 0,105 kg verd. Rohprotein verbraucht. Die Differenzen waren nicht signifikant. Auch in der 2. Laktation stieg die FCM-Leistung der F_1-Kühe (4602 kg) schneller an als die der Franken (3940 kg). In den ersten beiden Laktationen wurden ohne Erhaltungsbedarf bei Franken- bzw. F_1-Kühen je kg FCM 0,281 bzw. 0,273 StW und jeweils 0,072 kg verd. Rohprotein aufgewendet. In der 3. Laktation übertrafen jedoch die Franken (4604 kg Milch, 4,26% Fett) die F_1-Kühe (4375 kg, 4,14% Fett). In den korrelativen Beziehungen der Milchbestandteile konnte Vf. keine Differenzen zwischen den Gruppen feststellen.

Die vorliegende Arbeit enthält eine große Anzahl von Angaben über Milchzusammensetzung und -energiegehalt sowie über die Zusammensetzung der Schlachtkörper von Kühen. B. Piatkowski. 8230.

Sviridenko, V. A. (Swiridenko, W. A.) Pokazateli uglerodno-žirovogo obmena v krovi suchostojnych i laktirujuščich korov. **(Kennwerte des Kohlenstoff-Fett-Austausches im Blut trockenstehender und laktierender Kühe.)** Vestnik sel'skochozjajstvennoj nauki, Kiev **3** (1960) Nr. 11. S. 108–110. — Orig.: ukrain., Ausz.: russ. 8230.

Campbell, J. A.; Ottawa, Food Drug Lab. Evaluation of protein in foods for regulatory purposes. **(Abschätzung des für regulatorische Zwecke in Nahrungs- und Futterstoffen verfügbaren Eiweißes.)** J. agric. Food Chem. **8** (1960) Nr. 4. S. 323–327.
In 4wöchigen Wachstumsversuchen mit weißen Ratten wurde bei einem Proteingehalt der Ration von 10% das „protein efficiency ratio" (PER) bestimmt. Die PER-Werte werden durch das Alter der Tiere, das Geschlecht, den prozentischen Proteinanteil, die Versuchsdauer und den Rattenstamm beeinflußt. Zwischen dem PER-Wert und dem sog. vereinfachten „chemical score" (Lysin bzw. Methionin und Cystin im Vergleich zu den Gehaltszahlen im Ei) ergibt sich eine gut gesicherte Korrelation. Es wird deshalb vorgeschlagen, zur Einschätzung des Proteinwertes diese 3 Aminosäuren zu bestimmen und den vereinfachten „chemical score" zu errechnen. Um Eiweißqualität und -gehalt der Eiweißträger in einer Zahl ausdrücken zu können, wird der Begriff „Proteinleistung" (protein rating) benutzt. Die „Proteinleistung" ist das Produkt aus PER × g üblicher täglicher Eiweißaufnahme des Nahrungsmittels. A. Hennig. 8265.

Fisher, Hans und Shapiro, R. Amino acid imbalance: rations low in tryptophan, methionine or lysine and the efficiency of utilization of nitrogen in imbalanced rations. **(Aminosäurenunausgeglichenheit: Rationen arm an Typtophan, Methionin oder Lysin und der Grad der N-Verwertung in unausgeglichenen Rationen.)** J. of Nutrit. **75** (1961) Nr. 4. S. 395–401. — 5 Abb., 3 Tab., 10 Lit.
Kreuzungsküken wurden 10 Tage mit einer Standardstartermischung gefüttert und anschließend jeweils 14 Tage in den Versuch genommen. Es konnte gezeigt werden, daß der negative Effekt einer Unausgeglichenheit der Rationen an Tryptophan, Methionin und Lysin durch Zugabe einer ebenfalls unausgeglichenen Aminosäuremischung noch erhöht wurde. Da gleichzeitig der Futterverzehr nachließ, wurden Untersuchungen mit niedrigem, mittlerem und hohem Energiegehalt des Futters angestellt, die bei hohem Energiegehalt bei unausgeglichenem Protein mit und ohne Zugabe der unausgeglichenen Aminosäuremischung den gleichen Futterverzehr zur Folge hatten. Dabei zeigten sich auch keine Zuwachsunterschiede. Es wird in diesem Zusammenhang der Terminus Unausgeglichenheit abgelehnt und, da die Verschlechterung des Wachstums auf den geringeren Futterverzehr zurückgeführt werden konnte, als einen Effekt allgemeiner Natur, nämlich mit dem eines Mangels erklärt. G. Gebhardt. 8265.

Evans, R. E.; Cambridge, Univ., School of Agric. The amino acid supplementation of diets rich in maize meal for weanling pigs. **(Die Aminosäure-Ergänzung von Rationen mit hohem Maisschrotanteil für Absatzferkel.)** J. agric. Sci. **58** (1962) Nr. 2. S. 209–218. — 14 Tab., 6 Lit.
In N-Bilanz- und Mastversuchen an wachsenden Schweinen erwies sich eine Ration mit hohem Maisanteil (67 bzw. 63%) und 6% Sojaextraktionsschrot ergänzt durch 0,3% L-Lysin-HCl und 0,2% DL-Methionin einer Ration mit gleichem Maisanteil und 7% Weißfischmehl ebenbürtig. H.-D. Bock. 8265.

Siegl, O.; Knau, Forschungsstelle für Tierhalt. der Dtsch. Akad. der Landwirtsch.-Wiss. zu Berlin. **Ergebnisse eines Fütterungsversuches mit Lysin in der Schweinemast.** Arch. Tierernähr. **11** (1962) Nr. 6. S. 400–409. — 5 Tab., 7 Lit.

Es wird eine Getreide-Kleie-Sojaextraktionsschrot-Fütterung mit tierischem Eiweiß (**I**) gegen eine vergleichbare Ration ohne tierisches Eiweiß mit Lysinergänzung (4,5 g pro Tier u. Tag) (**II**) an Deutschen weißen Edelschweinen im Gewichtsabschnitt von 33 bis 115 kg untersucht. Bei gleicher Futterverwertung erreichte **I** 10% höhere Tageszunahmen, jedoch hatte **II** einen höheren Fleischansatz und eine geringere Fettbildung aufzuweisen. Weiterhin wurde eine Getreide-Kleie-Ration + tierisches Eiweiß (**III**) mit einer solchen ohne tierisches Eiweiß und Lysinergänzung (**IV**) verglichen. **IV** ergab im Vergleich zu **III** eine um 6% schlechtere Futterverwertung und um 10% geringere Tageszunahmen. Die Schlachtqualität von **IV** war infolge starker Verfettung absolut schlecht. Der Tagesfutterverzehr war in beiden Lysingruppen geringer, was auf einen ungünstigen Geschmack des Lysinpräparates zurückgeführt wird. H. Bergner. 8265.

Adkins, J. S., Harper, A. E. und Sunde, M. L. Long- and short-term studies with free amino acid diets for the laying hen. **(Lang- und kurzfristige Untersuchungen mit Futtermischungen, die freie Aminosäuren enthalten, an Legehennen.)** J. of Nutrit. **75** (1961) Nr. 4. S. 402–408. — 10 Tab., 9 Lit.

Untersuchungen an Jung- und Legehennen der Rasse Weißes Leghorn sowie orientierende Versuche an japanischen Wachteln ergaben, daß eine befriedigende Legeleistung bei Erhaltung des Lgw. mit Futtermischungen, die kein Reinprotein sondern nur freie Aminosäuren in verschiedenen Mischungsverhältnissen bei variierter Gesamt-N-Zufuhr enthielten, möglich war. Daraus ergab sich ein höherer Aminosäurebedarf als bisher angenommen wurde. G. Gebhardt. 8265.

Waterhouse, Howard N. und Scott, H. M.; Urbana, Univ. of Illinois, Dep. of Animal Sci. Glycine need of the chick fed casein diets and the glycine, arginine, methionine and creatine interrelationships. **(Glycinbedarf von mit Casein gefütterten Küken und die Wechselbeziehungen von Glycin, Arginin, Methionin und Kreatin.)** J. of Nutrit. **73** (1961) Nr. 3. S. 266–272. — 5 Tab., 23 Lit.

Arginin (**I**) und Glycin (**II**) verbesserten, sowohl einzeln als auch in Kombination verabreicht, das Kükenwachstum. Der günstige Einfluß von **II** war unabhängig von der **I**-Konzentration der Diät. Die Wechselwirkungen von **II** und Kreatin (**III**) bzw. Methionin (**IV**) wurden bei aureichenden **I**-Mengen in der Ration untersucht. Zulage von 0,5% **III**-Hydrat zur Ration wirkte bei verschiedenen **II**-Gehalten wachstumsfördernd. Bei steigenden **II**-Gaben und unterschiedlichen **III**-Gehalten wurde das Wachstum ebenfalls verbessert. Auch hier wirkte **II** unabhängig vom **III**-Gehalt der Diät. Die Wirkung von **IV** war von der Anwesenheit zusätzlicher **II**-Gaben zum Futter abhängig. **II**-Zusatz hinderte die durch 0,8% **IV**-Ergänzung verursachte Wachstumsdepression der Küken. H.-D. Bock. 8265.

Hutchinson, J. B., Moran, T. und Pace, J.; Birmingham, Univ., Med. School, Dep. of Med. Biochem.; Dep. of Pharmacol. High-protein breads and the growth of weanling rats. **(Proteinreiche Brotsorten und das Wachstum entwöhnter Ratten.)** J. Sci. Food Agric. **13** (1962) Nr. 1. S. 1–6. — 8 Tab., 5 Lit.

Vff. untersuchten den Einfluß der Erhöhung des Proteingehaltes im Brot durch Zusatz von 10, 20, 30, 40 bzw. 50% getrockneten Weizenkleber auf die Gewichtszunahmen entwöhnter ♂ Ratten nach einer früher von ihnen beschriebenen Methode (vgl. LZ. Abt. III **5** (1960) Nr. 6. S. 1027.; **6** (1961) Nr. 10.

S. 1785.). Mit steigendem Kleberanteil nahmen die Gewichte der Tiere bis 3,3 g/Tag/Ratte zu. Bei Zusatz von L-Lysin wurde bereits mit 10% Kleber das Maximum, nämlich eine tägl. Gewichtszunahme von 5,25 g erzielt. Bei Zusatz von 15,5% gefriergetrocknetem, entfettetem Weizenkleber + 0,5% L-Lysin waren die Zunahmen mit 5,6 g höher als bei alleinigem Zusatz von 15% Casein zum Brot (5,4 g). Diskussion der Ergebnisse im Hinblick auf die Verbesserung des Nährwertes von Brot. H.-D. Bock. 8265.

F. ERNÄHRUNGSSTÖRUNGEN UND MANGELKRANKHEITEN

Liang, Chi-Chin.; Hong Kong, Univ., Dep. of Physiol. Studies on experimental thiamine deficiency. Trends of keto acid formation and detection of glyoxylic acid. **(Untersuchungen über experimentellen Thiaminmangel. Tendenzen der Ketosäure-Bildung und Entdeckung von Glyoxylsäure.)** Biochem. J. 82 (1962) Nr. 3. S. 429–434. — 4 Abb., 2 Tab., 46 Lit.
Um zur Aufklärung der Stoffwechselvorgänge beizutragen, die zu den vielfältigen B_1-Mangelsymptomen führen, wurde bei Ratten experimentell Thiaminmangel erzeugt und Blut, Urin sowie verschiedene Gewebe (Gehirn, Leber, Herz, Skelettmuskeln) auf Gesamt-Ketosäuren (I), Brenztraubensäure (II) und Glyoxylsäure (III) untersucht. Im Blut und Urin konnten charakteristische Schwankungen der II-Konzentration und wechselnde I-Mengen festgestellt werden. In den Geweben stiegen die I- u. II-Konzentrationen ständig. Methylglyoxal wurde nicht festgestellt, jedoch signifikante Mengen an III. Die III-Bildung beruht offenbar auf Störungen des Kohlenhydrat-, Fett- und Eiweißstoffwechsels. J. Wünsche. 8335.

Davis, R. E.; Western Australian Roy. Perth Hospital, Dep. of Haematol. Folic acid deficiency and urinary formiminoglutamic acid excretion in the rat. **(Folsäuremangel und Ausscheidung von Formiminoglutaminsäure im Harn bei Ratten.)** Austral. J. exp. Biol. med. Sci. **34** (1961) Nr. 5. S. 397–402. — 3 Tab., 5 Lit.
Formiminoglutaminsäure, ein Zwischenprodukt beim Histidinabbau, wird bei Folsäuremangel mit dem Urin ausgeschieden. Erst bei Erreichen eines kritischen Folsäuregehaltes der Leber scheint die Ausscheidung einzusetzen. Beziehungen zwischen B_{12}-Gehalt und Folsäuremangel konnten nicht festgestellt werden. Die Untersuchungen erfolgten an jungen Wistar-Ratten, die mit einer Folsäure-Mangeldiät gefüttert wurden. W. Goldbach. 8335.

Diehl, J. F. und Sanders, L. L.; Little Rock, Univ. of Arkansas, Med. Center, Dep. of Biochem. Effect of vitamin E-deficieny on protein synthesis in skeletal muscle of the rabbit. **(Die Wirkung von Vitamin-E-Mangel auf die Proteinsynthese im Skelettmuskel des Kaninchens.)** Proc. Soc. exp. Biol. Med. **109** (1962) Nr. 1. S. 8–10. — 1 Tab., 11 Lit.
Zu allen Tötungszeiten war bei den Vit.-E-Mangeltieren die spez. Aktivität in den Proteinen sämtlicher Fraktionen höher als bei den Kontrollen und außerdem annähernd gleich. Es lagen keine Anzeichen dafür vor, daß durch den Vit.-E-Mangel der Einbau von Glykokoll-1-^{14}C in den Mitochondrien stärker beeinflußt worden war als in den übrigen Fraktionen. Im Vergleich zu den Kontrollen erfolgten bei Vit.-E-Mangel Anstieg und Absinken der Radioaktivität in der proteinfreien Fraktion schneller. I. Müller. 8335.

Bühner, F., Liebetrau, R., Ludwig, K.-H., Pfeifer, K. und Uhlemann, G.; Eisenach. **Bekämpfung von Sauen- und Ferkelverlusten durch Einsatz von Jod und Vitamin D.** Mh. Veterinärmed. **17** (1962) Nr. 7. S. 300–302.
Jod- und Vit.-D-Mängel rufen bei Ferkeln und tragenden Sauen sehr viele und empfindliche Verluste bzw. Störungen in der letzten Phase der Trächtigkeit und der Geburt hervor. Diese kombinierte Hypothyreose und Avitaminose ist wohl überall bekannt, doch scheint sie in den Mittelgebirgslagen mit leichten Sandböden bes. auffällig und häufig aufzutreten. — Die erfolg-

sichere Prophylaxe besteht in der Verabreichung von 17 ml einer mit 80 ml Wasser verdünnten 5 ml Lugosollösung (Bernburg) und 3 ml Rotlaufserum; dazu noch 10 ml Vit. D_2 (Bernburg). Ferkel erhalten 5 ml Lugosolverdünnung, 3–5 ml Rotlaufserum und 3 ml Vit. D_2. Die Prophylaxe bei 13000 Sauen und 90000 Ferkel sowie die Behandlung von ca. 22000 Ferkel in 5 Tierarztpraxen innerhalb von 15 Jahren beweisen die Leistungsfähigkeit der Maßnahmen.
F. Schaetz. 8335.

Robblee, A. R. und Clandinin, D. R.; Edmonton, Univ. of Alberta, Dep. of Animal Sci. The effect of levels of sodium salts in the feed and drinking water on the occurrence of ascites and edema in turkey poults. **(Der Einfluß des Gehaltes an Natriumsalzen in Futter und Trinkwasser auf die Entstehung von Bauchwassersucht und Oedemen bei Putenküken.)** Canad. J. Animal Sci. **41** (1961) Nr. 2. S. 161–166. — 1 Abb., 2 Tab., 7 Lit.
An insgesamt 480 Putenküken wurden 0–2% Kochsalz im Grundfutter und zusätzlich 0–6000 ppm einer Na-Salzmischung ($Na_2SO_4:NaCl:NaHCO_3$ = 3:2:1) verabreicht. Dabei zeigte sich, daß mit steigendem Salzgehalt von Trinkwasser und Futter die Mortalität und das Auftreten von Bauchwassersucht und Oedemen zunahmen. Mit steigendem Kochsalzgehalt des Futters nimmt die Toxicität der Salze im Tränkwasser zu. Die Krankheitserscheinungen und Ausfälle nahmen vom 3. Versuchstag erheblich zu, erreichten am 6. ein Maximum, nach dem 12. Tag lagen sie niedrig. B. Busch. 8350.

Hennig, A. **Analytische Untersuchungen an parakeratoseerkrankten Schweinen.** Jb. Arbeitsgemeinsch. Fütterungsberat. **3** (1960/61) S. 363–366. — 5 Tab.
In gesunden und parakeratoseerkrankten Schweinebeständen wurden Proben von Futtermischungen und einzelnen Futtermitteln auf Rohprotein, Asche, Ca, Mg, K, Na, P, Mn, Fe, Cu, Mo und Zn untersucht. Ferner wurde der Asche-, Mg-, P-, Zn-, Fe-, Mn- und Cu-Gehalt der Borsten ermittelt. In den hautkranken Beständen war der Ca-, Mg- und Zn-Gehalt der Futtermittel höher als in gesunden Beständen. Die Borsten der hautkranken Schweine waren Asche- und Mn-reicher, die der gesunden Tiere dagegen enthielten größere Mengen an P und Fe sowie Cu und Zn. Durch hohe Ca- und Mg-Anteile im Futter kann die Parakeratose hervorgerufen werden; Zn wirkt vorbeugend oder heilend. Zwischen der Summe des Ca und Mg im Futter und dem Zn-Gehalt der Borsten scheint eine Beziehung zu bestehen.
J. Wünsche. 8350.

Barden, P. J. und Robertson, A. Experimental copper poisoning in sheep. **(Experimentelle Kupfervergiftung bei Schafen.)** Veterin. Rec. **74** (1962) Nr. 9. S. 252–256.
Bei normaler Fütterung ist das Cu im Blut verteilt zwischen den roten Blutkörperchen und dem Plasma (etwas höherer Anteil). Bei letzterem ist das meiste Cu an die Globuline, der Rest ist locker gebunden und mit Reagentien direkt nachweisbar. Vff. fütterten 6 einjährige Schafe (2 ♂ und 4♀)mit Heu und Quetschhafer und verabreichten zusätzlich 1 g $CuSO_4$ (als Lösung) pro Tag und Tier. In der 13. Woche waren 3 Tiere träge und besaßen geschwollene Lippen, 1 Tier verstarb davon in der 15. Woche an haemolytischem Ikterus. Daran verstarb ein weiteres Tier in der 17. Woche (der Urin war ferner grün gefärbt: 78 μg/100 ml gegenüber 2–5 μg/100 ml normaler Urin). Die auffallensten makroskopischen Merkmale waren braunschwarze Verfärbung der Nieren sowie braungelbe fast aller anderen Gewebe (außer peripherem und zentralem Nervensystem). H. Liebenow. 8350.

Huber, J. T. und Bishop, J. L.; Blacksburg, Virginia Agric. Exp. Stat., Dep. of Dairy Sci.; Dep. of Entomol. Secretion of heptachlor epoxide in the milk of cows fed field-cured hay from soils treated with heptachlor. **(Aus-**

scheidung von Heptachlorepoxid in der Milch von Kühen, die mit im Freiland getrocknetem Heu von mit Heptachlor behandelten Böden gefüttert wurden.) J. Dairy Sci. **45** (1962) Nr. 1. S. 79–81. — 2 Tab., 9 Lit.

Im Freiland getrocknetes Heu von Luzerne, die im Frühjahr mit Heptachlor (**I**) (als Granulat oder gemischt mit Mineraldünger) behandelt worden war, und das wenig (0,11), mittel (0,18) oder viel (0,45 ppm) **I** bzw. sein Epoxid (**II**) enthielt, wurde 30 Tage lang in täglichen Rationen von 14 lb. an Milchkühe verfüttert. Während dieser Zeit wurde der **I**- + **II**-Gehalt der Milch kontrolliert, der vom 10. bis zum 30. Tag zwar nicht stark, aber doch signifikant anstieg. Der **I**- + **II**-Gehalt lag für das Heu mit den niedrigen Rückständen bei 0,05–0,09, für die mittleren Rückstände bei 0,08–0,14 und die hohen Rückstände bei 0,19–0,25 ppm. Nach dem 30. Tag erhielten die Kühe **I**- + **II**-freie Kost. Hierauf gingen die **I**- + **II**-Werte in der Milch stark zurück, waren jedoch bei den Tieren, welche das Heu mit den höchsten Rückständen erhalten hatten, noch nach 45 Tagen in einer Höhe von 0,04–0,054 ppm nachweisbar. Die Milchleistung, das Gewicht sowie der allgemeine Gesundheitszustand der Kühe blieben unbeeinflußt. E. Heinisch. 8360.

Hill, Charles H. und Garren, Henry W.; Raleigh, N.C., State Coll., Dep. of Poultry. Protein levels and survival time of chicks infected with Salmonella gallinarum. **(Über die Höhe des Proteinanteils und die Überlebenszeit von Küken, die mit Salmonella gallinarum infiziert sind.)** J. of Nutrit. **73** (1961) Nr. 1. S. 28–32. — 5 Tab., 11 Lit.

Küken in Aufzuchtbatterien wurden im 4 Wochenalter oral mit 1 ml 24 Std. alter Kulturen von *S. gall.* infiziert. 14 Tage später hatten nur einzelne Küken die Erkrankung überlebt. Die Futtermischung enthielt als Proteinquelle Sojaextraktionsschrot, das den Tieren — durch Glucosezusatz ausgeglichen — in ungenügender Menge (10% = I), ausreichend (20% = II) und überreichlich (30% = III) zur Verfügung stand. Der Erkrankungsgrad nahm mit steigendem Proteingehalt zu und führte nach 2 Wochen bei 85% (I), 93% (II) und 100% (III) zum Tode. Auf das Ergebnis hatte der Energiegehalt des Futters keinen Einfluß. Als Casein allein als Eiweißträger diente, änderte sich grundsätzlich nichts, doch erkrankte II weniger heftig als III. Auch der Infektionsweg war ohne Belang: nach intramuskulärer Inoculation waren nach 10 Tagen 73% (I), 85% (II) und 100% (III) der Küken eingegangen. Für die Erkrankung war somit nicht das Zusammentreffen von Futterbrei und pathogenen Erregern im Darmkanal erforderlich. C. Engelmann. 8360.

Kurmanov, I. A. (Kurmanow, I. A.); Moskau, Unions-Forsch.-Inst. für Veterinärhyg. Obezvreživanie furažnogo zerna, poražennogo toksičeskimi gribami. **(Die Entseuchung des mit toxischen Pilzen verseuchten Futtergetreides.)** Veterinarija, Moskva **39** (1962) Nr. 3. S. 82–83.

Futtergetreide ist häufig mit toxischen Pilzen infiziert, so daß die Notwendigkeit einer Entseuchung besteht. Vf. machte 1960–61 Versuche, um Futtergetreide, das mit Pilzen der Familie *Fusarium* infiziert war, zweckmäßig zu entseuchen. Am geeignetsten war das mehrfache Waschen des Getreides und das anschließende Kochen. Nach einer solchen Behandlung konnte das vorher künstlich infizierte Futtergetreide ohne Schaden an Schweine verfüttert werden. W. Plaschke. 8360.

H. FÜTTERUNG DER LANDWIRTSCHAFTLICHEN NUTZTIERE

Brüggemann, Johs. und Zucker, H.; München, Univ., Inst. für Physiol. und Ernähr. der Tiere. **Die Rationsgestaltung der Nutztiere unter besonderer Berücksichtigung der Energieträger.** Fette, Seifen, Anstrichmittel **64** (1962) Nr. 6. S. 518–520. — Zus. in Russ., Engl., Franz.

In einem Vortrag gehen Vff. auf die Notwendigkeit der Rationsgestaltung in der Fütterung von Nutztieren ein, damit die erhöhte Leistungspotenz realisiert wird. Das bisher übliche Verfahren der Rationsgestaltung der Futtermittelkombination kann dank einer biochemisch-physiologisch ausgerichteten Ernährungslehre durch Kombination von Einzelfaktoren (Nettoenergie, Aminosäuren, Mineralstoffe und Vitamine), die sich additiv verhalten, ergänzt bzw. verbessert werden. Auf die vorrangige Bedeutung der Nettoenergiezufuhr wird hingewiesen und die Besonderheiten der Energieträger, speziell der Fette beim Einsatz in der Fütterung werden mit den Konsequenzen hinsichtlich der Versorgung mit akzessorischen Nährstoffen erörtert. Die Preiswürdigkeit der Futtermittel und die Beziehungen zwischen Leistung und Kostenaufwand werden dargelegt. W. Jentsch. 8451.

Barth, K.; Krefeld-Uerdingen, Firma Holtz & Willemsen. **Der praktische Einsatz von Fett in den Rationen landwirtschaftlicher Nutztiere.** Fette, Seifen, Anstrichmittel **64** (1962) Nr. 6. S. 521–524. — 5 Abb., 2 Tab., 22 Lit. Zus. in Russ., Engl., Franz.
In einem Vortrag zeigt Vf., daß der Einsatz von Fett in der Fütterung davon abhängig ist, ob die im Fett enthaltene Energie billiger ist als die im Getreide enthaltene und ob die Fette eine genügende Haltbarkeit über mehrere Monate aufweisen. Die Kosten für die Energieträger einer Futtermischung betragen bei jungen Tieren 60–75% und bei älteren 80–90% der Gesamtkosten. Durch Zusatz von Fetten kann die Energiekonzentration einer Ration für junge Tiere und somit die Energiezufuhr stark erhöht und unter Berücksichtigung der erforderlichen Ergänzung von Eiweiß, Vitaminen und Wirkstoffen eine Beschleunigung des Wachstums und Verbesserung der Futterverwertung und der Fleischqualität bei Kälbern erzielt werden. Bei Mastvieh ist der Austausch von teurem Getreide gegen Mühlennachprodukte und Fett von Bedeutung.
W. Jentsch. 8451.

Norrman, Eric. Kalvstarter vid ungnötsuppfödning. **(Kälberstarter bei der Aufzucht.)** Kungl. Lantbrukshögskolan Statens Lantbruksförsök, Statens Husdjursförsök, Medd. **1962** Nr. 152. S. 13–15. — 1 Tab.
In 2 Betrieben wurden mit insgesamt 49 rotbunten Kälbern Versuche mit 2 Starterfuttern in gekörnter und in mehliger Form durchgeführt. Die Vergleichstiere erhielten eine selbst hergestellte Mischung aus Weizen, Hafer, Sojamehl, Fischmehl, Futterknochenmehl und jodiertem Kochsalz sowie Vit. A und einem Antibioticum. 3%ige Milch wurde in Mengen von 2–5 kg bis zur 7. Lebenswoche gegeben. Die Starterfuttergabe wurde vom 50. Lebenstag an auf 1 kg beschränkt und vom 99. Tag bis zum Weideaustrieb auf 0,5 kg herabgesetzt. Die Vergleichsgruppe mit gekörntem Futter lag bei Weideaustrieb im Gewicht unter der Versuchsgruppe mit gekörntem Handelsfutter. Dieser Unterschied war auch nach 2 sommeriger Weidehaltung noch vorhanden. Im 2. Versuchsbetrieb ergaben sich zwischen Versuchs- und Vergleichstieren nur geringe Unterschiede; die höchsten Zunahmen wurden mit einem Starterfutter in mehliger Form erzielt . Bei Verabreichung gekörnten Futters ergab sich in den ersten 6 Lebenswochen eine erhöhte Futteraufnahme und als Folge auch ein höherer Zuwachs. Bei mehligem Futter wurde aber eine höhere Heuaufnahme festgestellt. J. K. Hinrichsen. 8454.

Jordan, W. A. und Sylvestre, P. E.; Ottawa, Canada Dep. of Agric., Animal Res. Inst. Note on grass silage in rations for wintering beef calves. **(Bemerkung über Grassilage in Winterfutterrationen von Mastkälbern.)** Canad. J. Animal Sci. **41** (1961) Nr. 2. S. 268–269. — 2 Tab.
Fütterungsversuche mit Mastkälbern ergaben keine Unterschiede in den mittleren tägl. Gewichtszunahmen, wenn die in der Ration vorhandene Maissilage durch Grassilage (mit entsprechend höherem Gehalt an verd. Rohprotein) ersetzt wurde. Ein komplex zusammengesetztes Beifutter hatte gegenüber einem einfach zusammengesetzten ebenfalls keine Vorteile.
J. Wünsche. 8454.

Falke, H. **Die Gewichtsentwicklung weiblicher Jungrinder auf einer intensiv genutzten Umtriebsweide.** Z. landwirtsch. Versuchs- u. Untersuchungswes. 8 (1962) Nr. 1/2. S. 182–185. — 1 Abb., 2 Tab., 2 Lit. Zus. in Russ., Engl.
Die Ergebnisse wurden in den Jahren 1957 und 1958 mit 13 bzw. 20 schwarzbunten Jungrindern in Ost-Thüringen (VEG Meilitz) erzielt. Während der ersten 10 Weidetage wurden trotz guten Futterzustandes und normaler Gewichtsentwicklung, Haltung in der Scheune sowie guter Weidevorbereitung Gewichtsverluste von 5,1 bis 9,5 kg = 1,94 bis 2,84% des Auftriebes festgestellt. Bei gleichmäßigem Futterangebot in allen Umtrieben war der Gewichtszuwachs auf der Weide kontinuierlich über die Periode verteilt und liegt je nach Altersgruppe zwischen 538 und 631 g je Tier und Tag. Die Zuwachsquote (Gewichtszunahme in % des Auftriebsgewichtes) war bei der ältesten und zugleich schwersten Gruppe am geringsten, bei der Gruppe mit dem niedrigsten Auftriebsgewicht am höchsten. E. Buhtz. 8454.

Williams, Carl und Taylor, J. C. Levels of cottonseed meal for fattening yearling steers. **(Mast von Jährlingsbullen.)** Mississippi Farm Res. **24** (1961) Nr. 3. S. 6.
Zur Erzeugung einer hochwertigen Rindfleischqualität wird eine bestimmte Menge Eiweiß im Futter benötigt. Dazu werden im Staate Mississippi Fütterungsversuche mit Baumwollsaatmehl durchgeführt. Die beste Schlachtkörperqualität erreichte man bei der Verfütterung von 0,75 kg Baumwollsaatmehl pro Tier und Tag, außerdem bestand die tägliche Futterration noch aus Hafer und Johnsongras-Heu. Bei höheren Gaben von Baumwollsaatmehl konnte die Schlachtkörperqualität nur unwesentlich verbessert werden, während die Futterkosten merklich stiegen. G. Buß. 8458.

Kolari, O. E., Harvey, A. L., Meiske, J. C., Aunan, W. J. und Hanson, L. E. Diethylstilbestrol, oxytetracycline, linseed oil meal, soybean oil meal and levels of corn silage in cattle fattening rations. **(Diaethylstilboestrol, Oxytetracyclin, Lein- sowie Sojabohnenextraktionsschrot und verschiedene Gaben von Maissilage in Rindermastrationen.)** J. Animal Sci. **19** (1960) Nr 4. S. 1041–1048. 8458.

Popov, A. M. und Alejnikov, G. S. (Popow, A. M. und Aleinikow, G. S.) Ispol'zovanie močeviny pri otkorme molodnjaka krupnogo rogatogo skota na sveklovičnom žome. **(Der Einsatz von Harnstoff bei der Fütterung von Rübenschnitzeln an Jungrinder.)** Sbornik trudov Latvijskogo naučno-issledovatel'skogo instituta životnovodstva i veterinarii, Riga **11** (1960) S. 15–22. — 5 Tab., 7 Lit. Orig.: russ.
Vf. beschreibt 2 Versuche über Harnstoffeinsatz bei 1- bis 2jährigen Bullen bzw. Ochsen des lettischen Braunviehs. Im 1. Versuch wurden an 1- bis 1½jährige Bullen 58 Tage lang bis zu 100 g Harnstoff einmal tägl. verabreicht. Die Zunahmen blieben infolge verminderter Freßlust der Versuchstiere unter denen der Kontrollgruppe. Im 2. Versuch erhielten 18–20 Mon. alte Ochsen 98 Tage lang bis zu 80 g Harnstoff. Die Gabe blieb mit 61 g/Tag um 29 g niedriger als im ersten Versuch. Die Gewichtszunahmen lagen mit 782 g/Tag um 77 g höher als in der Kontrollgruppe. Der Fettanteil war etwas geringer als bei der Kontrollgruppe. Die Futterration für die 98tägige Versuchsperiode enthielt 28,4 kg verd. Rohprotein in 599 kg FE. Als günstige Harnstoffmenge für Jungtiere empfiehlt Vf. täglich 20 g/100 kg Lgw. im Gemisch mit Kraftfutter. W. Sommerfeld. 8458.

Jasiorowski, Henryk und Zezula, Maria; Warszawa, Zakład Hodowli Dóswiadczalnej Zwierząt PAN. Badania nad efektem żywienia cieląt różną ilością białka. II. Porównanie wartości mocznika i białka mieszanki pasz treściwych przy rekompensacji wzrostu u młodego bydła. **(Untersuchungen über die Auswirkung von unterschiedlichen Rohproteingaben an Kälbern. 2. Mitt.**

Der Nährwert des Harnstoffes und des Rohproteins einer Kraftfuttermischung bei der Wachstumskompensation des Jungviehes.) Roczniki Nauk rolniczych, Ser. B **79** (1962) S. 345–361. — 1 Abb., 13 Tab. Zus. in Russ., Engl.
24 Jungochsen, die bis zum Alter von 6 Mon. Futterrationen von unterschiedlichem Eiweißniveau erhielten und ein unterschiedliches Lgw. aufwiesen, wurden in 2 Gruppen eingeteilt. Den Unterschied in der Fütterung beider Gruppen bildete die N-Quelle, welche für die Gruppe I aus einer Mischung von Weizenkleie, Leinkuchen, Hafer- und Lupinenschrot und für die Gruppe II aus Haferschrot und 36 g Harnstoff (ca. 20% der gesamten N-Menge) pro Tag und Tier bestand. Die Versuchsdauer betrug 11 Monate. Statistisch gesicherte Unterschiede zwischen dem Lgw. und Harnstoffspiegel im Blut der Kontroll- und Versuchsgruppe wurden nicht festgestellt. Der Versuch ergab, daß die in den ersten 6 Lebensmonaten im Wachstum zurückgebliebenen Jungochsen im späteren Alter das Futter besser verwerteten und sich bedeutend schneller entwickelten als die anfänglich intensiv gefütterten Versuchstiere. B. Pastuszewska. 8458.

Vukavić, D., Živković, S., Kosanović, M., Bačvanski, S. und Čolić, T.; Novi Sad, Landwirtsch. Fak., Inst. für Rinder- und Schweinezucht. Zamena suncokretove sačme ureom kao izvorom azota u tovu mlade junadi. **(Die Substitution des Sonnenblumenextraktionsschrotes durch Harnstoff als Stickstoffquelle in der Jungbullenmast.)** Arh. poljoprivredne Nauke **14** (1961) Nr. 45. S. 18–24. — 3 Tab., 16 Lit. Zus. in Engl.
60 Jungbullen (Anfangsgewicht 185 kg) der Fleckviehrasse wurden in 4 Gruppen zu je 15 Tieren geteilt, 192 Tage mit einer Ration bestehend aus 77% Mais, 20,4% Sonnenblumenextraktionsschrot (So.), 1% NaCl und 1,6% Kreide gemästet. In der 2. Gruppe wurden 20% des So.-N durch Harnstoff ersetzt, in der 3. Gruppe 60% und in der 4. Gruppe 100%. Den höchsten tägl. Zuwachs erzielte die 1. Gruppe (1,162 kg), die 2. 1,127 kg, die 3. und 4. je 1,041 bzw. 1,061 kg. Alle 4 Gruppen zeigten fast die gleichen Futterkosten (143,8 bis145,3 Din/kg Zuwachs). Es scheint, daß man ca. 20% N des So. durch Harnstoff in der Jungbullenmast ersetzen kann.
S. Šmalcelj. 8458.

Holzschun, ... und Wetterau, H. **Jungbullenmast im Anbindestall und Offenlaufstall unter Verwendung von Amidschnitzeln als Kraftfutter.** Jb. Arbeitsgemeinsch. Fütterungsberat. **3** (1960/61) S. 101–107. — 2 Abb., 4 Tab.
In 2 praktischen Fütterungsversuchen mit Jungbullen sollten die Haltungsbedingungen im massiven Anbindestall und im Offenlaufstall, der Ersatz von Sojaextraktionsschrot durch Amidschnitzel und die Möglichkeiten der Selbstfütterung aus Kraftfutterautomaten untersucht werden. Zunahmen und Futterverwertung unterschieden sich bei den 2 Haltungsformen nicht. Das Sojaschrot brachte etwas höhere Zunahmen, die aber statistisch nicht zu sichern waren. Durch Automatenfütterung wurden Zunahmen über 900 g/Tier u. Tag erreicht. Der tägliche Kraftfutterverzehr lag jedoch zwischen 4,1 und 4,3 kg/Tier. F. Weißbach. 8458.

Nelson, A. B., Bratcher, Glen und Ross, O. B. Effect of level of wintering on the production of two- and three-year-old steers. **(Die Auswirkung einer verschieden hohen Winterfütterung auf die Leistung 2- und 3jähriger Ochsen.)** Oklahoma State Univ., Extens. Serv., Bull. **1960** Nr. B-571. S. 1–27. 8458.

Swanson, E. W. und Hinton, S. A.; Knoxville, Univ. of Tennessee, Dep. of Dairying. Effects of adding concentrates to ad libitum roughage feeding in the dry period. **(Die Wirkungen einer zusätzlichen Kraftfuttergabe zur ausreichenden Grundfutterversorgung während der Trockenperiode.)** J. Dairy Sci. **45** (1962) Nr. 1. S. 48–54. — 2 Abb., 3 Tab., 13 Lit.

In praktischen Fütterungsversuchen wurden 75 Kühe (Holstein und Jerseys) während der letzten 6 Wochen vor dem Abkalben nur mit Grundfutter oder zusätzlich mit 8 lb. Kraftfutter versorgt. Die intensiver vorbereiteten Kühe verzehrten zusätzlich 140 kg Kraftfutter und lagen während der ersten 15 Laktationswochen mit ca. 140 kg FCM über der schwach vorbereiteten Gruppe. Die Kühe mit stärkerer Nährstoffversorgung während der Trockenperiode verloren zu Beginn der Laktation mehr an Körpermasse als die Vergleichsgruppe (in der 1. Laktationswoche ca. 15 bzw. 6 kg); sie hatten aber auch während der letzten 6 Wochen vor dem Abkalben mehr zugenommen (27 kg bzw. 12 kg). Es wird geschlossen, daß durch die zusätzliche Kraftfuttergabe der Stoffwechsel stimuliert wurde und daß die größeren Körperreserven die höhere Leistung von 140 kg FCM erbrachten. B. Piatkowski. 8460.

Dedov, M. (Dedow, M.); Dubrowizy, Gebiet Moskau, Unions-Forsch.-Inst. für Tierzuchtforsch. Ešče raz o kormlenii stel'nych suchostojnych korov. **(Noch einmal zur Fütterung trockenstehender Kühe.)** Moločnoe i mjasnoe skotovodstvo, Moskva 7 (1962) Nr. 5. S. 13–15. — 1 Abb., 3 Tab.

Die Ernährung trockenstehender Kühe mit erhöhten Futtermengen führt nicht zu einer Steigerung der Milchmenge in der nachfolgenden Laktation. Es werden sogar geringere Milchmengen festgestellt gegenüber normal gefütterten Kühen. Bei einem Lgw. von 600–650 kg, einer Milchleistung von 5000 kg und mittlerem Ernährungszustand ist eine Futterration, die 10–11 kg FE und 110 g verd. Protein je FE enthält, am zweckmäßigsten. Die mit dieser Ration gefütterten Kühe zeigen einen langsameren Abfall der Laktationskurve gegenüber mit erhöhten Futtergaben ernährten trockenstehenden Kühen.
R. Ihssen. 8460.

McCullough, M. E.; Georgia Exp. Stat., Animal Ind. Dep. Some factors influencing intake of direct-cut silage by dairy cows. **(Einige Faktoren, die die Aufnahme gerade geschnittener Silage bei Milchkühen beeinflussen.)** J. Dairy Sci. **45** (1962) Nr. 1. S. 116–117. — 1 Tab.

Zahlreiche Untersuchungen haben das Ziel, die Tr.-Subst.-Aufnahme und den Nährwertindex (NVI) von Silagen vorauszusagen. Das Ergebnis drückt sich in folgender Gleichung aus y (Tr.-Subst.-Aufnahme) $= 17{,}60 + 0{,}209\ x_1$ bis $0{,}477\ x_3 - 0{,}239\ x_3 + 0{,}346\ x$ (x_1 = Tr.-Subst.-Verdaulichkeit, x_2 = Rohprot., x_3 = Rohfaser, x_4 = berechneter TDN-Bedarf). Der NVI wurde durch 200 lb. geschroteten Bruchmais oder 100 lb. Citruspulpe pro to Silage mehr erhöht als durch 100 lb. Bruchmais-Zusatz. Den stärksten Einfluß auf den NVI übt der Tr.-Subst.-Gehalt der Silage aus. Interessant ist weiterhin der signifikante Einfluß der Tr.-Subst.-Verluste im Silo.
B. Piatkowski. 8460.

Lobanova, O. I., Vlasova, S. I. und Kuznecov, I. A. (Lobanowa, O. I., Wlassowa, S. I. und Kusnezow, I. A.); Krim, Landwirtsch. Inst. Dosvid godivli koriv sylosom vlitku. **(Erfahrungen mit der Verfütterung von Silage an Milchkühe im Sommer.)** Socialističeskoe životnovodstvo, Kiev **34** (1962) Nr. 4. S. 12–15. — 2 Tab. Orig.: ukrain.

Beim Übergang zur Hackkulturbodennutzung muß auch ein anderes Futtersystem eingeführt werden, das aus ganzjähriger Silagefütterung unter Hinzufügung von Zuckerrüben, Mais und Hülsenfrüchten besteht. Die Vff. untersuchten die Auswirkungen einer solchen Fütterung, ihren Einfluß auf die Menge und Qualität der Milch und den physiol. Zustand der Kühe. Der Versuch dauerte 8 Mon. (von Mai–Dez. 1961). Die Tiere der Versuchsgruppe (V.) wurden im Sommer unter dem Schutzdach im Lager angebunden und bekamen tägl. 2–3 Std. Auslauf. Die Kontrollgruppe (K.) weidete in der Herde; Kraftfutter und Grünfutter bekamen die Tiere während des Melkens. Während der Stallperiode wurden beide Gruppen individuell gefüttert, die

Rückstände wurden gewogen. Die V. bekam im Sommer 31–35 kg Maissilage, bis 15 kg Grünfutter aus Sudangras, Wick-Hafergemenge, Winterroggen und kleinere Mengen Luzerne. Die Ration wurde mittels Ölkuchen und Erbsmehl auf Eiweiß bilanziert. Die Milchleistung der V. war im Schnitt um 21,1% höher als die der K. ,jede Kuh gab tägl. um 2,6 kg mehr Milch. Das Futter der V. war monatl. um 2,22 Rub. billiger. Gemessen an den Ernteerträgen der Lehrwirtschaft des Inst. 1960 kann pro ha mindestens doppeltsoviel Maissilofutter geerntet werden als Grünfutter. 100 Kühe auf Grünfutter erfordern in 4 Mon. bei einer Ernte von 115 dt/ha ca. 53 ha Bodenfläche. Bei Fütterung von 30 kg Silage und 15 kg Grünfutter nur 30 ha.
K. Neumann. 8460.

Holzschuh, W., Wetterau, H. und Knape, G. **Futterrüben und Maissilage in der Winterfütterung der Milchkühe.** Jb. Arbeitsgemeinsch. Fütterungsberat. **3** (1960/61) S. 47–54. — 1 Abb., 4 Tab., 7 Lit.

Es wurden 2 Fütterungsversuche mit 32 bzw. 18 Milchkühen nach der Methode der Rationswechselversuchsanlage im lateinischen Quadrat durchgeführt, um die Wirkung der Maissilage gegenüber Futterrüben im Hinblick auf die Milchleistung zu überprüfen. Mit den Tagesrationen wurden gleiche Nährstoffmengen aus Maissilage (Ration A), Futterrüben (Ration C) und Maissilage-Futterrüben (Ration B) zugeführt. Bei allen Rationen wurde die gleiche Milchleistung erzielt; die Varianzanalyse ergab keine Unterschiede hinsichtlich Milchmenge, Fettgehalt und FCM zwischen den einzelnen Rationen der Versuche.
W. Holzschuh. 8460.

Matthies, P. **Beitrag zur Fütterung im Rinderoffenstall.** Jb. Arbeitsgemeinsch. Fütterungsberat. **3** (1960/61) S. 35–46. — 4 Abb., 4 Tab., 12 Lit.

Es wurde über Erfahrungen bei der Fütterung in Frostperioden und über die Leistungsfütterung in Gruppen berichtet. Ein durchgeführter Gruppenversuch mit begrenzter Selbstfütterung brachte einen etwas stärkeren Leistungsabfall in der Versuchsgruppe. Dabei reagierten die Einzeltiere sehr verschieden auf die neue Fütterungsart.
P. Matthies. 8460.

Sobczak, Zygmunt, Skrzypek, Mieczysław und Detkens, Stanisław; Wrocław, WSR, Katedra Żywienia Zwierząt, Zakład Hodowli Bydła i Koni. Zastosowanie siarczanu amonu w zastępstwie białka w żywieniu krów mlecznych. **(Die Verwendung von Ammoniumsulfat als Ersatz von Eiweiß in der Fütterung von Milchkühen.)** Zeszyty problemowe postępów Nauk rolniczych **1961** Nr. 28. S. 85–88. — 4 Tab.

Die Verfütterung von $(NH_4)_2SO_4$ als Ersatz von Lein- und Sojakuchen an Milchkühe mit einer Milchleistung von ca. 17 kg in Gaben von 350 g je Tag und Tier 7 Wochen hindurch hat sich weder auf die Milchleistung noch auf das Lgw. gegenüber der Kontrollgruppe ausgewirkt.
A. Ziołecka. 8460.

Hellberg, Arvid. Proteinförsök med svin. **(Proteinversuche mit Schweinen.)** Kungl. Lantbrukshögskolan Statens Lantbruksförsök, Statens Husdjursförsök, Medd. **1962** Nr. 152. S. 19–21.

Es wurden Versuche mit 18 Gruppen zu je 6 Schweinen durchgeführt. Je ein Drittel der Tiere wurde von Hand satt, von Hand verhalten und aus Automaten satt gefüttert, wobei die Proteinmengen in Form von Fischmehl, Fleischmehl und Sojamehl verschieden hoch waren. Außerdem erhielt die Hälfte der Tiere Antibioticagaben. Bei unzureichenden Proteingaben zeigten sich verringerte Zunahmen, eine schlechtere Futterverwertung und ein stärkerer Fettansatz. Eine Steigerung der Proteingaben über den Bedarf hinaus hat keine zusätzliche Wirkung, aber auch keine nachteiligen Folgen. Antibioticagaben hatten die stärkste Wirkung in den Gruppen mit Automatenfütterung. Eine Verringerung des Proteinbedarfs nach Verabreichung von

Antibiotica wurde nicht festgestellt. Der Tagesbedarf an Eiweiß scheint durch die Art der Fütterung nicht beeinflußt zu werden. Daraus ergibt sich jedoch, daß der Eiweißgehalt der Futtermischungen je nach Fütterungsart verschieden sein muß. Für die beiden Gewichtsabschnitte ergaben sich auf Grund der Versuche neue Fütterungsnormen. J. K. Hinrichsen. 8536.

Bieliński, Kazimierz, Tabiszewski, Jerzy und Walczak, Zygmunt; Kołuda Wielka, Inst. Zootechn.; Bydgoszcz, Inst. Fizjol. i Żywienia Zwierząt PAN. Zielonka z lucerny w żywieniu tuczników bekonowych. **(Luzernegrünfutter in der Baconmast.)** Roczniki Nauk rolniczych, Ser. B **79** (1962) S. 59–68. — 10 Tab., 11 Lit. Zus. in Russ., Engl.

Der Versuch umfaßte 32 Ferkel der großen weißen Rasse. Die Zugabe von 1,7 kg Luzerne pro Tag und Tier im 2. Maststadium (von 70 kg Lgw. ab) ließ — verglichen mit der ad libitum-Mast mit trockener Mischung aus Automaten — die tägliche Gewichtszunahme zurückgehen und bewirkte eine Verlängerung der Mastdauer (bis zu 90 kg Lgw.) ⌀ um 4,28 Tage/$P \leq 0.01$). Die chemische Zusammensetzung des Fleisches und Fettes, des pH-Wert und die Wasserbindefähigkeit der Versuchs- und Kontrollgruppe wies keine Unterschiede auf. Das Fleisch der Versuchstiere sondert beim Erwärmen mehr Saft ab, der pozentuale und gewichtsmäßige Schinkenanteil im Schlachtkörper war um 1,08% (0,39 kg) höher in der mit Luzerne gefütterten Gruppe ($P \leq 0.05$). B. Pastuszewska. 8536.

Siegl, O. **Schweinemast mit unterschiedlichen Tagesrationen und Rohfaseranteilen.** Arch. Tierzucht **5** (1962) Nr. 1. S. 56–68.

Vf. berichtet über Versuchsergebnisse, die eine begrenzte Fütterung in der Getreide- und Kartoffelmast zum Inhalt hatten. Eine 10%ige Futtereinschränkung bei Getreidemast ab 50 kg Gewicht der Tiere und eine 20%ige Einschränkung ab 80 kg hatte dabei gegenüber der Vergleichsgruppe 12% geringere Zunahmen zur Folge. Eine 15%ige Einsparung von Kartoffeln im Gewichtsabschnitt der Tiere von 50–80 kg und eine solche von 25% im Gewicht ab 80 kg zeigte eine Senkung der Tageszunahme von 5,5%. Wurden bei der Getreidemast ab 50 kg Lgw. 15% und ab 80 kg 25 % des Futtergemisches durch Grünmehl ersetzt, ging die Tageszunahme und der GN-Aufwand je 1 kg Zuwachs um 3,5% gegenüber der Vergleichsgruppe zurück. Dagegen hatte bei Fütterung bis zur vollen Sättigung der Ersatz von 25% der Futtermischung durch Grünmehl ab 80 kg Gewicht gleiche Ergebnisse gegenüber der Vergleichsgruppe. Es wird daraus geschlußfolgert, daß bei Vorhandensein von Trocknungsanlagen durch Grünfutter eine größere Flächenproduktivität erzielt werden kann als durch Gerstenbau.

Werner Schlegel. 8536.

Calet, C.; Jouy-en-Josas, Seine-et-Oise, France, Centre Nat. de Rech. Zootechn. Données récentes sur l'efficacité des lipides selon les modalités de leur emploi dans la ration des volailles. **(Neuere Ergebnisse über die Wirkung der Fette im Zusammenhang mit ihrer verschiedenartigen Anwendung in der Geflügelfütterung.** VIII. int. Tierzuchtkongr. Hamburg **1961** Hauptber. S. 78–112. — 3 Abb., 10 Tab., 175 Lit.

Die Kombination von verschiedenen Fetten in der Ration bewirkt eine Zunahme der Verdaulichkeit infolge des Gleichgewichtes der Fettsäuren. Ein Fettanteil von höchstens 5% bewirkt einen höheren Zuwachs, der aber einen gleichzeitigen höheren Anteil an Eiweiß und Vitaminen bedingt. Der Einsatz von Fett ist nur dann wirtschaftlich, wenn die Fettcalorie billiger als die Kohlenhydratcalorie ist, was in Europa nicht der Fall ist. Die Fütterung von Fett würde sich bei einer Bezahlung des Schlachtkörpers nach der Qualität rentieren, da fettreicher gefütterte Tiere bessere Schlachtkörper aufweisen. Die Verfütterung an Legehennen ist nachteilig. B. Piatkowski. 8544.

Bray, D. J. und Gesell, J. A.; Urbana, Univ. of Illinois, Dep. of Animal Sci. Studies with corn-soya laying diets. IV. Environmental temperature — a factor affecting performance of pullets fed diets suboptimal in protein. **(Studien mit Mais-Soja-Legemehlen. 4. Mitt. Umgebungstemperatur — ein Faktor, der die Leistung der Hühner, die mit Futtermischungen von geringem Rohproteingehalt gefüttert wurden, beeinflußt.)** Poultry Sci. 40 (1961) Nr. 5. S. 1328–1335. — 6 Tab., 9 Lit.

Futtermischungen, die zum überwiegendem Teil aus Mais und Sojabohnenmehl zusammengesetzt waren, wurden bei Raumtemperaturen von 42 °F, 76 °F und 86 °F im Zeitraum von 8 Wochen verfüttert. Futteraufnahme und Legeleistung sanken bei ansteigender Raumtemperatur. Das Ansteigen der Raumtemperaturen wirkte sich stärker leistungsmindernd aus als unter dem Optimum liegende Proteingaben. G. Göbel. 8548.

Jensen, Leo S. und McGinnis, James; Pullman, Washington State Univ., Dep. of Poultry Sci. Nutritional investigations with turkey hens. 1. Quantitative requirement for protein. **(Ernährungsstudien an Putenhennen. 1. Mitt. Der quantitative Proteinbedarf.)** Poultry Sci. 40 (1961) Nr. 2. S. 288–290. — 4 Tab., 3 Lit.

In 3 Versuchsreihen mit 5, 10 und 12 verschiedenen Gruppen zu 25 (1) bzw. 10 Tieren (2 und 3), die Futtermischungen mit I. 16,3 und 19,7% Rohprotein bzw. II. mit 15%, 17,5% und 20% erhielten oder III. mit 10; 12; 14 und 16% Rohprotein, traten nicht einmal bei der proteinärmsten Gruppe dieser schweren Washingtoner Puten (10%) Mangelerscheinungen auf. Danach muß die vom Nat. Res. Council geforderte Rohproteinmenge von 15% als voll ausreichend gelten. Die Futtermischung bestand aus 43; 29 bzw. 86% gelbem Mais mit 27; 45 und 0% Gerstenschrot, 2,5; 2,5 und 0% Fischmehl, ebensoviel Fleischbrocken sowie Sojaextraktionsschrot, Vitaminen usw. und enthielt 845 und 821 (I) bzw. 816, 786 und 750 kcal PE/lb. (II) bzw. 1011; 979; 948 und 917 kcal PE/lb. (III). C. Engelmann. 8548.

Jensen, Leo S. und McGinnis, James; Pullman, Washington State Univ., Dep. of Poultry Sci. Nutritional investigations with turkey hens. 2. Requirement for unidentified factors. **(Ernährungsstudien an Putenhennen. 2. Mitt. Der Bedarf an unbekannten Faktoren.)** Poultry Sci. 40 (1961) Nr. 3. S. 731 bis 734. — 1 Tab., 13 Lit. 1. Mitt. vgl. vorst. Ref.

Puten, deren Futter aus 70% gelbem Mais, 22% Sojaextraktionsschrot, 5% Knochenmehl, 2% Kalkstein und 0,5% jodiertem Salz bestand und je kg 6600 IE Vit. A, 1100 IE Vit. D_3, 22 IE Vit. E enthielt sowie Menadion, die Vitamine der B-Gruppe sowie Mangansulfat, sprachen auf Zusätze von Luzernemehl, Trockenmolke, Heringsmehl und Brauereihefe (je 5%) nicht an. Ihre Legeleistung betrug 46–53%, die Befruchtung 94–97% und der Schlupf 68–78% (0.–8. Versuchswoche) bzw. 58–73% (9.–16. Woche). Allein der Schlupf war besser, wenn alle Zusätze zusammen eingemischt wurden (73,3%:63,2%), doch ist der Unterschied nicht statistisch gesichert.

C. Engelmann. 8548.

FUTTERMITTELKUNDE

A. FUTTERSTOFFE, IHRE BEEINFLUSSUNG, KONSERVIERUNG UND ZUBEREITUNG

Klimeš, Ivan und Vérosta, Boh; Pohořelice, ČSSR, Tschechoslow. Akad. der Landwirtsch.-Wiss. Forsch.-Inst. für Futterbau und Tierernähr. **Neue Methode der Erzeugung von Eiweiß-Vitamin-Konzentrat aus Futterpflanzen.** Arch. Tierernähr. 11 (1962) Nr. 6. S. 393–399. — 2 Abb., 3 Tab., 17 Lit.

Es wird eine von den Vff. entwickelte Maschine beschrieben, die es auf Kleefeldern ermöglicht, die Kleeblätter mechanisch abzupflücken. Die Blätter werden in einer Heißlufttrockenanlage getrocknet, dagegen die nachträglich abgemähten Stengel auf dem Felde. Die technischen Trocknungsanlagen können so 5- bis 7mal soviel Nährstoffe trocknen, und das Endprodukt erreicht eine viel höhere Qualität. H. Bergner. 8720.

Kearney, P. C. und Kennedy, W. K. Relationship between losses of fermentable sugars and changes in organic acids of silage. **(Wechselbeziehungen in der Silage zwischen Verlusten an gärungsfähigem Zucker und Veränderungen im Gehalt an organischen Säuren.)** Agronomy J. **54** (1962) Nr. 2. S. 114–115. — 3 Abb., 6 Lit.

Der Zuckergehalt von Luzerne war vor der Silierung 9% geringer als der eines 7 Tage später geernteten Grases. Unmittelbar nach der Silierung wurden 24 Std. lang bei der Luzerne und 30 Std. beim Gras alle 6 Std. Analysen von Durchschnittsproben angefertigt. Bei beiden Spezies zeigte sich dabei ein Rückgang des Zuckergehaltes um etwa 50%. Mit abnehmendem Zuckergehalt ging auch der Milchsäuregehalt stark zurück, während der Gehalt an Buttersäure ebenso zunahm. Die meisten Futterproben, deren Zuckergehalt unter 15% des Tr.-Subst.-Gehaltes des Futters sank, enthielten Buttersäure und wiesen charakteristische Merkmale einer schlechten Silage auf. — Es wird darauf verwiesen, daß die meisten Leguminosen mit einem ausreichenden Zuckergehalt gute Silagen ergeben, wenn von Anfang an eine stärkere aerobe Atmung unterbunden wird, was durch schnelles Füllen des Silos und Festfahren des Futters erreicht werden kann. Der vorhandene Zucker wird somit zur Bildung von Milchsäure verwendet und die pH-Zahl auf einen Wert gesenkt, der keine Buttersäurebildung zuläßt. Eine der Hauptvoraussetzungen für die Herstellung guter Silagen ist die Schaffung anaerober Bedingungen im Silo. W. Klippel. 8730.

Ter-Karapetjan, M. A. und Azarjan, Ė. Ch. (Ter-Karapetjan, M. A. und Asarjan, E. Ch.); Forsch-Inst. für Tierzucht und Veterinärmed. des Min. für Landwirtsch. der Armen. SSR. Prevraščenija azotistych soedinenij pri silosovanii kormov. **(Verwandlung der Stickstoffverbindungen bei der Futtersilierung.)** Izvestija Akademii nauk Armjanskoj SSR. Biologičeskie nauki, Erevan **14** (1961) Nr. 10. S. 3–13. — 6 Tab., 10 Lit. Orig.: russ., Ausz.: armen.

Mais, Rübenblätter, Hafer und Luzerne zeigten bei verschiedenen Silierungsarten (Zusätze von SO_2, $K_2S_2O_5$, AAS) die Anwesenheit von in Alkohol löslichen N-Verbindungen, bestehend aus freien Aminosäuren und Peptiden. Der größte Teil dieser N-Verbindungen bildet sich während des Silierprozesses durch Austritt von Spaltprodukten aus strukturellem Eiweiß der pflanzlichen Gewebe. Diese Spaltung ist nach 3–5 Tagen am intensivsten und nach 7–15 Tagen abgeschlossen, von Beginn der Silierung gerechnet. Die Konservierung der grünen Pflanzen mit S-haltigen Sicherungsmitteln ergab keine Beziehung zwischen Eiweißzerfall und Gärprozeß. Dies zeugt von einem fermentativen und keinem mikrobiellen Eiweißabbau. Die Spaltung der Aminosäuren während der Silierung wurde papierchromatographisch ermittelt und ergab, daß der Zerfall von Glutaminsäure begleitet ist mit der Bildung von bedeutenden Mengen γ-Aminobuttersäure in der Silage, besonders bei Luzerne. Das Vorhandensein von Oxyprolin, Tyrosin, Valin, Methionin, Phenylalanin und Leucin in der alkohollöslichen Fraktion von Luzernesilage kann als Anzeichen für den fermentativen Abbau des strukturellen Eiweißes gelten. Die Spaltung von Eiweiß in Peptide und Aminosäuren bei der Silierung von Luzerne, Mais und anderen Pflanzen weist auf bestimmte arteigene Besonderheiten hin. G. Leisner. 8730.

Hellström, Vidar, Hellberg, Arvid, Andersson, Albert und Eriksson, Sture. A-vitaminets stabilitet och utnyttjande i pulverformiga A-vitamin-koncentrat. **(Der Wert von trocken stabilisierten Vitamin-A-Produkten in bezug auf Stabilität und Verwertung des Vitamin A.)** Kungl. Lantbrukshögskolan Statens Lantbruksförsök, Statens Husdjursförsök, Medd. **1961** Nr. 74. S. 1–11. — 5 Tab., 3 Lit. Zus. in Engl.

Trocken stabilisiertes Vit. A (13 Proben) wurde einer Futtermischung (ca. 25 IE/g) zugesetzt. Unmittelbar nach Zugabe sowie nach 1, 3, 6 und 12 Mon. Lagerung wurde der Vit.-A-Gehalt des Futters bestimmt. Bei 6 Proben beträgt der Verlust nach 12 Mon. bis 20%, bei 1 Probe 32% und bei 6 Proben 80–100%. Vergleichsproben mit Lebertranzumischung ergaben nach 1 Mon. schon ca. 100% Verlust. Der Rattenspeicherungstest nach Ames und Harris erbrachte bei 8 untersuchten Proben eine Vit.-A-Verwertung von 33 bis 56% bei niedriger und 37 bis 63% bei hoher Dosierung, bei Lebertran 17 bzw. 22%.

H. Ackermann. 8750.

Sternkopf, G., Patzschke, D. und Graupe, B. **Neue Untersuchungen zum Strohaufschluß.** Jb. Arbeitsgemeinsch. Fütterungsberat. **3** (1960/61) S. 415–423. — 2 Tab., 20 Lit.

Laborversuche, das Verfahren zum kalten alkalischen Strohaufschluß nach Beckmann durch Einsatz von Kalkmilch anstelle von Natronlauge abzuändern, brachten keine befriedigenden Ergebnisse. Der Bau einer Versuchsanlage zum Aufschluß mit Natronlauge und die damit erhaltenen praktischen Erfahrungen werden mitgeteilt. Je dt Stroh wurden 16 kg 45%ige NaOH, 0,3 m³ Wasser (ohne Spülwasser) und 1 kg Ätzkalk verbraucht. Die Kosten für 1 dt aufgeschlossenes Stroh beliefen sich auf 1,70 DM.

E. Weißbach. 8845.

Merwe, F. J. van der, Ferreira, I. L., Vosloo, L. P. und Labuschagne, D. G. F.; Stellenbosch, Univ., Stellenbosch-Elsenburg Coll. of Agric. A comparison between pelleted and chopped lucerne hay in the feeding of lambs. **(Ein Vergleich zwischen pelletiertem und geschnittenem Luzerneheu in der Lämmerfütterung.)** South African J. agric. Sci. **5** (1962) Nr. 1. S. 109–119. — 1 Abb., 3 Tab., 6 Lit.

In einem Fütterungsversuch mit ♀ Dormerlämmern, die sowohl einzeln als auch in Gruppen mit pelletiertem und klein geschnittenem (± 1 in.) Luzerneheu gefüttert wurden, wurden Gewichtszunahme und Futterverwertung verglichen. Die Verdaulichkeit der beiden verwendeten Heuqualitäten wurde mit jungen Dormer-Hammeln bestimmt. Während der ersten 6 Wochen, in denen eine schlechtere Heuqalität gefüttert wurde, zeigten die mit Preßlingen gefütterten Lämmer eine mittlere tägl. Zunahme von 0,42 lb. und die mit geschnittenem Heu gefütterten eine solche von 0,12 lb. Keine signifikanten Unterschiede bestanden zwischen Einzel- und Gruppenfütterung. In den folgenden 6 Wochen, wo Heu besserer Qualität gefüttert wurde, wuchsen nur die individuell mit Preßlingen gefütterten Lämmer signifikant schneller als die mit geschnittenem Heu gefütterten Tiere, während bei der Gruppenfütterung hinsichtlich der Gewichtszunahmen keine signifikanten Unterschiede mehr bestanden. Es wird gefolgert, daß die Vorteile der Fütterung mit Preßlingen von der Heuqualität abhängig sind. K. Männel. 8860.

Hogan, W. H., Brooks, O. L., Beaty, E. R. und McCreery, R. A.; Univ. of Georgia, Coll. of Agric. Exp. Stat. Effect of pelleting Coastal bermudagrass on livestock gains. **(Einfluß der Pelletierung von Coastal Bermudagras auf die Zunahmen des Tierbestandes.)** Agronomy J. **54** (1962) Nr. 3. S. 193 bis 195. —1 Abb., 1 Tab., 9 Lit.

In Fütterungsversuchen wurde an Jungbullen Coastal Bermudagras (*Cynodon dactylon*) in verschiedener Form (Grünfutter, Trockengrünfutter, Weide bzw. Pellets aus künstlich getrocknetem Gras) verabreicht. Pelletiertes Bermudagras

bewirkte die besten Gewichtszunahmen und die günstigste Futterverwertung. Es erwies sich im Futterwert pelletierter Luzerne ebenbürtig.
H.-D. Bock. 8860.

B. DIE EINZELNEN FUTTERSTOFFE

Gruhn, Kurt; Jena, Friedrich-Schiller-Univ., Inst. für Tierernähr. **Der Aminosäuregehalt verschiedener Weidepflanzen in Abhängigkeit vom Weideumtrieb.** Arch. Tierernähr. 11 (1962) Nr. 6. S. 410–427. — 1 Abb., 8 Tab., 70 Lit.

Vf. untersucht den Aminosäuregehalt (13 Aminosäuren) folgender Weidepflanzen: Leguminosen: *Trifolium pratense, Trifolium repens, Medicago falcata*; Gramineen: *Dactylis glomerata, Bromus sterilis, Triticum repens, Lolium perenue, Poa pratensis, Festuca rubra*; Kräuter: *Anthriscus silvestris, Carum carvi, Plantago media, Achillea millefolium, Heracleum spondylium, Carduus nutans, Cirsium acaule, Rumex obtisifolius, Tragopogon pratensis* und *Agrimonia eupatoria*. Für die Auswertung werden der EAA-Index, der „chemical score" und der MPV-Index verwendet. Im Durchschnitt aller Pflanzen wurden im Vergleich zu den Aminosäuren des Milchproteins (= 100 gesetzt) folgende Vergleichswerte erhalten: Arginin, Histidin ~ 120, Tryptophan ~100, Phenylalanin 83–97, Threonin 57–86, Lysin 65–82, Valin, Gesamtleucin ~75, Methionin ~50. Insgesamt hatten die einzelnen Weideumtriebe keinen wesentlichen Einfluß auf die Eiweißqualität der Weide.
H. Bergner. 8910.

Dziuk, H. E., Sellers, A. F. und Stevens, C. E.; St. Paul, Minn. Biological assays of extracts of alfalfa samples from bloat-producing pastures. **(Biologische Untersuchungen von Extrakten aus Luzerne von Blähsucht hervorrufenden Weiden.)** Amer. J. veterin. Res. 22 (1961) Nr. 87. S. 287–296. — 9 Abb., 1 Tab., 33 Lit.

Blähsucht tritt während der gesamten Weidezeit (Juni–Sept.) und zu jeder Tageszeit auf. Eine Abhängigkeit vom Entwicklungszustand der Luzerne wurde nicht festgestellt. Ist ausreichend Gras vorhanden, so kommt es nicht zur Blähsucht. Es wurde versucht, das wirksame Prinzip zu isolieren. Entnahme der Proben, Aufarbeitung und Extraktionsmethoden werden ausführlich beschrieben. Die biologischen Untersuchungen erfolgten am Kaninchen (Cornea und isolierte Stücke vom Ileum), Schildkröte (Vagus), Maus (intraperitoneale Injektionen), Katze (Blutdruck) und Rind (i. v. Injektionen). Biologisch wirksame Substanzen sind im Chloroformextrakt nachgewiesen; es sind keine Alkaloide. Diese Stoffe befinden sich sowohl in Pflanzen, die von Blähsucht verursachenden Weiden stammen, als auch in solchen, die diese nicht hervorrufen. Eine Antwort auf die Frage nach dem wirksamen Prinzip konnte nicht gegeben werden.
W. Goldbach. 8910.

Todd, J. R. Magnesium in forage plants. I. Magnesium contents of different and strains as affected by season and soil treatment. **(Magnesium in Futterpflanzen. 1. Mitt. Magnesiumgehalte von verschiedenen Arten unter besonderer Berücksichtigung der zeitlichen Schwankungen und der Bodenbehandlung.)** J. agric. Sci. 56 (Juni 1961) Nr. 3. S. 411–415. — 4 Tab., 20 Lit.

Im Hinblick auf die hypermagnesiumanämische Tetanie wird ein Mindestgehalt von 0,2% Mg in der Tr.-Subst. in Futterpflanzen gefordert. Dieser Gehalt wurde in Topfversuchen ohne MgO-Düngung nur von Klee erreicht. Der Mg-Gehalt der Pflanzen stieg vom Frühjahr bis zum Herbst etwa um den Faktor 2,5. Düngung mit Superphosphat und schwefelsaurem Ammoniak bedingten einen geringen, solche mit gebrannter Magnesia einen beachtlichen Anstieg des Mg-Gehaltes in allen Pflanzenarten.
H. Peter. 8910.

FISCHEREI

A. ALLGEMEINES

Schneider, H.; Rostock-Marienehe, Inst. für Hochseefischerei und Fischverarb. **Die Aufgaben des Instituts für Hochseefischerei und Fischverarbeitung und die Rolle der Fachzeitschrift „Fischerei-Forschung — Informationen für die Praxis“.** Fischereiforschung **5** (1962) Nr. 1. S. 1–2.

Vf. betont die Verbundenheit jeder Forschung mit der Praxis, die sich auch in den Veröffentlichungen wiederspiegeln soll, wobei aber auch gesagt wird, daß reine Grundlagenforschung nötig ist, aber nicht nur als Selbstzweck. Die Aufgaben des Inst. werden klar herausgestellt. Eine neue Publikationsreihe über wissenschaftliche Forschungsberichte wird angekündigt.
F.-K. Löwe. 6010.

Krefft, G.; Hamburg, Inst. für Seefischerei. **Aus der Tätigkeit des Fischereiforschungsschiffes „Anton Dohrn“.** Bundesforsch.-Anst. Fischerei Hamburg, Inform. Fischwirtsch. **6** (1959) Nr. 3. S. 53–55.

Auf der 36. Reise des westdeutschen Fischereiforschungsschiffes „Anton Dohrn“ in das Gebiet Hebriden/Färöer und zu den westlich der Hebriden liegenden Bänken in der Zeit von Mitte Apr. bis Mitte Mai 1959 wurden vor allem Fragen der Biologie der Rotbarsche untersucht. Die 37. Reise des Schiffes vom 22. 6. bis 24. 7. 1959 war vorwiegend Untersuchungen zur Verbreitung der Fischarten in der Nordsee gewidmet, und zwar auch in solchen Meeresgebieten, die normalerweise nicht von der Fischerei aufgesucht werden. Daneben wurden Untersuchungen über die Biologie einiger Nutzfischarten durchgeführt. Über die Ergebnisse beider Forschungsreisen wird kurz berichtet.
G. Predel. 6010.

Bramstedt, F.; Hamburg, Univ., Chem.-Physiol. Inst. **Aufgaben und Ziele des Ernährungswissenschaftlichen Beirats der Deutschen Fischwirtschaft.** Bundesforsch.-Anst. Fischerei Hamburg, Inform. Fischwirtsch. **6** (1959) Nr. 3. S. 51–52.

Der Ernährungswissenschaftliche Beirat für die Deutsche Fischwirtschaft hat die Aufgabe, dem Fisch als wertvollem Nahrungsmittel den Platz in der Ernährung zu sichern, der ihm auf Grund seines hohen Nährwertes zukommt. Zu diesem Zweck werden vordringlich 2 Problemkreise in den Forschungsvorhaben des Beirates bearbeitet: 1. Vorwiegend medizinisch-physiol. orientierte Untersuchungen über Verdaulichkeit und Nährwert verschiedener Fischarten. 2. Fragen der Qualitätserhaltung. Über einige der bisher erzielten Forschungsergebnisse wird kurz berichtet. G. Predel. 6010.

Bramstedt, F.; Hamburg, Univ., Chem.-Physiol. Inst. **Wintertagung des Ernährungswissenschaftlichen Beirates der Deutschen Fischwirtschaft in Bad Salzuflen.** Bundesforsch.-Anst. Fischerei Hamburg, Inform. Fischwirtsch. **8** (1961) Nr. 5/6. S. 143–144. — Vgl. vorst. Ref.

Die 8. Tagung des Ernährungswissenschaftlichen Beirates fand im Jahre 1961 statt und wertete die Berichte aus, die über die von der FAO in Washington veranstaltete „International Conference on Fish in Nutrition“ gegeben wurden. Bes. wichtig waren die Untersuchungen über die prophylaktische Anwendung von Fischölen und -fetten zur Bekämpfung von Herz- und Gefäßkrankheiten, die in ihren Anfängen erfolgversprechend sind. Zum anderen wurde über die Verwendung von Fischmehl für den menschlichen Genuß berichtet. Ein Bericht beschäftigte sich mit der Konservierung von Fischen und Fischprodukten durch Strahlung. F.-K. Löwe. 6020.

Pfeiffer, D.; Hannover. **Hydrogeologische Probleme (Berichte über Vorträge der Frühjahrstagung der Deutschen Geologischen Gesellschaft, Bad Harzburg, 25. bis 28. Mai 1960).** Naturwiss. Rdsch. **14** (1961) Nr. 3. S. 104–106.

Vf. berichtet über Vorträge, die unter folgenden Gesichtspunkten zusammengefaßt werden: Wasserbilanz und Grundwassererneuerung, Hydrogeologische Kartierung und hydrogeologische Kartenwerke, Hydrogeologische Fragen der Wasserversorgung im niedersächsischen Raum, Hydrogeologische Arbeiten in ariden Gebieten, Probleme der versalzenen Tiefenwässer, Karstgrundwasser. H. Müller/Berlin. 6020.

B. BIOLOGIE DER FISCHEREILICHEN NUTZTIERE

Biologie der Fische

Poddubnyj, A. (Poddubny, A.) Sig v Rybinskom vodochranilišče. **(Die Maräne im Stausee von Rybinsk.)** Rybovodstvo i rybolovstvo, Moskva **5** (1962) Nr. 1. S. 23–24. — 1 Tab.
Im Frühjahr 1955 wurde der Stausee von Rybinsk u. a. mit 1110000 Stück Brut der Tschudskischen Maräne (*Coregonus lavaretus maraenoides*) besetzt. 1957 konnten erstmalig vereinzelte Maränen wiedergefangen werden. 2 Jahre später wurden im Herbst auf flachen sandigen Stellen laichreife Fische angetroffen, die jedoch nicht abgelaicht haben. Das Wachstum der Maräne im Stausee von Rybinsk ist verhältnismäßig gut, obwohl das Nahrungsangebot im 1. Lebensjahr nicht sehr reichlich ist. Im 2. und 3. Jahr nähren sich die Maränen vor allem von Kleinkrebsen, Ostracoden und weichen Wasserpflanzen, später vorwiegend von Stinten. A. Kozianowski. 6080.

Aschaev, M. (Aschajew, M.); Irkutsk. Amurskij som v Angare. **(Amur-Welse in der Angara.)** Rybovodstvo i rybolovstvo, Moskva **5** (1962) Nr. 1. S. 21. — 1 Abb.
Die 1932 erstmalig aus dem Amur in den Schakscha -See umgesetzten 22 Welse haben sich sehr gut an die neuen Verhältnisse gewöhnt und sich reichlich vermehrt. Aus dem mit der Selenga in Verbindung stehendem Schakscha-See haben sich die Welse innerhalb von 29 Jahren im ganzen Flußgebiet der Selenga und im südlichen Baikal-See verbreitet und sind sogar bis zu der etwa 1500 km entfernten Angara vorgedrungen. Magenuntersuchungen zeigten, daß der Wels sich im Einzugsgebiet des Baikal-Sees vorwiegend von Groppen nährt und keine Nutzfischbestände gefährdet. Durch seine schnelle Vermehrung und sein wertvolles Fleisch ist der Wels sehr bald zu einem wichtigen Komponenten der Ichthyofauna des Baikalgebietes geworden.
A. Kozianowski. 6080.

Miller, Robert Rush; Univ. of Michigan, Museum of Zool. Systematics and biology of the gizzard shad (Dorosoma cepedianum) and related fishes. **(Systematik und Biologie von Dorosoma cepedianum und verwandten Fischen.)** U.S. Dep. Interior, Fish Wildlife Serv., Fishery Bull. **60** (1960) Nr. 173. S. 371–392. — 4 Abb., 4 Tab., 102 Lit.
Vf. gibt einen Bestimmungsschlüssel zur Identifizierung der Gattungen der Unterfamilie Dorosomatinae und der Arten der Gattung *Dorosoma*, zu der die betreffende Shad-Art gerechnet wird. In der Darstellung über die Biologie von *Dorosoma cepedianum*, die teilweise auf einer kritischen Literaturauswertung beruht, werden im einzelnen behandelt: Körperform und -farbe, Fortpflanzung und Entwicklung, Alter, Wachstum, Ernährung, Fang und Sterblichkeit. K. Anwand. 6080.

Anonym. The herring of the North European basin and adjacent seas. **(Der Hering des nordeuropäischen Beckens und der angrenzenden Meere.)** U. S. Dep. Interior, Fish Wildlife Serv., spec. sci Rep. **1959** Nr. 327. S. 1–284. — 83 Abb., 64 Tab., 326 Lit.
In dieser Übersetzung aus dem Russ. ins Engl. handelt es sich um 9 Arbeiten aus den Trudy PINRO (Nr. 9) von den sowjet. Fischereiwissenschaftlern Marti, Alekseev, Istoshin, Abramova, Pavshtiks, Rudakova, Liamin, Naumov, Vilson und Tambovtsev. Darin werden folgende

Probleme behandelt: Der Lebenszyklus des atlanto-skandischen Herings, die Wasserströmungen in der Norwegischen und Grönländischen See, das Plankton als Indikator von Wasserkörpern verschiedener Herkunft, der Jahreszyklus des Planktons und die Nahrungswanderungen des Herings, die Nahrung des atlantischen Herings, der Lebenszyklus des sommerlaichenden Herings von Island, die Ovogenese und der Reifezyklus des Murmansk-Herings, die Markierungen von Heringen in der Kandalaksha-Bucht und die biol. Grundlagen der Fischerei auf den Weißmeer-Hering. K. Anwand. 6080.

Raitt, D. F. S.; Aberdeen, Marine Lab. A note on the pyloric caecae of Gadus poutassou Risso. **(Eine Bemerkung über die Pylorusanhänge von Gadus poutassou Risso.)** Cons. permanent int. Explorat. Mer [Copenhague], J. Cons. 27 (1962) Nr. 1. S. 49–51. — 1 Abb., 2 Tab., 9 Lit.
Vf. untersuchte die Zahl der Pylorusanhänge von *Gadus poutassou* an 366 Fischen aus dem Gebiet um Färöer, aus der Nordsee und von der Westküste Schottlands und deren Abhängigkeit von der Körperlänge. Die durchschnittliche Zahl der Fortsätze wird bei einer Variationsbreite von 8–14 mit 10,71 angegeben. K. Anwand. 6085.

Satchell, G. H.; New Zealand, Otago Med. School, Dep. of Physiol. The reflex co-ordination of the heart beat with respiration in the dogfish. **(Die reflexmäßige Koordination des Herzschlages mit der Atmung beim Hai.)** J. exp. Biology 37 (1960) Nr. 4. S. 719–731. — 5 Abb., 1 Tab., 20 Lit.
Bei *Squalus lebruni* und *Mustelus antarcticus* schlägt das Herz bei jedem 1.–4. Atmungsvorgang, und zwar immer kurz vor oder nach dem Öffnen Maules. So fällt die Periode stärkster Blutbewegung in den Kiemen mit der Periode stärkster Wasserbewegung an der Kiemenoberfläche zusammen. Die Koordination ist durch einen Reflex gewährleistet. D. Barthelmes. 6085.

Snieszko, S. F., Camper, Jimmy E., Howard, Fred J. und Pettijohn, Lyle L. Microhematocrit as a tool in fishery research and management. **(Mikrohämatokrit — eine Methode in Fischereiforschung und Fischwirtschaft.)** U. S. Dep. Interior, Fish Wildlife Serv., spec. sci. Rep. **1960** Nr. 341. S. 1–15. — 1 Abb., 6 Tab., 32 Lit. Vgl. LZ. Abt. III 7 (1962) Nr. 5. S. 1080.
Die Mikrohämatokrit-Technik ersetzt in zunehmendem Maß die Erythrozytenzählung in der klinischen Hämatologie. Es wurden Untersuchungen angestellt über den Wert dieser Methode für routinemäßige hämatologische Kontrollen von Salmoniden. Unter den gegebenen Bedingungen waren die normalen Hämatokritwerte für Bachsaiblinge (*Salvelinus fontinalis*) 45–50, für Bachforellen (*Salmo trutta*) 39–44 und für Regenbogenforellen (*S. gairdneri*) 45–53. Es wurden enge Wechselbeziehungen zwischen Hämatokritwerten, Erythrozytenzählungen und Hämoglobinbestimmungen festgestellt. Käufliche, mit Heparin behandelte Kapillaren (für Menschenblut) ergaben oft um 7–18% höhere Werte bei Forellen infolge einer unvollständigen Verhinderung der Blutgerinnung. Es wird daher eine für Forellen bes. geeignete Mikrohämatokrit-Technik im Detail beschreiben. Th. Mattheis. 6085.

Harvey, H. H.; Vancouver, Brit. Columbia, Univ., Inst. of Fisheries; New Westminster, Brit. Columbia, Int. Pacific Salmon Fisheries Commiss. Analysis of dissolved nitrogen in fish blood. **(Bestimmung des im Fischblut gelösten Stickstoffs.)** Canad. J. Zool. 39 (1961) Nr. 6. S. 905-909. — 8 Lit.
Es wird eine Methode beschrieben, nach der zunächst durch Zusatz von Reagenzien alle im Fischblut gelösten Gase wie Sauerstoff, Kohlendioxyd und Stickstoff freigesetzt werden. Hierauf werden CO_2 und O_2 chemisch gebunden, während N_2 volumetrisch gemessen wird. Unter Berücksichtigung mehrerer Korrekturfaktoren wird der genaue Stickstoffgehalt errechnet. Die erforderliche Blutmenge beträgt 0,4 ml, das Verfahren wurde bei der Untersuchung des Blutes von Regenbogenforellenbrut (*Salmo gairdneri*) erprobt.
D. Nehring. 6085.

Žaks, M. G. und Sokolova, M. M. (Shaks, M. G. und Sokolowa, M. M.); Inst. für Evolutionsphysiol. der Akad. der Wiss. der UdSSR. Ustanovlenie različij meždu otdel'nymi stadami nerki (Oncorhynchus nerka Wahlb.) posredstvom reakcii precipitacii. **(Bestimmung des Unterschieds zwischen verschiedenen Schwärmen von Oncorhynchus nerka mittels Präzipitations-Reaktion.)** Doklady Akademii nauk SSSR, Moskva **139(29)** (1961) Nr. 6. S. 1491–1494.

Mit Hilfe der Präzipitations-Reaktion sollte die Frage innerartlicher Gruppierungen bei *Oncorhynchus nerka* untersucht werden. Die Methodik wird beschrieben. Es zeigte sich, daß die Untersuchungsmethodik gemeinsam mit anderen serologischen Methoden die Unterscheidung von Lokalformen gestattet und auch im Hinblick auf das Studium der Evolution der Fische von Bedeutung ist. G. Predel. 6085.

Wagner, H. G., MacNichol jun., E. F. und Wolbarsht, M. L.; Bethesda, Md., Nat. Naval Med. Center, Naval Med. Res. Inst., Physiol. Div.; Baltimore, Md., Johns Hopkins Univ., Thomas C. Jenkins Dep. of Biophysics. The response properties of single ganglion cells in the goldfish retina. **(Die Reaktionseigenschaften einzelner Ganglionzellen der Goldfischretina.)** J. gen. Physiol., Suppl. **43** (1960) Nr. 6. Teil 2. S. 45–62. — 11 Abb., 21 Lit.

Mit Hilfe einer genau beschriebenen elektrophysiol. Methode wird an isolierter Goldfischretina die Ansprechbarkeit einzelner Ganglionzellen untersucht. Das Erregungsmuster verändert sich bei bestimmten Änderungen der Wellenlänge und der Intensität. Beim Farbsehen des Goldfisches spielen offenbar 2 entgegengesetzte, voneinander unabhängige Mechanismen eine Rolle.

D. Barthelmes. 6085.

Karzinkin, G. (Karsinkin, G.); Moskau, Unions-Forsch.-Inst. für Hochseefischerei und Ozeanogr. Radioaktivnye izotopy v rybovodstve. **(Radioaktive Isotope in der Fischerei.)** Rybovodstvo i rybolovstvo, Moskva **5** (1962) Nr. 1. S. 8–9.

Um wenig bekannte oder noch unerforschte Prozesse der Biologie und Physiologie der Fische zu klären, hat Vf. zahlreiche Laboratoriumsversuche mit radioaktiven Isotopen durchgeführt. Das wichtige Problem der Primärproduktion im Karpfenteich wurde mit Hilfe von radioaktivem Kohlenstoff (^{14}C) untersucht. Durch Anwendung von ^{45}Ca konnte festgestellt werden, daß die Fische zu 95–97% ihren Bedarf an Kalzium durch Haut und Kiemen aufnehmen. Weiterhin konnte die Rolle des Schwefels bei der Eiweißbildung und der Einfluß von Kobalt auf das Wachstum der Fische mit ^{35}S und ^{60}Co untersucht werden. Schon geringe Kobaltmengen im Futter fördern den Stoffwechsel der Fische und gestatten die Aufzucht von frohwüchsigen und gut überwinternden Setzlingen. A. Kozianowski. 6085.

Srivastava, P. N.; Halifax, Nova Scotia, Dalhousie Univ., Zool. Dep. Thyroidal control of radiophosphorus metabolism in salmon. **(Kontrolle der Thyreoidea über den Mineralstoffwechsel [^{32}P] bei Lachsen.)** Nature [London] **185** (1960) Nr. 4713. S. 621. — 4 Lit.

Die Aufgabe, die der Schilddrüse bei Knochenfischen zukommt, ist bereits vielfach untersucht worden. Bei Kaltblütern scheint sie sich mehr auf das Wachstum als auf den allg. Stoffwechsel auszuwirken. Es bestehen jedoch noch sehr viele Widersprüche auf dem Gebiet der Schilddrüsenphysiologie. Bei den höheren Wirbeltieren kommt der Nebenschilddrüse große Bedeutung für den Mineralstoffwechsel zu. Fische haben, soweit bekannt, keine Nebenschilddrüse. Es wird angenommen, daß der Ultimobranchialkörper die Fähigkeit hat, den Mineralstoffwechsel in gewissen Grenzen zu regeln. Es wurden Radioisotope verwendet, um herauszufinden, ob die Schilddrüse irgendeinen Einfluß auf den Mineralstoffwechsel der Fische hat. Da die Thyreoidea bei den Fischen in unzählige Follikel aufgelöst ist, ist eine chirurgische Entfernung nicht möglich. Um die Aktivität der Schilddrüse zu hemmen, wurden 1jährige Lachse (*Salmo salar*) 2 Wochen lang in einer 0,3%igen Lösung von Thioharnstoff gehalten. Histol. Untersuchungen ergaben jedoch, daß dieses Ziel nicht erreicht wurde. Vielmehr wurde die Thyreoidea indirekt angeregt. Eine Zerstörung der Schilddrüse kann nur nach längere Behandlung mit antithyreoidalen Drogen erreicht werden. In einem anderen Versuch wurden die Lachse mit Thyroxin bzw. Thioharnstoff injiziert und dann in Wasser, das radioaktiven Phosphor enthielt, überführt. Es zeigte sich, daß bei den mit Thioharnstoff behandelten Fischen die Aufnahme von radioaktivem Phosphor stärker war als bei den Kontrollfischen. Bei der Behandlung mit Thyroxin erreichte die ^{32}P-Aufnahme ihr Maximum. Weitere Untersuchungen über den Einfluß der Entfernung der Hypophyse und der Zerstörung der Thyreoidea durch radioaktives Jod auf den Mineralstoffwechsel sind in Bearbeitung.

M.-L. Albrecht. 6085.

Houston, Arthur H.; Halifax, Nova Scotia, Dalhousie Univ., Zool. Lab. Variations in the plasma-level of chloride in hatchery-reared yearling Atlantic salmon during parr-smolt transformation and following transfer into sea-water. **(Veränderungen im Chloridgehalt des Plasmas von Jährlingen des Atlantischen Lachses, die aus Zuchtanstalten stammen, während der Umwandlung vom Parr- ins Smolt-Stadium und nachfolgender Übersetzung in Meerwasser.)** Nature [London] **185** (1960) Nr. 4713. S. 632–633. — 2 Abb., 8 Lit.

Bei kleinen Lachsen (*Salmo salar*) im Parr-Stadium (6–15 g) war der Chloridgehalt rel. stabil mit 125–139 mM/l. Bei größeren Parrs (15–26 g) nahm der Plasmachloridgehalt ab. Bei Parrs, die bereits das Jugendkleid verloren hatten und silbern gefärbt waren, nahm dagegen die Cl-Konzentration mit zunehmendem Gewicht zu bis zu einem Maximum von 145–150 mM/l. Die Umwandlung vom Parr- zum Smoltstadium geht also mit Änderungen des Elektrolyt-Stoffwechsels einher. Der Cl-Gehalt von Fischen, die aus Süßwasser direkt in Seewasser überführt wurden, stieg auf 400–410 mM/l. Kleine Parrs (7–15 g) nahmen sehr schnell Chloride auf. Sie überlebten nicht länger als 26 Std. Bei den größeren Fischen ging die Aufnahme langsamer vor sich. Die Silber-Parrs brauchten längere Zeit als die Smolts, bis sich der Cl-Gehalt wieder an den Gehalt im Süßwasser angeglichen hatte. Bei ausgewachsenen Smolts waren 10 Tage dafür erforderlich. Die Adaptation an das Seewasser scheint sowohl von der Größe als auch vom Altersstadium abhängig zu sein.

M.-L. Albrecht. 6085.

Mori, Yasumasa, Matsumoto, Jiro und Hama, Tadao; Yokohama-Hiyoshi, Japan, Keio Univ., Biol. Lab. On the properties of cyprino-pourpre A 2, a pterin isolated from the skin of cyprinidae, and its relation to ichthyopterin or 7-hydroxybiopterin. **(Über die Eigenschaften von Cyprino-Purpur A_2, ein aus Cyprinidenhaut isoliertes Pterin, und seine Beziehung zu Ichthyopterin oder 7-Hydroxybiopterin.)** Z. vergleich. Physiol. **43** (1960) Nr. 5. S. 531–543. — 5 Abb., 6 Tab., 23 Lit.

Cyprino-Purpur A_2, eine violette, fluoreszierende Verbindung vom Pterin-Typ, stimmt im ultravioletten Absorptionsspektrum, in der pH-Fluoreszenzkurve, im Fluoreszenzspektrum, im photolytischen Verhalten und in verschiedenen chem. Reaktionen mit Ichthyopterin oder 7-Hydroxybiopterin überein. Bei Bestrahlung werden Acetaldehyd und Wasserstoff freigesetzt.

D. Barthelmes. 6085.

Mannan, A., Fraser, D. I. und Dyer, W. J.; Halifax, Nova Scotia, Fisheries Res. Board of Canada, Technol. Stat. Proximate composition of Canadian Atlantic fish. I. Variation in composition of different sections of the flesh of Atlantic halibut (Hippoglossus hippoglossus). **(Unmittelbare Zusammensetzung von Fisch aus dem kanadischen Atlantik. 1. Mitt. Wechsel in der**

Zusammensetzung verschiedener Teile des Fleisches des Atlantischen Heilbutts [Hippoglossus hippoglossus].) J. Fisheries Res. Board Canada **18** (1961) Nr. 4. S. 483–493. — 1 Abb., 4 Tab., 32 Lit.
Die Zusammensetzung der eßbaren Bestandteile von *Hippoglossus hippoglossus* hinsichtlich des Wasser-, Lipid-, Eiweiß- und Aschegehaltes sowie des Anteiles von nicht eiweißgebundenem Stickstoff, Trimethylamin, Tyrosin, Ammonium, freier Fettsäure u. a. weist nach Analysen aus dem Jahre 1959 gewisse Schwankungen auf. Größere Unterschiede waren im Lipidgehalt verschiedener Körperregionen festzustellen, der sich z. B. in der Bauchlappen- und Seitenmuskulatur bei 68–75% Wasser- und 16,3–19,0% Eiweißgehalt zwischen 2,4 und 9,7% bewegte, während er beim eßbaren Anteil im Mittel bei 75–77% Wasser- und 17,5–20,3% Eiweißgehalt nur 0,9–1,4% betrug.
K. Anwand. 6085.

Mannan, A., Fraser, D. I. und Dyer, W. J.; Halifax, Nova Scotia, Fisheries Res. Board of Canada, Technol. Stat. Proximate composition of Canadian Atlantic fish. II. Macherel, tuna and swordfish. **(Unmittelbare Zusammensetzung von Fisch aus dem kanadischen Atlantik. 2. Mitt. Makrele, Thun und Schwertfisch.)** J. Fisheries Res. Board Canada **18** (1961) Nr. 4. S. 495–499. — — 3 Tab., 14 Lit. 1. Mitt. vgl. vorst. Ref.
Wie bei *Hippoglossus hippoglossus* wurde die chem. Zusammensetzung des Fleisches auch von *Scomber scombrus, Thunnus thynnus* und *Xiphias gladius* festgestellt. Der Lipid-Gehalt des Gewebes längs der Seiten variierte zwischen 6% beim Schwertfisch und 22% bei der Makrele und der des weißen Fleisches zwischen 2% beim Schwertfisch und 8% beim Thun. Die Seitenlappenmuskulatur der Makrele bestand bis zu 20–40% aus Fett. Eiweiß-, Asche- und Wassergehalt sind in fettigem Gewebe geringer als in magerem. Der nicht eiweißgebundene Stickstoff erreichte 20% des Gesamtstickstoffes und ist damit höher als beim Heilbutt und den Dorschartigen. K. Anwand. 6085.

Robertson, James D.; Glasgow, Univ., Dep. of Zool. Studies on the chemical composition of muscle tissue. I. The muscles of the hagfish Myxine glutinosa L. and the roman eel Muraena helena L. **(Untersuchung über die chemische Zusammensetzung des Muskelgewebes. 1. Mitt. Die Muskeln des Ingers, Myxine glutinosa, und der Muräne Muraena helena.)** J. exp. Biology **37** (1960) Nr. 4. S. 879–888. — 5 Tab., 24 Lit.
Blut und Muskeln der beiden Fischarten wurden untersucht auf Na, K, Ca, Mg, Cl, SO_4, anorg. und org. Phosphat. Bei *Myxine* sind lediglich K und Phosphat in den Muskeln reichlicher vertreten als im Serum. Alle übrigen Ionen verhalten sich umgekehrt. Das Serum ist praktisch isosmotisch mit Seewasser und enthält gewichtsmäßig über doppelt soviel Ionen wie die Muskeln. Der geringe Calciumgehalt in den Muskeln und im Serum wird auf das Fehlen eines kalkhaltigen Skeletts zurückgeführt. Die Ionenkonzentration in den Muskeln der Muräne beträgt etwa 72% der osmotischen Konzentration des Plasmas. K, Ca, Mg und Phosphat sind im Muskel stärker konzentriert als im Plasma, während Na, Cl und SO_4 im Plasma überwiegen.
D. Barthelmes. 6085.

Watson, John E.; Boothbay Harbor, Me., Bureau of Commercial Fisheries, Biol. Lab. Tricaine methanesulfonate as an anesthetic for herring. **(Tricain-Methansulfonat als ein Betäubungsmittel für Hering.)** U. S. Dep. Interior, Fish Wildlife Serv., progr. Fish-Culturist **23** (1961) Nr. 4. S. 174. — Vgl. LZ. Abt. III **5** (1960) Nr. 6. S. 984.; **6** (1961) Nr. 4. S. 731.; Nr. 7. S. 1299.; Nr. 11. S. 2006.; **7** (1962) Nr. 4. S. 866.
Vf. untersuchte die Wirksamkeit von Tricain-Methansulfonat auf 12,5 cm lange Heringe (*Clupea harengus*). Eine Verdünnung des Mittels im Verhältnis 1:20000 in 3%igem Seewasser wirkte bei einer Temperatur von 8 °C über längere Zeit betäubend. K. Anwand. 6085.

Cristea, E. und Cristea, A.; Brăila, Staţ. de Cercetări Piscicole. Unele rezultate obţinute în urma cercetării prolificităţii babuştei (Rutilus rutilus [L.]) şi roşioarei (Scardinius erythrophthalmus [L.]) din Insula Brăilei. **(Einige Forschungsergebnisse über die Laichreife der Plötze [Rutilus rutilus] und der Rotfeder [Scardinius erythrophthalmus] der Insel Braila.)** Bul. Inst. Cercetări Proiectări piscicole **20** (1961) Nr. 1. S. 31–39. — 7 Tab., 3 Lit.

Untersuchungen in den Jahren 1955–1957 und 1960 zeigten, daß sowohl der Fruchtbarkeitskoeffizient nach Behning als auch die Laichreife mit dem Alter deutlich zunehmen. Es wird empfohlen, Plötze und Rotfeder nicht zu fangen, bevor sie sich (meist nach 2 Jahren) wenigstens einmal fortpflanzen konnten. E. Amlacher. 6090.

Popescu, Lucia; Tulcea, Staţ. de Cercetări Piscicole. Contribuţii la cunoaşterea prolificităţii cîtorva specii de peşti dulcicoli şi marini din apele noastre. **(Beiträge zur Kenntnis der Fruchtbarkeit einiger Arten von Süßwasser- und Meeresfischen aus unseren Gewässern.)** Bul. Inst. Cercetări Proiectări piscicole **20** (1961) Nr. 2. S. 39–44. — 4 Tab., 8 Lit.

Es wurden die hauptsächlichen Süßwasserfischarten des Donaudeltas untersucht: *Cyprinus carpio, Abramis brama, Rutilus rutilus carpathorossicus* und *Lucioperca lucioperca*. Von den marinen Arten waren es folgende: *Caspialosa pontica, Caspialosa caspia nordmanni, Huso huso, Acipenser güldenstaedti, Acipenser stellatus*, welche zur Fortpflanzung in die Donau wandern, und die Mugiliden *Mugil saliens* und *M. cephalus*, die ihre Eier im Meer ablegen. Es wurde festgestellt, daß die Fruchtbarkeit eine adaptive Eigenschaft ist, die in enger Beziehung zu den ökologischen Bedingungen steht. Mit ihrer Hilfe versuchen die Fische, ein biol. Gleichgewicht herzustellen, eine Tatsache, die von großer fischwirtschaftlicher Bedeutung, bes. in der gelenkten Fischzucht ist. E. Amlacher. 6090.

Venugopalan, V. K.; Annamalainagar, India, Univ., Dep. of Zool. Localization of ribo- and desoxyribo-nucleic acid in fish oocytes. **(Die Verteilung von Ribo- und Desoxyribonukleinsäure in Fischoozyten.)** Z. Zellforsch. mikroskop. Anatom. **55** (1961) Nr. 5. S. 617–621. — 4 Abb., 20 Lit.

In sehr jungen Oocyten von *Notopterus notopterus, Ophicephalus striatus* und *Tilapia mossambica* konnte ein beachtlicher Vorrat an extranuclearer DNS histochem. nachgewiesen werden. Diese DNS wird normalerweise von RNS umlagert, so daß sie sich erst nachweisen läßt, wenn die RNS durch Perchlorsäurebehandlung entfernt wird. Bei zunehmender Oocytengröße nimmt die Färbeintensität sowohl für DNS (Methyl-Grün) als auch für RNS (Toluidin-Blau) laufend ab. D. Barthelmes. 6090.

Ahlstrom, Elbert H. Distribution and abundance of eggs of the Pacific sardine, 1952–1956. **(Verteilung und Menge der Eier der Pazifischen Sardine in den Jahren 1952–1956.)** U. S. Dep. Interior, Fish Wildlife Serv., Fishery Bull. **60** (1959) Nr. 165. S. 185–213. — 10 Abb., 15 Tab., 28 Lit.

Die Hauptlaichzeit der Pazifischen Sardine (*Sardinops caerulea*) liegt im Bereich der kalifornischen Gewässer in den Mon. Jan.—Juni/Juli bei 11,0–21,2 °C (im Mittel 15,2 °C) Wassertemperatur. Die Spätlaichperiode fällt in die Mon. Juli bis Dez. bei 11,3–27,4 °C (im Mittel 18,1 °C). Während die Sardinen 1952 und 1953 vorwiegend in den Gewässern Zentralkaliforniens zu finden waren, verlagerte sich ihre Verteilung ab 1954 nordwärts. Die jährliche Eimenge schwankte zwischen 136×10^{12} und 436×10^{12} Stück. K. Anwand. 6090.

Skud, Bernard Einar. Herring spawning surveys in Southeastern Alaska. **(Überblick über das Laichen des Herings in Süd-Ost-Alaska.)** U. S. Dep. Interior, Fish Wildlife Serv., spec. sci. Rep. **1959** Nr. 321. S. 1–16. — 8 Abb., 5 Tab., 2 Lit.

Durch Beobachtungen vom Flugzeug aus wurden die Laichgebiete des Pazifischen Herings (*Clupea pallasi*) in den inselreichen Küstengewässern von

Süd-Ost-Alaska registriert, die Aktivität des Laichens in den Jahren 1953–1955 festgestellt und mit entsprechenden Angaben von Rounsefell verglichen. Durch die Laichprodukte erfährt das Wasser eine Eintrübung, an der ein Laichplatz aus der Höhe leicht zu erkennen ist. Die Laichzeit beginnt Ende März/Anfang Apr. Die Eier werden an *Zostera, Fucus, Macrocystis* und *Nereocystis* abgelegt. K. Anwand. 6090.

Kotthaus, A.; Helgoland, Biol. Forsch.-Anst. **Rotbarschbrut im zentralen Nordatlantik.** Bundesforsch.-Anst. Fischerei Hamburg, Inform. Fischwirtsch. **9** (1962) Nr. 1/2. S. 7–14. — 5 Abb.
Gemeinsam mit dem isländischen Forschungsschiff „Aegir" führte das Forschungsschiff der BRD „Anton Dohrn" in der Zeit vom 24. 4.–1. 6. 1961 eine Untersuchungsfahrt in den zentralen Nordatlantik einschließlich der Irminger See und Dänemarkstraße durch, um einige offene Fragen zur Biologie des Rotbarsches in diesem wohl wichtigsten Laichgebiet zu klären. Hier sind nur die westdeutschen Untersuchungsergebnisse behandelt. Es konnte festgestellt werden, daß das Laichen unterhalb 500 m in Gebieten mit bestimmten hydrographischen Bedingungen stattfindet und daß durch die Feststellung der Anordnung der Chromatophoren bei den Rotbarschlarven keine Unterscheidung der Rotbarschtypen möglich ist, wohl aber durch deren Anzahl. F.-K. Löwe. 6090.

Thompson, William Francis; Seattle, Univ. of Washington. An approach to population dynamics of the Pacific red salmon. **(Versuch einer Populationsdynamik des Pazifischen Lachses Oncorhynchus nerka.)** Trans. Amer. Fisheries Soc. 88 (1959) Nr. 3. S. 206–209. — 3 Abb.
Vf., der die Untersuchungen über diesen anadromen Fisch seit 1937 leitet, veröffentlicht einige Arbeitshypothesen. Anhand von Kurven, in denen er auf der Ordinate die Anzahl der überlebenden und der laichreifen Fische, auf der Abzisse das Alter eines Jahrganges in Jahren abträgt, stellt er langlebige (z. B. Heilbutt), kurzlebige Arten und *Oncorhynchus nerka* einander gegenüber. K. Falk. 6095.

Fischler, Kenneth J. Contributions of Hudson and Connecticut rivers to New York—New Jersey shad catch of 1956. **(Anteile des Hudson- und Connecticut-Flusses am New York-New Jersey-Shad-Fang im Jahre 1956.)** U. S. Dep. Interior, Fish Wildlife Serv., Fishery Bull. **60** (1959) Nr. 163. S. 161–174. — 2 Abb., 13 Tab., 13 Lit.
Anhand von 5 meristischen Merkmalen wurden die beiden Populationen des amerikanischen Shad (*Alosa sapidissima*) aus dem Hudson- und Connecticut-Fluß charakterisiert. Durch mathematische Auswertung des Materials gelang es, die Herkunft und Zusammensetzung des Shad-Bestandes aus den Küstengewässern der Staaten New York und New Jersey zu identifizieren. Danach setzte sich der Bestand zu 90% aus Fischen der Hudson-Fluß- und zu 10% aus Fischen der Connecticut-Fluß-Population zusammen.
K. Anwand. 6095.

MacGregor, John S. Relation between fish condition and population size in the sardine (Sardinops caerulea). **(Verhältnis zwischen Fischkondition und Populationsgröße bei der Sardine [Sardinops caerulea].)** U. S. Dep. Interior, Fish Wildlife Serv., Fishery Bull. **60** (1959) Nr. 166. S. 215–230. — 9 Abb., 6 Tab., 22 Lit.
An einem Material aus den Mon. Okt.–Jan. der Jahre 1941–57 untersuchte Vf. die Beziehung zwischen Konditionsfaktor *K* und Fischlänge der Pazifischen Sardine (*Sardinops caerulea*) sowie der Bestandsgröße bzw. des kalifornischen Sardinenfanges. Es bestand ein hoher Grad von umgekehrter Korrelation zwischen Konditionsfaktor und Fang sowie zwischen Länge und Fang und eine positive Korrelation zwischen Länge und *K*. K. Anwand. 6095.

Kühl; Hamburg, Inst. für Küsten- und Binnenfischerei. **Meeräschen in der Unterelbe.** Bundesforsch.-Anst. Fischerei Hamburg, Inform. Fischwirtsch. 8 (1961) Nr. 5/6. S. 134.
In den Mon. Okt. bis Nov. 1961 wurden in Hamen in der Unterelbe zwischen Brunsbüttel und Cuxhaven mehrfach Meeräschen (Mugiliden) gefangen. Sie waren meist 12–14 cm groß, ein Exemplar war noch größer. In der Lit. wird nur von einem Fang von *Mugil chelo* im Jahre 1912 berichtet. Bei den jetzt gefangenen Exemplaren handelt es sich nicht um die genannte Art. Nach genauer Bestimmung soll weiter berichtet werden. Die Meeräschen gelten im Gebiet als Irrgäste und sind im Mittelmeer geschätzte Speisefische.
F.-K. Löwe. 6100.

Miller, Gordon Richard; Nevada, Foresta Inst. for Ocean and Mountain Studies. Notothenioid fishes from Cape Hallett and Ross Sea, Antarctica. **(Notothenioide Fische von Kap Hallett und aus der Ross-See, Antarktika.)** New Zealand J. Sci. 4 (1961) Nr. 3. S. 664–668. — 2 Abb., 1 Tab., 6 Lit.
Vf. teilt eine systematische Liste von 7 Fischarten der Nototheniidae mit, die 6 *Trematomus*-Arten und eine *Notothenia*-Art enthält. Während der Untersuchungen 1959–60 über die Fische der Ross-See wurden insgesamt 28 Fischarten bestimmt; sie bedeuten 80% der Ross-See-Fauna. 19 Arten wurden in 2 oder mehr Individuen gefangen. Die Fische gehören 4 Familien an: den Nototheniidae, Harpagiferidae, Bathydraconidae und den Chaenichthyidae.
J. Waldmann. 6100.

Morgans, J. F. C.; Zanzibar, East African Marine Fisheries Res. Organization. Ecological aspects of demersal tropical fishes off East Africa. **(Ökologische Bedingungen der demersen, tropischen Fische Ostafrikas.)** Nature [London] **193** (1962) Nr. 4810. S. 86–87. — 1 Lit.
Vf. umreißt die ökologischen Verhältnisse, unter denen die tropischen Fische in den Küstengewässern Kenias (Nord-Kania-Bank) leben. Von den Familien Lutianidae, Serranidae, Lethrinidae sowie Haien und sonstigen Fischen gehören drei Arten der Gattung *Lutianus* und je eine Art der Gattungen *Lethrinus* sowie *Epinephelus* zu den fischereilich wichtigsten Fischen im Gebiet des ostafrikanischen Küstenstromes. Im Einflußbereich des Wassers aus dem Arabischen Meer sind *Cheimerius nufar* und *Aistipomoides*-Arten von Bedeutung.
K. Anwand. 6100.

Gyurkó, Ştefan; Cluj, Univ. Babeş-Bólyai. Anghila (Anguilla anguilla L.) in Crişul Negru. **(Der Aal [Anguilla anguilla] im Schwarzen Kreisch.)** Bul. Inst. Cercetări Proiectări piscicole 20 (1961) Nr. 1. S. 45–47. — 1 Abb., 5 Lit.
In Uileac de Beiuş wurde in dem Fluß Schwarzer Kreisch ein weibl. Aal von 64,5 cm und 610 g gefangen. Dieser in Westrumänien gemachte Fang fällt mit der „Invasion" der östlichen ungarischen Gewässer durch den Aal zusammen.
E. Amlacher. 6100.

Tucker, Denys W.; London, Brit. Museum, Natural History. A new solution to the Atlantic eel problem. **(Eine neue Lösungsmöglichkeit des Atlantischen Aal-Problems.)** Nature [London] **183** (1959) Nr. 4660. S. 495–501. — 4 Abb., 43 Lit.
Auf Grund der Forschungsergebnisse des Dänen Johannes Schmidt (1922) besteht die Auffassung, daß es 2 Arten des Flußaales gibt. Der Europäische Aal (*Anguilla anguilla*) hat 110–119 Muskelsegmente. Seine Larven leben 3 Jahre im Meer, bis sie sich zum Glasaal umwandeln. Der Amerikanische Aal (*A. rostrata*) hat 103–111 Segmente und nur eine Larvalzeit von einem Jahr. Das Laichgebiet beider Arten ist nach Schmidt die Sargasso-See. *A. anguilla* muß also sowohl im Jugendstadium als auch als erwachsenes Weibchen zur Laichablage etwa 5000 km wandern. Diese Deutung lehnt Vf. ab und kommt zu folgender Hypothese: 1) Die Europäischen Aale sterben

bereits in den Gewässern des europäischen Kontinents ab, kehren also nicht zu den angestammten Laichplätzen zurück. Da der Reifezustand zu Beginn der Wanderung bei *A. anguilla* im Gegensatz zu *A. rostrata* bereits weit fortgeschritten ist (Vergrößerung der Gonaden, Degeneration des Darmes), glaubt Vf., daß es den Tieren unmöglich sei, einen derart weiten Wanderweg in diesem physiol. Zustand zurücklegen zu können. Hinzu kommen die hohen Salzgehalts- und Temperaturschwankungen sowie die Meeresströmungen. Für eine erfolgreiche Wanderung der Amerikanischen Aale bestehen dagegen keine Schwierigkeiten. Die Richtung der Meeresströmungen entspricht völlig dem Ziel der Wanderung in der Sargasso-See. 2) *A. anguilla* und *A. rostrata* sind nicht verschiedene Arten, sondern nur Öko-Phänotypen von *A. anguilla*, die während des frühen Larvenstadiums, bedingt durch unterschiedliche Temperatureinflüsse, entstehen. Die an der südlichen Grenze des Laichgebietes zur Oberfläche aufsteigenden Larven erhalten einen Temperaturschock bei 4 °C. Die Folge ist eine Beschränkung der Segmentation. Sie werden mit der Strömung auf Nordamerika zugetrieben. Durch die höheren Temperaturen in diesen Gewässern geht die Metamorphose bereits nach 9 Mon. vor sich. Die 6–6,5 cm langen Larven bilden den Typ „*A. rostrata*". An der Nordgrenze der Sargasso-See sind die Temperaturen gleichmäßiger. Dadurch ist den hier aufsteigenden Larven die Möglichkeit gegeben, die Zahl der Segmente bis zur genetisch bestimmten Grenze zu vermehren. Sie werden mit dem Golfstrom nach Osten und Nordosten abgetrieben. Bedingt durch die Umwelteinflüsse tritt bei ihnen die Metamorphose erst nach 3 Jahren bei einer Länge von 75 mm ein. Es handelt sich um den Typ „*A. anguilla*". 3.) Die Aalbestände Europas werden aus den angeführten Gründen durch Larven gebildet, die vom Amerikanischen Aal abstammen. M.-L. Albrecht. 6100.

Ancona, Umberto d'; Padua, Univ., Zool. Dep. Old and new solutions to the eel problem. **(Alte und neue Versuche zur Lösung des Aal-Problems.)** Nature [London] **183** (1959) Nr. 4672. S. 1405. — 7 Lit. Vgl. vorst. Ref.

Vf. nimmt Bezug auf die Veröffentlichung von D. W. Tucker (1959), dessen Vorstellungen nach seiner Auffassung auf der Grundlage der heutigen Kenntnisse nicht annehmbar sind. U. Lieder. 6100.

Deelder, C. D.; I Jmuiden, Netherlands Inst. for Fishery Investigations. The Atlantic eel problem. **(Das Atlantische Aal-Problem.)** Nature [London] **185** (1960) Nr. 4713. S. 589–591. — 11 Lit. Vgl. vorst. Ref.

Vf. teilt nicht die Ansichten Tuckers (1959), sondern schließt sich auf Grund seiner Erfahrungen der Theorie von Schmidt (1922) an. Er bestreitet, daß der Silberaal nicht in der Lage sein soll, den Atlantik zu durchwandern. Nach seiner Meinung kann er täglich etwa 50 km zurücklegen und würde für die gesamte Strecke ungefähr 150 Tage, eine rel. kurze Zeit, benötigen. Vermutlich benutzt er die in 2800 m Tiefe vorhandene Gegenströmung unter dem Golfstrom als Wanderweg. Die Tatsache, daß auf See niemals abwandernde Aale gefangen werden, besagt nicht, daß sie nicht vorhanden wären. Es hat sich in der Ijsselsee gezeigt, daß der Silberaal nur mit stationären Netzen zu fangen ist, dagegen nicht mit einem Trawl mit der üblichen großen Maschenweite (7 cm). Gegen ein Absterben der Aale auf der Rückwanderung spricht die Tatsache, daß niemals tote Aale im kontinentalen Schelfgebiet gesichtet worden sind. M.-L. Albrecht. 6100.

Tucker, Denys W.; London, Brit. Museum, Natural History. The Atlantic eel problem. **(Das Atlantische Aal-Problem.)** Nature [London] **185** (1960) Nr. 4713. S. 591–592. — 12 Lit. Vgl. vorst. Ref.

In seiner Entgegnung auf den Artikel von Deelder (1960) stellt Vf. fest, daß er die Vitalität der Silberaale, solange sie sich noch in Küstennähe befinden, nicht anzweifelt. Über die Kondition dieser Aale nach einer Wanderung von

Tausenden von Kilometern ist bisher nichts bekannt, und nur die Kenntnis dieser Verhältnisse könnte dem Problem zu einer Lösung verhelfen. Daß bisher keine toten Aale gefunden wurden, ist seiner Ansicht nach kein Beweis für ihr Überleben. Es gibt auf See genügend Raubvögel, die tote Fische vernichten können. Die von anderen Autoren veröffentlichten Untersuchungsergebnisse über den weit fortgeschrittenen Reifezustand der aus dem baltischen Raum abwandernden Aale führen zu dem Schluß, daß die Aale nicht leistungsfähig genug sind, um die weite Wanderung erfolgreich durchführen zu können. M.-L. Albrecht. 6100.

Sick, Knud, Westergaard, Mogens, Frydenberg, Ove und Tucker, Denys W.; Copenhagen, Denmark, Univ., Genetics Inst.; London, England, „Tregiffian". Haemoglobin pattern and chromosome number of American, European, and Japanese eels (Anguilla). **(Hämoglobinmuster und Chromosomenzahl der amerikanischen, europäischen und japanischen Aale [Anguilla].)** Nature [London] **193** (1962) Nr. 4819. S. 1001–1002. — 1 Abb. Vgl. vorst. Ref.

Vff. versuchten an 40 Europäischen (*A. anguilla*), 40 Amerikanischen (*A. rostrata*) und 5 Japanischen Aalen (*A. japonica*) Unterschiede im elektrophoretischen Hämoglobinmuster und in der Anzahl der Chromosomen zu finden. Die Chromosomenzahlen stimmten mit $2n = 38$ bei allen 3 Arten überein. Das Hämoglobinmuster von *A. anguilla* und *A. rostrata* zeigte keine Unterschiede, während *A. japonica* erheblich abwich. Zumindest der Teil der Tuckerschen Theorie von der Zusammengehörigkeit der Europäischen und Amerikanischen Aale soll durch diese Untersuchungen gestützt werden. In einem Nachsatz weist Tucker auf die verschiedenen Ergebnisse der obigen Untersuchung im Hinblick auf die Mitteilungen aus der Schmidtschen Schule hin, die auf Grund meristischer Merkmale *A. anguilla* und *A. japonica* dem *A. rostrata* gegenüberstellen. Tucker deutet die Möglichkeit der Erweiterung seiner Theorie auf die verschiedenen indo-pazifischen Gruppen der Gattung *Anguilla* an. M. Hegemann. 6100.

Jones, F. R. Harden; Lowestoft, Fisheries Lab. Further observations on the movements of herring (Clupea harengus L.) shoals in relation to the tidal current. **(Weitere Beobachtungen über die Bewegung von Heringsschwärmen [Clupea harengus] in Beziehung zum Gezeitenstrom.)** Cons. permanent int. Explorat. Mer [Copenhague], J. Cons. **27** (1962) Nr. 1. S. 52–76. — 15 Abb., 1 Tab., 7 Lit.

In dem Gebiet von Sandettie/Ruytingen wurden mit den Fahrzeugen „Sir Lancelot" und „Platessa" vom 23.–26. Nov. 1958 Untersuchungen über Strömungsverhältnisse, Ortsveränderungen und Tag-Nacht-Anordnung von Heringsschwärmen durchgeführt. Die Beobachtungen an den Fischen erfolgten mit Hilfe von Echographen. Die Schwarmbewegungen wurden in Beziehung zu den Gezeitenströmen gesetzt. Am Tage veränderten die in tieferen Wasserschichten stehenden Schwärme trotz eines Gezeitenstromes von 90 cm/s ihre Position nicht. Nachts folgten die höher stehenden Schwärme der Richtung der Wasserbewegung, ohne daß dabei genau gesagt werden konnte, ob es sich nur um passive Drift handelte. K. Anwand. 6105.

Rogowski, Ursula und Tesch, Friedrich Wilhelm; Berlin-Friedrichshagen, Inst. für Fischerei der Dtsch. Akad. der Landwirtsch.-Wiss. zu Berlin. **Erste Nahrung freßfähig gewordener Fischbrut.** Z. Fischerei Hilfswiss. [N. F.] **9** (1961) Nr. 7/10. S. 735–747. — 13 Abb., 10 Lit.

Perciden- und Stintbrut (*Osmerus eperlanus*) benötigt als erste Nahrung kleine Zooplanktonformen. Die Kleine Maräne (*Coregonus albula*) bevorzugt ebenfalls kleines Plankton, ihre Nahrungsbreite scheint jedoch größer zu sein. Hechtbrut (*Esox lucius*) nimmt sofort große Planktoncrustaceen. Der Zander

(*Lucioperca lucioperca*) scheint am stärksten auf bestimmte Nahrungstiere angewiesen zu sein, bis zu einer Länge von 8 mm benötigt er als erste Nahrung Nauplien. Daraus wird gefolgert, daß die Größe des Nauplienangebots nach dem Schlüpfen der Zanderbrut ausschlaggebend für die Entwicklung des entstehenden Zanderjahrganges ist. H. Müller/Berlin. 6110.

Hand, Cadet H. und Berner jun., Leo; La Jolla, Calif., Univ., Inst. of Oceanography. Food of the Pacific sardine (Sardinops caerulea). **(Nahrung der Pazifischen Sardine [Sardinops caerulea].)** U. S. Dep. Interior, Fish Wildlife Serv., Fishery Bull. **60** (1959) Nr. 164. S. 175–184. — 3 Abb., 7 Tab., 12 Lit.
An 571 31–285 mm langen Pazifischen Sardinen (*Sardinops caerulea*) wurden Magenuntersuchungen vorgenommen. Der Mageninhalt bestand zu 89% aus Crustaceen, wovon allein kleine Copepoden 74% ausmachten, ausgenommen die juvenilen Fische, die mehr Phytoplankton aufgenommen hatten. Es bestand eine gute Übereinstimmung zwischen der Zusammensetzung der Nahrung und der Planktonproben. Daraus wird gefolgert, daß die Sardine ein „Allesfresser" ist, die ihre Nahrung aus dem umgebenden Wasser meistens abfiltert. K. Anwand. 6110.

Allen, George H.; Arcata, Calif., Humboldt State Coll., Div. of Natural Resources. Growth of marked silver salmon (Oncorhynchus kisutch) of the 1950 brood in Puget Sound. **(Das Wachstum von markierten Silber-Lachsen [Oncorhynchus kisutch] der Brut von 1950 im Puget-Sund.)** Trans. Amer. Fisheries Soc. 88 (1959) Nr. 4. S. 310–318. — 5 Abb., 4 Tab., 15 Lit.
Nach einführender Beschreibung der Markierungsmethode, einer Darstellung der Aussetzungsorte und der Längen der ausgesetzten Fische wertet Vf. die Markierungsergebnisse anhand graphischer Darstellungen aus. Die Fische (5–15 cm lang) wurden in fünf Gruppen durch Beschneiden verschiedener Flossen (rechte oder linke Bauchflosse, Fettflosse, Afterflosse, Rückenflosse) markiert. K. Falk. 6115.

Anonym. **Erfolgreiche deutsche Kabeljaumarkierungen bei Grönland.** Bundesforsch.-Anst. Fischerei Hamburg, Inform. Fischwirtsch. 8 (1961) Nr. 5/6. S. 124–125.
Im Okt. 1960 wurden von 3 Suchschiffen vor Südgrönland insgesamt 1728 Stück Kabeljau (*Gadus morhua*) markiert, von denen bis Ende Okt. 1961 54 Stück (= ca. 3%) zurückgemeldet wurden. Im Prinzip konnten 2 verschiedene Wanderwege festgestellt werden: 1. Ostwanderung, gegen den Strom, Laichwanderung; 2. Westwanderung, mit dem Strom, Freßwanderung. Die tägl. Wandergeschwindigkeit betrug 7,5 sm gegen den Strom und 17 sm mit dem Strom. Außerdem ergaben sich Angaben über das jährliche Wachstum. Es beträgt beim jugendlichen Kabeljau ca. 9–13 cm, nach Eintritt der Geschlechtsreife nur noch 3–6 cm. Die erfolgreich angelaufenen Markierungen sollen fortgesetzt werden. F.-K. Löwe. 6115.

Anonym. **Sensationelle Wiederfänge von markierten Thunen.** Bundesforsch.-Anst. Fischerei Hamburg, Inform. Fischwirtsch. **9** (1962) Nr. 1/2. S. 19.
Neuerdings sind wieder 2 Thunfische (*Thunnus thynnus*), die bei den Bahama-Inseln (südwestlich von Florida) im Juni 1961 markiert wurden, an der norwegischen Küste im Sept./Okt. gefangen worden. Sie legten innerhalb von 118 Tagen etwa 4000 sm zurück, das entspricht einer Tagesleistung von 34 sm oder 62 km. Die Thune waren abgezehrt und werden von den norwegischen Fischern als „langschwänzige" bezeichnet. Da seit 1951 Daten über die Thune vom Inst. gesammelt werden, ist eine Berechnung des Anteils der „langschwänzigen" Thune möglich. Es ergibt sich eine enge Beziehung der Thunbestände zwischen dem West- und Ostatlantik. F.-K. Löwe. 6115.

Biologie der sonstigen fischereilichen Nutztiere

Stieve, Hennig; Helgoland, Biol. Anst. **Die spektrale Empfindlichkeitskurve des Auges von Eupagurus bernhardus L.** Z. vergleich. Physiol. **43** (1960) Nr. 5. S. 518–525. — 2 Abb., 12 Lit.
Es wurden für das Auge von *Eupagurus bernhardus* elektrophysiol. spektrale Wirksamkeitskurven quantengleicher monochromatischer Reizlichter und rel. spektrale Empfindlichkeitskurven bestimmt. Die spektrale Empfindlichkeit ist bei einer Wellenlänge etwas oberhalb 500 mμ maximal.
D. Barthelmes. 6125.

Hughes, G. M. und Wiersma, C. A. G.; Pasadena, Calif., Inst. of Technol., Biol. Div. The co-ordination of swimmeret movements in the crayfish, Procambarus clarkii (Girard). **(Die Koordination der Pleopodenbewegungen bei dem Krebs Procambarus clarkii.)** J. exp. Biology **37** (1960) Nr. 4. S. 657–670. — 9 Abb., 18 Lit.
Die auf elektrischem Wege registierten Impulse für die Pleopodenbewegung laufen über die 1. Wurzeln der Abdominalganglien, während die 2. und 3. Wurzeln in diesem Zusammenhang ohne Bedeutung sind, wie Durchschneidungsexperimente zeigten. Die Koordination des metachronen Pleopodenschlags kommt durch das Zusammenwirken peripherer Propriorezeptoren und zentraler Steuerung zustande. D. Barthelmes. 6125.

Maucher, Wolf-Dietrich; Kiel, Univ., Zool. Inst. **Statistische Untersuchungen über Unterschiede in den Körperproportionen zwischen der Nord- und Ostseeform von Crangon crangon L.** Kieler Meeresforsch. **27** (1961) Nr. 2. S. 219–227. — 3 Abb., 2 Tab., 19 Lit.
Vergleichende Messungen von Nord- und Ostseepopulationen von *Crangon crangon* an Rumpf, Antennen und anderen Extremitäten (bezogen auf die Rumpflänge) wurden vorgenommen. Es ergab sich eine Reihe statistisch gesicherter Unterschiede, die offenbar wachstumsbedingt sind. Die festgestellten Merkmale gelten aber nicht für Tiere unter 50 mm Länge. Weitere Untersuchungen müssen die Umweltbedingungen festlegen, die diese Unterschiede veranlassen, und entscheiden, ob sie erblich fixiert oder lediglich Modifikationen sind. F.-K. Löwe. 6125.

Münzing, J.; Cuxhaven. **Farbmarkierungen an Nordseegarnelen.** Bundesforsch.-Anst. Fischerei Hamburg, Inform. Fischwirtsch. **9** (1962) Nr. 1/2. S. 20–21. — 1 Abb. Vgl. LZ. Abt. III **7** (1962) Nr. 1. S. 189.
Mit der von Münzing (1960) beschriebenen Farbmarkierungsmethode wurden 2 Versuche bei Borkum vorgenommen. Im Mai 1961 wanderten die Garnelen (*Crangon crangon*) vorwiegend küstenwärts in Richtung auf die Watten. Im Okt. 1961 wanderte die Hauptmasse seewärts (Überwinterung im tieferen, wärmeren Wasser), während ein nicht kleiner Teil ostwärts auf das Randzel-Watt wanderte. Es finden also auch noch im Spätherbst Wanderungen auf die Küste zu statt. F.-K. Löwe. 6125.

Erman, Peter; Kiel, Univ., Inst. für Meereskunde. **Atmungsmessungen an Geweben und Gewebehomogenaten der Miesmuschel (Mytilus edulis L.) aus Brack- und Meerwasser.** Kieler Meeresforsch. **27** (1961) Nr. 2. S. 176–189. — 4 Abb., 9 Tab., 22 Lit. Zus. in Engl.
Isoliertes Kiemengewebe von *Mytilus edulis* zeigte für Ostsee-Exemplare (15$^0/_{00}$ S) einen höheren Sauerstoffverbrauch als dasselbe Gewebe von Nordsee-Exemplaren (30$^0/_{00}$ S.) Ebenso verhalten sich das Mantelrandgewebe und die Pericardialdrüsen. Kiemengewebe kleinerer Muscheln hat einen höheren Sauerstoffverbrauch als dasjenige größerer Exemplare. Ein Glucosezusatz erhöht die Gewebeatmung bei kleineren Muscheln stärker als bei großen. Das Kiemenhomogenat wurde auch in die Untersuchungen einbezogen.
F.-K. Löwe. 6125.

Kuenzler, Edward J.; Sapelo Island, Ga., Univ., Marine Inst. Structure and energy flow of mussel population in a Georgia salt marsh. **(Zusammensetzung und Energiehaushalt einer Muschelpopulation in einem Salzwatt Georgias.** Limnol. and Oceanogr. **6** (1961) Nr. 2. S. 191–204. — 6 Abb., 7 Tab., 25 Lit.
An der Muschel *Modiolus demissus* wurden in dem genannten Biotop ausführliche Studien der Bestandszusammensetzung, des Gleichgewichtes zwischen Zuwachs und Sterblichkeit sowie des Energiehaushaltes durchgeführt.
M. Berner. 6125.

Wells, Harry W.; Durham, N. C., Duke Univ., Dep. of Zool. The fauna of oyster beds, with special reference to the salinity factor. **(Die Fauna der Austernbänke mit besonderer Berücksichtigung des Salzgehaltsfaktors.)** Ecolog. Monogr. **31** (1961) Nr. 3. S. 239–266. — 7 Abb., 10 Tab., 130 Lit.
Im Raum von Beaufort wurden in der Tierassoziation der Austernbänke 303 Arten gefunden. Die Artenzahl nahm stromaufwärts ab und zeigte eine direkte Abhängigkeit vom Salzgehalt. 20 Arten wurden im Labor auf ihre Salzgehaltstoleranz überprüft. Die Ergebnisse unterstreichen die Auffassung, daß die meisten Arten der Austernbank-Gemeinschaft in ihrem Vordringen stromaufwärts durch den Salzgehalt begrenzt werden. M. Berner. 6125.

Bullivant, J. S.; Wellington, New Zealand, Oceanographic Inst., Dep. of Sci. and Ind. Res. Direct observation of spawning in the blacklip pearl shell oyster (Pinctada margaritifera) and the thorny oyster (Spondylus sp.). **(Unmittelbare Beobachtung des Laichens der Austern Pinctada margaritifera und Spondylus sp.)** Nature [London] **193** (1962) Nr. 4816. S. 700–701. — 1 Lit.
Durch Unterwasserbeobachtungen wurde der Laichvorgang von *Pinctada margaritifera* und *Spondylus* sp. in einer Lagune des Manihiki-Atolls (Polynesien) unmittelbar verfolgt. Die Muscheln scheinen warmes Wasser für die Fortpflanzung zu bevorzugen, da sie nur in Bezirken mit höheren Wassertemperaturen (32 °C) anzutreffen waren und an anderen Stellen mit niedrigeren Temperaturen (29,0 bis 29,5 °C; 28,4 °C) nicht bei der Eiablage beobachtet werden konnten. K. Anwand. 6125.

Laird, Marshall; Quebec, McGill Univ., Macdonald Coll., Inst. of Parasitol. Microecological factors in oyster epizootics. **(Mikroökologische Faktoren bei Austernepidemien.)** Canad. J. Zool. **39** (1961) Nr. 4. S. 449–485. — 4 Tab., 150 Lit.
Ostrea edulis und *Crassostrea virginica* ertragen vorübergehend anaerobe Verhältnisse wie auch nahezu letale Temperaturen, werden dadurch jedoch geschwächt und anfällig für die Saprobien des hiermit angereicherten biol. Films, der sich in schlammigem Wasser absetzt. Daher kann bei ungünstigen Umweltbedingungen die Sterblichkeit durch Mikroorganismen, bes. durch *Hexamita inflata*, wesentlich gefördert und beschleunigt werden.
M. Berner. 6125.

C. LEBENSRAUM DER FISCHE

Goldman, C. R.; Davis, Univ. of California, Dep. of Zool. Molybdenum as a factor limiting primary productivity in Castle Lake, California. **(Molybden als begrenzender Faktor der Primärproduktion im Castle Lake, Kalifornien.)** Science [Washington] **132** (1960) Nr. 3433. S. 1016–1017. — 1 Abb., 8 Lit.
Mit Hilfe der ^{14}C-Methode wurde eine Zunahme der Photosyntheseintensität bei Phytoplankton aus dem Castle Lake festgestellt, wenn den Proben Spuren von Molybden zugesetzt wurden. Im Laufe des Jahres schwankte die erreichbare Photosynthesesteigerung etwas. Möglicherweise wirken auch andere Spurenelemente als Minimumstoffe in Seen mit begrenztem Einzugsgebiet.
D. Barthelmes. 6135.

Webb, G. Marjorie; Leicester, Univ., Dep. of Zool. The effects of thermal stratification on the distribution of benthic protozoa in Esthwaite Water.

(Der Einfluß thermischer Schichtung auf die Verteilung benthischer Protozoen im Esthwaite-Wasser.) J. Animal Ecol. **30** (1961) Nr. 1. S. 137–151. — 4 Abb., 1 Tab., 27 Lit.
In einer Liste wurden die 128 im Esthwaite-Wasser, einem der eutrophsten Seen des Englischen Seendistrikts, aufgefundenen Protozoenarten zusammengestellt. Es wird ihr Sauerstoffbedürfnis mitgeteilt. 3 Hauptgruppen wurden unterschieden: Arten, die nur bei hohem O_2-Gehalt und geringen Fäulniserscheinungen auftreten, Arten, die insbesondere bei niedrigem O_2-Gehalt und starker Fäulnis vorkommen, sowie Arten, die ausschließlich unter anaeroben Bedingungen leben. Bes. nach Eintritt der thermischen Schichtung des Wassers bilden sich in verschiedenen Tiefen entsprechende Gesellschaften. Im Sommer besteht die Ciliatenfauna des Hypolimnions ausschließlich aus Formen der dritten Gruppe. Nach stürmischem Wetter und starkem Regen mischen sich die verschiedenen Gesellschaften. M.-L. Albrecht. 6135.

Timm, T. Ė. (Timm, T. E.); Tartu, Estn. SSR, Univ. O faune presnovodnych maloščetinkovych červej Ėstonskoj SSR. **(Über die Fauna der Süßwasser-Oligochaeten der Estnischen SSR.)** Naučnaja konferencija po izučeniju vodoemov Pribaltiki. Akademija nauk Litovskoj SSR. Institut biologii, Vil'njus **6** (1958) S. 75–76.
Aus estnischen Gewässern sind bis jetzt 47 Oligochaetenarten bekannt, deren Biologie teilweise noch wenig erforscht ist. Vf. gibt eine Übersicht über die Besiedlung der einzelnen Gewässer und Biotope durch die verschiedenen Oligochaetenarten. H.-W. Hattop. 6135.

Svinkin, V. B. (Swinkin, W. B.); Inst. für Cytol. der Akad. der Wiss. der UdSSR. Teploustojčivost' spermatozoidov nekotorych perlovic. **(Wärmebeständigkeit der Spermien einiger Teichmuscheln.)** Doklady Akademii nauk SSSR, Moskva **139(29)** (1961) Nr. 5. S. 1227–1230. — 1 Abb., 2 Tab., 18 Lit.
Im Rahmen von Studien über die Wärmebeständigkeit von Geweben und Eiweiß bei poikilothermen Organismen wurde die Wärmebeständigkeit der Spermatozoiden von *Unio tumidus* und *U. crassus* untersucht. Die Methodik wird beschrieben. Es zeigte sich, daß die Wärmebeständigkeit der Spermatozoiden bei diesen Mollusken nicht von der Temperatur abhängt, bei der die Tiere gehalten werden, sondern für die einzelnen Arten stabil und damit charakteristisch ist. Ähnliche Ergebnisse liegen bereits von Untersuchungen bei anderen Tieren vor. G. Predel. 6135.

Ringelberg, J.; Utrecht, Lab. of Comparative Physiol. A physiological approach to an understanding of vertical migration. **(Ein Versuch zur Erklärung der Vertikalwanderung auf physiologischer Grundlage.)** Proc., Kon. nederl. Akad. Wetensch., Ser. C **64** (1961) Nr. 4. S. 489–500. — 3 Abb., 1 Tab., 21 Lit.
Vf. folgert aus Laborexperimenten an *Daphnia magna*, Freilandbeobachtungen und fremden Untersuchungen, daß die Vertikalwanderung der Plankter durch die rel. Änderung der Beleuchtungsintensität ausgelöst wird, nicht aber durch die absolute Differenz zwischen der Intensität vor und nach dem Wechsel. D. Barthelmes. 6135.

Ivanova, M. B. (Iwanowa, M. B.); Zool. Inst. der Akad. der Wiss. der UdSSR. O žiznennom cikle Diaptomus gracilis Sars v gumificirovannom ozere. **(Über den Lebenszyklus von Diaptomus gracilis in einem Humus-See.)** Doklady Akademii nauk SSSR, Moskva **139(29)** (1961) Nr. 5. S. 1231–1234. — 2 Abb., 1 Tab., 6 Lit.
Im Sommer wurden in Abständen von 10 bis 15 Tagen und im Winter monatl. einmal Proben aus verschiedenen Tiefen eines Sees entnommen (Netz mit Gaze Nr. 58), um den Entwicklungsgang von *Diaptomus gracilis* zu klären. Bei dem See handelte es sich um ein Humus-Gewässer, dessen pH-Werte

zwischen 6,4 und 7,2 liegen. *D. gracilis* ist hier die führende Planktonform. Festgestellt wurde eine dizyklische Entwicklung mit zwei Generationen im Jahr. Die Generationen unterscheiden sich durch ihr Wachstum. Einen erheblichen Einfluß auf den Entwicklungsgang haben die Wassertemperaturen. G. Predel. 6135.

Rigler, F. H. The relation between concentration of food and feeding rate of Daphnia magna Straus. **(Die Beziehung zwischen Nahrungskonzentration und Nahrungsaufnahme bei Daphnia magna.)** Canad. J. Zool. **39** (1961) Nr. 6. S. 857–868. — 4 Abb., 1 Tab., 22 Lit.
Mit ^{32}P markierte Hefe wurde an *Daphnia magna* verfüttert. Aus der ^{32}P-Aufnahme der Daphnien konnte die Intensität der Nahrungsaufnahme berechnet werden. In Fütterungskonzentrationen unter 10^5 Zellen/ml ist die Intensität der Nahrungsaufnahme bei *D. magna* proportional dieser Konzentration, darüber nimmt die Intensität der Nahrungsaufnahme jedoch nur noch wenig oder gar nicht mehr zu. D. Barthelmes. 6135.

Edwards, R. W. und Learner, M. A.; Stevenage, Water Pollution Res. Lab. Some factors affecting the oxygen consumption of Asellus. **(Der Einfluß einiger Faktoren auf den O_2-Verbrauch von Asellus.)** J. exp. Biology **37** (1960) Nr. 4. S. 706–718. — 9 Abb., 21 Lit.
Mit steigender Körpergröße nimmt der O_2-Verbrauch pro Gewichtseinheit ab. Der O_2-Verbrauch wird durch das Geschlecht der Tiere oder durch vorhergehende Nahrungsaufnahme bzw. eine Hungerperiode von 24 Std. nicht beeinflußt. Der O_2-Verbrauch ist bei 20 °C 1,5mal größer als bei 10 °C. *Asellus aquaticus* und *A. meridianus* verhalten sich sehr ähnlich. Ihr O_2-Verbrauch sinkt lediglich um 15–20%, wenn die Konzentration an gelöstem O_2 von 8,3 auf 1,5 mg/l fällt. In einem Respirometer mit zirkulierendem Wasser steigt der O_2-Verbrauch von *A. aquaticus* um 35–75%. D. Barthelmes. 6135.

Brown, D. Seymour; Leicester, Univ., Dep. of Zool. The food of the larvae of Chloeon dipterum L. and Baetis rhodani (Pictet) (Insecta, Ephemeroptera). **(Die Nahrung der Larven von Chloeon dipterum und Baetis rhodani [Insecta, Ephemeroptera].)** J. Animal Ecol. **30** (1961) Nr. 1. S. 55–75. — 2 Abb., 4 Tab., 48 Lit.
Die Nahrung beider Arten besteht hauptsächlich aus Detritus. Die von *Chloeon dipterum* enthält einen höheren Anteil an Fadenalgen und einen geringeren an mineralischen Partikeln als die von *Baetis rhodani*. Jahreszeitliche und örtliche Unterschiede in der Gesamtmenge sowie in der Zusammensetzung der Nahrung wurden festgestellt. Die kleinsten Larven beider Arten fraßen Detritus und nur wenige einzellige Algen. Auch die Ernährung der 4 und 6 cm langen Larven war unterschiedlich. M.-L. Albrecht. 6135.

Ginecinskaja, T. A. und Stejn, G. A. (Ginezinskaja, T. A. und Stein, G. A.) Osobennosti parazitofauny bespozvonočnych i primenenie osnovnych pravil ėkologičeskoj parazitologii k charakteristike ich zaražennosti. **(Besonderheiten der Parasitenfauna Wirbelloser und die Anwendung der Grundregeln der ökologischen Parasitologie zur Charakteristik des Befalls.)** Vestnik Leningradskogo universiteta **16** (1961) Nr. 15. Serija biologii Nr. 3. S. 60–71. — 25 Lit. Zus. in Engl.
Auf Grund eigener Untersuchungen und anhand von Literaturangaben untersuchten Vff. die Anwendbarkeit der Grundregeln der ökologischen Parasitologie im Hinblick auf die Analyse der Parasitenfauna von im Wasser lebenden Wirbellosen. Nachgewiesen wird der Einfluß einer Reihe von Faktoren (Größe des Siedlungsgebietes, Strömung, Salzgehalt, Wassertiefe, Bodenbedeckung, Alter der Wirtstiere u. a.) auf den Parasitenbefall. Beobachtet werden konnte weiter eine Abhängigkeit der Parasitenfauna von der Überwinterung der Mollusken sowie das Vorhandensein einer antagonistischen Wechselbeziehung zwischen verschiedenen Cercarien-Arten. G. Predel. 6135.

Kazlauskas, R. S. (Kaslauskas, R. S.); Wilnjus, Kapsukas-Univ., Lehrstuhl für Zool. Material po faune podenok i vesnjanok Litovskoj SSR. **(Beiträge zur Fauna der Eintrags- und Steinfliegen der Litauischen SSR.)** Naučnaja konferencija po izučeniju vodoemov Pribaltiki. Akademija nauk Litovskoj SSR. Institut biologii, Vil'njus **6** (1958) S. 52–53.
Vf. fand in verschiedenartigen Gewässern Litauens insgesamt 45 Arten von Ephemeriden und 28 Arten von Perliden. Eine Übersicht über die Verbreitung der wichtigsten Arten wird gegeben. H.-W. Hattop. 6145.

Degrange, Charles. Recherches sur la reproduction des éphéméroptères. **(Untersuchungen zur Fortpflanzung der Ephemeropteren.)** Trav. Lab. Hydrobiol. Piscicult. Univ. Grenoble **50/51** (1958/59, hrsg. 1960) S. 7–193. — 31 Abb., 269 Lit.
Die sehr umfassende Arbeit beschäftigt sich mit der Systematik und Biologie der Ephemeropteren, den Eiern (die Eier von 51 Arten werden beschrieben), dem Auskriechen aus dem Ei und den Junglarven sowie der Parthenogenese. Es wurde mit 51 Arten experimentiert, und in 26 Fällen konnte Parthenogenese festgestellt werden. M.-L. Albrecht. 6145.

Dorier, A. und Grenier, P.; Paris, Inst. Pasteur. Une nouvelle Simulie (S. degrangei n. sp.) (Diptera, Simuliidae) récoltée en Savoie. **(Eine neue Simulium-Art [S. degrangei n. sp.] [Diptera, Simuliidae] aus Savoyen.)** Trav. Lab. Hydrobiol. Piscicult. Univ. Grenoble **50/51** (1958/59, hrsg. 1960) S. 195 bis 204. — 4 Abb., 3 Lit.
Die Imagines (♂ und ♀) und die Vorimaginalstadien (Larve und Puppe) der neuen Art werden beschrieben. Die Tiere wurden in 500 m Höhe in der Umgebung von Annecy gefangen. M.-L. Albrecht. 6145.

Grenier, P. und Dorier, A.; Paris, Inst. Pasteur. Deux Simulies nouvelles (S. bertrandi n. sp. et S. carthusiense n. sp.) du groupe latipes, récoltées en France et en Espagne. **(Zwei neue Simulium-Arten [S. bertrandi n. sp. und S. carthusiense n. sp.] der Latipes-Gruppe aus Frankreich und Spanien.)** Trav. Lab. Hydrobiol. Piscicult. Univ. Grenoble **50/51** (1958/59, hrsg. 1960) S. 205–223. — 7 Abb., 8 Lit.
Die beiden Arten, deren vollständige Entwicklung (Larve, Puppe, Imago ♂ und ♀) beschrieben wird, sind in franz. und spanischen Bergbächen entdeckt worden. Die Larven wurden zunächst als *Simulium sp.* IV von Grenier und *Simulium sp.* von Dorier und Freychet beschrieben.
M.-L. Albrecht. 6145.

Serpoianu, Gh. Influenţa apelor dunărene asupra regimului hidrologic al zonei marine din faţa gurilor fluviului. **(Der Einfluß des Donauwassers auf die Hydrologie der marinen Zone vor den Flußmündungen.)** Bul. Inst. Cercetări Proiectări piscicole **20** (1961) Nr. 2. S. 71–77. — 1 Abb., 5 Tab., 4 Lit.
Der Einfluß des Donauwassers auf das Meeresgebiet in Nähe der Mündung wurde in einer Ausdehnung zwischen den Breitengraden 45° 10′ N und 44° 42′ N und einer Litoralentfernung bis zum Meridian 30° 00′ O untersucht. In den oberflächlichen Wasserschichten schwankt der Salzgehalt unter dem Einfluß des Donauwassers zwischen 0,50–16,82 S $^0/_{00}$. Schwankungen werden durch Nord-Süd-Strömungen im Schwarzmeer hervorgerufen. Die Wasser temperatur stieg im Juni an der Oberfläche auf 28,0 °C. Die Faktoren sind von Einfluß auf die Fischerei und begünstigen beispielsweise den Fang von Sprotten. E. Amlacher. 6148.

Hartog, C. den; Yerseke, Niederlande, Hydrobiol. Inst. **Die faunistische Gliederung im südwest-niederländischen Deltagebiet.** Int. Rev. ges. Hydrobiol. **46** (1961) Nr. 3. S. 407–418. — 5 Abb., 7 Lit.
Durch neue Eindeichungsmaßnahmen im niederländischen Deltagebiet werden große Teile vom Meer abgetrennt und damit fast vollständig aussüßen.

Dadurch wird ein vorhandenes biol. Äquilibrium zerbrechen. Die vorliegende Untersuchung soll den bestehenden Zustand festhalten, und die neu geschaffene Untersuchungsstelle verfolgt die Umkomposition der Flora und Fauna. In der Arbeit wird eine zusammenfassende Darstellung der einzelnen halinen Zonen mit ihren Tieren und Pflanzen gegeben, wobei folgende Gebiete unterschieden werden: Strandstrecke, Scaldianischer Bezirk, Polyhalinikum, Mesohalinikum, Oligohalinikum, Infrahalinikum, Staustrecke, gezeitenloser Fluß. F.-K. Löwe. 6148.

Krauss, Wolfgang und Magaard, Lorenz; Kiel, Univ., Inst. für Meereskunde. **Zum Spektrum der internen Wellen der Ostsee.** Kieler Meeresforsch. 27 (1961) Nr. 2. S. 137–147. — 34 Abb., 14 Lit.
Eine Analyse von Strom- und Temperaturmessungen auf 5 Stationen in der Ostsee deutet generell auf diskrete Schwingungsvorgänge hin, die keine Ähnlichkeit mit der homogenen isotropen Turbulenz haben. Die analysierten langen Perioden sind den Seiches und der Trägheitsschwingung zuzuordnen. F.-K. Löwe. 6150.

Krauss, Wolfgang; Kiel, Univ., Inst. für Meereskunde. **Zur trochoidenähnlichen Form der kurzen fortschreitenden internen Grenzflächenwellen.** Kieler Meeresforsch. 27 (1961) Nr. 2. S. 159–162. — 1 Abb., 6 Lit.
Mathematisch untermauert wird gezeigt, daß kurze fortschreitende interne Grenzflächenwellen endlicher Amplitude trochoidenähnliche Form besitzen. Sie sind im Gegensatz zu den kurzen Oberflächenwellen des Meeres auf ihren Kämmen breit und in ihren Tälern schmal ausgebildet. Mit ihrem Auftreten ist ein Reststrom verbunden. Die Abb. zeigt diese Wellen im Echogramm. F.-K. Löwe. 6150.

Dietrich, Günter; Kiel, Univ., Inst. für Meereskunde. **Eine Forschungsfahrt zur Untersuchung der kurzfristigen Schwankungen in der Schichtung und Bewegung der Ostsee im Sommer 1960.** Kieler Meeresforsch. 27 (1961) Nr. 2. S. 135–136. — 1 Abb., 1 Tab., 3 Lit.
Vf. schildert Aufgaben und Ergebnisse einer Forschungsfahrt im Sommer 1960. Auf 4 Ankerstationen wurden starke Streuungen der hydrographischen Faktoren festgestellt, die auch durch interne Wellen hervorgerufen werden und eine unvollkommene isotrope Vermischung bewirken. Die Beobachtungen haben eine große Streubreite und zeigen, daß allg. der Wert von Einzelmessungen in der Ostsee ziemlich gering ist. F.-K. Löwe. 6150.

Siedler, Gerold; Kiel, Univ., Inst. für Meereskunde. **Über die kurzfristige Veränderlichkeit von Temperatur- und Salzgehaltsschichtung in der östlichen und mittleren Ostsee im Sommer 1960.** Kieler Meeresforsch. 27 (1961) Nr. 2. S. 148–153. — 14 Abb., 9 Lit.
Messungen von Temperatur und elektrischer Leitfähigkeit auf 4 Ankerstationen in der Ostsee wurden über 7 bis 11 Std. in halbstündigen Abständen registriert. Nach einer Beschreibung des Meßverfahrens werden die Ergebnisse an Hand der Isoplethen von Temperatur und Salzgehalt diskutiert. Großer Wert wird auf die Art und Größe der Änderungen gelegt. F.-K. Löwe. 6150.

Jacob, Otto Ernst; Kiel, Univ., Inst. für Meereskunde. **Über die kurzfristige Veränderlichkeit in der Vertikalverteilung ausgewählter chemischer Faktoren in der östlichen und mittleren Ostsee im Sommer 1960.** Kieler Meeresforsch. 27 (1961) Nr. 2. S. 154–158. — 21 Abb., 1 Tab., 5 Lit.
Auf 4 Ankerstationen wurden in der Ostsee über etwa 12 Std. Wiederholungsserien durchgeführt. Dargestellt wird die dabei festgestellte Streuungsbreite von Salzgehalt, Sauerstoffgehalt, gelöstem anorganischem Phosphor und Temperatur. Es zeigt sich eine starke zeitliche Veränderlichkeit in der Vertikalverbreitung der hydrographischen Faktoren. Es wird damit der eingeschränkte Wert von Einzelserien demonstriert. F.-K. Löwe. 6150.

Rogalla, E. H.; Hamburg, Dtsch. Hydrograph. Inst. **Nutzfischkonzentrationen und biotische Umweltfaktoren. Hydrographische Verhältnisse in der südlichen Nordsee und im Englischen Kanal im Januar 1960.** Bundesforsch.-Anst. Fischerei Hamburg, Inform. Fischwirtsch. 8 (1961) Nr. 5/6 S. 120–124. — 5 Abb.

Vf. berichtet über die hydrographischen Bedingungen für die Zeit vom 4. bis 20. 1. 1960, die von englischen Schiffen und einem westdeutschen Fahrzeug untersucht wurden. Diese Untersuchungen sind wichtig, weil die fast inaktiven Larven und Jungfische leicht durch Strömungen verfrachtet werden. Es werden die Lage der Untersuchungsstationen, die Oberflächentemperatur, der Salzgehalt der Oberfläche und die Oberflächendichte in Form von Karten mitgeteilt. Eine Auswertung der Ergebnisse kann Auskunft über den Transportweg der Fischbrut geben. Weitere Untersuchungen sind im Jahre 1962 vorgesehen. F.-K. Löwe. 6150.

Young, E. Gordon, Smith, D. G. und Langille, W. M.; Halifax, Nova Scotia, Nat. Res. Council, Atlantic Regional Lab.; Truro, Nova Scotia, Nova Scotia Agric. Coll., Dep. of Chem. The chemical composition of sea water in the vicinity of the Atlantic Provinces of Canada. **(Die chemische Zusammensetzung des Meerwassers in der Nähe der Atlantikprovinzen Kanadas.)** J. Fisheries Res. Board Canada **16** (1959) Nr. 1. S. 7–12. — 4 Tab., 26 Lit.

Vff. bestimmten die Hauptkomponenten und die Spurenelemente des Meerwassers an 8 Orten entlang der kanadischen Atlantikküste. Mit Ausnahme einer Untersuchungsstelle, wo das Meerwasser deutlich verdünnt war, wiesen die anderen Proben einen Salzgehalt von 31,03°/₀₀ und einen Chloridgehalt von 17,17°/₀₀ auf. Die Hauptkomponenten lagen in folgenden Konzentrationen vor (g/kg); Na 9,55; K 0,34; Ca 0,37; SO_4 2,36; B als H_3BO_3 0,0243. Der Gehalt an Spurenelementen schwankte in folgenden Grenzen (μg/l): As als As_2O_3 1,4–2,0; Co 0,33–0,67; Cu 13–22; F 860–1200; J 6–53; Mo 6,3–14,0; PO_4 5–69; Si 44–95; Zn 6,5–10,9. Nickel konnte ebenfalls nachgewiesen werden, nicht dagegen Vanadium. Hinweise über die Analysenmethodik werden angegeben. D. Nehring. 6150.

Krey, Johannes; Kiel, Univ., Inst. für Meereskunde. **Beobachtungen über den Gehalt an Mikrobiomasse und Detritus in der Kieler Bucht 1958–1960.** Kieler Meeresforsch. **27** (1961) Nr. 2. S. 163–175. — 9 Abb., 3 Tab., 29 Lit.

Monatl. Untersuchungen der Menge der Mikrobiomasse wurden zusammen mit hydrographischen Beobachtungen durchgeführt. Der mittlere Jahresgang der Mikrobiomasse wurde ermittelt. Der Jahresmittelwert betrug 1958: 66, 1959: 74 und 1960: 99 μg Eiweiß/l. Die Unterschiede beruhen auf einer Belebung des Wasserwechsels durch länger anhaltende östliche Winde. Die Detrituswerte erreichten im Jan. und März mit über 1800 μg/l Höchstwerte; die lebende Substanz zur Zeit der Frühjahrsblüte beträgt nur wenig über 1000 μg/l Trockensubstanz. F.-K. Löwe. 6150.

Starikova, N. D. (Starikowa, N. D.); Moskau, Inst. für Ozeanol. der Akad. der Wiss. der UdSSR. Organičeskoe veščestvo v gruntovych rastvorach i raspredelenie ego v tolšče morskich i okeanskich osadkov. **(Organische Stoffe in Bodenlösungen und ihre Verteilung in den Ablagerungen der Meere und Ozeane.)** Doklady Akademii nauk SSSR, Moskva **140(29)** (1961) Nr. 6. S. 1423–1426. — 2 Tab., 5 Lit.

Untersucht wurden der Gehalt an org. Stoffen in Bodenlösungen sowie die Bedingungen ihrer Ansammlung in verschiedenen Bodenablagerungen aus verschiedenen Meeren. Die Proben stammten aus dem Pazifik, dem Ochotskischen Meer, dem Schwarzen und Asowschen Meer. Dabei erhielt man u. a. folgende Ergebnisse: 1. In den oberen Horizonten der Bodenablagerungen aller Untersuchungsgebiete wurde eine stärkere Anhäufung von $C_{org.}$ im

Vergleich zum Freiwasser beobachtet. 2. Das Verhältis $C_{org.}/N_{org.}$ in den Ablagerungen verändert sich von der Oberfläche zur Tiefe zugunsten der Kohlenstoffkomponente. G. Predel. 6150.

Humphrey, G. F.; Cronulla, C. S. I. R. O., Div. of Fisheries and Oceanography. The concentration of plankton pigments in Australian waters. **(Die Konzentration von Planktonpigmenten in australischen Gewässern.)** Commonwealth sci. ind. Res. Org., Australia, Div. Fisheries Oceanography, techn. Pap. **1960** Nr. 9. S. 1–27. — 15 Abb., 10 Tab., 30 Lit.
Mit einer abgewandelten Richard-Thompson-Methode wurden Routineuntersuchungen der Pigmente von auf See filtrierten Proben durchgeführt. Wöchentliche Beobachtungen vor Sidney im Jahre 1958 zeigten, daß vom späten Winter bis zum späten Sommer explosionsartig Pigmentproduktionen auftraten. Sie waren mit Einbrüchen kalten Wassers auf den Kontinentalsockel verbunden. Chlorophyll c war das Hauptpigment in den Gewässern vor Sidney in der Korallensee, der Tasmanischen See und dem Indischen Ozean. Es bestand kein konstantes Verhältnis zwischen Chlorophyll a, b und c. J. Waldmann. 6150.

Thrailkill, James R.; La Jolla, Calif., U. S. Fish and Wildlife Serv., Bureau of Commercial Fisheries. Zooplankton volumes off the Pacific Coast, 1958. **(Zooplanktonvolumen vor der Pazifikküste 1958.)** U. S. Dep. Interior, Fish Wildlife Serv., spec. sci. Rep. **1961** Nr. 374. S. 1–70. — 15 Abb., 5 Tab., 9 Lit.
Die Daten über die Untersuchungen des Zooplanktonvolumens vor der Pazifikküste zwischen San Franzisko und Kalifornien im Jahre 1958 werden in umfangreichen Tab. mitgeteilt. Sie enthalten die Angaben für jeden der Planktonzüge, die auf den Fahrten der California Cooperative Oceanic Fisheries Investigations durchgeführt wurden. Im Durchschnitt betragen die Werte im gesamten Gebiet weniger als ein Drittel der entsprechenden Werte in den Jahren 1951–56. Verbreitungskarten zeigen die monatl. rel. Planktonhäufigkeit im Gebiet. J. Waldmann. 6150.

Laird, Marshall; Geneva, World Health Organization; Div. of Environmental Sanitation. Urceolaria karyodactyla n. sp. (Ciliata: Peritricha) from Ischnochiton ruber (L.) at Saint Andrews, New Brunswick. **(Urceolaria karyodactyla n. sp. [Ciliata: Peritricha] von Ischnochiton ruber bei Saint Andrews, New Brunswick.)** Canad. J. Zool. **39** (1961) Nr. 6. S. 827–831. — 3 Abb., 11 Lit.
Die neue Art *Urceolaria karyodactyla* kommt in der Mantelhöhle und auf den Ctenidien der circumpolaren Art *I. ruber* vor. Nach haematoxylingefärbtem Material beträgt die Größe des Tieres etwa 65 μ im Durchmesser und 60 μ in der Höhe. Der Durchmesser des Skeletalringes, der aus 17–20 Platten besteht, ist etwa 23,5 μ. Die Art wurde als *U. karyodactyla* bezeichnet, weil der Macronucleus laterale zehenartige Fortsätze an seinem zentralen Körper besitzt. Die systematische Stellung wird diskutiert. J. Waldmann. 6150.

Focke, Eberhard; Kiel, Univ., Zool. Inst. **Die Rotatoriengattung Notholca und ihr Verhalten im Salzwasser.** Kieler Meeresforsch. **27** (1961) Nr. 2. S. 190–205. — 18 Abb., 25 Lit.
Einige Arten der Gattung Notholca sind holoeuryhalin und kommen somit im Meer- als auch im Süßwasser vor. Die vorliegende Arbeit befaßt sich bes. mit Identitätsuntersuchungen der Salz- und Süßwasserformen. Es werden mehrere „Übergangsformen" beschrieben. Ein Kapitel ist der Verbreitung in Abhängigkeit vom Salzgehalt gewidmet, und Versuche von Verpflanzungen werden ausgewertet. F.-K. Löwe. 6150.

Veillet, André; Nancy, Fac. de Sci., Inst. de Biol. Sur la métamorphose et le déterminisme du sexe du Cirripède Scalpellum scalpellum Leach. **(Über Me-**

tamorphose und Geschlechtsbestimmung des Cirripediers Scalpellum scalpellum.) C. R. hebd. Séances Acad. Aci. **253** (1961) Nr. 25. S. 3087–3088. — 7 Lit.
Die Geschlechtsverhältnisse sind bei den Cirripediern verschiedenartig, und es ist unentschieden, ob es zwei Larvenformen gibt oder ob nur eine Larvensorte vorhanden ist, bei der das Geschlecht durch den Ort der Fixierung bestimmt wird. Die Art *Scalpellum scalpellum* ist an den französ. Küsten häufig, die sporadischen Untersuchungen erstrecken sich auf die Jahre 1941–1959. Die Art läßt sich gut halten und vermehrt sich in Gefangenschaft. Die Larven durchlaufen drei Nauplius-Stadien und bilden sich dann in ein Cypris-Stadium um. Nach einigen Tagen setzt sich das Cypris-Stadium mit den Antennen fest, und die vorher durchscheinenden Larven werden undurchsichtig. Die jungen Hermaphroditen sind an den 5 Platten zu erkennen; sie wachsen schnell, während die jungen Männchen durch ihre Form und ihre 4 kleinen Platten charakterisiert sind. Sie entwickeln sich nur sehr wenig. Das Geschlecht der Larven ist vor der Metamorphose nicht zu unterscheiden, es ist aber anzunehmen, daß 2 Larvenformen existieren, denn auf Grund des Fixierungsortes lassen sich keine Unterschiede der Differenzierung erkennen.
J. Waldmann. 6150.

Josephson, Robert K.; Los Angeles, Univ. of California, Dep. of Zool. Colonial responses of hydroid polyps. **(Kolonie-Reflexe der Hydroidpolypen.)** J. exp. Biology **38** (1961) Nr. 3. S. 559–577. — 4 Abb., 53 Lit.
Bei verschiedenen Arten der Hydroidea wurde die Erregungsleitung beim Reflex auf eine lokale mechanische oder elektrische Stimulation untersucht. Im Coenosarc der Stämme und Stolonen aller Arten gibt es Systeme, die die Erregung mit einer Geschwindigkeit von 1 bis 3,5 cm/s leiten. Während der eine Reaktionstyp durch einen Alles-oder-nichts-Reflex und einen genauen Schwellenwert gekennzeichnet ist, zeigt der andere eine Ausbreitung des Reflexes entsprechend seiner Stärke. Beide Typen kommen gemeinsam bei *Hydractinia echinata* vor. M. Berner. 6150.

Wittenberg, Jonathan B.; Woods Hole, Mass., Marine Biol. Lab., Albert Einstein Coll. of Med., Dep. of Physics. The source of carbon monoxide in the float of the Portuguese man-of-war, Physalia physalis L. **(Die Kohlenmonoxyd-Quelle im Schwimmkörper von Physalia physalis.)** J. exp. Biology **37** (1960) Nr. 4. S. 698–705. — 5 Tab., 21 Lit.
Die 0,5–13 % Kohlenmonoxyd im Schwimmkörper von *Physalia* stammen aus der Gasdrüse und werden aus l-Serin gebildet. Wahrscheinlich nimmt der CO-Gehalt des Schwimmkörpers nach der Füllung durch Diffusion und Austausch mit der umgebenden Luft ab. D. Barthelmes. 6150.

Forneris, Liliana; São Paulo, Brasilien, Inst. Oceanografico; Kiel, Univ., Zool. Inst. **Beiträge zur Gastrotrichenfauna der Nord- und Ostsee.** Kieler Meeresforsch. **27** (1961) Nr. 2. S. 206–218. — 17 Abb., 1 Tab., 28 Lit.
Bei einer erneuten Untersuchung der Gastrotrichenfauna wurden 2 Arten in der Kieler Bucht gefunden, die nur aus dem Mittelmeer bekannt waren; 6 Arten sind neu für Helgoland. Somit sind bis jetzt 39 Arten aus der Ostsee und 30 Arten aus der Nordsee bekannt. 17 Arten kommen in beiden Meeresgebieten vor, 12 davon sogar noch an der atlantischen Küste. Artenbeschreibungen und Umrißzeichnungen vervollständigen die Arbeit. F.-K. Löwe. 6150.

Berkeley, E. und Berkeley, C.; Nanaimo, Fisheries Res. Board of Canada, Biol. Stat. Notes on polychaeta from California to Peru. **(Bemerkungen über Polychäten von Kalifornien bis Peru.)** Canad. J. Zool. **39** (1961) Nr. 5. S. 655 bis 664. — 12 Abb., 37 Lit.
Im Gebiet zwischen Kalifornien und Peru wurden 22 Polychätenarten gefunden, 11 davon in Planktonfängen, unter denen jedoch einige schwimmende

Formen benthischer Arten waren. Die übrigen entstammten entweder Dredgenfängen, oder sie wurden durch Taucher bzw. in der Intertidenregion gesammelt. 13 Arten kamen von Peru, 6 von Kalifornien, und je eine von Mexiko, Panama und den Cocosinseln. Drei der Arten waren neu.

J. Waldmann. 6150.

Schütz, Liselotte; Kiel, Univ., Zool. Inst. **Verbreitung und Verbreitungsmöglichkeiten der Bohrmuschel Teredo navalis L. und ihr Vordringen in den NO-Kanal bei Kiel.** Kieler Meeresforsch. 27 (1961) Nr. 2. S. 228–236. — 6 Abb., 12 Lit.

Während 1872 von einem Eindringen der Bohrmuschel *Teredo navalis* in den NO-Kanal berichtet wurde und dieser Holzschädling dort seither lebt, wurde 1951 eine erneute Einwanderung fetgestellt. Eine Untersuchung im Jahre 1961 bestätigte ein weiteres Vordringen. Es werden biolog. Werte angegeben und die verschiedenen Bohrarten in Abhängigkeit von der Tiefe des Wassers und von der Holzart erläutert und durch Aufnahmen belegt.

F.-K. Löwe. 6150.

Wigley, Roland L.; Woods Hole, Mass., Bureau of Commercial Fisheries, Biol. Lab. Note on the distribution of Pandalidae (Crustacea, Decapoda) in New England waters. **(Mitteilung über die Verbreitung der Pandalidae [Crustacea, Decapoda] in den Gewässern von Neu-England.)** Ecology 41 (1960) Nr. 3. S. 564–570. — 6 Abb., 1 Tab., 14 Lit.

In den Gewässern von Neu-England kommen die Arten *Dichelopandalus leptocerus, Pandalus borealis, P. montagui* und *P. propinquus* vor. *D. leptocerus* kam im gesamten Untersuchungsgebiet vor und war nicht auf bestimmte Tiefen, Temperaturbereiche oder Bodenverhältnisse spezialisiert. *P. borealis* war auf einen begrenzten Teil des mittleren und westlichen Golf von Maine beschränkt und kam in mittleren Tiefen bei niedrigen Temperaturen auf Sedimenten mit hohem org. Gehalt vor. *P. montagui* bewohnte den Rand des Maine-Beckens. Die Art war in mäßiger Tiefe, bei niedrigen Temperaturen und auf Sedimenten mit niedrigem org. Gehalt am häufigsten. *P. propinquus* bevölkerte die Tiefe des mittleren Golfs von Maine mit Sedimenten mit mittleren oder hohen org. Beimengungen. J. Waldmann. 6150.

Hurley, D. E.; Wellington, Dep. of Sci. and Ind. Res., New Zealand Oceanographic Inst. Pelagic Hyperiidea (Crustacea: Amphipoda) collected by the Magga Dan between Australia and Antarctica with some notes on their distribution. **(Pelagische Hyperiidea [Crustacea: Amphipoda], gesammelt auf der Magga Dan zwischen Australien und Antarktika, mit einigen Bemerkungen über ihre Verbreitung.)** New Zealand J. Sci. 4 (1961) Nr. 3. S. 597–603. — 1 Abb., 22 Lit.

Das beschriebene Material wurde im Sommer 1958/59 durch die Australian National Antarctic Research Expedition gesammelt und umfaßt 5 Arten: *Cyllopus magellanicus, Hyperia agilis, Parathemisto gaudichaudii, P. gracilipes* und *Hyperiella dilatata.* Trotz der geringen Artenzahl läßt das Material einen Schnitt durch verschiedene Wassermassen erkennen.

J. Waldmann. 6150.

Svanidze, G. G. (Swanidse, G. G.); Inst. für Energetik der Akad. der Wiss. der Grusin.SSR. Primenenie metoda Monte-Karlo k zadačam regulirovanija rečnogo stoka. **(Die Anwendung der „Monte-Carlo-Methode“ bei dem Problem der Flußregulierung.)** Doklady Akademii nauk SSSR, Moskva 140(29) (1961) Nr. 6. S. 1394–1396. — 1 Abb., 4 Lit.

Die Anwendung der „Monte-Carlo-Methode“ gestattet es, den Wasserhaushalt von Flüssen für einen langen Zeitraum (mehr als 10000 Jahre) zu berechnen. Auch die einzelnen Phasen innerhalb der Jahre können bestimmt werden.

Die mathematischen Grundlagen der „Monte-Carlo-Methode" werden beschrieben. Sie ist der Methode von Sadler bes. deshalb überlegen, weil die Anwendung elektronischer Rechenmaschinen möglich ist. G. Predel. 6200.

Gorjunova, S. V. und Ržanova, G. N. (Gorjunowa, S. W. und Rshanowa, G. N.) Sostojanie i perspektivy razvitija metodov ljumines centnogo analiza v gidrobiologii. **(Zustand und Perspektiven der Entwicklung der Methoden der Fluoreszenzanalyse in der Hydrobiologie.)** Uspechi sovremennoj biologii, Moskva **51** (1961) Nr. 3. S. 369–378. — 35 Lit.

Vff. untersuchten an Hand umfangreicher Literatur und eigener, langjähriger Versuche die Methoden der Lumineszenz-Analyse und ihre Anwendbarkeit in der Hydrobiologie. Die Anwendung erfolgte bisher auf folgenden Gebieten: 1. Visuelle Beobachtung der Entwicklungs- und Zerfallprozesse der Organismen im Wasser; 2. Bestimmung der Urproduktion im Gewässer; 3. Bestimmung der Anreicherung des Wassers mit org. Stoffen. Hervorgehoben wird die hohe Empfindlichkeit der Methodik und die Tatsache, daß keine negative Wirkung bei den Untersuchungsobjekten auftritt. G. Predel. 6200.

Rieth, A.; Jena-Lobeda, Forsch.-Stelle für Limnol. **Der Pflanzengreifer, eine zum Sammeln der Unterwasservegetation geeignete Abwandlung des Schlammschöpfers.** Mikrokosmos **50** (1961) Nr. 2. S. 61–63. — 5 Abb.

Bau und Arbeitsweise eines unter Wasser arbeitenden Pflanzengreifers werden beschrieben. Bes. hingewiesen wird auf die auswechselbaren greifenden Teile und auf eine Sicherheitseinrichtung, die den Verlust des Gerätes beim Hängenbleiben verhindern soll. H. Müller/Berlin. 6200.

Petrovič, G. P., Šuškina, É. A. und Pečen, G. A. (Petrowitsch, P. G., Schuschkina, E. A. und Petschen, G. A.); Beloruss. Staatl. Lenin-Univ. Rasčet produkcii zooplanktona. **(Berechnung der Zooplanktonproduktion.)** Doklady Akademii nauk SSSR, Moskva **139(29)** (1961) Nr. 5. S. 1235–1238. — 2 Abb., 3 Tab., 7 Lit.

Es wird ein Beispiel angeführt, wie die Berechnung der Produktion von planktischen Krebstieren erfolgen kann. Ausgangspunkt für die Betrachtungen ist die Methode von Winberg. Die Produktion einer bestimmten Art in einem nicht zu großen Zeitabschnitt zwischen zwei Probeentnahmen kann berechnet werden, wenn folgende Faktoren bekannt sind: 1. Kenntnis der zahlenmäßigen Zusammensetzung der einzelnen Entwicklungsstadien zu Beginn und am Ende des gegebenen Zeitabschnittes. 2. Kenntnis der Dauer jedes Entwicklungsstadiums. 3. Mittlere Individuendichte der untersuchten Art bei bestimmten Bedingungen. Die Methodik wird an einigen Copepoden- und Cladocerenarten demonstriert. G. Predel. 6200.

D. FISCHEREIWIRTSCHAFT

Binnenfischerei

Manea, Gh. Căile pentru sporirea producţiei noaste de peşte de apă dulce. **(Wege zur Steigerung der fischereilichen Produktion in unseren Binnengewässern.)** Bul. Inst. Cercetări Proiectări piscicole **20** (1961) Nr. 1. S. 60–68. — 1 Tab.

Politisches Referat, das sich mit der von dem 3. Parteitag der rumänischen Arbeiterpartei gegebenen fischereilichen Direktive beschäftigt. Bes. Gewicht wird dabei auf die Schaffung von Erbrütungsanlagen, die Akklimatisation neuer Fischarten, die Intensivierung der Zander- und Störzucht und auf Fragen der Teichdüngung und Fütterung gelegt. Desgleichen wird die Rolle und die Unentbehrlichkeit der Fischereiwissenschaft und die Notwendigkeit gut ausgebildeter fischereilicher Kader hervorgehoben. E. Amlacher. 6225.

Bahr, Klaus. **Besonderheiten der Fischerei in Irlands Seen und Flüssen.** Fisch u. Fang 2 (1961) Nr. 7. S. 121–123.
Die anläßlich einer Tagung auf Exkursionen gewonnenen Eindrücke von der Fischerei Irlands werden geschildert. Dazu gehört z. B. ein automatisch gesteuerter Fischaufzug an einem Wehr von 19 m Höhe. Die wichtigsten Fische sind die Salmoniden, Aale und Neunaugen. Die bisher nur gering entwickelte Forellenteichwirtschaft soll nach dem Vorbild Dänemarks ausgebaut werden. In einer Lachsforschungsstation werden sämtliche die Binnengewässer verlassenden Lachse (*Salmo salar*) gemessen und markiert. Der vom europäischen Festland eingeführte Hecht (*Esox lucius*) vermehrt sich infolge der geringen Temperaturschwankungen während und nach der Laichzeit sehr stark und bedeutet eine große Gefahr für die Salmoniden der Seen und Flüsse. Die Vermehrung des Hechtes wird deshalb mit allen Mitteln unterbunden, um die Bestände dieser wertvollen Fische vor allem im Interesse der Sportfischerei, d. h des Fremdenverkehrs, zu erhalten. H. Müller/Berlin. 6230.

Micheev, P. (Michejew, P.); Forsch.-Inst. der RSFSR für Teichwirtsch. Ispol'zovanie melkovodij vodochranilišč. **(Nutzung von flachen Staubecken.)** Rybovodstvo i rybolovstvo, Moskva 5 (1962) Nr. 1. S. 13–15. — 5 Abb., 1 Lit.
Durch die üblichen Wasserstandsschwankungen werden bes. in flachen Staubecken die Laichplätze vieler Nutzfische gefährdet, so daß die natürliche Vermehrung dieser Fischarten nicht möglich ist. Es wird daher empfohlen, flache Gebiete und Buchten mit einem Erddamm vom eigentlichen Stausee abzutrennen, um in dem so entstandenen Teich die künstliche Aufzucht von Satzfischen zu betreiben. Die notwendigen Hälter-, Laich- und Winterteiche werden durch schwimmende Hälterkästen aus synthetischem Netzmaterial ersetzt, die im tieferen und nicht trockenfallenden Teil des Staubeckens angebracht werden können. Die fehlenden Laichplätze können ebenfalls durch nichtfaulende Nester aus synthetischen Fasern ersetzt werden.
A. Kozianowski. 6240.

Cristea, A., Cristea, E. und Băleanu, N. Observaţii cu privire la variaţia regimului de oxigen şi pH in biotopurile caracteristice sectorului din aval al insulei Brăilei. **(Beobachtungen über die Schwankungen des Sauerstoffgehaltes und des pH-Wertes in den charakteristischen Biotopen des Unterstromabschnittes der Insel Braila.)** Bul. Inst. Cercetări Proiectări piscicole 20 (1961) Nr. 2. S. 17–24. — 1 Abb., 4 Tab.
Das starke Absinken des Sauerstoffes bei hohen Temperaturen im Sommer (0,72 bis 2,14 mg/l) bei niedrigem Wasserspiegel und stark entwickelter Makrophytenflora führt zu phys.-chem. Veränderungen des Wassers und des Schlammes, so daß für die Fischfauna kritische Lebensbedingungen heraufbeschworen werden. Die Pflege der Balten erfordert daher ein regelmäßiges Ablassen des Wassers zur Durchlüftung und Wiederbelebung des Schlammes und die Vernichtung und Beseitigung der überschüssigen Wasservegetation.
E. Amlacher. 6240.

Cure, Victoria und Lupan, Lucia. Cercetări privind valorificarea ciulinului (Trapa natans L.). **(Untersuchungen über die Verwertbarkeit der Wassernuß [Trapa natans L.].)** Bul. Inst. Cercetări Proiectări piscicole 20 (1961) Nr. 2. S. 78–89. — 2 Abb., 6 Tab., 12 Lit.
Die Grünpflanzen der Wassernuß (Schwimmblätter von 20–30 cm Durchmesser) wurden zu Silofutter verarbeitet und im Winter an Schafe verfüttert. Die Früchte der Wassernuß wurden gemahlen und das Mehl als Beigabe zu Schweinefutter verwendet. Des weiteren wurden einige pharmakologisch wirksame Substanzen, die blutdrucksenkend wirken, isoliert. Die Verwertung der Wassernüsse erwies sich aber hinsichtlich des industriellen Kostenaufwandes als unrentabel. E. Amlacher. 6250.

Sivercov, A. (Siwerzow, A.) Pridorožnye prudy — novyj rezerv rybovodstva. **(Teiche neben den Wegen.)** Rybovodstvo i rybolovstvo, Moskva **5** (1962) Nr. 1. S. 19–21. — 3 Abb.
Auf Veranlassung des Ministeriums für Verkehrswesen der RSFSR wurden beim Bau neuer oder während der Ausbesserung schon vorhandener Verkehrsstraßen in Schluchten und Tälern, die von einem Bach durchflossen werden, Fischteiche angelegt. In den meisten Fällen dienen die aufgeschütteten Erddämme zur Überbrückung der Schlucht wodurch sich der Bau von Brücken erübrigt und wertvolles Baumaterial eingespart wird. Die entstandenen Teiche wurden den nächstliegenden Landwirtschaftsbetrieben übergeben und werden von diesen bereits mit Erfolg fischereilich genutzt.
A. Kozianowski. 6305.

Costea, Elena und Bușnița, Andrei. Rogojinile ca substrat pentru fixarea și incubarea icrelor de crap fecundate artificial. **(Matten als Festheftungs- und Inkubationssubstrat für künstlich befruchtete Karpfeneier.)** Bul. Inst. Cercetări Proiectări piscicole **20** (1961) Nr. 1. S. **40–44**. — 3 Abb.
Mit Hilfe von „Laichmatten" ist es möglich, bei Wahrung eines konstanten Sauerstoffangebotes einen Prozentsatz von 60–70% an geschlüpften Eiern zu erreichen. Die von hypophysierten Laichern gewonnenen Eier werden auf der Matte ausgestreut, und diese wird so abgerollt, daß nun die Eier auf der Unterfläche der Matte 15–40 cm unter der Wasseroberfläche zur Entwicklung gelangen.
E. Amlacher. 6315.

Judin, V. (Judin, W.); Inst. für Zool. und Parasitol. der Usbek. Akad. der Wiss. Plavučie kormorazvodnye ploščadki. **(Schwimmende Düngerbeete.)** Rybovodstvo i rybolovstvo, Moskva **5** (1962) Nr. 1. S. 11–12. — 1 Abb.
Das o. g. Inst. hat 1958/59 Versuche mit Düngerbeeten in Karpfenteichen durchgeführt. Zu diesem Zweck wurden 1 × 2 m große schwimmende Tische aus Rohr und Schilf zusammengebunden und mit 10 kg Mist pro m^2 belegt. Auf 1 ha wurden 300 m^2 solcher Mistbeete angebracht, die innerhalb von 40 Tagen zweimal mit Dung belegt werden konnten. Rings um diese Beete entwickelte sich nach 12–15 Tagen eine große Menge Zooplankton, das der eingesetzten zehntägigen Brut 1,5–2 Mon. lang als Nahrung diente. Durch die Anwendung von Düngerbeeten konnte die Produktivität der Versuchsteiche im Gegensatz zu den Parallelversuchen um ein Mehrfaches gesteigert werden.
A. Kozianowski. 6325.

Rosca, Grigore, Vasilescu-Rarinca, Elena, Gheorghiu, Valentin und Stoian, Marilena. Rezultate preliminare privind folosirea biopreparatelor bacteriene (Azotobacterin și Fosfobacterin) ca ingrășămint in heleșteele de creștere a crapului. **(Vorläufige Ergebnisse über die Verwendung bakterieller Biopräparate [Azotobakterin und Phosphobakterin] als Düngemittel in Karpfenteichen.)** Bul. Inst. Cercetări Proiectări piscicole **20** (1961) Nr. 1. S. 5–13. — 5 Tab., 6 Lit.
Es werden Forschungsergebnisse über den Gehalt an *Azotobacter chroococcum* und *Bacillus megatherium var. phosphaticus* in Karpfenteichen der fischereilichen Station Nucet mitgeteilt. Des weiteren werden die günstigen Auswirkungen von bakteriellen Biopräparaten im Vergleich zu ungedüngten Teichen diskutiert. In 110 Tagen des Wachstums ohne Fütterung wurde bei Anwendung von Biopräparaten zusammen mit Stallmist ein Ertrag von 500 kg/ha erzielt.
E. Amlacher. 6325.

Popescu, Ecaterina, Roșca, Grigore und Bircă, Ion. Experimentări biologice pentru stabilirea necesarului de îngrășăminte minerale in bazinele piscicole. **(Biologische Versuche zur Ermittlung der notwendigen Mengen an Mineraldünger in Fischteichen.)** Bul. Inst. Cercetări Proiectări piscicole **20** (1961) Nr. 2. S. 5–16. — 6 Tab., 10 Lit.

Die Untersuchungen wurden in 2 Etappen (7.–14. Juli 1960 und 18.–23 Aug. 1960) durchgeführt, wobei jede Versuchsreihe 4 Varianten enthielt, die jeweils verschiedenen Konzentrationen von Stickstoff, Phosphor und Kali entsprachen Der Düngungseffekt war unterschiedlich in bezug auf den aufgenommenen Stickstoff und Phosphor, den gelösten Sauerstoff und die quantitative und qualitative Entwicklung des Phytoplanktons. Es ließen sich keine deutlichen Zusammenhänge nachweisen. Kalium blieb ohne Einfluß auf die Entwicklung des Phytoplanktons. Im weiteren Verlauf der Untersuchungen gelangte man schließlich dazu, daß unter den Verhältnissen natürlicher Teiche in Rumänien folgende Düngermengen anwendbar sind, um eine starke Phytoplanktonentwicklung zu erzielen: Superphosphat 400 kg/ha, Kainit 390 kg/ha und Ammoniumnitrat 320 kg/ha. E. Amlacher. 6325.

Gomboşiu, Valentina und Zane, Elena. Mecanizarea in gospodăriile piscicole. **(Die Mechanisierung in den fischereilichen Betrieben.)** Bul. Inst. Cercetări Proiectări piscicole **20** (1961) Nr. 2. S. 55–70. — 9 Abb., 82 Lit.
Vor allem an Hand der einschlägigen Lit. wird ein Überblick über die Mechanisierung im fischereilichen Vollbetrieb gegeben (allgemeine Gesichtspunkte, Mechanisierung im Teichbau, Bodenbearbeitung, Bekämpfung von Wasserpflanzen, Düngung, Fütterung, Fangtechnik). Es werden verschiedene Maschinentypen und notwendige Aggregate des In- und Auslandes besprochen und die Mechanisierung als wichtiger Faktor zur Steigerung der Produktion in der Binnenfischerei hervorgehoben. E. Amlacher. 6350.

Igler, Kurt; Kalwang. **Die Fütterung der Forellen.** Österreichs Fischerei **13** (1960) Nr. 2. S. 17–21.
Vf. geht zunächst auf die Futtermengen ein und rechnet mit einem Futterquotienten von 8. Als günstigste Temperatur wird 9°C angegeben. Für Forellen gelten folgende Längen-Gewichts-Relationen: 10000 Stück Brut: 0,8–1,0 kg; 1000 Setzlinge wiegen bei 4 cm 0,6–1,0 kg, bei 6 cm ca. 2,5 kg, bei 8 cm 5,0–6,0 kg, bei 10 cm ca. 10,0 kg, bei 14 cm ca. 30,0 kg, bei 16 cm ca. 50,0 kg, bei 20 cm 80–100 kg und bei 25 cm 180–200 kg. An Futter werden benötigt: Für 100000 Stück Brut (8–10 kg): 5–6 kg (= 50–60%), für 50000 Setzlinge (4 cm, 50 kg): 15 kg (= 30%), für 30000 Setzlinge (10 cm, 300 kg): 30 kg (= 10%) und für 20000 Setzlinge (14 cm, 900 kg): 45 kg (=5%). Im Winter werden oftmals nur 1–2% des Fischgewichtes verabreicht. Es werden ferner Angaben über die Art der Futtermittel und der Fütterung gemacht.
W. Steffens. 6420.

Genina, N. V. (Genina, N. W.); Estn. Staatl. Verwalt. für Fischzucht. Iskusstvennoe razvedenie ščuki i vozmožnost' ee transportirovki. **(Die künstliche Zucht des Hechtes und die Möglichkeit seines Transportes.)** Naučnaja konferencija po izučeniju vodoemov Pribaltiki. Akademija nauk Litovskoj SSR. Institut biologii, Vil'njus **6** (1958) S. 104–105.
Vf. macht Angaben über die künstliche Gewinnung von Hechtlaich (*Esox lucius*), die Erbrütung der Eier und die Aufzucht der Larven. Außerdem werden die Möglichkeiten des Transportes befruchteter Eier behandelt.
H.-W. Hattop. 6450.

Nicolau, Aurelia, Manea, Gh., Şoileanu, Bonna und Nichiteanu, I. Primele rezultate obţinute în acţiunea de aclimatizare a speciei Ctenopharyngodon idella (Val.) în apele R. P. R. **(Die ersten Ergebnisse der Einbürgerung von Ctenopharyngodon idella in den Gewässern der Volksrepublik Rumänien.)** Bul. Inst. Cercetări Proiectări piscicole **20** (1961) Nr. 2. S. 25–38. — 2 Abb., 5 Tab., 13 Lit.
In der Fischereiforschungsstation Nucet wurden 1960 zwei aus China importierte Sendungen von *Ctenopharyngodon* beobachtet, und zwar 54 einjährige Exemplare mit einem Durchschnittsgewicht von 9 g und 22555 Brut-

fische mit einem mittleren Gewicht von 0,2 g. Die Fische wurden in Versuchsteichen mit einer Gesamtfläche von 9000 m² gehalten. Die Abwachsperiode dauerte vom 22. März bis zum 28. Okt. 1960. Danach betrug das mittlere Stückgewicht der einsömmerigen, aus der Brut hervorgegangenen Fische 46,1 g (maximal 120 g), das der zweisömmerigen 600 g (Maximal 800 g). *Ctenopharyngodon* ist ein Pflanzenfresser. Er ist widerstandsfähig gegen infektiöse Bauchwassersucht. Eine natürl. Vermehrung in Teichen ist aber nicht möglich, da *Ctenopharyngodon* in Bächen laicht. E. Amlacher. 6450.

Küsten- und Hochseefischerei

Fischer, Jan-Lorenz; Schleswig. **Die Fischerei auf der Schlei.** Fischwirt 12 (1962) Nr. 5. S. 131–137.
Nach einem kurzen Überblick über die Geschichte der Schleifischerei, geht Vf. nach Aufzählung der Fische, die dort in den einzelnen Jahreszeiten gefangen werden, auf die Fangmethodik ein. Er unterscheidet eine Klein- und Stellnetzfischerei und eine Waadenfischerei (Zugnetzfischerei). Außerdem wird über die jahreszeitliche Anwendung der einzelnen Fangmethoden berichtet, und es werden eine Frühjahrsfischerei, die Sommerwaade und die Winterfischerei unterschieden. Abschließend werden die Faktoren aufgezählt, die Schuld am Rückgang der Schleifischerei haben. F.-K. Löwe. 6480.

Anonym; Hamburg, Inst. für Küsten- und Binnenfischerei. **Wie sind die Fangaussichten an der niedersächsischen Küste in der kommenden Spitzenfangsaison 1961/1962?** Bundesforsch.-Anst. Fischerei Hamburg, Inform. Fischwirtsch. 8 (1961) Nr. 5/6. S. 134.
Nach Untersuchungen des Hamburger Institutes sind wahrscheinlich in der kommenden Wintersaison 1961/62 nur geringe Spitzenfänge an der niedersächsischen Küste zu erwarten. Diese Prognose kann aber nur mit Vorbehalt gemacht werden, da sie nur auf einem 8 jährigen Beobachtungsmaterial basiert, was für so ein turbulentes Fanggebiet eine rel. kurze Zeit ist. F.-K. Löwe. 6480.

Berner, M.; Saßnitz, Zweigstelle für Ostseefischerei des Inst. für Fischerei der Dtsch. Akad. der Landwirtsch.-Wiss. zu Berlin. **Die augenblickliche Situation der Dorschfischerei in der Ostsee und Vorschläge zur Veränderung.** Fischereiforschung 5 (1962) Nr. 1. S. 11–13. — 3 Tab.
Vf. schildert die hydrographisch-biol. und fischereilichen Ursachen des Rückganges der Dorscherträge (*Gadus morhua*) in der Bornholm- und Arkonasee. Nur eine Schonung des Jungdorsches und eine bessere Ausnutzung der Anlandungen (vollständige Anlandung des Dorsches III als Konsumdorsch) könnten hier weiterhelfen. F.-K. Löwe. 6515.

Tiews, K.; Hamburg, Inst. für Küsten- und Binnenfischerei. **Sommerliche Suchfahrten des Hochseefischkutters „Meta Holst" auf Edelfische in die nördliche Nordsee.** Bundesforsch.-Anst. Fischerei Hamburg, Inform. Fischwirtsch. 8 (1961) Nr. 5/6. S. 132–133.
Auf 2 Suchfahrten im Jahre 1961 wurden die in früheren Jahren befischten, jetzt aber ungenutzten Fangplätze Ling- und Vikingbank angelaufen, um die Möglichkeit zu prüfen, ob dort eine Kutterfischerei auf Steinbutt, Scholle und andere Edelfische möglich sei. Es zeigte sich, daß die Lingbank in den Sommermon. als ein geeignetes Fanggebiet für den Plattfischfang angesehen werden darf. Dagegen verliefen die Fangversuche auf der Vikingbank negativ, so daß vorläufig gesagt werden kann, daß sich dort keine rentable Fischerei ausüben läßt. F.-K. Löwe. 6515.

Kühl, H.; Hamburg, Inst. für Küsten- und Binnenfischerei. **Die Erträge der Ölheringsfischerei ändern sich 1961 nicht.** Bundesforsch.-Anst. Fischerei Hamburg, Inform. Fischwirtsch. 9 (1962) Nr. 1/2. S. 15–16. — 1 Tab.

Im Jahre 1961 wurden insgesamt 20441 t Ölheringe (*Clupen harengus*) gefangen (1960: 22195 t). Die Fangplätze waren jahreszeitlich verschieden; die Saison fing im Juni an und endete im Okt. mit dem Höhepunkt im Juli. Die größte Anlandung hatte Cuxhaven zu verzeichnen. Es folgen noch Fanganalysen und eine Aufzählung des Beifanges. F.-K. Löwe. 6515.

Yuen, Heeny S. H. Variability of skipjack response to live bait. **(Veränderlichkeit der Reaktion von Katsuwonus pelamis auf lebenden Köder.)** U. S. Dep. Interior, Fish Wildlife Serv., Fishery Bull. **60** (1959) Nr. 162. S. 147–160. — 13 Abb., 5 Tab., 9 Lit.
Beobachtungen bei der Angelfischerei mit lebendem Köder auf *Katsuwonus pelamis* im Gebiet von Honolulu zeigten, daß die Fangrate für jeden Skipjakschwarm einen besonderen Wert aufwies. Die Rate stieg vom Beginn des Fanges bis zu einem Höhepunkt an, um im Verlauf der Fangzeit allmählich abzusinken. Vf. konnte nachweisen, daß Unterschiede in der Beißfreudigkeit im Zusammenhang mit der Fischgröße bzw. der Ernährungsweise der Fische bestehen. Fische unter 60 cm Länge reagierten anders als größere. Letztere sind in Landferne und mit lebendem Köder besser zu fangen. Eine Abhängigkeit des Fangergebnisses von Wetter oder Tageszeit war nicht nachweisbar.
K. Anwand. 6560.

Schubert, K.; Hamburg, Inst. für Seefischerei. **Der deutsche Heringsfang 1958.** Bundesforsch.-Anst. Fischerei Hamburg, Inform. Fischwirtsch. **6** (1959) Nr. 3. S. 56–59. — 1 Abb., 1 Tab.
Der westdeutsche Gesamtfang an Heringen (*Clupea harengus*) betrug 1958 240000 t. Das waren 22000 t weniger als 1957. Am Gesamtfang des Jahres 1958 waren die Fischdampfer mit 120000 t, die Logger mit 70000 t und die Hochseekutter mit 50000 t beteiligt. Die Fänge wurden in der Nordsee (194000 t), im Kanal (10000 t), in den westbritischen Gewässern (18000 t) und in Ostsee, Kattegat, Skagerrak (18000 t) erzielt. Vf. macht dann nähere Angaben über den Stand der Kenntnisse der Heringsverteilung im Nordseeraum und verweist auf den engen Zusammenhang zwischen den hydrographischen Verhältnissen und den Heringsvorkommen. G. Predel. 6565.

Lundbeck, Johannes; Hamburg, Bundesforsch.-Anst. für Fischerei, Inst. für Seefischerei. **Biologisch-statistische Untersuchungen über die deutsche Hochseefischerei. 4. Mitt. Die Entwicklung der Hochseefischerei in fangtechnischer, räumlicher und biologischer Hinsicht. 5. Teil Die Dampferfischerei in der Nordsee.** Ber. dtsch. wiss. Kommiss. Meeresforsch. [N.F.] **16** (1962) Nr. 3. S. 177 bis 246. — 14 Abb., 22 Tab. 4. Mitt. 4. Teil vgl. LZ. Abt. III **4** (1959) Nr. 6. S. 1271.
Für die Fangplätze: südliche Nordsee, mittlere Nordsee, nördliche Nordsee, Skagerrak, Kattegat (nebst Ostsee) und die westbritischen Gewässer gibt Vf. eingehende statistische Analysen, wobei auch überwiegend Zahlenmaterial aus den Anfangszeiten der Dampferfischerei eingefügt ist. Als in jeder Richtung vergleichbares Zahlenmaterial werden die Werte in Fangmenge je Fangstunde, Fang je Reise (= 10 Fangtage) und in Tagesertrag (= 1/10 des Reiseertrages) angegeben. Zusammenfassende Analysen über den Grundfischfang in der Nordsee und die Heringsschleppnetzfischerei vervollständigen die Angaben.
F.-K. Löwe. 6565.

Ritzhaupt, H.; Rostock-Marienehe, Inst. für Hochseefischerei und Fischverarb., Abt. Fischereibiol. **Fangmöglichkeiten an der westafrikanischen Küste.** Fischereiforschung **5** (1962) Nr. 1. S. 3–6. — 6 Abb., 14 Lit.
Eine zusammenfassende Darstellung der Möglichkeiten des Fischfanges vor der afrikanischen Westküste nach den Untersuchungsergebnissen verschiedener Länder ergibt, daß auf Grund der anfangs geschilderten hydrographisch-meteorologischen Verhältnisse nur bestimmte Fanggründe in Frage kommen.

Als Fangobjekte spielen besonders die *Sardinella*-Arten eine große Rolle, daneben noch der Fang von Thunfischen. In absehbarer Zeit wird dieses Gebiet wohl einen Teil unseres Fischbedarfes decken. Andere Fischarten spielen fischereilich für die DDR keine Rolle. F.-K. Löwe. 6565.

E. BEEINFLUSSUNG DER FISCHEREI DURCH DIE UMWELT

Anonym. Bad luck on the Horsefly. **(Unglück im Horsefly-Fluß.)** Western Fisheries **62** (1961) Nr. 6. S. 10–11. — 1 Abb.
Als Folge eines ausgedehnten Waldbrandes erwärmte sich das Wasser des Horsefly-Flusses 1961 während der Wanderzeit des Sockeye-Lachses (*Oncorhynchus nerka*) teilweise bis auf 21 °C. Bis die Temperatur wieder normale Werte (10–13°) erreichte, waren 150000 Lachse (die Hälfte des gesamten Wanderzuges) zugrunde gegangen. Aus dem Horsefly-Fluß stammt gewöhnlich der bedeutendste Anteil an den Wanderzügen des Fraser-Flusses. Bei guten Bedingungen für die Junglachse kann man trotz dieser Verluste an Laichlachsen 1965 mit einem befriedigenden Wanderzug rechnen. G. Seifert. 6650.

Frantz, Anny; Wien-Kaisermühlen, Bundesanst. für Wasserbiol. und Abwasserforsch. **Radioaktivitätsmessungen in österreichischen Gewässern.** Österr. Wasserwirtsch. **13** (1961) Nr. 3. S. 45–49. — 1 Tab., 2 Lit.
Die Proben werden an 15 Entnahmestellen in den wichtigsten Flüssen einmal monatl. entnommen und auf ihre β-Aktivität hin untersucht. Die Meßergebnisse lagen nicht weit über der Erfassungsgrenze der beschriebenen Apparatur und bewegten sich in der gleichen Größenordnung, wie die aus Deutschland und der Schweiz bekannten Werte. H. Müller/Berlin. 6655.

Feldt; Hamburg, Inst. für Fischverarb. **Messung der Kontamination von Fischen.** Bundesforsch.-Anst. Fischerei Hamburg, Inform. Fischwirtsch. **9** (1962) Nr. 1/2. S. 34–37.
Die bisher erfaßte Kotamination der Hochseefische ist außerordentlich niedrig. Die Fische sind gegen ^{90}Sr durch den starken Gehalt des Meerwassers an natürlichem inaktivem Sr und Ca geschützt. Salzarme Gewässer — bes. Teiche — ermöglichen eine Kontamination in ähnlicher Größenordnung wie die der allg. Nahrungsmittel. Spurenelemente werden durch Unterwasserexplosionen aktiviert und können so zu einer Gefahr für Fische und Menschen werden. Ständige Prüfungen werden durchgeführt. F.-K. Löwe. 6665.

Gál, Ioan Korodi. Contribuţii la cunoaşterea biometriei şi hranei pelicanului creţ (Pelecanus crispus Bruch) din delta Dunării. **(Beiträge zur Kenntnis der Biometrie und der Nahrung des Krauskopfpelikans [Pelecanus crispus] aus dem Donaudelta.)** Bul. Inst. Cercetări Proiectări piscicole **20** (1961) Nr. 2. S. 90–96. — 1 Abb., 3 Tab., 5 Lit.
Es wurden 12 Exemplare des Krauskopfpelikans untersucht. Der Mageninhalt zeigte, daß die Menge der tägl. Nahrung im Mittel 1 289 g betrug. Es wurden in der Nahrung 10 verschiedene Fischarten identifiziert, von denen am stärksten Karpfen (100–500 g), Barsch (10–100 g) und Rapfen (100–500 g) vertreten waren. Der Karpfen machte 62,2% der Nahrung aus. Das mittlere Gewicht männl. Pelikane betrug 11,1 kg. Die Spannweite der Flügel maß 300 cm. Juvenile, flugfähige Männchen wogen 9,25 kg, gleichaltrige Weibchen 9,1 kg. E. Amlacher. 6695.

F. FISCHKRANKHEITEN

Markevič, A. P. und Ščerbina, K. A. (Markewitsch, A. P. und Stscherbina, A. K.); Zool. Inst. der Akad. der Wiss. der Ukrain.SSR; Forsch.-Inst. für Teichwirtsch. und Binnenfischerei der Ukrain.SSR. O sostojanii i zadačach izučenija boleznej ryb vo vnutrennich vodoemach Ukrainskoj SSR. **(Über den**

Stand und die Aufgaben der Erfoschung von Fischkrankheiten in den Binnengewässern der Ukrainischen SSR.) Trudy soveščanij. Ichtiologičeskaja komissija. Akademija nauk SSSR, Moskva-Leningrad **9** (1959) S. 149–152.

Unter Berücksichtigung der sich ständig entwickelnden Fischwirtschaft in den Binnengewässern der UdSSR würdigen Vff. die großen Anstrengungen, die in den letzten Jahrzehnten auf dem Gebiet der Erforschung und der Bekämpfung von Fischkrankheiten, bes. der seuchenhaft verlaufenden infektiösen Krankheiten gemacht wurden, und zählen die wichtigsten Wissenschaftler und Institutionen auf, die sich in der Ukrainischen SSR mit diesen Problemen befaßt haben. Das Ziel und die Aufgaben der sowjet. Wissenschaft in der nächsten Zukunft sind die weitere Erforschung der parasitären und bakteriellen Fischkrankheiten sowie die Ausarbeitung von wirksamen Bekämpfungsmaßnahmen und ihre Einführung in die Praxis. A. Kozianowski. 6700.

Špoljanskaja, A. Ju. (Schpoljanskaja, A. Ju.); RSFSR, Hauptverwalt. für Staatl. Fischzuchtanst., Akklimatisier.-Stat. Zabolevanija ikry i molodi ryb na rybovodnych predprijatijach Rosglavgosrybvoda. **(Erkrankungen von Fischeiern und Fischbrut in den sowjetischen Fischzuchtbetrieben.)** Trudy soveščanij. Ichtiologičeskaja komissija. Akademija nauk SSSR, Moskva-Leningrad **9** (1959) S. 81–85. — 3 Lit.

Zahlreiche Fischzuchtanstalten der RSFSR erleiden alljährlich bei der künstlichen Erbrütung von Karpfen, Coregonen und Salmoniden durch Ei- und Brutkrankheiten große Verluste. In vielen Fällen werden diese Erkrankungen durch funktionelle Störungen oder durch Parasitenbefall hervorgerufen. Es treten jedoch, bes. bei den Salmonideneiern, Krankheiten auf, die bisher noch nicht näher erforscht sind. Die größten Opfer fordert eine Erkrankung der Eihaut bei Lachseiern in den fernöstlichen Brutanstalten, die bisher nur vom Japaner Chanda beschrieben wurde und deren Ursachen noch nicht völlig geklärt sind. Bekämpfungsmaßnahmen, wie Dauerbäder in Formalin- oder Kaliumpermanganatlösungen und in Wasserstoffsuperoxyd, erwiesen sich als unwirksam. A. Kozianowski. 6700.

Stolk, A.; Amsterdam, Free Univ., Histol. Lab. Lack of haemoglobin in a fish. **(Hämoglobinmangel bei einem Fisch.)** Nature [London] **185** (1960) Nr. 4713. S. 625–626. — 2 Lit.

Vf. hielt ein ausgewachsenes ♂ der Art *Cichlasoma severum* 2 Jahre lang in einem großen Aquarium bei 25 °C. Der Fisch war 72 mm lang, weniger aktiv und kleiner als die anderen Cichliden gleichen Alters (109–154 mm) und hielt sich in den letzten Mon. seines Lebens meist nahe der Wasseroberfläche auf. In dieser Periode wurde nur noch wenig Nahrung aufgenommen. Nach seiner Abtötung zeigte die Untersuchung, daß die Blutgefäße völlig farblos waren. Das Herz und die Leber waren grau, die Kiemen und die Nieren cremefarben. Die Gallenblase war vergrößert und prall mit dunkelgrünem Gallenfarbstoff angefüllt. In Blutausstrichen konnte Hämoglobin nicht nachgewiesen werden. Erythrocyten waren jedoch vorhanden. Aus dem Vorhandensein großer Mengen von Gallenfarbstoff kann geschlossen werden, daß das Hämoglobin erst kurze Zeit vor der Abtötung zerstört worden ist. Überleben ohne Hb ist also möglich, wenn auch das Tier nicht so aktiv ist wie normalerweise.

M.-L. Albrecht. 6710.

Rădulescu, Ion und Luscar, Silvia. Cercetări anatomopatologice asupra unor tumori benigne la calcanul di marea neagră. **(Pathologisch-anatomische Untersuchungen über einige gutartige Tumoren des Steinbuttes im Schwarzen Meer.)** Bul. Inst. Cercetari Proiectări piscicole **20** (1961) Nr. 1. S. 48–53. — 3 Abb., 1 Tab., 6 Lit.

Es wurden 361 Steinbutte (*Rhombus maeoticus*), die von Apr. bis Aug. 1959 in den rumänischen Gewässern des Schwarzmeeres gefangen wurden, untersucht. Die bei bis zu 5% der gefangenen Fische beobachteten Geschwülste werden als typische Dermatofibrome, der Systematik von de Brux und Godechot folgend, beschrieben. E. Amlacher. 6710.

Izjumova, N. A. (Isjumowa, N. A.); Borok, Inst. für Biol. der Stauseen der Akad. der Wiss. der UdSSR. Vozbuditeli osnovnych parazitarnych zabolevanij ryb Rybinskogo vodochranilišča. **(Die Erreger der wichtigsten parasitären Erkrankungen der Fische im Rybinsker Stausee.)** Trudy soveščanij. Ichtiologičeskaja komissija. Akademija nauk SSSR, Moskva–Leningrad **9** (1959) S. 114 bis 119. — 2 Abb., 1 Tab., 4 Lit.
Vf. hat mit ihren Mitarbeitern in der Zeit von 1953 bis 1956 eine größere Anzahl Fische aller Arten aus dem Rybinsker Stausee parasitologisch untersucht und insgesamt 82 Parasitenarten gefunden. Die wichtigsten und häufigsten Schmarotzer werden mit genauen Angaben über die jeweils befallene Fischart und die betroffenen Körperorgane, über den Grad und die Zeit des Befalls und über den Einfluß der Schmarotzer auf den Fisch aufgezählt. Bes.hervorgehoben werden die Parasiten, die auch den Menschen durch einen Befall gefährden können und daher vorzugsweise bekämpft werden müssen. Abschließend werden einige kurze Ausführungen über die Bekämpfung der Parasiten im Rybinsker Stausees gemacht. A. Kozianowski. 6730.

Sidorov, E. G. (Sidorow, Je. G.); Zool. Inst. der Akad. der Wiss. der Kasach. SSR. Parazitofauna ryb vodochranilišč central'nogo Kazachstana. **(Die Parasitenfauna der Fische in den Stauseen der zentralen Kasachischen SSR.)** Trudy soveščanij. Ichtiologičeskaja komissija. Akademija nauk SSSR, Moskva–Leningrad **9** (1959) S. 134–137. — 1 Tab., 10 Lit.
In den beiden größten salzhaltigen Stauseen der zentralen Kasachischen SSR wurden bei 11 verschiedenen Fischarten mehrere Parasitengruppen vorgefunden, unter denen die monogenen Saugwürmer mit 14 Arten zahlenmäßig dominierten. Größere Änderungen in der Artenzusammensetzung der untersuchten Parasiten sind nach Ansicht des Vf. kaum noch zu erwarten, obwohl anzunehmen ist, daß mit der Vergrößerung der Fischpopulationen auch ein verstärkter Befall mit monogenen Saugwürmern eintreten kann.
A. Kozianowski. 6730.

Osmanov, S. O. (Osmanow, S. O.) Parazitofauna i parazitarnye bolezni ryb Aral'skogo morja. **(Parasiten und parasitäre Erkrankungen der Fische des Aralsees.)** Trudy soveščanij. Ichtiologičeskaja komissija. Akademija nauk SSSR, Moskva–Leningrad **9** (1959) S. 192–197. — 7 Lit.
Ein größeres Massensterben der Fische des Aralsees in den Jahren 1951–1953 wurde zum Anlaß umfangreicher Untersuchungen über die Parasitenfauna und die parasitären Erkrankungen der Fische dieses Gewässers. Nach den Ergebnissen der Untersuchungen besteht die Parasitenfauna des Aralsees aus 112 Arten, von denen 46 Arten als Fischparasiten in Frage kommen. Der Anteil befallener Fische war beträchtlich. Er betrug 97,6% aller untersuchten Exemplare. Durch den geringen Salzgehalt des Aralsees bedingt, trägt die Parasitenfauna zwangsläufig einen Süßwassercharakter. Viele Formen sind nur in den Flußmündungen, andere unweit der Flußmündungen anzutreffen und nur weniger als die Hälfte aller Parasiten ist im ganzen See verbreitet.
A. Kozianowski. 6730.

Krotas, R. A.; Biol. Inst. der Akad. der Wiss. der Litau.SSR. Parazity ryb presnych vodoemov Litovskoj SSR. **(Die Parasiten der Binnengewässer der Litauischen SSR.)** Trudy soveščanij. Ichtiologičeskaja komissija. Akademija nauk SSSR, Moskva–Leningrad **9** (1959) S. 163–167. — 2 Tab., 4 Lit.
Während der 1948 begonnen Forschungsarbeit über die Biozönose der litauischen Binnengewässer wurden einige Hundert Fische auf das Vorkommen von Parasiten untersucht. Als Ergebnis dieser Arbeit konnten 114 Parasitenarten,

darunter 28 aus Teichen bestimmt werden, von denen 6 Arten (*Chilodonella cyprini*, *Myxobolus cyprini*, *Ichthyophthirius multifiliis*, *Dactylogyrus vastator*, *D. solidus*, *Piscicola geometra*) als bes. gefährlich erkannt wurden.

A. Kozianowski. 6730.

Kamenev, V. P. (Kamenew, W. P.); Krasnodar, Pädagog. Inst., Lehrstuhl für Zool. Parazitofauna glavnejšich promyslovych ryb Priazovskich limanov. **(Die Parasitenfauna der wichtigsten Nutzfische der Haffe des Asowschen Meeres.)** Trudy soveščanij. Ichtiologičeskaja komissija. Akademija nauk SSSR, Moskva–Leningrad 9 (1959) S. 158–162. — 3 Tab., 4 Lit.
Durch die Regulierung der in das Asowsche Meer mündenden Flüsse haben sich die Lebensbedingungen der Fische und auch der Parasiten in den als gute Laichplätze bekannten Haffen mehrmals geändert. Bei Eintritt größerer Mengen salzhaltigen Wassers nahm der Arten- und Individuenreichtum der Parasiten sprunghaft ab. In den letzten Jahren wurde in diese Gewässer durch neuerbaute Kanalsysteme Süßwasser eingeleitet, und die Haffe begannen zu verschlammen und zu verkrauten. In den nun entstandenen günstigen Verhältnissen hat sich die Parasitenfauna sehr schnell regenerieren können. Sie enthält nach den neusten Untersuchungen u. a. äußerst pathogene Schmarotzerarten.

A. Kozianowski. 6730.

Žukov, E. V. und Strelkov, Ju. A. (Shukow, Je. W. und Strelkow, Ju. A.); Zool. Inst. der Akad. der Wiss. der UdSSR. Parazity ryb morej Dal'nego Vostoka. **(Fischparasiten der fernöstlichen Meere.)** Trudy soveščanij. Ichtiologičeskaja komissija. Akademija nauk SSSR, Moskva–Leningrad 9 (1959) S. 188–191.
Bei der Erforschung der Fischparasiten der fernöstlichen Meere wurden insgesamt 114 Endoparasiten bestimmt, von denen 60 Arten erstmalig in diesen Gewässern angetroffen und 13 Arten völlig neu beschrieben wurden. Alle Parasiten können nach der Lebens- und Ernährungsweise ihrer Wirte in drei Gruppen eingeteilt werden: Fischparasiten der Freiwasserzone, der litoralen Zone und der Brackwassergebiete. Das Erscheinen von Vertretern dieser oder jener Gruppe kann auf das Verhalten der entsprechenden Fischart hinweisen.

A. Kozianowski. 6730.

Poljanskij, Ju. I. und Bychovskij, B. E. (Poljanski, Ju. I. und Bychowski, B. Je.); Zool. Inst. der Akad. der Wiss. der UdSSR; Leningrad, Shdanow-Univ. Itogi i perspektivy rabot sovetskich parazitologov v oblasti izučenija parazitov ryb v morjach SSSR. **(Ergebnisse und Perspektiven der Arbeit der sowjetischen Parasitologen auf dem Gebiet der Erforschung von Fischparasiten in den Meeren der UdSSR.)** Trudy soveščanij. Ichtiologičeskaja komissija. Akademija nauk SSSR, Moskva–Leningrad 9 (1959) S. 177–183.
In den letzten 20–25 Jahren erzielten die Parasitologen auf den Meeren der UdSSR bedeutende Erfolge. Vor allem konnte die starke Abhängigkeit der Parasitenfauna von der Lebensweise, bes. aber von der Ernährungsweise des Wirtes im Meer, herausgestellt werden. Leider sind bisher noch keine umfangreichen Arbeiten über die Artenzusammensetzung und die Entwicklung der Parasiten in den fernöstlichen und nördlichen Meeren bekannt geworden. Auch fehlen noch zusammenhängende zoogeographische Untersuchungen über die Parasitenfauna des Schwarzen Meeres, das wegen seiner spez. Verhältnisse eine bes. Stelle unter den Meeren einnimmt. Die Parasitologie muß ein ständiger Bestandteil der gesamten Meeresforschung sein, um durch systematische Untersuchungen die Kenntnisse über die Meeresparasiten erweitern zu können.

A. Kozianowski. 6730.

Dumitru, Bogatu; Galaţi, Inst. Politehn. Un caz de infestatie cu Polypodium hydriforme Ussov 1885 la cega (Acipenser ruthenus L.) din dunăre. **(Befall**

eines Sterlets [Acipenser ruthenus] in der Donau durch Polypodium hydriforme Ussov 1885.) Bul. Inst. Cercetări Proiectări piscicole **20** (1961) Nr. 1. S. 54–59. — 4 Abb., 11 Lit.

Bei einem in Pisica gefangenen 5jährigen weibl. Sterlet von 29,5 cm Länge wurde bei der Sektion eine starke Invasion beider Ovarien mit *Polypodium hydriforme* (Coelenterata) gefunden. Es wurde eine starke Hypertrophie der Eier auf das Doppelte der Normalgröße beobachtet sowie eine Marmorierung des gesamten Ovars. In jedem Ei befand sich ein Stolo von *Polypodium*. Es wird der interessante Daseinscyclus dieses Hohltieres beschrieben. Vorbeugende Bekämpfungsmaßnahmen werden vorgeschlagen. E. Amlacher. 6730.

Dubinin, V. B. (Dubinin, W. B.); Zool. Inst. der Akad. der Wiss. der UdSSR. O kleščach, parazitirujuščich na rybach. **(Über parasitäre Wassermilben.)** Trudy soveščanij. Ichtiologičeskaja komissija. Akademija nauk SSSR, Moskva–Leningrad **9** (1959) S. 174–176. — 1 Tab., 18 Lit.

Neben der schon gut bekannten Rolle als Nahrungskonkurrenten der Fischbrut wird den Wassermilben auch eine gewisse Bedeutung als Fischparasiten beigemessen. Die Larven einiger Milbenarten (*Unionicola crassipes*) heften sich häufig an die Kiemenblättchen der Fischbrut an, oder sie werden von den Fischen mit der Nahrung aufgenommen und können sich an der Darmwand einkapseln. Der Prozentsatz befallener Fische kann ganz erheblich sein. In den Gewässern der UdSSR wurden schon Fälle registriert, wo 4,8 bis 47,6% aller Cypriniden mit 2–25 Milbenlarven pro Fisch befallen waren. Bevorzugt werden vor allem Arten mit dünner und weicher Haut (Blei, Zährte), bei deren Larven und Brut ein starker Befall mit Milben nicht selten einen tödlichen Ausgang nimmt. A. Kozianowski. 6730.

Korjakov, E. A. (Korjakow, Je. A.); Limnol. Stat. des Baikal-Gebietes der Ostsibir. Zweigstelle der Akad. der Wiss. der UdSSR. Parazit-neoėndemik Bajkala v bassejne reki Leny. **(Ein neoendemischer Parasit des Baikalsees im Flußbecken der Lena.)** Trudy soveščanij. Ichtiologičeskaja komissija. Akademija nauk SSSR, Moskva–Leningrad **9** (1959) S. 168–173. — 2 Abb., 21 Lit.

Ein vorwiegend bei einheimischen Cottiden des Baikalsees schmarotzender Copepode *Salmincola cottidarum*, der hier ausführlich beschrieben ist, wurde in den dreißiger Jahren auf den Wänden der Kiemenhöhle eines *Paracottus kessleri* aus dem Mittellauf der Lena gefunden. Diese Tatsache wurde in der darauffolgenden Zeit zum Anlaß einer interessanten Diskussion über Zeitpunkt und Ausmaß der Verbreitung dieser Schmarotzerart. Die Ergebnisse dieser Diskussion sind hier enthalten. A. Kozianowski. 6740.

Dubinina, M. N.; Zool. Inst. der Akad. der Wiss. der UdSSR. Ligulez ryb i bořba s nim. **(Ligula-Befall der Fische und seine Bekämpfung.)** Trudy soveščanij. Ichtiologičeskaja komissija. Akademija nauk SSSR, Moskva–Leningrad **9** (1959) S. 138–143. — 1 Abb., 19 Lit.

Unter den bei Fischen parasitierenden Würmern wurden in der UdSSR vier Riemenwurmarten (*Ligula colymbi*, *L. intestinalis*, *Diagramma interrupta*, *D. nemachili*) bestimmt, die der Fischwirtschaft alljährlich hohe Verluste verursachen. Vf. beschreibt eingehend die biol. und ökol. Eigenschaften dieser Bandwürmer und verfolgt die zunehmende Ausdehnung der Krankheit. Als einzige in natürlichen Gewässern wirksame Bekämpfungsmaßnahme wird die Vernichtung der überhandnehmenden fischfressenden Raubvogelbestände genannt, die als Endwirte bei der Vermehrung und Verbreitung der Riemenwürmer eine wichtige Rolle spielen. A. Kozianowski. 6750.

Kulakovskaja, O. (Kulakowskaja, O.) Gvozdičnik i bořba s nim. **(Der Nelkenwurm und seine Bekämpfung.)** Rybovodstvo i rybolovstvo, Moskva **5** (1962) Nr. 1. S. 26–27. — 1 Abb.

Der vorwiegend beim Karpfen (*Cyprinus carpio*) schmarotzende Nelkenwurm, *Caryophyllaeus fimbriceps* (oftmals fälschlich als *C. laticeps* bezeichnet) gelangt im Larvenstadium mit den aufgenommenen Tubificiden in den Darm der Karpfen und erreicht dort seine Geschlechtsreife. Bei starkem Befall kann ein Massensterben der jüngeren Jahrgänge eintreten . Um die Teichwirtschaften vor höheren Verlusten zu schützen, hat man in verschiedenen Betrieben der UdSSR mit Erfolg versucht, den Darmkanal der Karpfen durch Verfütterung von Kamala in täglichen Dosen von 0,1 g pro Fisch von Nelkenwürmern zu befreien. Als eine zuverlässige Bekämpfungsmethoden werden auch das Trockenlegen und die Desinfektion der Teichböden genannt, wodurch die Zwischenwirte des Nelkenwurms vernichtet werden.
A. Kozianowski. 6750.

Bychovskaja-Pavlovskaja, I. E. und Petruševskij, G. K. (Bychowskaja-Pawlowskaja, I. Je. und Petruschewski, G. K.); Zool. Inst. der Akad. der Wiss. der UdSSR; Unions-Forsch.-Inst. für Binnenfischerei. Ličinki trematod v rybach Sovetskogo Sojuza. **(Trematodenlarven in Fischen der UdSSR.)** Trudy soveščanij. Ichtiologičeskaja komissija. Akademija nauk SSSR, Moskva–Leningrad **9** (1959) S. 198–205.

Unter den parasitären Erkrankungen der Fische nimmt in der UdSSR der Befall mit digenen Saugwürmern einen bedeutenden Platz ein. Bisher wurden bei den Fischen Cercarien von 49 Trematodenarten vorgefunden, deren Fundort und Befallsweise für jede Art gesondert beschrieben sind. Der Lebenszyklus und die Endwirte zahlreicher Trematoden sind nicht oder nur teilweise bekannt. Auch die Morphologie der Larven ist noch nicht in allen Fällen richtig erforscht worden, was die genaue Bestimmung der Arten sehr erschwert. Die überwiegende Mehrheit der aufgezählten Saugwürmer und ihre Larven sind an das Süß- oder Brackwasser gebunden, denn es konnten nur 8 typische Meeresarten aufgefunden werden. A. Kozianowski. 6750.

Vladimirov, V. L. (Wladimirow, W. L.); Leningrad, Staatl. Forsch.-Inst. für Binnenfischerei. Morfologija i razvitie jaic Posthodiplostomum cuticola (Nordmann, 1832) Dubois, 1936 — vozbuditelja černopjatnistoj bolezni ryb. **(Morphologie und Entwicklung der Eier von Posthodiplostomum cuticola, dem Erreger der Schwarzfleckenkrankheit der Fische.)** Doklady Akademii nauk SSSR, Moskva **140(29)** (1961) Nr. 5. S. 1226–1228. — 1 Abb., 10 Lit.

Posthodiplostomum cuticola besitzt ovale Eier von der Größe 0,103–0,112 × 0,069 bis 0,083 mm. Die Embryogenese der Eier beginnt bei 10–12 °C, ihre Dauer ist abhängig von der Wassertemperatur, den Beleuchtungsverhältnissen, dem pH-Wert und dem O_2-Gehalt des Wassers. Eier mit langer Embryogenese treten im Gewässer in der Frühjahrs-Herbst-Periode auf, Eier mit kurzer Embryogenese findet man von Juni an. G. Predel. 6750.

Vladimirov, V. L. (Wladimirow, W. L.); Leningrad, Staatl. Forsch.-Inst. für Binnenfischerei. Morfologija i biologija miracidija Posthodiplostomum cuticola (Nordmann, 1832) Dubois, 1936 — vozbuditelja černopjatnistoj bolezni ryb. **(Morphologie und Biologie des Miracidiums von Posthodiplostomum cuticola, dem Erreger der Schwarzfleckenkrankheit der Fische.)** Doklady Akademii nauk SSSR, Moskva **140(29)** (1961) Nr. 6. S. 1473–1476. —2 Abb., 6 Lit. Vgl. vorst. Ref.

Durch die Schwarzfleckenkrankheit wurden Massensterben von Cypriniden in den zentralen und bes. in den südlichen Teilen der UdSSR hervorgerufen. Erreger dieser Krankheit ist *Posthodiplostomum cuticola*. Biologie und Morphologie des Miracidiums dieser Trematoden werden beschrieben und durch Abb. erläutert. Das Miracidium bildet sich in *Planorbis planorbis*, dem ersten Zwischenwirt des Parasiten. In der weiteren Entwicklung entstehen Mutter- und

Tochtersporocysten, die die Leber der Schnecke befallen. In der Tochtersprorocysten entstehen die Cercarien, die die unmittelbaren Krankheitserreger sind. G. Predel. 6750.

Uspenskaja, A. V. (Uspenskaja, A. W.); Cytol. Inst. der Akad. der Wiss. der UdSSR. O pitanii monogenetičeskich sosal'ščikov. **(Über die Nahrung monogener Saugwürmer.)** Doklady Akademii nauk SSSR, Moskva **142(30)** (1962) Nr. 5. S. 1212–1215. — 4 Abb., 15 Lit.

Durch exakte histochem. Untersuchungen konnte festgestellt werden, daß sich die vornehmlich auf den Kiemen der Karpfen parasitierenden *Dactylogyrus vastator* und *D. solidus* von Blut, Kiemenfetzen und Fischschleim nähren. Die beiden genannten Parasiten haben im Gegensatz zu anderen monogenen Saugwürmern eine intrazelluläre Verdauung. Die bisher als verdauungsfördernde „Drüsen" angesehenen Schleimzellen in ihrem Darm nehmen nur wenig am Verdauungsprozeß teil und haben anscheinend eine andere Funktion. Bei den übrigen monogenen Saugwürmern beginnt die Verdauung schon im Darm, so daß die Epithelzellen der Darmwände halbverdauten Nahrungsbrei absorbieren können. A. Kozianowski. 6750.

Steffens, Werner; Berlin-Friedrichshagen, Inst. für Fischerei der Dtsch. Akad. der Landwirtsch.-Wiss. zu Berlin. **Der heutige Stand der Verbreitung von Plistophora hyphessobryconis Schäperclaus 1941 (Sporozoa, Microsporidia.)** Z. Parasitenkunde **21** (1962) Nr. 6. S. 535–541. — 4 Abb., 12 Lit.

Nach einer Beschreibung von *Plistophora hyphessobryconis* wird auf die durch dieses Microsporidium hervorgerufenen Krankheitserscheinungen bei Fischen eingegangen. Die Zahl der befallenen Spezies hat sich in letzter Zeit stark erhöht. Das erstmalige Auftreten des Parasiten bei einem Cichliden, *Apistogramma reitzigi*, wird geschildert. Mit Sicherheit konnte ein Befall bisher bei 17 Fischarten aus den Familien Characidae, Cyprinidae, Cyprinodontidae und Cichlidae festgestellt werden. W. Steffens. 6760.

Laird, Marshall; Geneva, World Health Organisation, Div. of Environmental Sanitation. Trichodinids and other parasitic protozoa from the intertidal zone at Nanaimo, Vancouver Island. **(Trichodiniden und andere parasitäre Protozoen aus der Intertidenzone bei Nanaimo, Vancouver Island.)** Canad. J. Zool. **39** (1961) Nr. 6. S. 833–844. — 5 Abb., 33 Lit.

Im Herzblut der Fischart *Artedius fenestralis* kam die Coccidienart *Haematogregarina bigemina* vor. Die Ciliaten *Eupoterion pernix* und *Scyphidia ubiquita* wurden in der Muschelart *Acmaea cassis* festgestellt. Zwei neue Trichodina-Arten wurden aus *Artedius fenestralis* beschrieben. *Trichodina vancouverense* und *T. decipiens* kommen auf den Kiemen der genannten Art vor. Die genaue Beschreibung der Arten, deren biometrische Unterscheidungsmerkmale genannt werden, wird mitgeteilt. J. Waldmann. 6760.

Caselitz, F.-H. und Günther, R.; Hamburg-Altona, Allg. Krankenhaus, Bakteriol. Inst. **Weitere Beiträge zum Genus Aeromonas.** Zbl. Bakteriol., Parasitenkunde, Infektionskrankh. Hyg., I. Abt., Orig. **178** (1960) Nr. 1. S. 15 bis 24. — 2 Abb., 4 Tab., 24 Lit.

An 31 *Aeromonas*-Stämmen wurden morphol., kulturelle und biochem. Studien durchgeführt. Die Stämme waren von verschiedenen Untersuchern aus Material der Human- und Tierklinik isoliert worden, hinzu kamen einige Kaltblüter-Stämme. Auf Grund der Morphologie, des Wachstums auf festen und flüssigen Nährböden, der hämolytischen und proteolytischen Eigenschaften stellen die 31 Stämme eine einheitliche Gruppe dar. Unterschiede ergaben sich dagegen beim Abbau gewisser Substanzen in der bunten Reihe. Diese Ergebnisse veranlaßten Vff. zum Aufstellen von 6 Typen, in die sie die 31 unter-

suchten Stämme einordnen. Interessant ist der Fund eines *Aeromonas*-Stammes, der bereits nach 24 Std. Laktose spaltete.
Th. Mattheis. 6790.

Kuročkin, Ju. V., Gorbunov, K. V. und Koblickaja, A. F. (Kurotschkin, Ju. W., Gorbunow, K. W. und Koblizkaja, A. F.) O slučajach massovych zabolevanij i gibeli ryb v nizovjach del'ty Volgi. **(Über Fälle von massenhaften Erkrankungen und Massensterben der Fische in den Niederungen des Wolgadeltas.)** Trudy sovеščanij. Ichtiologičeskaja komissija. Akademija nauk SSSR, Moskva–Leningrad **9** (1959) S. 153–155.

Vff. berichten über einige Fälle von massenhaften Erkrankungen der Wildkarpfen (*Cyprinus carpio*) und der Bleie (*Abramis brama*) im Gebiet des Wolgadeltas. Neben einer noch unbekannten Krankheit wurde in den Jahren 1956 bis 1957 meist das Auftreten der infektiösen Bauchwassersucht festgestellt, die in vielen Fällen Massensterben der Fische hervorrief. Die bei den erkrankten Fischen vorgefundenen zahlreichen Parasiten spielten nur eine untergeordnete pathogene Rolle. A. Kozianowski. 6790.

Suceveanu, Natalia und Rădulescu, I. Date cu privire la combaterea hidropiziei infecțioase cu antibiotice în cîteva gospodării piscicole din R.P.R. în anii 1959 și 1960. **(Angaben über die Bekämpfung der infektiösen Bauchwassersucht in einigen Teichwirtschaften der VR Rumänien mit Antibiotika 1959 und 1960.)** Bul. Inst. Cercetări Proiectări piscicole **20** (1961) Nr. 2. S. 45–54. — 3 Tab.

Es wurden einjährige Karpfen (*Cyprinus carpio*) mit Chloramphenicol und Lemycuin injiziert (In Rumänien gilt der zweisömmerige Karpfen als Speisefisch). Die Dosierung der Präparate betrug 1,5–2 mg für Karpfen von 15–100 g. Es handelte sich allerdings nur um Fische, die die ulceröse Form des Syndroms aufwiesen. In Fällen ascidider Erkrankung waren die Einspritzungen wirkungslos. Die behandelten Karpfen wogen rund 500 g und hatten 17% Verluste, die unbehandelten wogen 250–390 g und hatten 68% Verluste. E. Amlacher. 6790.

Nečiporenko, Ju. D. und Kulažko, V. A. (Netschiporenko, Ju. D. und Kulashko, W. A.); Ukrain. Forsch.-Inst. für Fischwirtsch. der Ukrain. Akad. der Landwirtsch.-Wiss. Povyšenie fagocitarnoj sposobnosti lejkocitov u karpov pod vlijaniem levomicetina. **(Verstärkung der phagozytären Aktivität der Leukocyten bei Karpfen unter Einwirkung von Levomycetin.)** Antibiotiki, Moskva **7** (1962) Nr. 1. S. 50–52. — 2 Lit. Zus. in Engl.

Vff. finden, daß 50 mg Levomycetin/kg die phagocytäre Aktivität in Karpfen (*Cyprinus carpio*) steigern. Diese Steigerung spricht für die Anwendung des antibiotischen Mittels und für die Richtigkeit der Behandlung in bestimmten Krankheitsfällen. Die Levomycetin-Behandlung hat keinen Einfluß auf den Hämoglobin-Gehalt des Karpfenblutes. G. Merla. 6790.

Ross, A. John; Seattle, Wash., Bureau of Sport Fisheries and Wildlife, Western Fish Disease Lab. Mycobacteria in adult salmonid fishes returning to federal hatcheries in Washington, Oregon and California. **(Mycobakterien in adulten Salmoniden, die zu Bundesbrutanstalten in Washington, Oregon und Kalifornien zurückkehrten.)** U. S. Dep. Interior, Fish Wildlife Serv., spec. sci. Rep. **1959** Nr. 332. S. 1–9. — 10 Tab., 4 Lit.

Bei der Untersuchung zeigte sich, daß säurefeste Bakterien in Salmoniden dieses Gebietes weit verbreitet waren. Von den im gefrorenen Zustand dem Labor. eingesandten Lebern wurden Ausstriche angefertigt und nach Ziehl-Neelsen gefärbt. Die Zahl der säurefesten Stäbchen pro Blickfeld ergab den Grad der Infektion. *Oncorhynchus tshawytscha* war in den Proben von 3 Stationen zwischen 10,5 und 16,2% infiziert. Aus 17 Flüssen des Staates Washington waren die Proben natürlich ablaichender Fische ohne Befund. Eine Gruppe von *O. tshawytscha*, die 370 Tage in der Zuchtanstalt aufgewachsen war, hatte beim Wiederfang eine Infektionsrate von 62%. Äußerlich als abnorm erkennbare Fische waren zu 100% infiziert. Eine natürliche Population von *O. nerka* war zu 36% infiziert, künstlich erbrütete Fische hatten bei Rückkehr zum Laichen eine Infektionsrate von 12,3%. Es wird angenommen, daß mit den nachweislich verfütterten Salmonidenabfällen in den Zuchtanstalten die Übertragung der Krankheit auf den Jungfisch erfolgt. Eine statistische Analyse ergab, daß die Körperlänge unabhängig von der Infektion ist. In höheren Altersgruppen ist die Infektionsrate größer. Beide Geschlechter sind gleich empfindlich für die chronisch verlaufende Infektion. Th. Mattheis. 6790.

Earp, Brian J.; Seattle, Washington State Dep. of Fisheries. Mycobacteria in adult salmonid fishes returning to state hatcheries in Washington. **(Mycobakterien in adulten Salmoniden, die zu Staatsbrutanstalten in Washington zurückkehrten.)** U. S. Dep. Interior, Fish Wildlife Serv., spec. sci. Rep. **1959** Nr. 332. S. 10–13. — 1 Tab., 1 Lit.

Adulte *Oncorhynchus tshawytscha* und *O. kisutch*, die zum Laichen zu Brutanstalten des Columbia-Flußgebietes zurückkehrten, wurden auf das Vorkommen von säurefesten Bakterien untersucht. Von 1234 aus 6 Brutanstalten untersuchten Lebern, die nach der üblichen Ausstrichtechnik und einer im Labor. entwickelten Aufschlußanreicherungsmethode untersucht wurden, konnten 77 = 6,2% als infiziert nachgewiesen werden. Zur Hypothese der Übertragung der Infektion durch Verfütterung von Salmonidenabfällen (Eingeweide) auf Jungfische ergaben sich in zwei Fällen deutliche Hinweise, denn je länger (bis zu 12 Mon.) die Jungfische in Zuchtanstalten gefüttert wurden, um so größer war die Infektionsrate der Rückkehrer.
Th. Mattheis. 6790.

Wood, James W.; Oakridge, Oregon Fish Commiss. A survey of tuberculosis in Pacific salmon and steelhead trout in Oregon streams in 1957. **(Ein Überblick über die Tuberkulose bei pazifischen Lachsen und Steelhead-Forellen in Flüssen Oregons im Jahre 1957.)** U. S. Dep. Interior, Fish Wildlife Serv., spec. sci. Rep. **1959** Nr. 332. S. 18–34. — 1 Abb., 12 Tab., 3 Lit.

Auf Stellnetzen gefangene *Oncorhynchus tshawytscha* waren infiziert: Frühjahrslaicher 4,9%, Sommerlaicher 2,9%, Herbstlaicher 5,6%. Die Infektionsraten waren für *O. kisutch* 9,2%, *O. nerka* 0,6% und *Salmo gairdneri* 1,3%. In Populationen, die zum Laichen zu Brutanstalten zurückkehrten, waren zwischen 30 und 100% der untersuchten Fische mit Tuberkulose infiziert. In 2 Proben aus wilden Populationen konnte Tbc nicht nachgewiesen werden.
Th. Mattheis. 6790.

Westgard, Richard L.; Seattle, Washington State Dep. of Fisheries. A procedure for the detection of acid-fast bacteria in fish: A comparative study of digest-concentrate vs. smear technique. **(Eine Methode zur Entdeckung von säurefesten Bakterien im Fisch: Eine vergleichende Studie über die Aufschlußanreicherungs- und Ausstrichtechnik.)** U. S. Dep. Interior, Fish Wildlife Serv., spec. sci. Rep. **1959** Nr. 332. S. 13–17. — 2 Tab.

Die Aufschlußanreicherungstechnik wurde entwickelt, einmal um die Anwesenheit von geringen Mengen säurefester Bakterien feststellen zu können, zum anderen um jene Bakterien ebenfalls zu erfassen, die sich in abgekapselten Tuberkeln befinden und von der Ausstrichtechnik i. allg. nicht erfaßt werden. Die neue Arbeitstechnik wird in allen Einzelheiten beschrieben und mit der üblichen Ausstrichtechnik verglichen. Die Brauchbarkeit der neuen Methode wird diskutiert. Th. Mattheis. 6790.

Economon, Philip P. und Schumacher, Robert E.; St. Paul, Minnesota Dep. of Conserv. Uniformity of dispersion of sulfamerazine in pelleted trout food. **(Einheitliche Verteilung von Sulfamerazin in gekörntem Salmonidenfutter.)** Trans. Amer. Fisheries Soc. **89** (1960) Nr. 1. S. 64–66. — 2 Tab., 3 Lit.

Zur Krankheitsbekämpfung wurde ein Zusatz von 1,5 Gew.% Sulfamerazin benutzt. Die Mischungsmethode wird ausführlich beschrieben. Bei der Bereitung entnommene Proben, die kolorimetrisch analysiert wurden, hatten nach 2 Tagen und nach 2 Mon. bei einer Lagerungstemperatur von 5 °C einen gleichmäßigen Gehalt an Sulfamerazin. Die Verteilung des Medikamentes war demnach zufriedenstellend, und Subsanzverluste traten nicht auf.

W. Steffens. 6790.

Kuročkin, Ju. V. und Gorbunov, K. V. (Kurotschkin, Ju. W. und Gorbunow, K. W.) K izučeniju ospy sazanov. **(Die Pockenkrankheit der Wildkarpfen.)** Trudy soveščanij. Ichtiologičeskaja komissija. Akademija nauk SSSR, Moskva - Leningrad **9** (1959) S. 156–157.

Zur Zeit der Massenerkrankungen der Wildkarpfen (*Cyprinus carpio*) im Wolgadelta konnten im Winter 1956/57 bei zahlreichen erkrankten Fischen Symptome der Pockenkrankheit beobachtet werden. Durch histologische Vergleiche mit pockenkranken Spiegelkarpfen wurde festgestellt, daß es sich bei den Wolgakarpfen tatsächlich um Pocken handelte, obwohl diese Krankheit gewöhnlich nicht im Winter und im fließenden Wasser auftritt. Sie verläuft bei den Wildkarpfen in zwei Phasen und befällt zuerst die größeren Exemplare (über 40 cm) und später auch die kleineren (25–40 cm). Unter normalen Verhältnissen ist die Krankheit für die Karpfen ungefährlich und kann, ohne sie zu schädigen, wieder vergehen. Erst bei Mitwirkung einiger noch unbekannter Faktoren nimmt sie einen tödlichen Verlauf.

A. Kozianowski. 6790.

Stolk, A.; Amsterdam, Holland, Free Univ., Histol. Lab. Melanoma of the skin in the black angelfish Pterophyllum scalare Cuvier with some theoretical considerations concerning the melanoma in extremely pigmented fishes. I. and II. **(Melanome in der Haut des schwarzen Skalares Pterophyllum scalare sowie einige theoretische Betrachtungen über Melanome in extrem pigmentierten Fischen. 1. und 2. Mitt.)** Proc., Kon. nederl. Acad. Wetensch., Ser. C **63** (1960) Nr. 1. S. 87–102. — 21 Abb., 2 Tab., 93 Lit.

Das ausführlich beschriebene Melanom von *Pterophyllum* ist wahrscheinlich ein artspezifischer, erblicher Tumor, der nur bei einem Geschlecht auftritt. Das Melanom entwickelt sich durch Melanocytenwachstum, die in Micromelanophoren verwandelt werden. Das fertige Melanom enthält Melanoblasten, Melanocyten, Melanophoren, Melanophagen und verbindendes Gewebe. Es werden 3 Entwicklungsphasen unterschieden und Betrachtungen über die Ursachen der Melanombildung angestellt. D. Barthelmes. 6820.

Stolk, A.; Amsterdam, Holland, Free Univ., Histol. Lab. Histochemical analysis of three dehydrogenase systems in the renal adenocarcinoma of the cyprinodont Aplocheilus lineatus lineatus (Valenciennes). **(Histochemische Analyse von drei Dehydrogenase-Systemen aus dem renalen Adenocarcinom des Cyprinodonten Aplocheilus lineatus lineatus.)** Proc., Kon. nederl. Akad. Wetensch., Ser. C **63** (1960) Nr. 4. S. 548–575. — 30 Abb., 1 Tab., 74 Lit.

In einer Laborpopulation von *Aplocheilus lineatus lineatus* trat häufig ein renales Adenocarcinom auf, das beschrieben wird. Die histochem. Untersuchungen erstreckten sich auf Succinodehydrogenase, Diaphorase sowie auf die DPN-abhängigen Fermente wie Lacticodehydrogenase, Malicodehydrogenase usw.

und TPN-Diaphorase aus der Geschwulst. Die Aktivität der Fermente wird mit der aus gesunden Geweben verglichen, wobei sich verschiedene Abweichungen ergaben. D. Barthelmes. 6820.

Ewing, W. H., Hugh, R. and *Johnson, Jane G.* **Studies on the Aeromonas group.** Atlanta, Georgia: U. S. Department of Health, Education, and Welfare. Public Health Service. Communicable Disease Center. 1961. (37 S. m. 8 Abb., 11 Tab., 80 Lit.) 20,5 × 26 5 cm. In umfangreichen, eingehenden Untersuchungen an 88 *Aeromonas*-Stämmen und 50 C27-Stämmen haben Vff. unter bes. Berücksichtigung der Literatur über die Nomenklatur und Taxionomie die zahlreichen Erkenntnisse über die *Aeromonas*-Gruppe erneut überprüft. Auf Grund ihrer Ergebnisse folgern sie, daß *Aeromonas hydrophila* als Typ-Spezies für die Gattung anzusehen ist. Die zahlreichen Synonyme von *A. hydrophila* (*A. punctata, A. liquefaciens* u.a.m.) sollten wegfallen. Die früher unter diesen Speziesbezeichnungen beschriebenen Bakterien werden als Biotypen einer einzigen Art — *Aeromonas hydrophila* — angesehen. Die C27-Gruppe sollte in die Gattung *Aeromonas* eingeordnet werden. Als Speziesbezeichnung hat für sie *Aeromonas shigelloides* Priorität. Nach der geforderten Neuordnung umfaßt die Gattung *Aeromonas* 3 Arten: *A. hydrophila, A. salmonicida, A. shigelloides.* Th. Mattheis.

Dyk, Václav. **Nemoci ryb.** (Fischkrankheiten.) 3., přeprac. vyd. Praha: Stát. Zeměd. Naklad. 1961. (403 S.) 8°. (1962 A 329)

Grohmann, Günter. **Die Wirkung der Antibiotika zur Senkung der Bauchwassersuchtverluste bei Karpfen in der Teichwirtschaft, dargestellt am Beispiel des VEB Binnenfischerei Königswartha.** Dipl.-Arb. Humboldt-Univ. Berlin, Landwirtsch.-Gärtnerische Fak. 1962.

G. FISCHVERARBEITUNG

Mann, Hans; Hamburg, Bundesforsch.-Anst. für Fischerei, Inst. für Küsten- und Binnenfischerei. **Gewichtsverluste bei der Hälterung von Aalen.** Fischwirt 11 (1961) Nr. 8. S. 233–239. — 4 Abb., 2 Tab.

Vf. untersuchte die Gewichtsverluste von Aalen (*Anguilla anguilla*) nach 4½-monatiger Hälterung unter Laborbedingungen bei verschiedenen Temperaturen. I. allg. verlieren Aale nach längerer Hälterung 10–20% ihres Gewichtes. Gelegentliche Gewichtserhöhungen sind die Folge einer Wasseraufnahme verschiedener Gewebe. Bei kleineren Aalen ist der Gewichtsverlust rel. höher als bei größeren. Der Gewichtsverlust ist in den Rücken- und Bauchpartien am stärksten. Gelb- und Blankaale zeigten hierbei und bei der Abnahme des Fettgehaltes wesentliche Unterschiede. Bei Versuchen, die Aale in Hälterteichen zu füttern, nahmen nur einige die Nahrung auf.
G. Seifert. 6830.

Tschek, G.; Rostock-Marienehe, Inst. für Hochseefischerei und Fischverarb., Abt. Verfahrenstechnol. **Antibiotikahaltiges Eis zur Frischhaltung von Fisch.** Fischereiforschung 5 (1962) Nr. 1. S. 21–22. — 12 Lit.

Die Lagerzeit von Frischfisch kann durch eine Zugabe von 10 g Oxytetracyclin auf 1 t Wasser bei der Eisherstellung verlängert werden. Großtechnische Versuche sind geplant. Antibiotikahaltiges Eis ist jedoch kein Wundermittel, alle anderen hygienischen Forderungen gelten bei seiner Anwendung nach wie vor. F.-K. Löwe. 6830.

Elesin, A. S. (Jelessin, A. S.) Ochlaždenie i perevozka ryby v kontejnerach na sudach. **(Kühlung und Transport der Fische in Behältern auf Schiffen.)** Rybnoe chozjajstvo, Moskva 37 (1961) Nr. 6. S. 69–72. — 2 Abb., 1 Lit.

Zur Verbesserung der Fischqualität und zur schnelleren Abwicklung des Löschprozesses wurden Versuche gemacht, gefangene Fische zunächst in Spezialbehältern auf kleinen Schiffen zu kühlen und dann an Transportschiffe zu übergeben. Die Kühlung erfolgt in schwacher Salzlösung (2%) bei 0° bis —1 °C. Die Methode hat sich bereits erfolgreich bewährt und wird nach Beseitigung kleinerer Mängel für die Einführung in die Praxis empfohlen.
G. Predel. 6830.

Pujdak, Ju. A. (Puidak, Ju. A.); Moskau, Veterinärmed. Akad., Lehrstuhl für veterinärhyg. Begutacht. Metody opredelenija svežesti ryby. **(Methoden der Frischbestimmung bei Fischen.)** Trudy. Vsesojuznyj naučno-issledovatel'skij institut veterinarnoj sanitarii, Moskva **17** (1960) S. 239–242.
Auf der Grundlage von Versuchsergebnissen werden folgende Methoden der Frischebestimmung bei Fischen empfohlen: Für gut ausgerüstete Laboratorien: 1. Fluoreszenz-Analyse; 2. Bestimmung der Aminoammonium-Kennziffern oder der flüchtigen Basen; 3. Bestimmung der flüchtigen Säuren; 4. Unmittelbare mikroskopische Bestimmung der Bakterien in 1 g Fischfleisch. Für kleinere Laboratorien: 1. Bakterioskopische Bestimmung; 2. Bestimmung der Nessler-Zahl; 3. Bestimmung des Schwefelwasserstoffs mit Erwärmung der Proben. Bei der abschließenden Beurteilung der Frische ist auch die organoleptische Beurteilung mit heranzuziehen. G. Predel. 6830.

Tülsner, M.; Rostock-Marienehe, Inst. für Hochseefischerei und Fischverarb., Abt. Verfahrenstechnol. **Die Beurteilung von Frisch- und Frosthering. Eine Anleitung für die TKO der Verarbeitungs- und Fangbetriebe.** Fischereiforschung **5** (1962) Nr. 1. S. 18–21.
Da sich die Alterungs- bzw. Verderbnisvorgänge beim Hering (*Clupea harengus*) je nach Lagerungsart unterscheiden, gibt Vf. für die Betriebskontrollabors Anleitungen zur besseren Durchführung ihrer Arbeit. Frischer Hering zeigt überwiegend fermentative Zersetzungserscheinungen, während sich im gefrosteten Hering bes. oxydative und phys. Vorgänge abspielen. Letztere können nur durch eine Kochprobe festgestellt werden, nicht durch die Bestimmung des flüchtigen basischen Stickstoffs. F.-K. Löwe. 6830.

Anonym. Pravila veterinarno-sanitarnoj ėkspertizy ryby i ryboproduktov na rynkach. **(Regeln der veterinärsanitären Begutachtung von Fischen und Fischprodukten auf den Märkten.)** Trudy. Vsesojuznyj naučno-issledovatel'skij institut veterinarnoj sanitarii, Moskva **17** (1960) S. 381–388.
Aufgeführt werden die Regeln für die Begutachtung von Fischen und Fischprodukten auf den Märkten, wie sie für die UdSSR gültig sind. Die Regeln wurden durch die staatl. Veterinärinspektion beim Min. für Landwirtsch. der UdSSR in Übereinstimmung mit der staatl. Gesundheitsinspektion beim Min. für Gesundheitswes. der UdSSR am 15. Dezember 1959 bestätigt.
G. Predel. 6830

Enomoto, N. und Tomiyasu, Y. Studies on the fish-components influenting the preservatives. IV. The putrefying process of the surface mucus of loach, Misgurnus anguillicaudatus Cantor. **(Untersuchungen über die Beeinflussung von Konservierungsmitteln durch Fischbestandteile. 4. Mitt. Der Fäulnisprozeß des Hautschleims von Misgurnus anguillicaudatus.)** Sci. Bull. Fac. Agric., Kyushu Univ. **18** (1960) Nr. 1. S. 95–102. — 7 Abb., 6 Lit. Orig.: jap., Ausz.: engl.
Fäulnisbakterien von der *Misgurnus*-Haut wurden überimpft in einfache Schleimlösung, Schleimlösung + 0,025% Galaktose sowie Schleimlösung + 0,5% Pepton. Die N-Freisetzung in einfacher Schleimlösung war gering. Bei Peptonzusatz wurde der Zersetzungsprozeß anfangs beschleunigt, bei Galaktosezusatz gehemmt. Die nach 14 Tagen abgebaute Proteinmenge war jedoch in beiden Fällen ähnlich. Galaktose-Schleim und Pepton-Schleim zusammen scheinen kein geeigneter Bakteriennährboden zu sein.
D. Barthelmes. 6830.

Wood, P. C.; Burnham-on-Crouch, Fisheries Lab. The principles of water sterilisation by ultra-violet light, and their application in the purification of oysters. **(Die Grundsätze der Wassersterilisation durch ultraviolettes Licht und ihre Anwendung bei der Austernreinigung.)** Fishery Invest., Ser. II **23** (1961) Nr. 6. S. 1–48. — 22 Abb., 13 Tab., 26 Lit.

Für einen neu konstruierten Seewasser-Sterilisator zur industriellen Reinigung von Austern werden Ausrüstung und Arbeitsweise beschrieben. Durch ein Zirkulationssystem kann das Wasser des Tanks beliebig belüftet und mittels Ultraviolettstrahlung sterilisiert werden. In einem Tank von 6 m Länge und 3 m Breite lassen sich pro Tag 5000 Austern (*Ostrea edulis* oder *Gryphea angulata*) reinigen. M. Berner. 6830.

Papenfuß, H.-J.; Rostock, VEB Fischkombinat. **Außergewöhnlich hoher Fettgehalt beim Hering.** Fischereiforschung **5** (1962) Nr. 1. S. 29. — 2 Tab., 2 Lit.
Da der prozentuale Anteil der Salz-Fettheringe (Fettgehalt über 20%) von 1959 bis 1961 von 12% auf 30,43% anstieg, liegt die Vermutung eines Analysen- oder Rechenfehlers nahe. Nachprüfungen ergaben jedoch die Richtigkeit dieser Beobachtungen. F.-K. Löwe. 6850.

Dambergs, N.; Halifax, Nova Scotia, Fisheries Res. Board of Canada, Technol. Stat. Extractives of fish muscle. 2. Solvent-water ratio in extraction of fat and water-solubles. **(Extraktstoffe aus Fischmuskeln. 2. Mitt. Lösungsmittel-Wasser-Verhältnis bei der Extraktion von Fett und Wasserlöslichem.)** J. Fisheries Res. Board Canada **16** (1959) Nr. 1. S. 63–71. — 5 Abb., 1 Tab., 10 Lit.
Die Wirksamkeit von Aceton oder Isopropanol, Fett, Wasserlösliches und Eiweißstoffe zu extrahieren, wird durch den Wassergehalt dieser Lösungsmittel bestimmt. Die Untersuchungen wurden an Filets von Kabeljau (*Gadus callarias*) durchgeführt. Für jede Gruppe der zu extrahierenden Stoffe besteht in Abhängigkeit von der Zusammensetzung des verwendeten Lösungsmittels ein optimaler Extraktionsbereich: Fett wird am besten von einem Lösungsmittel mit einem Wassergehalt von 20–30% extrahiert; zur Entfernung des Wasserlöslichen muß der Wassergehalt mehr als 45% betragen; die Extraktion der Eiweißstoffe erfolgt am besten in 40%iger wäßriger Isopropanol- oder in 15%iger wäßriger Acetonlösung. D. Nehring. 6850.

Anonym. Mašina dlja porcionirovanija ryby. **(Fischportionsmaschine.)** Rybnoe chozjajstvo, Moskva **37** (1961) Nr. 6. S. 88-91. — 3 Abb.
Die existierenden Fischportionsmaschinen hatten folgende Mängel: 1. Es konnte nur eine Portionsgröße hergestellt werden; 2. Die Maschinen erforderten außerordentliche Aufmerksamkeit durch das Bedienungspersonal; 3. Die Produktivität war in Fabrikationslinien der Fischkonservenindustrie gering. Es wird eine Maschine beschrieben, die die genannten Mängel nicht aufweist. G. Predel. 6850.

Wünsche, G.; Hamburg, Inst. für Fischverarb. **Bratheringe mit bitterem Geschmack.** Bundesforsch.-Anst. Fischerei Hamburg, Inform. Fischwirtsch. **9** (1962) Nr. 1/2. S. 31–32.
Da bei einem Bratheringserzeugnis, bes. in der Bratkruste, ein stark bitterer, beißender und kratzender Geschmack auftrat, wurden Versuche mit einem bitteren und kratzenden Bratmehl durchgeführt. Da diese Erzeugnisse noch nach 7 Mon. keinen Fremdgeschmack aufwiesen, obwohl ein Teil kürzer gebraten war, muß die Geschmacksbeeinträchtigung eine andere Ursache haben. F.-K. Löwe. 6850.

Wünsche, G.; Hamburg, Inst. für Fischverarb. **Seelachs-Erzeugnis aus Skandinavien ohne Konservierungsstoff-Zusatz.** Bundesforsch.-Anst. Fischerei Hamburg, Inform. Fischwirtsch. **9** (1962) Nr. 1/2. S. 32–34.
Vf. berichtet über Seelachs-Schnitzel in Öl, die er aus der laufenden Produktion entnahm und die keinerlei Konservierungsmittel-Zusatz enthielten. Das Fabrikat ist ein Qualitäts-Erzeugnis, das sich aber bei 20 °C nur ca. 1 Mon.

und bei 4 °C weit weniger als $^1/_2$ Jahr lagern läßt. Für die deutsche Fischwirtschaft ist die dort angewandte Methode nicht nachahmbar, da es bes. an lebendfrischer Rohware fehlt. F.-K. Löwe. 6850.

Ludorff; Hamburg, Inst. für Fischverarb. **Bezeichnung von Konserven aus Thunfisch.** Bundesforsch.-Anst. Fischerei Hamburg, Inform. Fischwirtsch. **9** (1962) Nr. 1/2. S. 31.
Aus peruanischem Bonito (Pelamide, *Sarda* sp.) hergestellte Konserven werden als „Thunfisch" gehandelt. Es handelt sich aber um einen unechten Thun. Da keine Qualitätsunterschiede bestehen, soll weiterhin so verfahren werden; die richtigere Bezeichnung „Pelamid" ist für den deutschen Verbraucher unverständlich. Da dieses Problem international aktuell ist, soll diese Frage auf einer Konferenz der FAO auf einem wiss. Weltkongreß in Zusammenhang mit der Biologie der Thune und der verwandten Arten im Juli 1962 behandelt werden. F.-K. Löwe. 6850.

Ryndič, N. N. (Rynditsch, N. N.); Staatl. Plankommiss. der UdSSR, Hauptverwalt. Fischwirtsch. O nekotorych parametrach sovremennych vakuumzakatočnych mašin. **(Über einige Parameter moderner Vakuum-Büchsenschließmaschinen.)** Rybnoe chozjajstvo, Moskva **37** (1961) Nr. 6. S. 59–63. — 2 Tab.
In der Konservenindustrie der Welt wächst die Bedeutung der Natural-Konserven — Fische und Krebse in eigenem Saft — immer mehr. Für die Produktion dieser Konserven spielen vielseitig verwendbare und betriebssichere Vakuum-Verschlußmaschinen eine wichtige Rolle. Vf. gibt eine Übersicht über die Daten bekannter Vakuum-Verschlußmaschinen aus verschiedenen Ländern. Diese Daten sollten als Grundlage bei der Konstruktion von entsprechenden Aggregaten Berücksichtigung finden. G. Predel. 6850.

Anonym. Manufacturing-plant food services as markets for fish and shellfish. **(Fabrik-Restaurants als Märkte für Fische und Schalentiere.)** U.S. Dep. Interior, Fish Wildlife Serv., spec. sci. Rep. **1960** Nr. 343. S. 1-31. — 1 Abb., 17 Tab.
Etwa 6000 Fabriken mit mehr als 250 Betriebsangehörigen — das sind über 50% solcher Werke in den USA — bieten den Angestellten die Möglichkeit zum Einnehmen einer warmen Mahlzeit. Der vorliegende Bericht untersucht den Anteil der Fischwaren am Nahrungsmittelverbrauch dieser Restaurants. In einem Beobachtungszeitraum von 4 Wochen betrugen die Fischereiprodukte 8% des Fleisch- und Geflügelverbrauchs. Fleisch, Geflügel und Fisch zusammen machten 11% der Gesamtlebensmittelmenge aus. Bedeutende Unterschiede traten in der Verwendung von Fischen und Schalentieren auf; sie hingen von der Anzahl der Fabrikangestellten, dem Ort des Werkes, der Einrichtung der Vorratsräume, der Fischart, dem Typ des Produkts und anderen Faktoren ab. Die detaillierten Resultate der Untersuchung sind in Tab. wiedergegeben. J. Waldmann. 6850.

H. FANGGERÄTE

Mitson, R. B. und Wood, R. J.; Lowestoft, Fisheries Lab. An automatic method of counting fish echoes. **(Eine automatische Methode zur Zählung von Fischechos.)** Cons. permanent int. Explorat. Mer [Copenhague], J. Cons. **26** (1961) Nr. 3. S. 281–291. — 5 Abb., 1 Tab., 1 Lit. Vgl. LZ. Abt. III **6** (1961) Nr. 12. S. 2210.
Bisher wurden die Beziehungen zwischen der Anzahl der dicht über dem Boden stehenden Fische und den Fängen der Beobachtungsperiode erfaßt, indem ein Beobachter die auf der Fischlupe erscheinenden Signale zählte (Richardson et al. 1961). Schnelle Ermüdung und Informationsverluste durch wechselnde

Amplituden sind Nachteile dieser Methode. Ein elektronisches Zählsystem gestattet die Zählung nur in den ersten 5,5 m über Grund, bezogen auf die getrennte Zählung der guten Bodenechos. Die Arbeit enthält ein detailliertes Schaltbild und eine genaue Funktionsbeschreibung der entwickelten 3-Amplitudenzählung (Störpegel unter Versuchsbedingungen ca. 10 μV, Zählereinstellungen auf 20, 40 und 80 μV). Die Berechnung berücksichtigt Empfindlichkeitsbereiche der Zähler und mittlere Wassertiefe. Störgeräusche, die bes. bei schlechtem Wetter auftreten, müssen zahlenmäßig erfaßt werden (am zweckmäßigsten gesonderter „Geräusch-Zähler"). Es besteht eine gute Korrelation zwischen Echozählungen und Trawlfängen. Das System ist sicher nicht nur zum Einsatz bei Schleppnetzzügen, sondern auch für Suchfahrten geeignet, wenn nicht kurzzeitige starke Tiefenänderungen die Empfindlichkeitseinstellung der Zähler, die sich auf die tiefenabhängige Störpegelhöhe bezieht, erschweren bzw. verhindern. G. Hering. 6862.

Karpečenko, Ju. L. (Karpetschenko, Ju. L.); Staatl. Plankommiss. der UdSSR. Masštabnoe ustrojstvo dlja opredelenija gorizontal'nych razmerov kosjakov ryb po èchozapisi. **(Schablone zur Bestimmung der horizontalen Größen der Fischschwärme nach Echoaufzeichnungen.)** Rybnoe chozjajstvo, Moskva **37** (1961) Nr. 8. S. 41–43. — 1 Abb.

Vf. hat eine Methodik erarbeitet, die es gestattet, die wirkliche horizontale Ausdehnung von Aufzeichnungen auf dem Schreibband von Echographen in Abhängigkeit von der Schiffsgeschwindigkeit und der Bandgeschwindigkeit zu berechnen. Das Prinzip der Methode beruht auf der Ähnlichkeit von Dreiecken. Die Berechnung kann erfolgen nach der Formel: $L = a\,l\,v$. Dabei ist a der Koeffizient der Bandgeschwindigkeit (m/s); bei 25 mm/min ist $a = 1,2$, bei 12,5 mm/min ist $a = 2,4$ und bei 5 mm/min ist $a = 6$. l ist die Strecke der Echoaufschreibung (mm). v ist die Schiffsgeschwindigkeit in kn und L die Ausdehnung des angeloteten Objektes (m). G. Predel. 6862.

Černjakov, S. A. (Tschernjakow, S. A.) Rezul'taty sravnitel'nych ispytanij setetrjasnych mašin STM-225 i VSTM. **(Ergebnisse vergleichender Prüfungen der Netzschüttelmaschinen STM-225 und VSTM.)** Rybnoe chozjajstvo, Moskva **37** (1961) Nr. 8. S. 43–47. — 2 Abb., 3 Tab.

Auf den Loggern der sowjet. Treibnetzflotte sind zwei Maschinentypen zum Ausschütteln der Heringe aus den Treibnetzen gebräuchlich. Beide Maschinen wurden in ihrer Funktion überprüft und die Resultate miteinander verglichen. Die günstigsten Ergebnisse wurden mit der Maschine vom Typ STM 3/225 erzielt. Während die Maschine vom Typ VSTM zwar etwa die gleiche Leistung hat, ist die Zahl der beschädigten Heringe doppelt so groß wie bei STM 3/225. Letztere wird für den allg. Gebrauch in der Praxis empfohlen. G. Predel. 6866.

Clark, John R., Livingstone jun., Robert und Crossen, James M.; Washington, U. S. Fish and Wildlife Serv. Developement and operation of television for studying fish behavior in otter trawls. **(Entwicklung und Durchführung von Fernsehbeobachtungen zum Verhalten von Fischen in Schleppnetzen.)** U. S. Dep. Interior, Fish Wildlife Serv., spec. sci. Rep. **1959** Nr. 320. S. 1–21. — 10 Abb., 20 Lit.

Eine Unterwasser-Fernsehbeobachtungsanlage wurde zum Studium des Verhaltens der Fische im Fanggerät im Schleppnetz eingebaut. Sie gestattet, je nach Anbringung der Kamera, die Beobachtung von Fischen in der Netzöffnung oder im Steert. Schwierigkeiten traten bes. in der Handhabung der Kamerakabel auf. Den Untersuchungen liegen bereits Unterwasser-Fernsehbeobachtungen an Schwimmschleppnetzen, Reusen und anderen Geräten (seit 1954) zu Grunde. E. Schlieker. 6866.

Vibert, R. und Cuinat, R.; Biarritz, Stat. d'Hydrobiol. Appl. Possibilités actuelles de la pêche électrique en France. **(Gegenwärtige Möglichkeiten der Elektrofischerei in Frankreich.)** Bull. franç. Piscicult. **33** (1961) Nr. 200. S. 89–98. — 2 Abb.

Die Elektrofischerei befindet sich noch im Versuchsstadium und ist nur in Gewässern mit dem Charakter der Forellenregion mit vollem Erfolg anwendbar. Sie dient zur Abfischung der geschlechtsreifen Forellen, zur Kontrolle unerwünschter Fische, zur statistischen Bestandsaufnahme und zum Fang der Forellen in übervölkerten Bächen, in denen sie schlecht abwachsen. Am Beispiel eines kleinen Baches wird geschildet, wie die Ermittlung der Zusammensetzung des Fischbestandes vorgenommen worden ist.

M.-L. Albrecht. 6868.

Newman, H. William; Seattle, Wash., U.S. Fish and Wildlife Serv. Effect of field polarity in guiding salmon fingerlings by electricity. **(Wirkung der Polarität des elektrischen Feldes beim Scheuchen von Lachs-Setzlingen [Oncorhynchus kisutch].)** U.S. Dep. Interior, Fish Wildlife Serv., spec. sci. Rep. **1959** Nr. 319. S. 1–15. — 6 Abb., 11 Tab., 4 Lit.

In einem Strömungsaquarium wurde mit Hilfe einer im Winkel von 40° zur Strömungsrichtung angebrachten Elektrodenanordnung der Scheucheffekt verschiedener Stromformen und verschiedener Anordnung der Pole getestet. Die Spannung betrug stets 210 V. Verwendet wurden: 1. 60 Hz-Wechselstrom, 2. kontinuierlicher Gleichstrom, 3. pulsierender Gleichstrom mit gleichbleibenden Polen, 4. pulsierender Gleichstrom mit wechselnden Polen (benachbarte Elektroden besaßen in allen Fällen entgegengesetzte Polarität), 5. positive und negative Impulse, welche die Elektrodenanordnung stromaufwärts und 6. stromabwärts durchwanderten, während die übrigen Elektroden keine Spannung erhielten. Bei allen 6 Formen war der Scheucheffekt eher auf das Meiden des Feldes als auf Elektrotaxis zurückzuführen. Mit zunehmender Anzahl der Versuchsfische erhöhte sich die Variabilität, der mittlere Scheucheffekt blieb jedoch ähnlich. G. Seifert. 6868.

I. ORGANISATION UND PLANUNG

Iškov, A. A. (Ischkow, A. A.) Osnovnye napravlenija techničeskogo progressa v rybnoj promyšlennosti. **(Die Hauptrichtungen des technischen Fortschritts in der Fischindustrie.)** Rybnoe chozjajstvo, Moskva **37** (1961) Nr. 5. S. 3–21. — 1 Abb., 1 Tab.

Auf der Unionskonferenz der Fischwirtschaft in Moskau im Febr. 1961 legte der sowjet. Fischereiminister die Aufgaben und Probleme der sowjet. Fischerei dar. U. a. stellte er folgende Forderungen: Verstärkter Ausbau der Hochseefischerei und stärkere Beachtung der Binnenfischerei. Als wichtigste Fahrzeugtypen für die nächste Zukunft werden genannt: autonome Fang- und Verarbeitungsschiffe, kombinierte Fahrzeuge für den Fang mit Treibnetzen und pelagischen Schleppnetzen und Schiffe vom Typ „Tropic" für den Thunfisch- und Sardinenfang. Auf fangtechnischem Gebiet sollen vor allem die Schlepp- und Treibnetzfischerei sowie der „netzlose" Fang entwickelt werden. Die Salzfischproduktion wird zugunsten der Erzeugung von frischem und gefrostetem Fisch und von Fischkonserven eingeschränkt. G. Predel. 6870.

Anonym. V smešannoj komissii po primeneniju soglašenija o rybolovstve v vodach Dunaja. **(Gemischte Kommission für die Durchführung der Vereinbarung über den Fischfang in der Donau.)** Rybnoe chozjajstvo, Moskva **37** (1961) Nr. 6. S. 85.

Vom 21.–28. 4. 1961 hielt in Belgrad die Gemischte Kommission über den Fischfang in der Donau ihre 3. Sitzung ab. Es wurden folgende Empfehlungen gegeben: 1. Zeitweiliges Fangverbot für Donauheringe; 2. Bei hydromeliora-

tiven Maßnahmen sollten die fischereilichen Interessen berücksichtigt werden; 3. Durchführung von meliorativen Maßnahmen zur Verbesserung der Fischbestände; 4. Ausweitung der Arbeiten in der Fischzucht zur Bestandsaufbesserung; 5. Verbot der Schleppnetzfischerei mit mechanischer Zugkraft in der Donau; 6. Veränderung der Mindestmaße für Störartige.
G. Predel. 6870.

Anonym. V smešannoj komissii po primeneniju soglašenija meždu SSSR, NRB i RNR o rybolovstve na Černom more. **(Gemischte Kommission für die Durchführung der Vereinbarung zwischen der UdSSR, der Volksrepublik Bulgarien und Rumänien über den Fischfang im Schwarzen Meer.)** Rybnoe chozjajstvo, Moskva **37** (1961) Nr. 6. S. 84–85.
Auf ihrer 2. Sitzung beschloß die Gemischte Kommission für den Fischfang im Schwarzen Meer folgende Empfehlungen: 1. Mindestmaße für Meeräschen und Makrelen (20 bzw. 17 cm); 2. Es sollten nicht mehr als 12–15% des Bestandes des Schwarzmeersteinbutts gefangen werden; 3. Regionales Fangverbot für Störe; 4. Fangbeschränkungen für Delphine. G. Predel. 6870.

Anonym. **Organisation der Fischwirtschaft in der Bundesrepublik Deutschland.** Jber. dtsch. Fischwirtsch. **1960** (hrsg. 1961) S. 106–107.
In einer graphischen Darstellung wird die Organisation der Fischwirtschaft in der BRD aufgezeigt. Dabei sind die staatlichen, wirtschaftl. und wiss. Einrichtungen sowie die internationalen Verbindungen berücksichtigt.
G. Predel. 6870.

Fishery policies in Western Europe and North America. Paris: O.E.E.C. 1960. (302 S.) 8°. (1961 A 820)

K. FISCHEREIRECHT

Stock, H.; Hannover. **Zur Frage der Absperrungen in Binnengewässern Niedersachsens.** Fischwirt **11** (1961) Nr. 9. S. 285–290. — 6 Abb.
Vf. erläutert die verschiedenen gesetzlichen und fischereipolizeilichen Bestimmungen über die Absperrung von Binnengewässern mit Fischereivorrichtungen und Fanggeräten und klärt einige Fragen, die sich in der Praxis aus diesen Bestimmungen ergaben. Außerdem wird auf die betr. Abschnitte der verschiedenen Gesetze, Verordnungen und Polizeivorschriften der einzelnen Landesteile Niedersachsens und der Fischereiordnung Schleswig-Holsteins hingewiesen. G. Seifert. 6880.

Krömer, Ekkehard. **Die Entwicklung der Fischwilderei im Strafrecht.** Fisch u. Fang **2** (1961) Nr. 2. S. 36–37.
Vf. verfolgt die Höhe des Strafmaßes für Fischwilderei durch die verschiedenen Gesetzbücher und beleuchtet die Gründe, die zur unterschiedlichen Beurteilung der Jagdwilderei und Fischwilderei führten. H. Müller/Berlin. 6880.

Möcklinghoff, G. **Gesetzgebung 1960.** Jber. dtsch. Fischwirtsch. **1960** (hrsg. 1961) S. 18–21.
Vf. beschreibt die für die Fischwirtschaft der BRD im Jahre 1960 erlassenen bzw. wirksam gewordenen Gesetze. Berücksichtigt werden dabei die Bestimmungen auf Bundesebene, Landesebene und die internationalen Abmachungen. U. a. wurde im Juli 1960 ein Gesetz über die Fischereistatistik der Küsten- und Hochseefischerei sowie für die Fischerei im Bodensee erlassen. Danach ist z. B. die Hochseefischerei verpflichtet, für jede Fangreise Fangfahrzeug, Fanggerät, Fanggebiet, Fangergebnis, Absatzart und Art der Verarbeitung an Bord zu melden. G. Predel. 6880.

Olearius. **Die neue bayerische Landesfischereiverordnung.** Allg. Fischerei-Ztg. **87** (1962) Nr. 2. S. 44–47.

Die neue Landesfischereiverordnung tritt an Stelle der alten Landesfischereiordnung vom 23. März 1909 ab 1. 1. 62 in Kraft und bringt eine Reihe neuer Bestimmungen über Schonzeiten und Mindestmaße für die Fischerei in nicht geschlossenen Gewässern. Zu den verbotenen Fangarten und Fanggeräten gehört u. a. die Elektrofischerei, die nur bei Vorliegen bes. fischereilicher Verhältnisse befristet oder unbefristet zugelassen werden kann. Einen Antrag auf diese Ausnahmebewilligung darf nur stattgegeben werden, wenn der Elektrofischer 1. einen Bedienungsschein, in welchem die fachliche Eignung nachgewiesen wird, 2. einen ausreichenden Unfall- und Haftpflichtversicherungsschutz und 3. einen Zulassungsschein einer anerkannten Prüfstelle für das Elektrofanggerät vorweisen kann. Weiterhin wird das Einlassen von Enten in Fischgewässer zum Schutz der Fischbrut vom Beginn der Schonzeiten der vorherrschenden Fischarten bis 2 Mon. nach Ablauf dieser Schonzeiten verboten. G. Seifert. 6880.

Pape, A.; Kiel. **Die Bedeutung des neuen Grundstückverkehrsrechts für die Fischerei.** Fischwirt 12 (1962) Nr. 2. S. 33–38.
Mit dem Erlaß des Grundstückverkehrsgesetzes vom 28. 7. 1961 ist eine Anzahl besatzungsrechtlicher Vorschriften über den Grundstücksverkehr, die auch Anwendung auf die Binnenfischerei fanden, unwirksam geworden. Das Ziel dieses Gesetzes ist, das Genehmigungsverfahren bei der Veräußerung von Grundstücken zu koordinieren und eine einheitliche Zusammenfassung der Genehmigungszuständigkeiten herbeizuführen. Die Genehmigung zur Veräußerung eines Grundstückes kann von den städtischen oder Kreislandwirtschaftsbehörden im Interesse der Erhaltung der Lebensfähigkeit eines Betriebes oder aus anderen Gründen versagt oder von der Erfüllung von Auflagen bzw. Bedingungen abhängig gemacht werden. Die Durchführungsgesetze zu diesem Bundesgesetz werden durch die Länder erlassen. Vf. kommentiert das Gesetz unter bes. Berücksichtigung der Verhältnisse in Schleswig-Holstein. G. Seifert. 6880.

Müller, Winfried. **Fischereirecht.** Berlin: VEB Deutscher Zentralverlag. 1961. (863 S. m. Abb., Tab. u. Sachreg.) 10,5 × 14,5 cm. DM 24,—. In der 863 Seiten umfassenden Schrift sind alle rechtlichen Bestimmungen, die für die Fischerei in der DDR Bedeutung haben, zusammengestellt. Teil A trägt die Überschrift „Grundsätzliches" und enthält die Kapitel: Planung und Leitung, Fischereigesetz und dazugehörige Vorschriften, sozialistische Entwicklung und Förderung sowie Angelsport. Im Teil B, der dem Wirtschaftsrecht gewidmet ist, sind folgende Abschnitte enthalten: Verarbeitung und Verwertung, Vertragssystem, Finanzen, Steuern, Rechnungswesen, Preisvorschriften. Die arbeitsrechtlichen Grundlagen sind im Teil C zu finden: Entlohnung und Prämiierung, Arbeitsschutz, Sozialversicherung, Aus- und Weiterbildung, wiss. Einrichtungen. Im Anhang (Teil D) sind neben Bestimmungen über die Abwasserreinigung u.a. Berliner Vorschriften aufgeführt. Nach einem kleinen Literaturverzeichnis, das 22 Nummern enthält, findet sich am Schluß ein Sachregister. W. Steffens.

L. FISCHEREILICHE WIRTSCHAFTSGEOGRAPHIE

McKernan, Donald L.; Washington, U. S. Bureau of Commercial Fisheries. Present status of commercial fisheries in the United States. **(Der jetzige Stand der kommerziellen Fischerei in den USA.)** Trans. Amer. Fisheries Soc. 88 (1959) Nr. 3. S. 169–175. — 8 Abb.
Vf. berichtet über Menge, Artenzusammensetzung und Wert der Fischproduktion der USA, Fischkonsum, Fischfanggebiete und Fischimport. 1957 betrug der Fang 4,75 Md. pounds und 351 Mill. Dollar. Das waren 10% der Menge und 5% des Wertes unter dem Rekordfang der USA im Jahre 1956. Damit lag der Verbrauch an Fischwaren auf Nahrungsmittelgewichtsbasis bei ca. 10 pounds pro Kopf. Die Hauptmenge brachte die Menhadenfischerei, den Hauptwert die Garnelenfischerei. K. Falk. 6890.

Mahaffy, R. U. Fisheries in the Canadian economy. **(Die Fischerei in der kanadischen Wirtschaft.)** Canad. Fisherman 48 (1961) Nr. 9. S. 26–30. — 1 Abb.

Der amer. Prof. Chrutchfield untersuchte in einer spez. Arbeit die Rolle der Fischerei in der kanadischen Wirtschaft. Er kommt zu der Schlußfolgerung, daß zuviel Menschen und zuviel Fangeinheiten in der kanadischen Fischerei eingesetzt sind und daß die Erträge im Verhältnis zu dem fischereilichen Aufwand zu gering sind. G. Predel. 6890.

Crutchfield, James. B. C. Fisheries are inefficient and uneconomical. **(Die Fischerei Britisch-Kolumbiens ist unergiebig und unökonomisch.)** Western Fisheries **63** (1961) Nr. 2. S. **44**. 46–49.
Vf. untersuchte die ökonomische Situation in der Fischerei Britisch-Kolumbiens und kommt zu dem Schluß, daß die Fischerei dieses Gebietes mit Menschen und Material überbesetzt ist. Der fischereiliche Aufwand ist im Verhältnis zum Ertrag viel zu hoch, so daß auch die Einkommen der Fischer rel. niedrig liegen. Nach Ansicht des Vf. wäre es besser, wenn weniger Fischer in der Fischerei des Gebietes beschäftigt werden. Auch auf Probleme der Fischverarbeitung und des Fischverbrauches, der in Kanada sehr niedrig liegt, wird eingegangen. G. Predel. 6890.

Anonym. Recent trends in fisheries 1960–61. **(Neuere Entwicklungen in der Fischerei 1960/61.)** FAO Fisheries Pap. **1961** Nr. 19. S. 1–10. — 2 Tab.
Die Erträge der Weltfischerei stiegen 1960 gegenüber 1959 um 6% auf 37,73 Mill. t. Peru stand mit 3,5 Mill. t an 3. Stelle hinter Japan und der VR China. In Europa wurden die niedrigsten Heringsfänge seit 12 Jahren erzielt. Auch in den USA und in Kanada gingen die Fangerträge zurück. Die UdSSR konnte ihre Fänge 1960 gegenüber dem Vorjahr um 15% steigern und damit die Ziele des Siebenjahrplanes für diesen Zeitraum überbieten. Der Frischverbrauch an Fischen war weiterhin rückläufig, dagegen stiegen alle Zweige der Verarbeitung an. Bes. die Fischmehl- und Fischölherstellung stieg sowohl abs. als auch rel. G. Predel. 6890.

Meseck, G.; Bonn; Hamburg. **Die ernährungswirtschaftliche Bedeutung der Fischerei der Welt, die Erträge und deren Verwendung.** Ber. Landwirtsch. [N. F.] **39** (1961) Nr. **4**. S. 779–803. — 7 Abb., 4 Tab., 50 Lit.
Gegenwärtig trägt die Fischerei mit einem Jahresfang von ca. 38 Mill. t. Fisch und anderen Wasserorganismen nach Milch und Fleisch mit 12,2% zur Versorgung der Erdbevölkerung mit tierischem Eiweiß bei. Die biol. Wertigkeit des Fischfleisches ist durch den rel. hohen Anteil an lebenswichtigen Aminosäuren, Fetten, Vitaminen und Mineralien bes. hoch. Zur Deckung des großen Eiweißbedarfs der ständig zunehmenden Erdbevölkerung kann die bessere Ausnutzung der Schätze des Meeres und der Binnengewässer an erster Stelle beitragen. Vf. gibt einen ausführlichen Bericht über die Meeres- und Binnenfischerei der Welt und fordert dazu auf, in der Meeresfischerei und Fischereiforschung international zusammenzuarbeiten, eine intensive Fischzucht in Teichen und Reisfeldern zu betreiben, die Fischerei von den Kontinentalschelfs auf die hohe See auszudehnen, die Fangmethoden wirksamer und variabler zu gestalten und die Fänge so zu be- und verarbeiten, daß sie möglichst direkt dem Menschen zugeführt werden können.
K. Anwand. 6890.

Redaktionsschluß: 15. 10. 1962

Herausgeber: Institut für Information und Dokumentation der Deutschen Akademie der Landwirtschaftswissenschaften zu Berlin, Berlin W 8, Krausenstr. 38/39; Fernsprecher: 22 5161. Chefredakteur: Dr. Ursula Wittbrodt. Stellvertretender Chefredakteur: Dr. Werner Kleeberg, Berlin W 8, Krausenstr. 38/39; Fernsprecher: 22 51 61. Redaktion der Abteilung III — Tierzucht · Tierernährung · Fischerei: Dr. Hans Dieter Hennig, Dr. Bernhard Piatkowski und Dr. Werner Steffens, Berlin W 8, Krausenstr. 38/39. Verlag: Akademie-Verlag GmbH, Berlin W 8, Leipziger Straße 3—4; Fernsprecher: 22 04 41, Telex-Nr. 011 773, Postscheckkonto: Berlin 350 21. Bestellnummer dieses Heftes 1030 III—VIII/1. Das Landwirtschaftliche Zentralblatt, Abt. Tierzucht · Tierernährung · Fischerei, erscheint monatlich, Einzelheft DM 20,—; einseitig bedruckte Ausgabe DM 24,—. Jahresbezugspreis DM 240,—; einseitig bedruckte Ausgabe DM 288,— einschl. Register, zuzüglich Porto und Versandkosten. Gesamtherstellung: VEB Druckerei „Thomas Müntzer" Bad Langensalza. Veröffentlicht unter der Lizenznummer 5019 des Ministeriums für Kultur

Bei Fragen zur Produktsicherheit wenden Sie sich bitte an:
If you have any questions regarding product safety,
please contact:

Walter de Gruyter GmbH
Genthiner Straße 13
10785 Berlin
productsafety@degruyterbrill.com